普通高等教育创新型人才培养规划教材

航空器检测与诊断技术导论

（第3版）

陈　果　王海飞　潘文平
方光武　陈家运　陈　虎　编著

北京航空航天大学出版社

内 容 简 介

本书建立了航空器检测与诊断技术的完整理论体系和框架，全面介绍航空器常用的检测与诊断方法，力求突出航空特色，做到内容全面翔实，重视理论并突出应用。在理论方面，对在航空器检测与诊断技术中所涉及的信号分析、图像处理、模式识别、人工智能等传统的和先进的理论知识进行了较为详细的阐述。在检测与诊断技术方面，覆盖航空器检测与诊断的许多重要方法，包括航空发动机的整机系统振动诊断、磨损状态诊断、孔探检测、无损探伤、渗漏检测技术；同时列举了详细的航空器检测与诊断案例，使理论充分联系实际。

本书可作为航空器维修专业本科高年级学生的专业教材，也可作为该专业或相关专业的研究生和技术人员的参考书。

图书在版编目(CIP)数据

航空器检测与诊断技术导论 / 陈果等编著. -- 3 版
.-- 北京 ：北京航空航天大学出版社，2022.5
ISBN 978-7-5124-3779-1

Ⅰ. ①航… Ⅱ. ①陈… Ⅲ. ①航空器—检测②航空器—故障诊断 Ⅳ. ①V267

中国版本图书馆 CIP 数据核字(2022)第 065955 号

航空器检测与诊断技术导论(第 3 版)

陈 果 王海飞 潘文平
方光武 陈家运 陈 虎 编著

策划编辑 董 瑞 责任编辑 王 实

*

北京航空航天大学出版社出版发行

北京市海淀区学院路 37 号(邮编 100191) http://www.buaapress.com.cn
发行部电话：(010)82317024 传真：(010)82328026
读者信箱：goodtextbook@126.com 邮购电话：(010)82316936
北京富资园科技发展有限公司印装 各地书店经销

*

开本：787×1 092 1/16 印张：18.25 字数：479 千字
2022 年 8 月第 3 版 2025 年 1 月第 2 次印刷 印数：1 001－1 500 册
ISBN 978－7－5124－3779－1 定价：59.00 元

若本书有倒页、脱页、缺页等印装质量问题，请与本社发行部联系调换。联系电话：(010)82317024

前　言

航空器检测与诊断技术，对于保障航空器的安全性、可靠性和经济性具有重要意义，是飞机发动机故障预测和健康管理的重要研究内容。本书力图全面介绍航空器常用的各种检测与诊断技术和方法。本书的主要特色表现在：

1. 突出航空特色。

在振动、磨损诊断方面，吸收同类教材的优点，但在应用部分突出航空特色，增加航空发动机相应的故障诊断实例。在无损检测技术方面，紧密结合航空器的无损探伤实例和应用特色进行阐述，同时借鉴了同类教材的相关理论部分。本书的最大特色是增加了航空发动机的孔探检测以及飞机渗漏检测等具有鲜明航空特色的内容。

2. 内容力求全面、翔实。

为了起到“抛砖引玉”的作用，为学生今后的工作和进一步学习奠定基础，本书介绍了许多航空器检测与诊断的重要方法，包括航空发动机的整机振动故障诊断、磨损状态诊断、孔探检测、航空器结构的无损探伤、渗漏检测技术等，最终形成航空器检测与诊断技术的完善理论体系和框架。

3. 重视理论，突出应用。

要培养高层次的航空器检测与诊断技术人才，需要具备坚实的理论基础。本书重视理论，对在航空器检测与诊断技术中所涉及的信号分析、图像处理、模式识别、人工智能等传统的和先进的理论知识均进行了较为详细的阐述。同时，航空器检测与诊断又是应用性极强的技术，因此本书列举了详细的航空器检测与诊断案例，使理论充分联系实际。

本书为第 3 版。2007 年，在普通高等教育“十一五”国家级规划教材基金的资助下，第 1 版在中国民航出版社出版；2012 年，通过近五年的本科教学实践，并结合实际科研工作，对第 1 版做了许多重大修改，第 2 版在航空工业出版社出版。通过不断的教学和科研实践，发现书中的很多知识亟待更新，于是 2022 年在南京航空航天大学“十四五”规划（重点）教材资助项目的支持下，作者对第 2 版进行了修订，修订内容如下：

① 在绪论中，进一步描述了航空器检测与诊断技术同故障预测和健康管理的关系，并增加了一些实际的航空器检测与诊断系统实例介绍；

② 在信号分析和处理部分，增加了一些更为实用的工程方法，同时，增加了更多的实际算例，以便于理解；

③ 在航空发动机转子系统故障诊断中，结合最新的故障仿真的研究结果，增加了对各种故障特征更为全面的描述；

④ 在油液分析诊断中，增加了最新科研成果——多功能磨粒分析系统 MIDCS 的介绍和描述；

⑤ 在发动机孔探检测中，结合最新科研成果，增加了对航空发动机内部损伤智能诊断专

家系统 AIDES 的介绍和描述。

本书可作为航空器维修专业本科高年级学生的专业教材,也可作为该专业或相关专业的研究生和技术人员的参考书。

由于作者水平有限和编写时间仓促,书中难免存在许多不足或错误之处,恳请读者谅解。

“他山之石,可以攻玉”,为了形成本书的整体知识体系,参考了许多同类书籍中的相关部分,在此谨向其作者表示衷心的感谢。

同时,感谢南京航空航天大学“十四五”规划(重点)教材资助项目的支持,感谢在本书编写过程中支持、关心和帮助过作者的所有老师、朋友以及作者的研究生们。

陈　果

2021年9月于南京

目　录

第1章 绪 论

1.1 航空器检测与诊断技术的意义

随着航空业发展，以现代飞机为代表的高性能新型航空器被大量设计、制造和使用，由于高速、高温、高压和重载等因素，导致现代航空器出现了大量结构破坏、动力装置故障等问题。据全世界飞机失事的统计数据来看，有10%以上的严重事故被证实是源于飞机本身的原因。据统计，20世纪末到21世纪初飞行安全状况如表1-1所列。日航B747SR飞机于1985年8月12日坠毁在群马县上野村山坡上。机组人员和乘客共计524人，死亡520人，重伤4人。事后调查事故的主要原因是，因对该机后部承压隔板发生的故障修理不当而导致连接部强度下降，最终在交变载荷下产生疲劳裂纹所致。1994年5月3日，美国联合航空公司一架B737班机从科罗拉多州的丹佛机场飞往该州斯普林斯机场，在接近斯普林斯机场时，机体逐渐向右倾斜，且机头朝下几乎成垂直状态坠毁，飞机严重受损，机组人员及乘客25人全部丧生，造成事故的原因是飞机的方向舵操纵失灵。1995年3月31日，罗马尼亚航空公司一架A310飞机，从布加勒斯特奥托佩尼国际机场起飞后不久坠毁，机上机组人员和乘客60人全部遇难，事后调查事故的原因是发动机自动油门系统故障和驾驶员反应迟缓。

表1-1 1981—2000年世界民航运输失事次数和死亡人数一览表

年 份	失事次数	死亡人数	年 份	失事次数	死亡人数
1981	29	710	1991	44	1 090
1982	33	1 012	1992	45	1 422
1983	34	1 202	1993	46	1 109
1984	29	451	1994	47	138 5
1985	39	1 800	1995	57	1 215
1986	31	607	1996	57	1 840
1987	29	944	1997	51	1 306
1988	54	1 007	1998	48	1 244
1989	51	1 450	1999	48	730
1990	35	611	2000	37	1 126

为了避免发生重大事故，提高航空器的运用效率，改进航空器的设计，必须对航空器所出现的故障及时进行检测和诊断，发现故障的原因和部位，并进行适时维修。航空器检测与诊断技术是以飞机结构的检查与修理、发动机及辅助动力装置的状态监测与故障诊断为主要研究内容，以航空器视情维修决策为最终研究目的，从而在充分保障航空器运用安全性的前提下，最大限度地降低维修成本以提高航空器运用经济性的一门学科。由此可见，随着航空器技术装备的日益复杂和规模的扩大，航空器检测与诊断技术将对航空器的使用安全性、有效性和经济性产生越来越大的影响。

现代航空器对可靠性、安全性、保障性和经济性提出了越来越高的要求,观念正在发生重大转变,从传统的对故障和异常事件的被动反应,到主动预防,再到综合管理,即实现故障诊断、预测和健康管理 PHM(Prognosis and Health Mangement)。因此,不仅需要实现故障诊断,而且需要在故障产生的早期进行检测,并对其发展趋势进行跟踪和预测,最后,根据诊断/预测信息、可用资源和使用需求做出维修决策,实现健康管理。航空器检测与诊断技术是目前航空器故障诊断、预测和健康管理(PHM)技术的关键和核心,是伴随航空器维修理论的发展和维修制度的变革而产生和发展的。

1.2 航空器维修理论的发展及维修制度的变革

1.2.1 航空器事后维修制度

事后维修就是在设备发生故障之后才进行检查,它运用于20世纪50年代以前的航空维修制度。这一时代的飞机制造者就是驾驶员,同时也是维修人员。它的特点是设备坏了才修,不坏不修。然而,这种维修制度随着航空器的结构复杂性的提高和安全性的要求增加,逐渐被淘汰了,目前仅仅用于对安全性影响较小的部件维修上。

1.2.2 航空器定时维修制度

航空器的定时维修就是要求航空器在运行一定时间后,无论损坏与否,均要进行检查和维修。它的理论基础就是著名的浴盆曲线规律。浴盆曲线反映了故障率随时间的变化关系。

图1-1所示为经典的浴盆曲线,从曲线上可以看出三个区域:早期故障期、偶然故障期及耗损故障期。

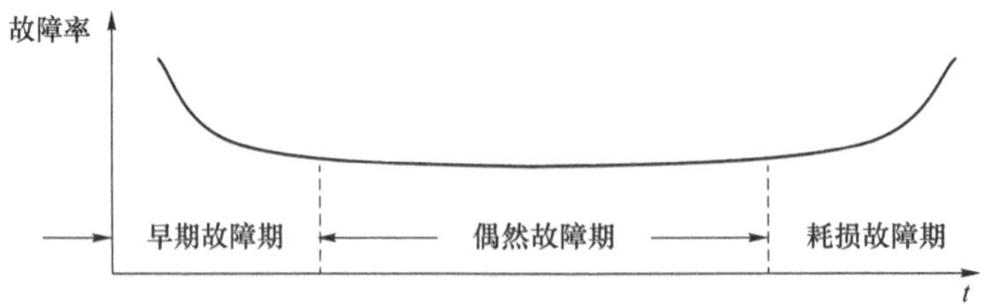

图1-1 浴盆曲线

在早期故障期,由于制造中存在着零件缺陷和工艺不当,产品早期显示了较高的故障率。在偶然故障期,故障率较低且稳定,接近常数,即出现随机故障,故障的原因一般是由使用维护不当或应力突然超过极限值、零件失效等随机因素造成的。显然,对于偶然故障,通过定期拆修或更换的办法是不能防止的。在耗损故障期,产品的故障率开始随时间的增长而迅速增加,表现出故障集中出现的趋势。这主要是由磨损、疲劳、腐蚀、老化及其他耗损因素引起的。故障率递增是耗损故障期的特点。对于耗损故障,预防更换是起作用的。

然而,维修理论和维修实践的发展证明,浴盆曲线所揭示出来的故障规律,只适用于构造比较简单的产品,以及现代复杂设备中的一些简单机件,其适用范围十分有限。

20世纪60年代,美国联合航空公司在维修改革的论证与研究中曾经绘制了许多产品的故障率曲线,发现了航空机件的故障曲线有6种基本形式,如图1-2所示。其中6%(见图1-2(a)

和(b))有明显的耗损特性,真正符合浴盆曲线的情况(见图 1-2(a))只占 4%,另有 5%(见图 1-2(c))没有明显的耗损期,但随工龄的增加,确有容易发生故障的趋势;而其余 89%(见图 1-2(d)、(e)、(f))的机件是没有耗损期的。

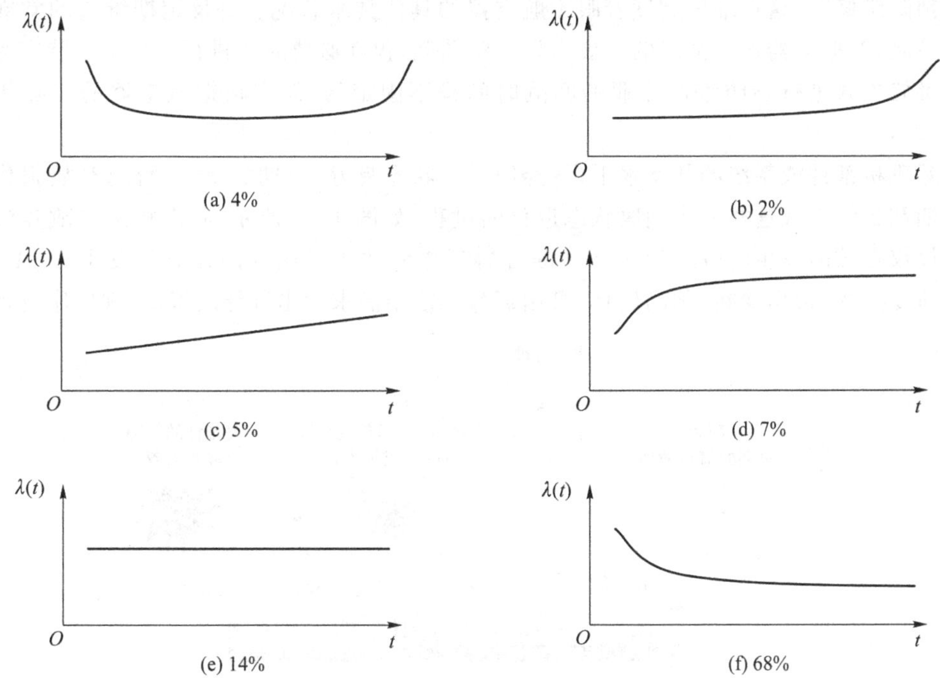

图 1-2　航空装备故障率曲线

因此,复杂产品没有耗损期的这一重要规律的发现,推翻了浴盆曲线适用于一切情况的假设,也从根本上动摇了传统的全面定时维修的做法。

如图 1-3 所示,曲线 1、曲线 2 及曲线 3 表示部件或系统的健康状态退化过程,由于损伤发展的随机性、载荷的不确定性以及失效模式的多样性等,部件或系统使用寿命的分散性很大,采用定时维修及基于使用寿命的统计学估计确定维修间隔,既不能有效避免部件突然失效(曲线 1)而造成的事故,又因为替换下有很长剩余寿命的部件(曲线 3)而造成了浪费,并增加了因例行检查和更换而造成的人为故障。

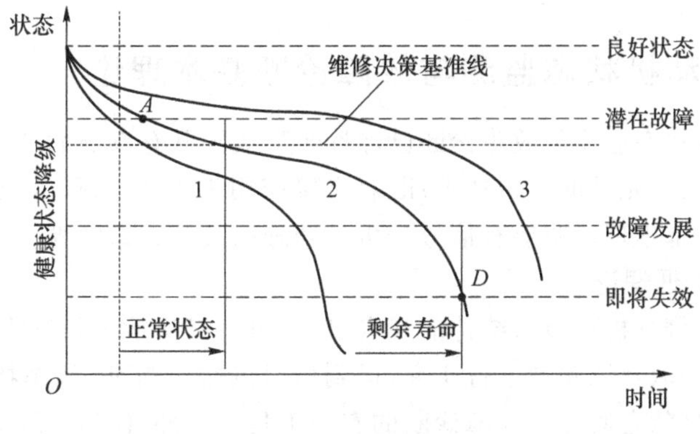

图 1-3　健康退化曲线

1.2.3 航空器视情维修制度

视情维修是根据对项目定期或连续的状态监测结果所实施的预防维修,也叫作“以状态为基础的预防维修”。这种维修制度着眼于航空器的具体技术状况。一反定期维修的常规而采取定期检测,对航空器运行情况的发展密切追踪监测,仅在必要时才进行修理。以状态为基础的预防维修方式进行预防维修作业的间隔时间是不固定的,而应根据航空器的实际状况来确定。

实际飞机部件或系统的状态水平,将经历一个状态良好、早期的潜在故障(初始损伤)、故障发展期和最终失效这样一个健康状态退化的过程,如图 1-4 所示,状态检测与故障诊断的目标不仅仅在故障发生时(D 点)进行诊断、隔离,更专注于早期的潜在故障发生时(A 点)预测损伤演变过程,根据诊断/预测信息、可用资源和使用需求做出维修决策,实现健康管理。

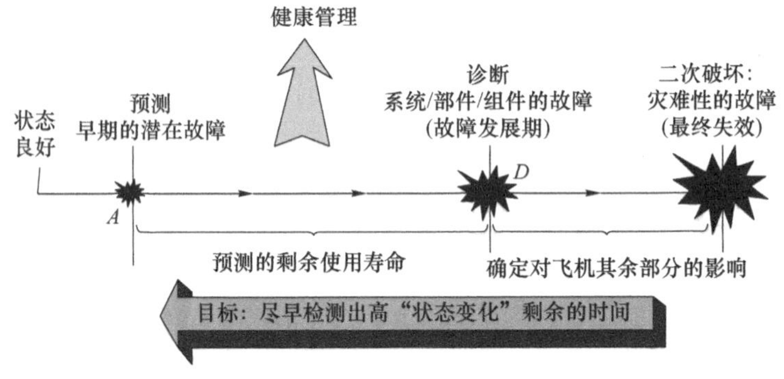

图 1-4 故障诊断与健康管理过程

设备状态监控技术的一项主要作用是提供有关机器设备现状的信息,以及状态变化率的信息。这些信息对于以状态为基础的预防维修的实施是极其重要的。采用以状态为基础的预防维修制度,故障预测中的统计因素可以清除,并可以延长机器设备的寿命。视情维修是以状态监控为核心的。视情维修根据航空器状态监控的结果确定维修间隔和维修内容。由此可见,状态监控和故障诊断为视情维修的实施提供了基本的保障,是视情维修的基础。

1.3 航空发动机状态监测与故障诊断技术

1.3.1 航空发动机状态监测与故障诊断基本理论

目前航空发动机状态监测与故障诊断已经逐步形成了既有系统的理论,又有具体的方法;既有现代检测方法,又有先进的分析技术;既有直接应用于工程实际,又有高技术密切相关的科学体系。该学科的基本理论主要有信号分析与处理以及模式识别等。

1. 信号分析与处理理论

发动机的状态信号分析可以从统计的观点出发,也可以从系统分析的观点出发,分别在时域、幅值域、延时域、频域及倒频域进行研究,得到信号的幅值特征、频率特征、相关性特征等,从而形成诊断向量,是状态监测与故障诊断的有力工具。另外,作为二维信号的图像也可以包含丰富的故障信息,例如,铁谱图像包含了金属磨粒的尺寸和类型,通过对铁谱图像的分析和处理可以实现对发动机磨损故障的诊断;孔探图像反映了发动机压气机叶片、涡轮叶片及燃烧室等部件的损伤情况，运用孔探图像分析和处理方法，可以计算出损伤的长度及面积等尺寸，从而为发动机的修理提供重要决策依据。

2. 模式识别理论

故障诊断的本质就是按照一定的准则，根据实测的一组能反映系统工作状态的特征量，把系统划分为某一故障模式，因此，模式识别理论是故障诊断的重要理论。由于航空发动机是一个大型强非线性系统，故障征兆与故障原因之间并不是一一映射关系，而是存在复杂的一对多和多对一的关系，而且它们之间还存在许多随机的、模糊的不确定因素。这些问题就导致了航空发动机状态监测与故障诊断的复杂性，因此，将现代人工智能技术引入航空发动机故障诊断能有效地解决故障诊断中的不确定性问题。常见的模式识别理论包括：统计模式识别、模糊模式识别、句法模式识别、人工神经网络模式识别以及支持向量机模式识别等。

1.3.2 航空发动机状态监测与故障诊断系统

航空发动机监控系统 EMS(Engine Monitoring System)是由安装在飞机、发动机及地面基地的各种类型的状态监控设备(包括硬件和软件)与技术保障和管理人员以一定的工作程序组合而成的系统。

发动机监控系统的目的是采集、记录和处理飞行中和地面试验(检查)的数据，用以辅助发动机的设计、管理、使用维修和后勤保障。数据的记录可以是人工的、计算机辅助的或自动的。发动机监控系统是发动机管理系统的重要组成部分，其核心是以一定的工作程序构成的发动机控制体系，它需要建立在状态监控与故障诊断设备发展的基础上。

表1-2所列为发动机监控系统监控的参数。航空发动机数据采集与处理系统如图1-5所示。

表1-2 发动机监控系统EMS的监控参数

参 数	功 能					
	热 端	机械系统	性 能	控 制	跟 踪	趋 势
马赫数			√	√	√	
高度和进口压力	√	√	√		√	√
进口总温			√	√	√	√
发动机燃气温度(EGT)	√		√	√	√	
油门杆角度	√	√	√		√	
高压转子转速(N_2)		√	√	√	√	
低压转子转速(N_1)			√	√	√	
燃油流量(FF)			√	√	√	
发动机压比(ERP)		√	√			
中间级压气机压力		√	√	√		
压气机出口压力			√	√		
中间级压气机温度			√			
压气机出口温度			√			
振动		√				√
滑油消耗量		√				√

续表 1-2

参 数	功 能					
	热 端	机械系统	性 能	控 制	跟 踪	趋 势
滑油温度		√				
滑油压力差		√				
滑油污染		√				√
排气喷口位置			√	√		
不连续		√	√		√	√
静子位置			√			√
用户引气			√			√

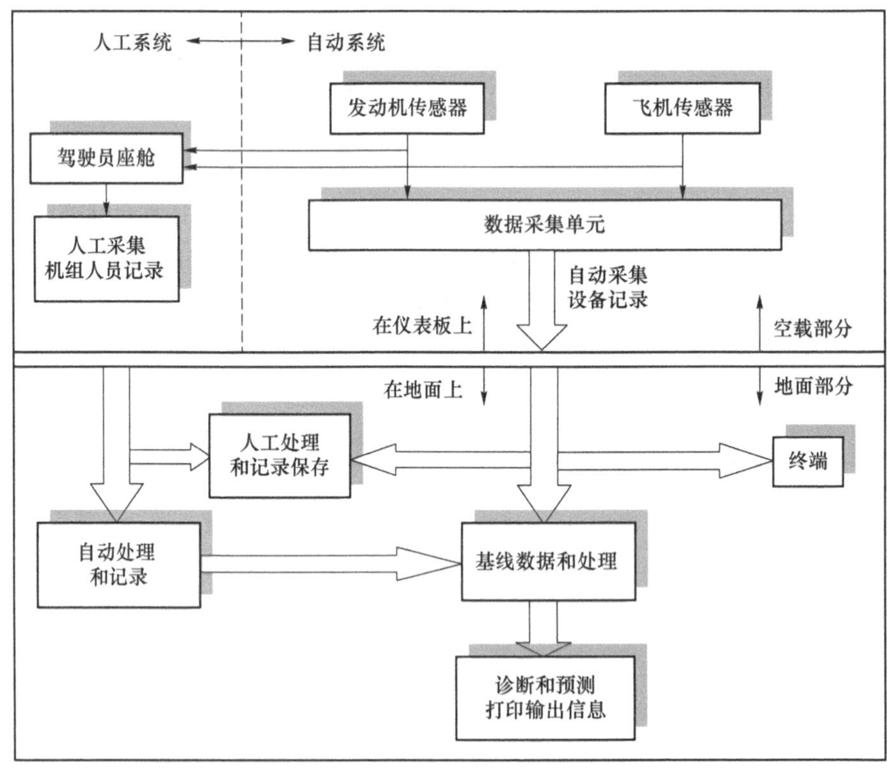

图 1-5 航空发动机数据采集与处理系统

1.3.3 航空发动机常用的状态监测与故障诊断技术

航空发动机常用的状态监测和故障诊断的主要手段和方法有:基于发动机气路性能参数的状态诊断,发动机转子系统的振动诊断,基于滑油分析的发动机磨损状态诊断以及发动机内部气路部件的孔探检测等技术。

1. 发动机状态诊断

发动机状态诊断的基本理论基础是发动机气路上的参数(温度和压力等)和发动机各气路部件的特性(效率、流通能力等)存在严格的非线性气动热力学关系,由于气路部件的机械故障如叶片侵蚀、封严磨损等是逐渐发展的，因此可以用小偏差方法对非线性方程组作线性处理，从而形成了基于线性模型的小偏差故障方程法。气路诊断面临的主要困难是：①在大多数机型上所测量的参数的个数少于未知量的个数；②故障之间存在很强的相关性；③测量参数中的噪声与故障造成的测量参数的偏差具有相同的数量级；④发动机具有很强的非线性和复杂性，且工况及工作环境变化大。状态诊断能够将发动机故障隔离到单元体。

2. 发动机转子系统故障诊断

航空发动机基于振动分析的转子系统故障诊断，是典型的旋转机械状态监测与故障诊断问题。发动机转子系统的主要故障有：不平衡、初始弯曲、刚度非对称、不对中、旋转失速和喘振、转子与静子碰摩、转子裂纹、密封失稳、齿轮与滚动轴承故障等。转子系统的故障特点是多种故障具有一些相同征兆，多种原因可能造成同一故障，因此加大了旋转机械转子系统状态监测和故障诊断的难度。目前对转子系统故障诊断的研究主要集中在3个方面：①从理论上分析各类故障，尤其是非线性故障的特性并确定故障特征量；②利用先进的信号采集和处理技术提取故障特征；③建立专家知识库，研制基于人工智能的智能诊断系统，应用于实际转子系统。

3. 发动机磨损状态诊断

航空发动机的磨损故障诊断主要是通过监测发动机滑油中的金属和非金属磨粒的含量、浓度、尺寸、形状和颜色等信息来诊断发动机的传动系统和具有相互运动的摩擦副的磨损性质、磨损类型和磨损部位。常用的方法是铁谱分析、光谱分析、污染分析、油品理化及能谱分析等。目前主要的研究方向是：①研制先进的仪器，提高油样分析的精度和效率，特别是开发机载的在线油样分析设备；②收集基于油样分析的磨损诊断经验，建立知识库、样本库或案例库，开发基于规则和人工神经网络的智能诊断专家系统；③实现多种分析方法的融合诊断，提高诊断精度。

4. 发动机孔探检测技术

航空发动机结构复杂，工作在高温、高速等恶劣条件下，而且经常需要变换工作状态，承受很大的交变载荷，因此它的故障一直是威胁飞行安全的首要问题。所以，在使用过程中采取必要的监测手段，对其承受高负荷和处于腐蚀介质中的零部件进行定期与非定期探测、检验，及时发现各类损伤、缺陷是保障飞行安全的重要措施之一。由于航空发动机的关键部件如主气流通道部件、高压压气机、高低压涡轮的各级轮盘及叶片、燃油喷嘴、燃烧室等都是不易拆卸且检验可达性较差的零部件，采用孔探仪对这些部件的损伤进行窥探和分析是实现发动机无损探伤的重要手段。因此，孔探技术在各航空公司和飞机维修企业得到了普遍采用和重视。

其他检测手段还有物理检测和燃气流检测等。图1-6所示为航空发动机主要部件及可以采用的诊断手段。

通常，发动机故障诊断手段可以分为诊断技术和诊断算法。诊断技术是指采用物理方法（声、光、热、电等）直接或间接识别被诊断对象的结构参数（特别是微观的结构参数，包括裂纹、腐蚀、烧蚀、蠕变等）的诊断方法。例如，声诊断装置、孔探检测仪、超声检测仪和涡流检测仪等均属于这一类诊断方法。诊断算法是根据发动机使用过程中的参数检测结果来考察被诊断发动机的状态，是典型的故障识别问题。状态诊断、振动诊断和磨损诊断均属于此类方法。

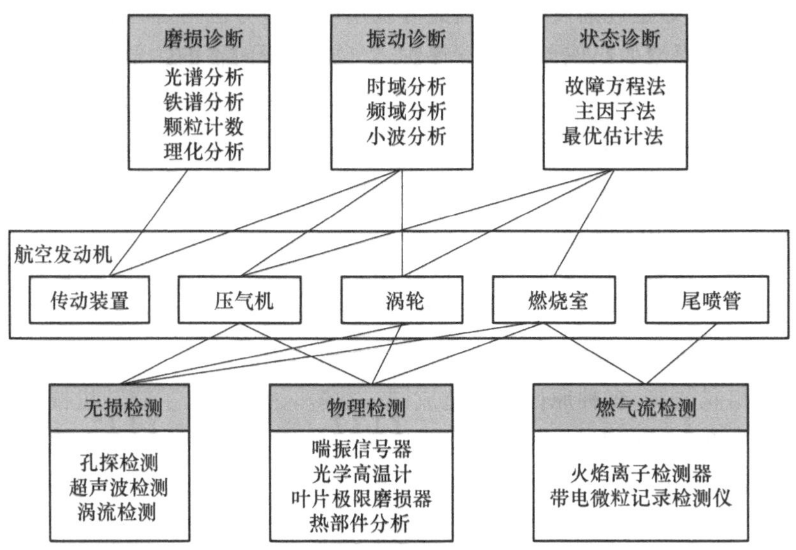

图1-6 航空发动机主要部件与诊断手段的对应关系

1.3.4 航空发动机检测与诊断技术应用——罗·罗公司T900系列发动机的EHMS

罗·罗公司的T900系列发动机是一种高涵道比涡轮风扇发电机,是一款高清洁低噪声的环保发动机,是空客A380配装发动机之一。

T900系列发动机的设备监测与健康管理系统EHMS的组成框图如图1-7所示。由图可知,该系列发动机EHMS系统由机载部分和地面站部分组成。机载部分主要是利用传感器技术对发动机进行状态监测和数据采集,同时完成采集数据的预处理和存储、告警过程。地面站部分主要是对发动机采集的数据进行信号处理及数据分析,完成对发动机的故障诊断、预测。

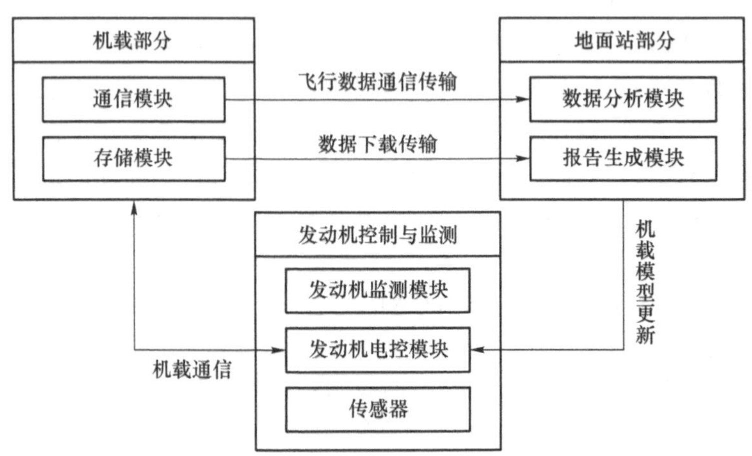

图1-7 T900系列发动机的EHMS的组成框图

该发动机健康管理系统中的机载部分采集的是发动机技术参数,主要通过两种方式传输给地面站部分进行处理分析。一种方式是在飞机飞行时与地面站进行高频数据链路通信,将部分发动机飞行状态参数传输给地面站系统进行实时监测分析；另一种方式是在飞行结束时将采集存储的发动机飞行参数通过存储介质下载传输到地面站系统进行分析处理和预测分析。地面站系统利用这些数据进行分析处理，形成故障诊断、预测报告。根据生成的报告制定发动机维护计划，并更新机载模型，使发动机监测模块与发动机电控模块协调工作，在飞机飞行过程中实时控制发动机的工作状况，并将监控信息传输给飞机系统。

该型号发动机的 EHMS 对发动机监测管理的一些主要性能指标包括：①振动信号监测。②风扇输出平衡监测与维护。③发动机滑油碎屑监测。④风扇损伤检测。⑤发动机功率监测。⑥发动机应变信号检测。⑦推进系统故障监测。

T900 系列发动机的 EHMS 构建了良好的发动机健康管理架构，特别是对发动机飞行数据的地面处理进行了详细的系统分析，以进行正确的发动机故障诊断分析和健康预测。它利用信息融合技术，将存储传输的飞行数据进行了最大限度的处理分析。实际运行效果表明，该系统能较好地实现发动机的状态监控和健康管理。该型号发动机 EHMS 硬件的实物图及其机载部分安装图如图 1-8 所示。

通过采用 EHM 技术，该型号发动机已经产生了显著效益，使某型号飞机发动机的维修人力减少了 50% 以上，诊断时间低于过去的 30% ，故障正确检测率高达 95%以上，大大提升了发动机的性能，降低了发动机的使用、维修成本。

图 1-8 T900 系列发动机的 EHMS 的机载部分安装实物图

1.4 航空器结构检查与修理技术

1.4.1 航空器结构检查与维修目标

飞机结构主要是指机翼、机身、翼身对接、翼身整流罩、尾翼、吊挂、起落架(包括前起落架、主起落架)等，是飞机在空中和地面承受各种载荷的构件，飞机结构的完整性对飞行安全起着极其重要的作用。

飞机结构按其设计原理的发展过程可分为安全寿命结构、破损安全结构和损伤容限结构；按保持结构完整性所起的作用可分为重要结构和次要结构。

为保证飞机结构的安全性，通常采用两种设计原则，即损伤容限设计和安全寿命设计。其中，损伤容限设计原则是推荐优先采用的设计原则；而安全寿命设计原则仅限于高强度钢的起落架和发动机安装架等，因为这类材料的临界裂纹很短，不可能通过检查来保证安全。

早期的飞机因其结构和系统相对简单，通常采用预防和修理相结合，且以预防为主的飞机维修指导思想，要求对飞机每种设备都进行定期翻修，这在一定程度上是与传统的飞机结构相适应的；对于现代喷气式运输机，则采用“定时”“视情”“监控”3种维修方式。此外，飞机结构检查和维修的发展也与材料的发展密切相关，由帆布、木材到铝合金，再到高性能复合材料的几次飞跃，都对现代飞机的设计起到了重要的影响和推动作用。

飞机中常见的损伤是偶然损伤AD(Accidental Damage)、环境损伤ED(Environmental Damage)和疲劳损伤FD(Fatigue Damage)。结构件的检查与修理目标应满足以下要求：

(1) 气动力光滑要求

在飞机结构检修中，必须保持飞机具有良好的气动性，应注意保持和恢复飞机的流线型和蒙皮表面的光滑度。

(2) 静强度、刚度、疲劳强度等方面的要求

要注意：结构修理后，不能改变原结构的破损安全设计、损伤容限设计和耐久性设计的特性。当采用相同材料修理损伤构件时，其修理件的横截面积一般不应超过原构件横截面积的15%。

(3) 防腐控制要求

飞机结构件均需采用防腐控制措施。由于结构件所处区域腐蚀环境不同，防腐等级不同，所采用的防腐方法也不同。应强调指出，当采用不同类型的合金材料修理损伤结构部位时，应采取有效的绝缘隔离措施，以防止电化学腐蚀。

(4) 可检性、可达性要求

在满足上述条件下，应特别重视修理以后结构的可检性，尤其是重要承力构件修理时不应破坏原来结构的可检性。还应注意考虑检修路线、检修程序、检修空间和检修口等因素。

(5) 密封性要求

对密封结构进行修理时，应满足原密封要求。

1.4.2 航空器设计服役目标与经济使用寿命

设计服役目标DSG(Design Service Goal)是指飞机设计和(或)鉴定的一段期限(以飞行次数或小时计)，在该时期内，飞机主结构应当不出现重大的开裂。

当由于疲劳、意外损伤和(或)环境作用引起的飞机结构的损伤状况，使得其耐久性使用寿命的目标不能通过可接受的经济维修方式予以保持时，所对应的使用时间即为经济使用寿命(ERL)(亦称为耐久性使用寿命)。具体说，结构细节出现疲劳裂纹或其他损伤时允许通过经济修理保持其正常功能，直至经济修理已经无法实施时，结构达到其经济使用寿命。

结构经济使用寿命是其修理前经济寿命与各次修理后经济寿命的总和。修理后的经济寿命与所采用的修理工艺、部位和方法密切相关，同时结构的经济寿命取决于经济修理极限和对损伤度的要求，这一要求通常用“许用裂纹超出（百分）数和可靠度”描述。

1.4.3　航空器结构检查技术

1. 无损检测技术

无损检测技术 NDT（Non - Destructive Testing）是材料科学的分支，是一类不改变和损害材料或工件状态及性能，即可对材料成分或缺陷、工件结构缺陷、物理和力学性能等做出评定的检测方法。

无损检测技术的理论基础是材料的物理性质，通过分析材料在不同势场作用下的物理性质，并测量材料性能的细微变化，说明产生变化的原因并评价其适用性。

无损检测技术始于 20 世纪 70 年代，主要经历了无损指示 NDI（Non - Destructive Indication）、无损测试 NDT（Non - Destructive Testing）、无损评估 NDE（Non - destructive Evaluation）3 个阶段。各类无损检测方法多达 70 余种，传统常用的有渗透检测、磁粉检测、涡流检测、射线检测和超声波检测。近年来随着各种新技术、新方法不断涌现，出现了一些如激光全息照相、红外检测、声发射检测、声振检测法及微波无损检测等无损检测新方法，使检测仪器得以改进，检测水平大大提高。

无损检测技术主要应用在制造阶段检验、成品检验和在役检验。对航空公司而言，主要用于检查在役航空器的零部件在运行中结构或状态的变化，保证航空器安全、可靠地工作。

2. 航空器渗漏检测技术

民用航空器管路系统（包括燃油系统、液压系统、氧气和供气系统等）和结构油箱的密封性对保证飞行安全和正常营运起着重要作用。这些密封系统渗漏是飞机制造和使用过程中常见的故障，若不能及时排除就会严重威胁飞机的飞行安全，甚至会发生灾难性事故。检测和修理航空器系统的渗漏，特别是飞机结构油箱的渗漏，工艺过程复杂，技术难度较大，长期以来成为飞机修理工作的一大难题。

目前，常规检漏方法包括皂泡法、渗透剂法、压强衰减法和卤素检漏法等，但这些方法都存在着检测精度不高、试验重复性差等缺陷。氦质谱检漏技术是利用氦气作为示踪气体的高灵敏检漏方法，其检漏精度远远高于皂泡法等传统检漏方法，具有灵敏度高、适用范围广等优点，特别适用于对微小渗漏的精确检漏，是目前可以提供所需要的高灵敏度和高可靠性的检漏方法。该技术起源于 20 世纪 40 年代，随后的数十年里在众多领域获得了广泛的应用。随着科学技术的发展，氦质谱检漏技术的不断发展与完善，已经发展成为一种成熟的检漏技术，可以迅速、可靠地检测系统的渗漏和检验制造及修理的质量。

近年来，氦质谱检漏方法在航空领域的应用逐渐增多。在国外，空客、波音等大型航空制造公司已经率先将氦质谱检漏技术应用于油箱维修中，经实践证明：该检漏方法安全、方便，使油箱修补时间大大缩短，不仅提高了燃油箱修补质量，而且降低了飞机维修成本，使运营的可靠性和经济性得以改善。在国内，航空工业集团的沈飞、成飞公司对军机整体油箱采用氦质谱检漏技术进行了研究，并已经探索制定出正压检漏的企业标准。各民用飞机修理单位为了准确检测到结构油箱的渗漏部位，采用了很多方法，特别是从 1998 年开始，南方航空公司和广州 GAMECO 在维修实践过程中，提出了“飞机燃油渗漏检测的新方法——氦气查漏法”，采用氦质谱检测技术检测油箱渗漏，在结构油箱渗漏检测方面取得了巨大成绩，积累了丰富的经验。

经实践证明:氦质谱检漏方法比传统方法有效且准确得多,可以有效缩短飞机停场修理的时间,降低员工的劳动强度。由此可见,氦质谱检漏方法是今后航空器渗漏检测技术的发展方向。

1.4.4 飞机结构检测技术应用——美国F-35飞机PHM系统

目前应用较为成熟的故障预测与健康管理PHM(Prognostic and Health Management)技术体系是美国F-35飞机上机载智能实时监控系统和地面飞机综合管理的双层体系结构。采用多级系统实现信息综合,传送给地面的联合分布式信息系统JDIS(Joint Distribution Information System),从而对飞机安全性进行有效判断,实施技术状态管理和维护保障。它代表了美国目前公认的基于状态的维修(CBM)技术所能达到的最高水平。据报道F-35上采用的故障预测与健康管理(PHM)系统,可使维修人员减少20%~40%;后勤规模缩小50%,出动架次率提高25%,使飞机的使用与保障费用比过去的机种减少50%以上,且使用寿命达8 000飞行小时。

F-35联合攻击战斗机(JSF)的PHM(JSP-PHM)方案建立在以下3种能力的基础上:第一是机载故障诊断与预测能力;第二是机载故障评估能力;第三是建立与后勤保障基地实时交换评估结果的能力,以便及时进行修复。后勤保障建设应能够对来自飞机的各种信号产生自动响应,使得飞机完成任务返回地面时,后勤保障系统能够满足飞机的再次任务需求。下面以JSF为例,介绍其中的结构健康管理系统SPHM(Structural Prognostics and Health Management)的目标与实施。

1) JSF结构健康管理系统目标　具体包括:①最小化维修任务;②减少定时检查,以实现视情维修;③基于状态维修的成本最小化;④单机跟踪;⑤实现维护工作的全部自动化;⑥支持飞机结构故障预测;⑦最小化专用传感器规模。

2) 结构健康管理系统的能力　具体包括:① 原始数据记录;②结构性故障(过载)辨别;③飞行器特性获取;④操纵面板控制;⑤接口使能技术;⑥负载信息感知;⑦环境腐蚀监测。

3) 机群指挥管理能力　通过测量与PHM相关的载荷数据、环境腐蚀数据、结构过载数据,建立安全寿命和损伤模型,结合维护、维修和制造等历史参数,确定疲劳寿命损耗,评估机体剩余寿命,并根据设计指标与实际使用指标的对照和飞行事故回放情况实现机群指挥管理和损伤鉴定。

1. SPHM系统传感器布局

(1) 应变传感器布局

依照JSF的设计要求,应变传感器的设计应该满足模型发展、验证以及改良的需要,所有应变传感器都应考虑在设计基准内,并且要求配备专业移除设备。

JSF应变传感器布局如图1-9所示,传感器安装在机身结构一侧,机身另一侧安装测量仪作为有效负荷,所有应变测量装置(包括主要测试设备)在正常工作期间无须维护操作。另外,系统采用基于参数方程和动力学模型的方法对所有飞机进行健康跟踪。

(2) 腐蚀传感器布局

SPHM腐蚀传感器的机身布局点如图1-10所示。

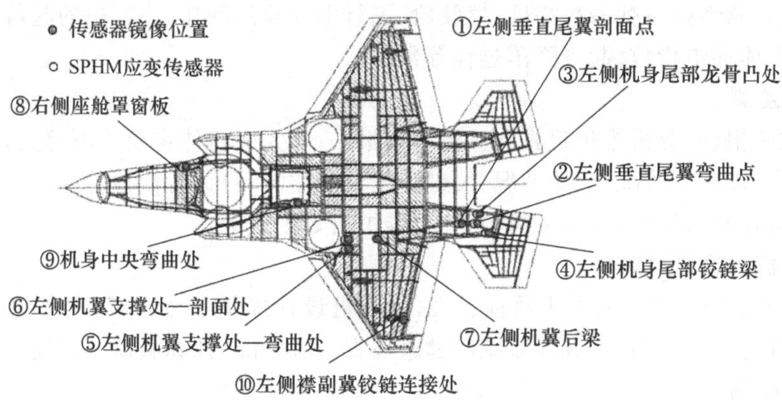

图 1-9　应变传感器布局图

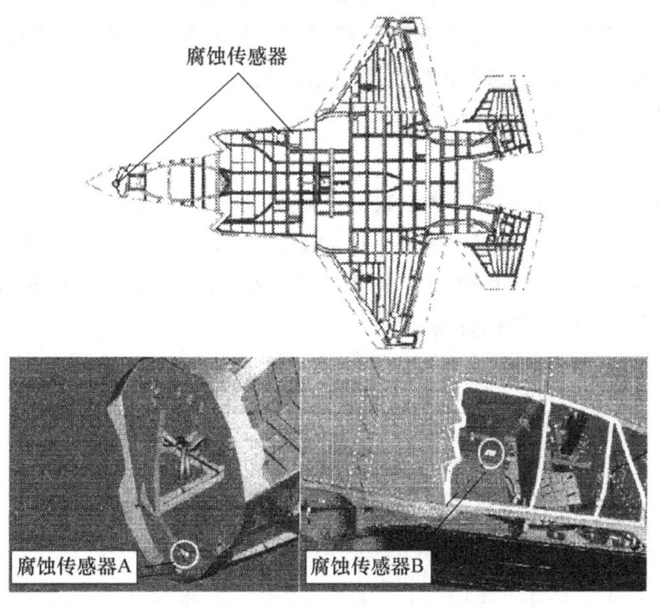

图 1-10　腐蚀传感器机身布局

2. SPHM 系统飞行监测参数

F-35 飞机结构健康监测系统的连续监测参数超过 100 个，其中包括惯性和压力传感器、大气、质量、控制面板、舱门、座舱盖、起飞、降落和制动装置、发动机等数据，以及其他的机载或地面压缩数据，初步估计每飞行小时的数据存储量约 200 MB。基准采样频率见表 1-3。

表 1-3　基准采样频率

数据类型	采样频率/Hz	备　注
应变	320	8 B/80 Hz 的写入速度
惯性数据	80	
大气数据	20	操控面板、舱门、发动机参数等
离散数据	11	

其他辅助监测参数包括海拔高度、驾驶舱、飞行中的舱门动作、飞行中的起落装置动作、燃油监测参数、人体冲击指数、起飞降落过程等数据。

(1) 过载监测

①生成故障报告、分析维护报告和机体健康报告;②完成机体主要检测参数,包括:过载跟踪数据、摆振率、硬着陆状况、超速情况、关键部位负荷监测、目标特性检验等;③离线故障诊断任务,包含信号控制与校正、过载分析与显示、维护指令生成等。

(2) 惯用机载数据归集表

①具备数据归集功能;②防止数据丢失,为飞机设计提供参考;③隔离存储,避免重复写入;④完成事件与时间归集;⑤其他系统的健康检查;⑥额外的计算载荷峰谷表。

(3) 腐蚀检测

①以事件触发检测代替计划检测;②满足模型修正与可靠性说明;③满足功能拓展;④适应复杂的接口技术;⑤接入飞机总线,自动记录起飞与降落数据。

腐蚀传感器布局需要考虑可替代安装和修复,传感器槽宽适中,以及有合适的样本满足修复传感器的检验并满足原传感器测量的涂层质量对比。

3. SPHM 系统单机跟踪

(1) 跟踪要求

具体包括:①实现对各种飞行反馈参数的区域管理;②获取绝大部分的源数据;③满足时间捕获能力;④数据循环计数与惯用统计计算功能;⑤检测点的疲劳寿命损耗跟踪;⑥监测结果存储,以供自主维护系统下载和剩余寿命管理;⑦满足未来基于数据驱动的更新;⑧精确到98%的数据捕获需求;⑨疲劳损伤计算。

单机跟踪的损伤模型与设计模型相同,如图1-11所示。

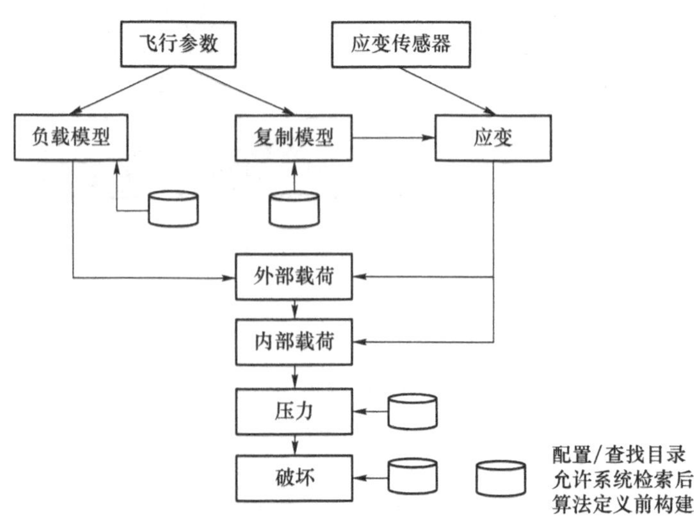

图1-11 机体疲劳损伤跟踪模型

(2) SPHM 健康管理信息显示

SPHM健康管理系统显示内容包括:①机体的疲劳状态(见图1-12);②监测点概况;③异常运行报告;④机体传感器布点腐蚀状况;⑤机体结构规格;⑥实际运行与使用基准的对比情况;⑦在指定屏幕上显示监测对应时间;⑧剩余寿命评估结果。离机故障诊断包括机体材料健康评估、异常状态与失效处理、知识发现、生命期管理、裂纹检查与监测、机体结构综合预测以及机身可靠性与风险评估等。

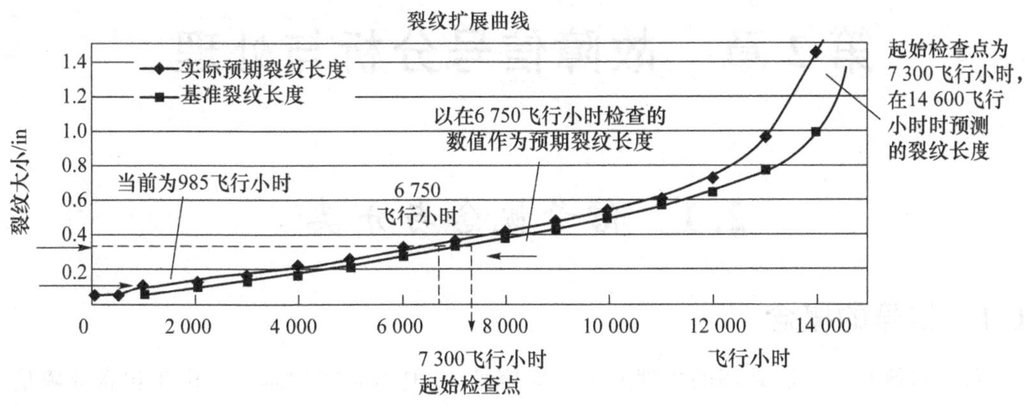

图 1-12 测点跟踪详细信息

复习题

1. 请简述航空器检测与诊断技术的目的和意义。
2. 请解释航空器诊断预测与健康管理技术的目的。
3. 请简述航空器维修理论的发展历程。
4. 请简述航空发动机常用的检测与诊断技术。
5. 请简述航空器结构检查与修理目标。
6. 请简述常用的无损检测技术和渗漏检测技术。

参考文献

[1] 常士基. 现代民用航空维修工程管理[M]. 太原：山西科技出版社，2002.

[2] 王再兴. 民用航空器外场维修[M]. 北京：中国民航出版社，2000.

[3] 上海航空测控技术研究所. 航空故障诊断与健康管理技术[M]. 北京：航空工业出版社，2013.

[4] 孙金立. 无损检测及在航空维修中的应用[M]. 北京：国防工业出版社，2004.

第 2 章　故障信号分析与处理

2.1　信号概念与分类

2.1.1　信号的概念

通常将可测量、记录、处理的物理变量称为信号，一般为时间的函数。由于包含故障信息的故障信号一般为随时间有较大变化的动态信号，而不是近似直流信号的缓变信号，因此本章主要讨论动态信号分析与处理的有关问题。此后凡提到信号之处，均指动态信号。

2.1.2　信号的分类

1. 按性质分类

信号按性质可分为确定性信号和随机信号。

所谓确定性信号是指可用数学关系式描述的信号，它又可分为周期信号（如：正弦信号、方波信号等）和非周期信号（如：阶跃脉冲信号、半正弦脉冲信号等）。

随机信号是不能用数学表达式描述且无法预知其将来幅值的信号，可分为各阶统计量随时间变化的非平稳随机信号和各阶统计量不随时间变化的平稳随机信号。在平稳随机信号中，如果只有第一、二阶统计量不随时间变化，则为宽平稳随机信号，如各阶统计量均不随时间变化，则为严平稳随机信号。由于随机信号描述的运动规律具有不重复性和不确定性，因此应该用概率与统计的方法进行研究，以发现其统计规律。设在相同实验条件下得到 N 组随机信号样本 $x_i(t)(i=1,2,\cdots,N)$，如图 2-1 所示。若 $N\to\infty$，就形成随机过程 $X(t)$，即

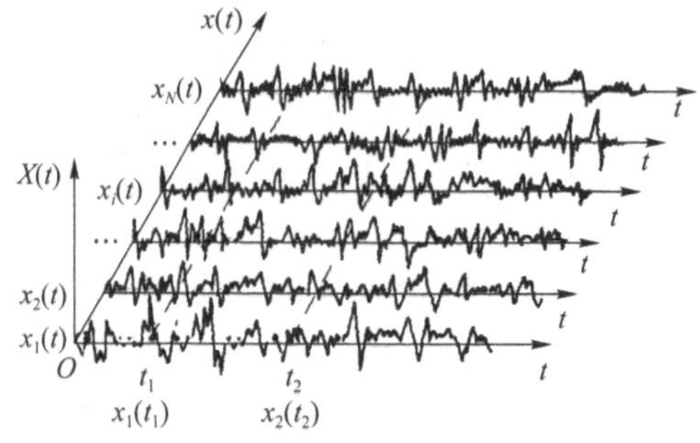

图 2-1　随机过程的集合平均表示法

$$X(t)=\{x_1(t),x_2(t),\cdots,x_N(t)\} \tag{2-1}$$

随机过程在时间 t_j 的每一个固定取值，为一随机变量 $X_j(t_j)$，$j=1,2,\cdots,n$，因此随机过程又可表示为

$$X(t)=\{X_1(t_1),X_2(t_2),\cdots,X_n(t_n)\} \tag{2-2}$$

机械系统中存在各种各样的随机过程，若知道它们的统计特性，就能进行适当的分类，并找到有效的控制方法。在故障诊断中，可利用某些干扰噪声的统计特性，采取滤波、变换、估值等方法，提取出有用的信号。

2. 按变量取值分类

信号按变量取值可分为连续信号和离散信号。其中，连续信号又分为幅值和时间均连续的模拟信号和幅值连续、时间离散的抽样信号；离散信号分为幅值离散、时间连续的量化信号及幅值和时间均离散的数字信号。通常，模拟信号通过时间采样后即得到采样信号；模拟信号通过幅值量化后得到量化信号，模拟信号通过采样和量化后即可得到数字信号，因此数字化包括采样和量化两个步骤；最后将离散幅值进行二进制编码存放于计算机中。图 2-2 所示为各类信号的示意图。

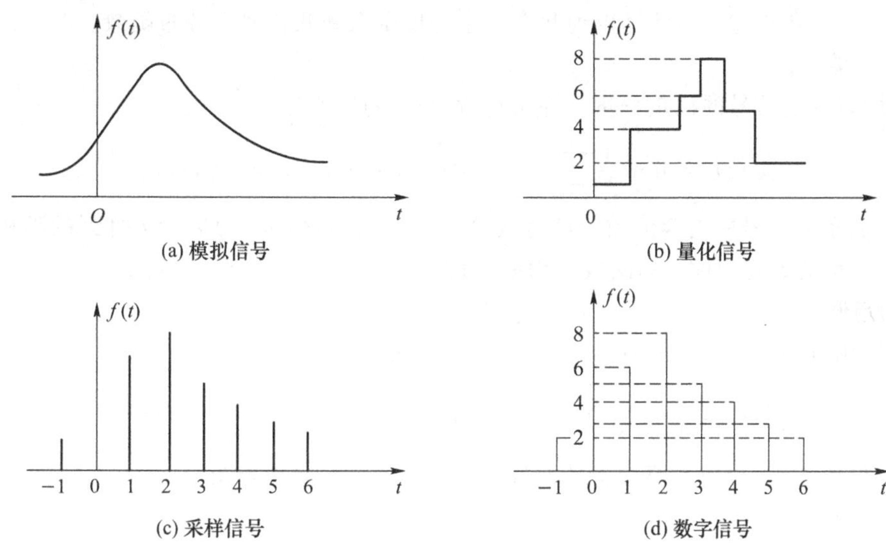

图 2-2　按变量取值划分的信号类别

2.2　信号的时域分析

时域是表示一个或多个信号的取值大小、相互关系的不同时间函数或参数的集合。时域分析指计算这些参数并进行分析的过程。显然，随机信号的定义及处理方法比确定性信号复杂。确定性信号的处理与随机信号中的各态历经过程类似。因此，本章以随机信号的定义及处理方法为主，确定性信号的处理可参见各态历经过程的处理。根据时间函数或参数的不同，时域可进一步分为幅值域、时差域、倒频域等。其中，倒频域将在频域分析中介绍。

2.2.1　幅值域

对样本记录的取值进行统计，称为信号的幅值域分析。在幅值域中，最重要的概念是概率密度函数、概率分布函数、均值、均方值、方差、偏态指标和峭度指标等。

1. 概率密度函数与概率分布函数

不失一般性，对于随机过程 $X(t)$ 的不同时刻 $t_j(j=1,2,\cdots,n)$ 的随机变量 $X_j(t_j)$，计算其瞬时值小于或等于值 $x_1,x_2,\cdots,x_n$ 的概率，则需构造多维概率密度函数和多维概率分布函数。

多维概率密度函数：

$$p(x_1,x_2,\cdots,x_n,t_1,t_2,\cdots,t_n)$$
$$=\lim_{\Delta x_1\to 0}\lim_{\Delta x_2\to 0}\cdots\lim_{\Delta x_n\to 0}\frac{P_{\text{rob}}[x_1\leqslant X_1(t_1)\leqslant x_1+\Delta x_1,\cdots x_n\leqslant X_n(t_n)\leqslant x_n+\Delta x_n]}{\Delta x_1\Delta x_2\cdots\Delta x_n} \tag{2-3}$$

多维概率分布函数:

$$\begin{aligned}P(x_1,x_2,\cdots,x_n,t_1,t_2,\cdots,t_n)&=P_{\mathrm{rob}}[X_1(t_1)\leqslant x_1,\cdots,X_n(t_n)\leqslant x_n]\\&=\int_{-\infty}^{x_1}\int_{-\infty}^{x_2}\cdots\int_{-\infty}^{x_n}p(\xi_1,\xi_2,\cdots,\xi_n,t_1,t_2,\cdots,t_n)\mathrm{d}\xi_1\mathrm{d}\xi_2\cdots\mathrm{d}\xi_n\end{aligned}\tag{2-4}$$

在多维概率密度函数和多维概率分布函数中,令 $n=1$,则不难得出一维的概率密度函数和概率分布函数。若研究的随机过程不止一个,可按多维概率密度函数和多维概率分布函数的方式,将 $X_j(t_j)$视为不同的随机过程,将不同的时刻 $t_j(j=1,2,\cdots,n)$视为独立的时间变量,仍然按式(2-3)和式(2-4)计算得到联合概率密度函数和联合概率分布函数。

2. 均　值

均值用以描述信号的稳定分量。随机过程 $X(t)$的均值为

$$\mu_x(t)=\lim_{N\to\infty}\frac{1}{N}\sum_{i=1}^{N}x_i(t)=\int_{-\infty}^{\infty}xp(x,t)\mathrm{d}x=E[x(t)]\tag{2-5}$$

式中:$E[\ ]$表示方括号中内容的数学期望或算术平均值;均值 $\mu_x(t)$表示 t 时刻的随机变量的统计均值,一般为选定时间 t 的函数。均值又称一阶矩。

3. 均方值

均方值用以描述信号的能量。随机过程 $X(t)$的均方值为

$$\psi_x^2(t)=\lim_{N\to\infty}\frac{1}{N}\sum_{i=1}^{N}x_i^2(t)=\int_{-\infty}^{\infty}x^2p(x,t)\mathrm{d}x=E[x^2(t)]\tag{2-6}$$

式中:均方根值 $\psi_x(t)$为均方值的正平方根。均方值又称二阶原点矩。

4. 方　差

方差用以描述信号的变化程度。随机过程 $X(t)$的方差为

$$\begin{aligned}\sigma_x^2(t)&=\lim_{N\to\infty}\frac{1}{N}\sum_{i=1}^{N}[x_i(t)-\mu_x(t)]^2=\int_{-\infty}^{\infty}[x-\mu_x(t)]^2p(x,t)\mathrm{d}x\\&=E\{[x(t)-\mu_x(t)]^2\}\end{aligned}\tag{2-7}$$

式中:标准差 $\sigma_x(t)$为方差的正平方根。方差又称二阶中心矩。

5. 偏态指标和峭度指标

偏态指标 $\alpha_x(t)$和峭度指标 $\beta_x(t)$常用来检验信号偏离正态分布的程度,两者对概率密度函数的影响如图 2-3 所示。

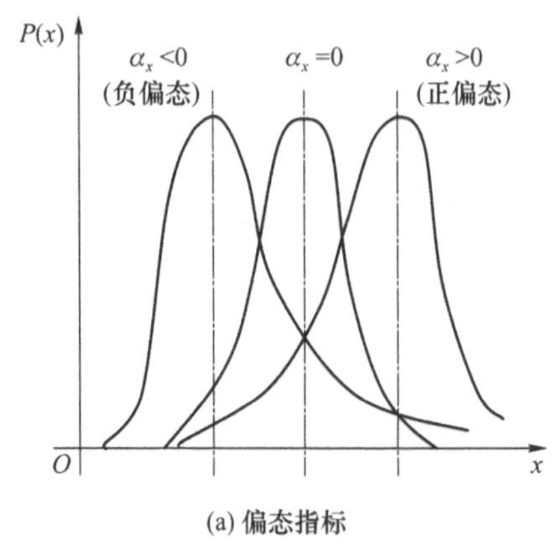

(a) 偏态指标

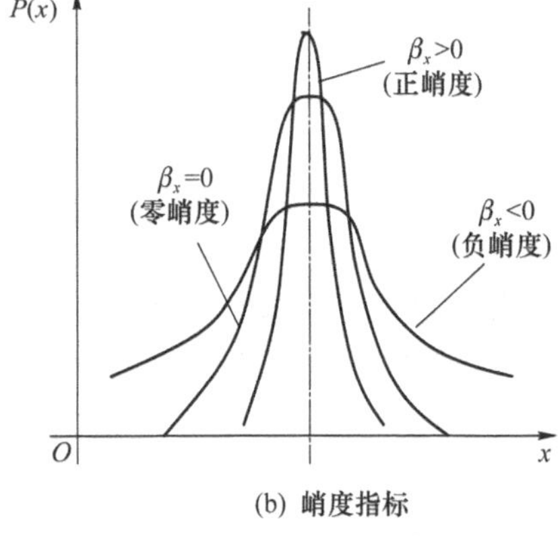

(b) 峭度指标

图 2-3　偏态指标 α_x 和峭度指标 β_x 对概率密度函数的影响

偏态指标：

$$\alpha_x(t)=\lim_{N\to\infty}\frac{1}{N}\sum_{i=1}^{N}[x_i(t)]^3=\int_{-\infty}^{+\infty}x^3p(x,t)\mathrm{d}x=E[X^3(t)] \tag{2-8}$$

峭度指标：

$$\beta_x(t)=\lim_{N\to\infty}\frac{1}{N}\sum_{i=1}^{N}[x_i(t)]^4=\int_{-\infty}^{+\infty}x^4p(x,t)\mathrm{d}x=E[X^4(t)] \tag{2-9}$$

式中：$\alpha_x(t)$和$\beta_x(t)$的绝对值越大，说明机器越偏离正常状态。

2.2.2 时差域

时差域分析是指对样本记录在不同时刻取值的相关性的统计分析。在时差域内几个最重要的基本概念是自相关函数、互相关函数及协方差函数等。

1. 自相关函数

自相关函数描述信号自身的相似程度。对于随机过程$X(t)$，若$X_1(t_1)$和$X_2(t_2)$为其任意两个随机变量，则其自相关函数为

$$R_{xx}(t_1,t_2)=\lim_{N\to\infty}\frac{1}{N}\sum_{i=1}^{N}x_{1i}(t_1)x_{2i}(t_2)=\int_{-\infty}^{\infty}\int_{-\infty}^{\infty}x_1x_2p(x_1,x_2,t_1,t_2)\mathrm{d}x_1\mathrm{d}x_2 \tag{2-10}$$

式中：$p(x_1,x_2,t_1,t_2)$为$X(t)$的二维概率密度函数。

由于周期函数的自相关函数是周期函数，而白噪声信号的自相关函数是δ函数，所以进行自相关函数分析，可以发现淹没在噪声中的周期信号。

2. 互相关函数

互相关函数描述两个信号之间的相似程度。对于随机过程$X(t)$和$Y(t)$，若$X(t_1)$和$Y(t_2)$为其任意两个随机变量，其自相关函数为

$$R_{xy}(t_1,t_2)=\lim_{N\to\infty}\frac{1}{N}\sum_{i=1}^{N}x_i(t_1)y_i(t_2)=\int_{-\infty}^{\infty}\int_{-\infty}^{\infty}xyp(x,y,t_1,t_2)\mathrm{d}x\mathrm{d}y \tag{2-11}$$

式中：$p(x,y,t_1,t_2)$为$X(t)$和$Y(t)$的二维联合概率密度函数。

如果互相关函数中出现了峰值，则表示这两个信号是相似的，其中一路信号在时间上滞后了峰值所在的时差值。若互相关函数几乎处处为零，则表示这两个信号互不相关。

3. 协方差函数

(1) 自协方差函数

对于随机过程$X(t)$的n个时刻t_1，t_2，…，t_n，可定义自协方差函数为

$$\begin{aligned}C_{X_1,X_2,\cdots,X_n}(t_1,t_2,\cdots,t_n)&=\lim_{N\to\infty}\frac{1}{N}\sum_{i=1}^{N}\prod_{j=1}^{n}[x_{ji}(t_j)-\mu_{x_j}(t_j)]\\&=\int_{-\infty}^{\infty}\int_{-\infty}^{\infty}\cdots\int_{-\infty}^{\infty}\prod_{j=1}^{n}[x_{ji}(t_j)-\mu_{x_j}(t_j)]p(x_1,x_2,\cdots,x_n;t_1,t_2,\cdots,t_n)\mathrm{d}x_1\mathrm{d}x_2\cdots\mathrm{d}x_n\end{aligned} \tag{2-12}$$

及自相关系数为

$$\rho_{X_1,X_2,\cdots,X_n}(t_1,t_2,\cdots,t_n)=\frac{C_{X_1,X_2,\cdots,X_n}(t_1,t_2,\cdots,t_n)}{\sigma_{X_1}(t_1)\sigma_{X_2}(t_2)\cdots\sigma_{X_n}(t_n)} \tag{2-13}$$

显然，当$n=2$且随机变量$X_1(t_1)$和$X_2(t_2)$的均值为零时，协方差函数就等于自相关函数。

(2) 互协方差函数

对于 n 个随机过程 $X(t),Y(t),\cdots,Z(t)$ 的 n 个时刻 $t_1,t_2,\cdots,t_n$，可定义互协方差函数为

$$
\begin{aligned}
&C_{X,Y,\cdots,Z}(t_1,t_2,\cdots,t_n)\\
&=\lim_{N\to\infty}\frac{1}{N}\sum_{i=1}^{N}\{[x_i(t_1)-\mu_x(t_1)]\cdot[y_i(t_2)-\mu_y(t_2)]\cdot\cdots\cdot[z_i(t_n)-\mu_z(t_n)]\}\\
&=\int_{-\infty}^{+\infty}\int_{-\infty}^{+\infty}\cdots\int_{-\infty}^{+\infty}\{[x_i(t_1)-\mu_x(t_1)]\cdot[y_i(t_2)-\mu_y(t_2)]\cdot\cdots\cdot[z_i(t_n)-\mu_2(t_n)]\}\cdot\\
&\quad p(x,y,\cdots,z;t_1,t_2,\cdots,t_n)\mathrm{d}x\mathrm{d}y\cdots\mathrm{d}z
\end{aligned}
\tag{2-14}
$$

及互相关系数为

$$
\rho_{X,Y,\cdots,Z}(t_1,t_2,\cdots,t_n)=\frac{C_{X,Y,\cdots,Z}(t_1,t_2,\cdots,t_n)}{\sigma_X(t_1)\sigma_Y(t_2)\cdots\sigma_Z(t_n)}
\tag{2-15}
$$

显然，当 $n=2$ 且随机变量 $X(t_1)$ 和 $Y(t_2)$ 的均值为零时，互协方差函数就等于互相关函数。

2.2.3 平稳随机过程

1. 定 义

对于 n 个不同时刻 $t_1,t_2,\cdots,t_n$ 和任一实数 ε，如果随机过程 $X(t)$ 的 n 维概率密度函数或概率分布函数满足：

$$
p(x_1,x_2,\cdots,x_n;t_1,t_2,\cdots,t_n)=p(x_1,x_2,\cdots,x_n;t_1+\varepsilon,t_2+\varepsilon,\cdots,t_n+\varepsilon)
$$

或

$$
P(x_1,x_2,\cdots,x_n;t_1,t_2,\cdots,t_n)=P(x_1,x_2,\cdots,x_n;t_1+\varepsilon,t_2+\varepsilon,\cdots,t_n+\varepsilon)
\tag{2-16}
$$

则称 $X(t)$ 为 n 阶平稳随机过程。一个 n 阶平稳随机过程对于低于 n 的各阶也是平稳的，在工程上，通常只要求二阶平稳过程(即 $n=2$)，通常称为宽平稳随机过程，而将满足平稳过程严格定义的随机过程为严平稳随机过程。

2. 性 质

① 平稳随机过程的一维概率密度函数和概率分布函数均与所选时刻无关。

由 $p(x,t)=p(x,t+\varepsilon)$ 和 $P(x,t)=P(x,t+\varepsilon)$ 不难得出此结论。

② 平稳随机过程的二维概率密度函数和概率分布函数只与所选两时刻的时差有关。

因为

$$
p(x_1,x_2;t_1,t_2)=p(x_1,x_2;t_1+\varepsilon,t_2+\varepsilon)
$$

令 $\varepsilon=-t_1,\tau=t_2-t_1$，代入上式得

$$
p(x_1,x_2;t_1,t_2)=p(x_1,x_2;0,\tau)
$$

所以，平稳随机过程 $X(t)$ 任意相差 τ 的两时刻 t_1 和 $t_2=t_1+\tau$ 的随机变量 $X(t_1)$ 和 $X(t_1+\tau)$ 之间的二维概率密度函数，与 0 时刻和 τ 时刻的随机变量 $X(0)$ 和 $X(\tau)$ 之间的二维概率密度函数相同，因此，平稳随机过程的二维概率密度函数只与所选两时刻的时差有关；同理可得，二维概率分布函数也只与所选两时刻的时差有关。

3. 平稳随机过程的数字统计量

① 均值是与时间 t 无关的常数，即 $\mu_x=E[X(t)]=\int_{-\infty}^{\infty}xp(x)\mathrm{d}x$；

② 均方值是与时间 t 无关的常数，即 $\psi_x^2=E[X^2(t)]=\int_{-\infty}^{\infty}x^2p(x)\mathrm{d}x$；

③ 方差是与时间 t 无关的常数，即 $\sigma_x^2 = E[(X(t)-\mu_x)^2] = \int_{-\infty}^{\infty} (x-\mu_x)^2 p(x)\mathrm{d}x$；

④ 相关函数仅仅是与单变量时差 τ 的函数，即

$$\begin{aligned} R_{xx}(t_1,t_2) &= E[X(t_1)X(t_2)] = E[X(t_1)X(t_1+\tau)] \\ &= \int_{-\infty}^{\infty}\int_{-\infty}^{\infty} x_1x_2 p(x_1,x_2;0,\tau)\mathrm{d}x_1\mathrm{d}x_2 \\ &= R_{xx}(\tau) \end{aligned}$$

$$\begin{aligned} R_{xy}(t_1,t_2) &= E[X(t_1)Y(t_2)] = E[X(t_1)Y(t_1+\tau)] \\ &= \int_{-\infty}^{\infty}\int_{-\infty}^{\infty} xyp(x,y;0,\tau)\mathrm{d}x\mathrm{d}y \\ &= R_{xy}(\tau) \end{aligned}$$

2.2.4 各态历经随机过程

1. 定　义

随机过程中，若所有样本的集合统计量与任一样本的时间统计量相等，则此随机过程为各态历经随机过程。

2. 性　质

在计算随机过程的统计量时，只需对其某一个样本函数进行研究，就能得到该随机过程的各统计量，因此有利于工程实际应用。

3. 各态历经随机过程的各统计量计算

设 $x(t)$ 和 $y(t)$ 分别为随机过程 $X(t)$ 和 $Y(t)$ 的某一样本函数，通过离散后得到时序数据 $\{x_1, x_2, \cdots, x_N\}$ 和 $\{y_1, y_2, \cdots, y_N\}$，$N$ 为样本函数的长度，则各统计量的定义如下：

① 均值

$$\mu_x = \frac{1}{N}\sum_{i=1}^{N} x_i$$

② 均方值

$$\psi_x^2 = \frac{1}{N}\sum_{i=1}^{N} x_i^2$$

③ 方差

$$\sigma_x^2 = \frac{1}{N}\sum_{i=1}^{N} (x_i-\mu_x)^2$$

④ 偏态指标

$$\alpha_x = \frac{1}{N}\sum_{i=1}^{N} x_i^3$$

⑤ 峭度指标

$$\beta_x = \frac{1}{N}\sum_{i=1}^{N} x_i^4$$

⑥ 自相关函数

$$R_{xx}(r) = \frac{1}{N-r}\sum_{i=1}^{N-r} x_i x_{i+r}, \quad r = 1,2,3,\cdots,m \quad (m < N)$$

⑦ 互相关函数

$$R_{xy}(r)=\frac{1}{N-r}\sum_{i=1}^{N-r}x_i y_{i+r},\quad r=1,2,3,\cdots,m\quad (m<N)$$

$$R_{yx}(r)=\frac{1}{N-r}\sum_{i=1}^{N-r}y_i x_{i+r},\quad r=1,2,3,\cdots,m\quad (m<N)$$

另外,在工程故障诊断中,还有一些常用的统计量参数如下:

⑧ 峰值:将数据分为10段,每段数据的绝对值最大值为 x_{pi},则

$$X_{\max}=\frac{\sum_{i=1}^{10}x_{pi}}{10}$$

⑨ 有效值

$$X_{\text{rms}}=\sqrt{\frac{1}{N}\sum_{i=1}^{N}x_i^2}$$

⑩ 方根幅值

$$X_r=\left[\frac{1}{N}\sum_{i=1}^{N}\sqrt{|x_i|}\right]^2$$

⑪ 绝对平均幅值

$$|\overline{X}|=\frac{1}{N}\sum_{i=1}^{N}|x_i|$$

上述统计量虽然随故障发展而上升,但是也会因工作条件(如负载、转速等)的改变而改变,实际中很难加以区分,因此希望统计量只对故障敏感,而对信号幅值和频率不敏感,并与机器的工作条件关系不大,为此,引入无量纲幅域参数。常用的无量纲幅域参数如下:

⑫ 波形指标

$$S_f=\frac{X_{\text{rms}}}{|\overline{X}|}$$

⑬ 峰值指标

$$C_f=\frac{X_{\max}}{X_{\text{rms}}}$$

⑭ 脉冲指标

$$I_f=\frac{X_{\max}}{|\overline{X}|}$$

⑮ 裕度指标

$$\text{CL}_f=\frac{X_{\max}}{X_r}$$

⑯ 峭度指标

$$K_v=\frac{\beta}{(X_{\text{rms}})^4}$$

表2-1所列为几种典型信号的无量纲幅域参数,对于正弦波和三角波,不论幅值和频率如何改变,参数值都是不变的。峭度指标、裕度指标和脉冲指标对于冲击型故障比较敏感,特别是故障早期,它们有明显上升,但是随着故障的逐渐发展,反而会下降,表明它们对早期故障敏感,但是稳定性不好。一般情况下,有效值的稳定性好,但是对早期故障不敏感,因此,常将

它们同时使用以兼顾敏感性和稳定性。

表 2-1　典型信号的无量纲幅域参数诊断数值

类　型	波形指标	峰值指标	脉冲指标	裕度指标	峭度指标
矩形波	1.00	1.00	1.00	1.00	1.00
正弦波	1.11	1.41	1.57	1.73	1.50
三角波	1.56	1.73	2.00	2.25	1.80
正常齿轮	1.23	2.88	3.54	4.14	2.66
异常齿轮	1.28	4.80	6.12	7.25	4.34

2.2.5　信号时域分析诊断实例

1. 基于概率密度函数的故障诊断

图 2-4 所示为新旧变速箱噪声概率密度函数。新变速箱的噪声主要是随机噪声，其概率密度函数服从正态分布；而旧变速箱的噪声中出现了不同频率的正弦振动信号，因此其概率密度函数曲线呈现出中间凹陷。图 2-5 所示为正常和异常状态下的滚动轴承振动信号的概率密度函数曲线，可以看出，在正常状态下，振动信号的概率密度曲线为典型的正态分布曲线；在异常状态下，概率密度曲线可能出现偏斜或分散的现象。显然，从振动信号的概率密度函数可以判断机器运行的状态是否正常。

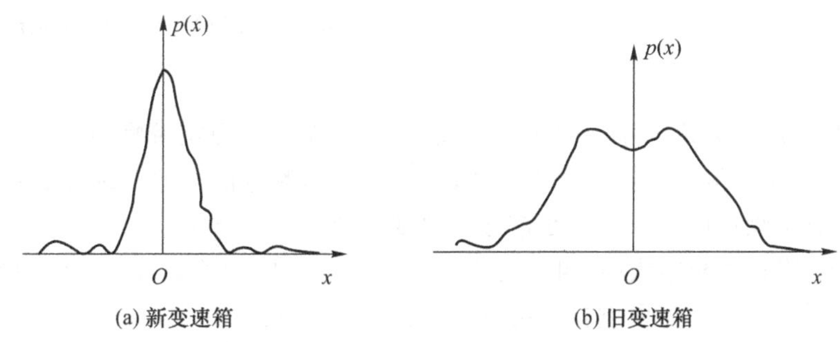

(a) 新变速箱　　(b) 旧变速箱

图 2-4　车床变速箱噪声概率密度函数

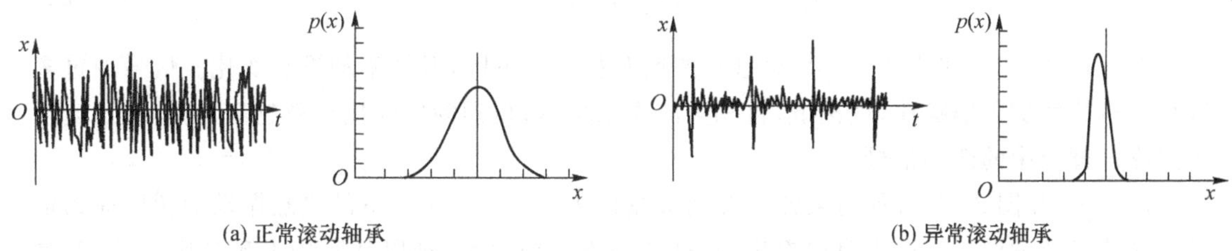

(a) 正常滚动轴承　　(b) 异常滚动轴承

图 2-5　滚动轴承振动信号及概率密度函数

2. 基于多重自相关分析的周期微弱信号检测

相关技术在信号和系统的分析和综合中占有重要位置，能够用相关技术解决的工业问题范围很广，基于相关技术的监测系统也有很多种。从本质上说，相关检测技术是基于信号和噪声的统计特性进行检测的，相关函数是两个时域信号（有时是空间域信号）相似性的一种度量。该方法主要用于检测周期性信号，而发动机属于旋转类机械，发生早期故障会在周期性振动中反映出来。

设 $s(t)$ 为被测周期信号，$n(t)$ 为零均值宽带噪声，可观测到的振动信号 $x(t)$ 为

$$x(t)=s(t)+n(t) \tag{2-17}$$

对振动信号 $x(t)$ 做自相关运算，得

$$R_x(\tau)=E[x(t)x(t-\tau)]=R_s(\tau)+R_n(\tau)+R_{sn}(\tau)+R_{ns}(\tau) \tag{2-18}$$

实际中，$n(t)$ 与 $s(t)$ 两者相互独立，$R_{sn}(\tau)=R_{ns}(\tau)=0$，则式(2-18)简化为

$$R_x(\tau)=R_s(\tau)+R_n(\tau) \tag{2-19}$$

对于宽带零均值噪声 $n(t)$，其自相关函数 $R_n(\tau)$ 主要反映在 $\tau=0$ 附近，当 τ 较大时，$R_x(\tau)$ 只反映 $R_s(\tau)$ 的情况。如果 $s(t)$ 为周期函数，则 $R_s(\tau)$ 仍为周期性函数，这样就可以由 τ 较大时的 $R_x(\tau)$ 测量出 $s(t)$ 的幅度和频率。

假设测量过程具备各态历经性，则可以利用样本的自相关函数代替随机过程的自相关函数，还可以利用 FFT 算法实现对自相关函数的快速计算，其步骤如下：

① 截取 $2N$ 点平稳随机信号 $x(n)$ 得 $x_{2N}(n)$，对 $x_{2N}(n)$ 做 FFT 得到 $X_{2N}(k)$，$k=0,1,\cdots,2N-1$；

② 求 $X_{2N}(k)$ 的幅度平方，然后除以 N，得到 $|X_{2N}(k)|^2/N$；

③ 对 $|X_{2N}(k)|^2/N$ 做 IFFT，得到相关函数。

若 $x(t)$ 为正弦函数 $s(t)$ 叠加了不相关的噪声 $n(t)$，即

$$x(t)=s(t)+n(t)=A\sin(\omega_0 t+\varphi)+n(t) \tag{2-20}$$

$$R_x(\tau)=R_s(\tau)+R_n(\tau)=\lim_{T\to\infty}\frac{1}{2T}\int_{-T}^{T}[s(t)s(t-\tau)]\mathrm{d}t+R_n(\tau)=\frac{A^2}{2}\cos(\omega_0\tau)+R_n(\tau) \tag{2-21}$$

式中：A 为信号幅度；ω_0 为角频率；ϕ 为信号初始角度。若 $n(t)$ 为宽带噪声，则式(2-21)中的 $R_n(\tau)$ 集中表现在 $\tau=0$ 附近，当 τ 很大时，由 $R_x(\tau)$ 就可以测量信号 $s(t)$ 的幅度和频率，这样经过自相关处理，就从噪声中提取了正弦信号的幅度和频率。

当信号微弱、噪声能量很大时，可以考虑对相关函数再做相关处理，已达到检测微弱周期信号的目的，这样就有了称为多重自相关分析的方法。根据式(2-21)可推导出 k 次自相关运算后的结果为

$$R_x^{(k)}(\tau)=\frac{A^{2^K}}{2^{2^K-1}}\cos(\omega_0\tau)+R_n^k(\tau) \tag{2-22}$$

对比式(2-21)和式(2-22)，尽管在幅度和相位上不同，但频率却没有变化。信号通过多次相关运算增加了信噪比，理论上，自相关的次数越多，得到的信噪比也就越高，可检测出淹没于强噪声背景中的微弱信号。

图 2-6 和图 2-7 所示为某弹用发动机在转速 29 906 r/min 下的机匣振动加速度原始信号时域波形及频谱。从图中可以看出，时域波形不具规律性，难以从其中发现故障特征，其频谱除了具有转速 1 倍频和 2 倍频以外，还有很多其他频率分量。图 2-8 和图 2-9 所示为进行1 重自相关降噪后的时域波形及频谱。从图中可以看出，时域波形具有明显的特征，表现为“上大下小”的截头状波形，该特征预示着系统存在诸如松动、碰摩等冲击摩擦类故障，其频谱主要包含转速 1 倍频和 2 倍频，其他频率分量很少。图 2-10 和图 2-11 所示为进行 2 重自相关降噪后的时域波形及频谱。从图中可以看出，时域波形表现出明显的谐波特征，从频谱中可以看出，转速 1 倍频被削弱了，2 倍频分量得以凸显。显然，随着自相关次数的增多，信号中

更大的频率分量将得到增强，其他频率分量将大大削弱。因此，在实际应用中，往往进行 1 重自相关降低即可满足要求，如果次数过多，则在降噪的同时，也将漏掉一些重要的频率分量。

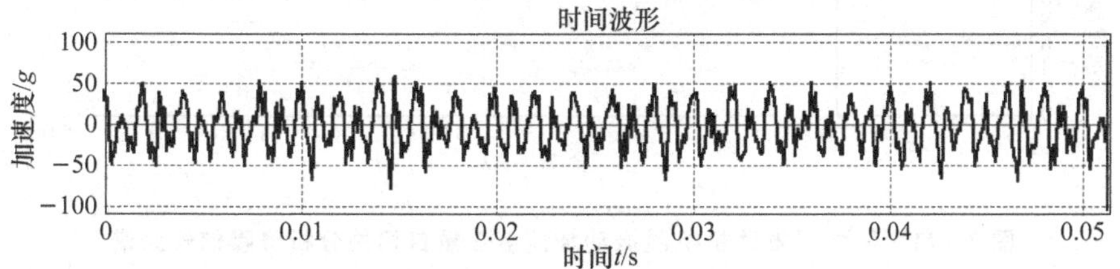

图 2-6 某弹用发动机机匣振动加速度原始信号时域波形

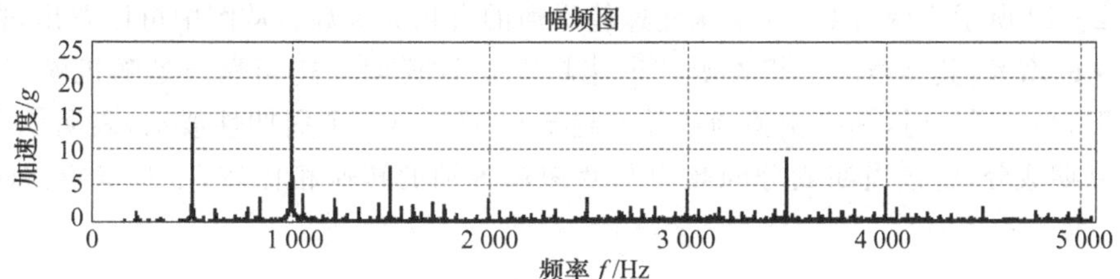

图 2-7 某弹用发动机机匣振动加速度原始信号频谱

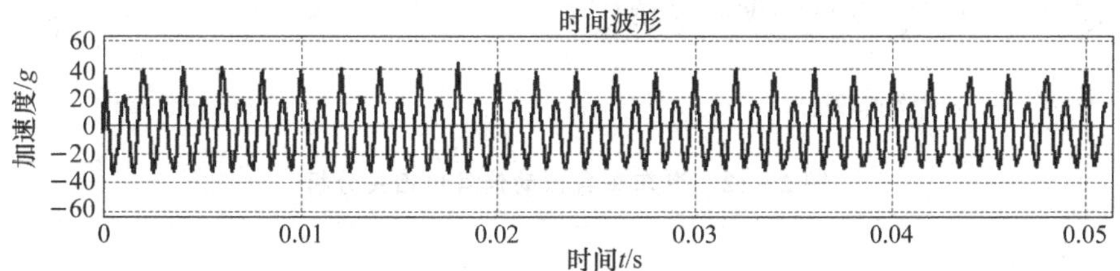

图 2-8 某弹用发动机机匣振动加速度 1 重自相关降噪时域信号

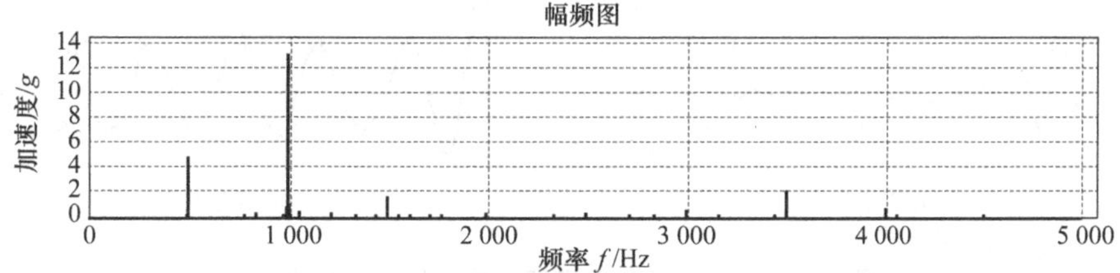

图 2-9 某弹用发动机机匣振动加速度 1 重自相关分析降噪信号频谱

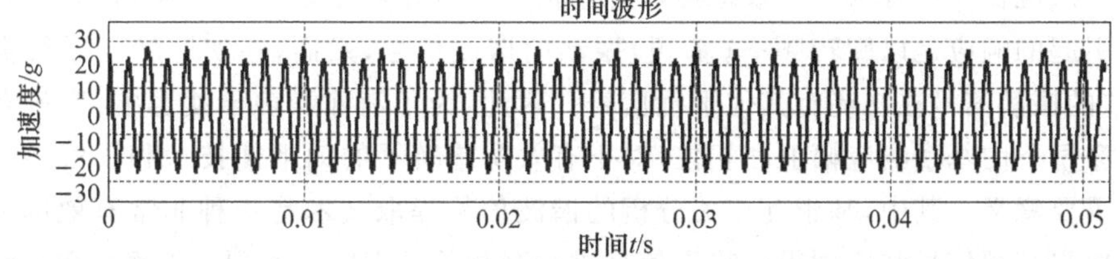

图 2-10 某弹用发动机机匣振动加速度 2 重自相关降噪时域信号

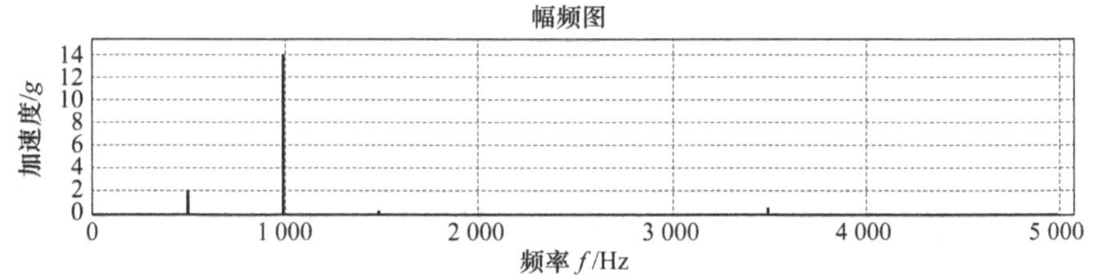

图 2-11　某弹用发动机机匣振动加速度 2 重自相关分析降噪信号频谱

图 2-12 所示为汽车车身振动信号时域波形及其自相关函数。从图中可以看出,原始时域波形中很难发现信号中的周期成分,但是从其自相关函数中可以发现周期为 0.15 s 的周期成分。图 2-13 所示为两台 C630 车床变速箱噪声的自相关函数。从图中可以看出,在正常状态下随着 τ 的增大,其噪声的自相关函数迅速趋于 0,这说明变速箱噪声是随机噪声;但是在异常状态下,当 τ 增大时,其自相关函数并不趋于 0,而是出现了周期性波动,表明变速箱信号中出现了周期成分,将该周期成分的频率与变速箱各轴的转速相比较,不难确定出缺陷轴的位置。

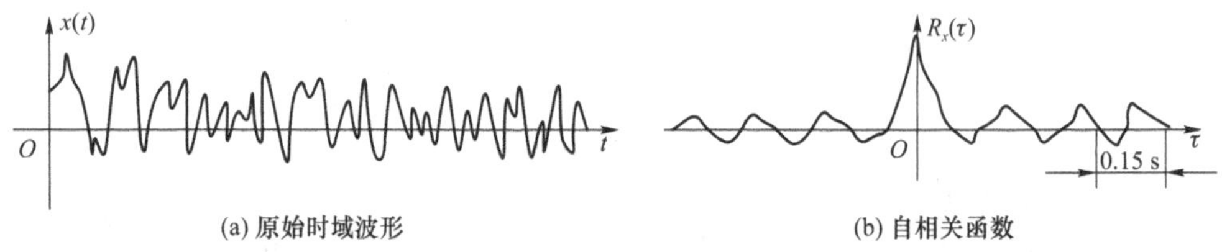

图 2-12　汽车车身振动信号自相关分析

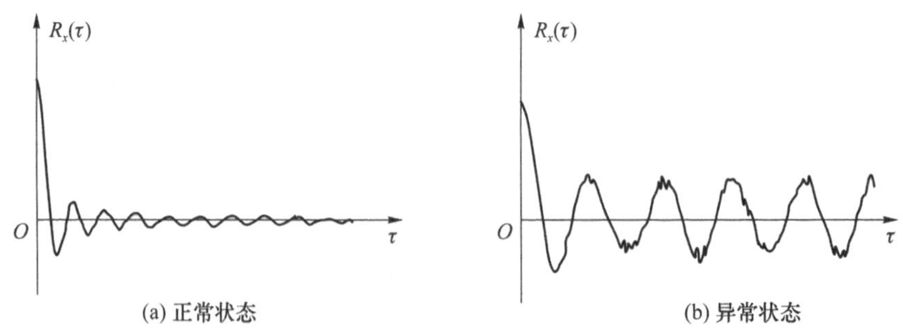

图 2-13　C630 型机床变速箱噪声的自相关分析

3. 基于互相关分析的谐波信号提取

互相关法能在噪声背景下有效地提取有用信号。根据转子动力学知识可以知道,由转子不平衡量引起的响应是以旋转频率(基频)振动的谐波信号,然而,在实际转子系统振动测试中,所获取的振动信号往往还有其他干扰信号。因此,为了消除噪声干扰影响,准确获取在转子不平衡激励下的基频响应幅值和相位,对于有效实施转子的动平衡技术和了解转子不平衡方向具有重要意义。其中,基于互相关分析的谐波信号提取技术是一种非常有效的方法。该方法只需要将基频信号和所测得的响应信号进行互相关处理即可实现。下面简单介绍该方法的原理。

设振动信号 $x(t)$ 为正弦信号与噪声信号的叠加,即

$$x(t)=A\sin(2\pi f_0+\varphi)+n(t)$$

式中：f_0为正弦信号频率；$n(t)$为其他频率分量与噪声之和。将振动信号 $x(t)$与频率等于 f_0、初相位等于 0 的正弦信号和余弦信号分别做互相关，来提取基频信号的幅值及相位。设在$[0,T]$范围内，正弦和余弦信号分别为

$$\begin{cases} y(t)=\sin(2\pi f_0 t) \\ z(t)=\cos(2\pi f_0 t) \end{cases}$$

将正弦信号 $y(t)$、余弦信号 $z(t)$分别与振动信号 $x(t)$做互相关运算，得

$$\begin{cases} R_{xy}(0)=\dfrac{1}{T}\displaystyle\int_0^T \sin(2\pi f_0 t)\times A\sin(2\pi f_0 t+\varphi)\,\mathrm{d}t+\dfrac{1}{T}\displaystyle\int_0^T \sin(2\pi f_0 t)\times n(t)\,\mathrm{d}t \\ R_{xz}(0)=\dfrac{1}{T}\displaystyle\int_0^T \cos(2\pi f_0 t)\times A\sin(2\pi f_0 t+\varphi)\,\mathrm{d}t+\dfrac{1}{T}\displaystyle\int_0^T \cos(2\pi f_0 t)\times n(t)\,\mathrm{d}t \end{cases} \tag{2-23}$$

在式(2-23)中，第二个积分由于 $\sin 2\pi f_0 t$ 和 $\cos 2\pi f_0 t$ 与 $n(t)$不同频率且不同相，所以积分值均为 0，因此得

$$\begin{cases} R_{xy}(0)=\dfrac{1}{T}\displaystyle\int_0^T \sin(2\pi f_0 t)\times A\sin(2\pi f_0 t+\varphi)\,\mathrm{d}t=\dfrac{A}{2}\cos\varphi \\ R_{xz}(0)=\dfrac{1}{T}\displaystyle\int_0^T \cos(2\pi f_0 t)\times A\sin(2\pi f_0 t+\varphi)\,\mathrm{d}t=\dfrac{A}{2}\sin\varphi \end{cases} \tag{2-24}$$

由式(2-24)可求出幅值以及相位：

$$A=2\times\sqrt{R_{xy}^2(0)+R_{xz}^2(0)}$$

$$\varphi=\arctan\frac{R_{xz}(0)}{R_{xy}(0)}$$

上述使用了连续信号来分析阐述互相关原理，但是在计算机处理信号时，只能处理数字信号。连续信号 $x(t)$、$y(t)$、$z(t)$经过离散采样后，离散序列分别为

$$x(i)=A\sin(2\pi f_0 i+\varphi)+n(i)\quad(i=0,1,2,\cdots,N-1) \tag{2-25}$$

$$y(i)=\sin(2\pi f_0 i)\quad(i=0,1,2,\cdots,N-1) \tag{2-26}$$

$$z(i)=\cos(2\pi f_0 i)\quad(i=0,1,2,\cdots,N-1) \tag{2-27}$$

离散互相关序列为

$$R_{xy}(0)=\frac{1}{N}\sum_{i=0}^{N}x(i)y(i) \tag{2-28}$$

$$R_{xz}(0)=\frac{1}{N}\sum_{i=0}^{N}x(i)z(i) \tag{2-29}$$

实际的基频幅值为

$$\begin{cases} A_0=2\times\sqrt{R_{xy}^2(0)+R_{xz}^2(0)} \\ \varphi=\arctan\dfrac{R_{xz}(0)}{R_{xy}(0)} \end{cases} \tag{2-30}$$

由于根据式(2-30)得到的相位角范围为$[-\pi/2,\pi/2]$，实际的基频相位应为：当 $R_{xy}(0)<0$ 时，$\theta=\varphi+\pi$；当 $R_{xy}(0)>0$ 且 $R_{xz}(0)<0$ 时，$\theta=\varphi+2\pi$。

设一含噪声和多次谐波仿真信号 $x(t)$为

$$x(t)=2.0\sin(2\pi f_1 t+\varphi_1)+1.0\sin(2\pi f_2 t+\varphi_2)+0.5\sin(2\pi f_3 t+\varphi_3)+n(t)$$

式中：$f_1=100\ \text{Hz}$，$f_2=200\ \text{Hz}$，$f_3=300\ \text{Hz}$；$\varphi_1=10°$，$\varphi_2=20°$，$\varphi_3=30°$；$n(t)$是均值为 0 的高

斯白噪声。图2-14中,图(a)为原始信号,图(b)、(c)、(d)分别是方差σ^2为0.1、0.5和1.0下的加了高斯白噪声后的信号。表2-2所列为从信号中提取出的各谐波幅值和相位。从表中可以看出,所提取出的幅值和相位与真实值相比,即使在很低的信噪比下,也能达到足够的精度,信噪比越高,所提取出的幅值和相位越准确。

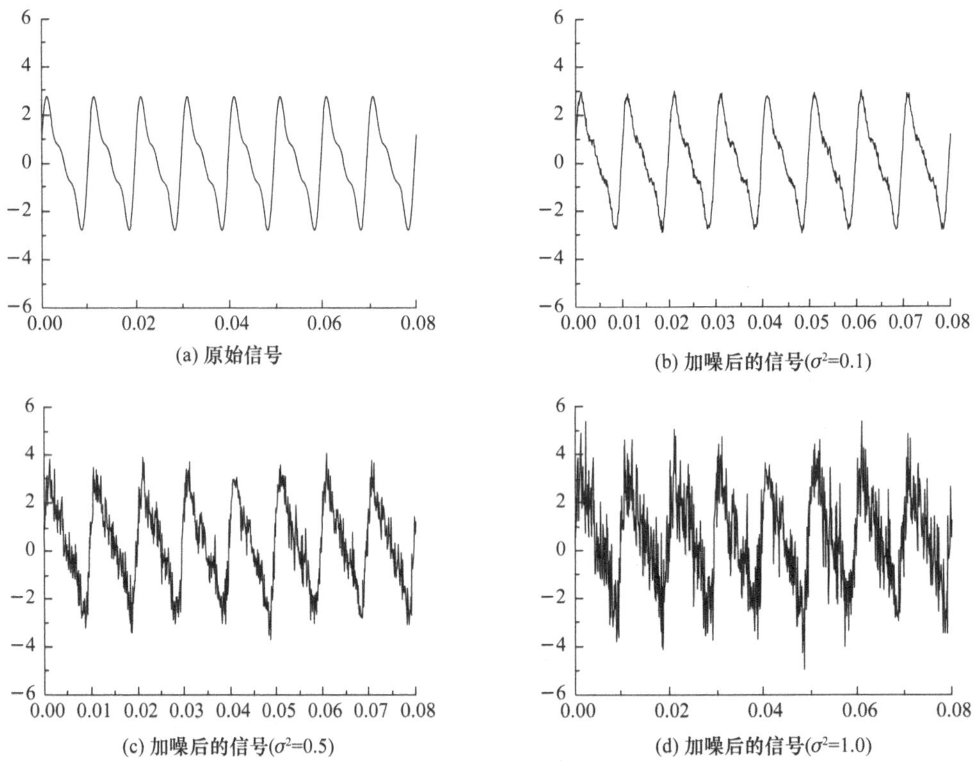

(a) 原始信号
(b) 加噪后的信号(σ^2=0.1)
(c) 加噪后的信号(σ^2=0.5)
(d) 加噪后的信号(σ^2=1.0)

图2-14 含噪声和多次谐波仿真信号

表2-2 基于互相关法的谐波提取结果

σ^2	相位			幅值		
	f_1=100 Hz	f_2=200 Hz	f_3=100 Hz	f_1=100 Hz	f_2=200 Hz	f_3=100 Hz
0.1	9.864 3	19.860 4	29.886 3	1.999 3	1.002 7	0.500 5
0.5	9.311 5	19.291 3	29.406 1	1.996 6	1.013 4	0.502 5
1.0	8.618 3	18.596 8	28.811 4	1.993 4	1.026 9	0.505 2

该方法直接在时域中进行谐波分量的提取,避免了离散傅里叶变换所带来的频谱泄漏的误差,能够准确地获取谐波分量的幅值和相位,在转子动平衡技术、转速跟踪滤波以及微弱信号提取等研究中具有很大的工程实用价值。

4. 基于互相关分析的故障定位

互相关分析在实践中有广泛应用,图2-15所示为基于互相关分析的船舶速度测量方法,在船前进的方向上相距l的两点安装两组超声波发射机和接收传感器,信号源1和2分别为两组超声波发射机提供信号,超声发射机发射的信号经过海底的反射形成回波,回波由接收传感器接收,形成两路信号$x_1(t)$和$x_2(t)$。计算$x_1(t)$和$x_2(t)$的互相关函数,得到其峰值对应的时间τ_{max},则船舶的行进速度为$v=l/\tau_{max}$。图2-16所示为利用互相关分析探测水管漏水的原理图，在漏水管的两端分别选择两个测点测区和两路信号，然后进行互相关分析，确定互相关函数上峰值对应的时间 τ_{max}。设水波传播的速度为 v，测破损点与两端测量点中心的距离为 $s=v\tau_{max}/2$。若 τ_{max} 为正，则破损点靠近测量点 1；反之，则靠近测量点 2。

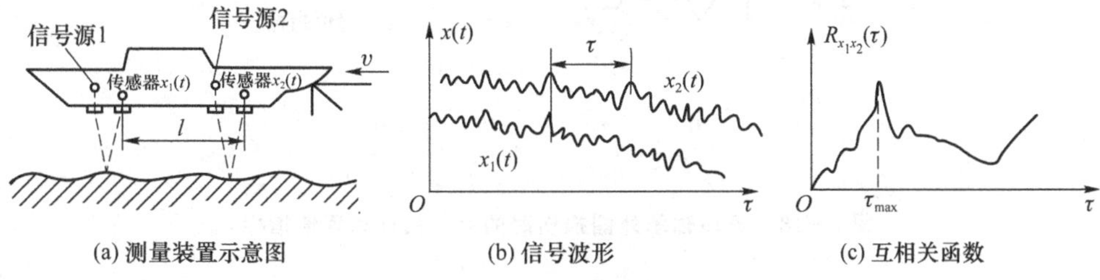

(a) 测量装置示意图　(b) 信号波形　(c) 互相关函数

图 2-15　基于互相关分析的船舶速度测量

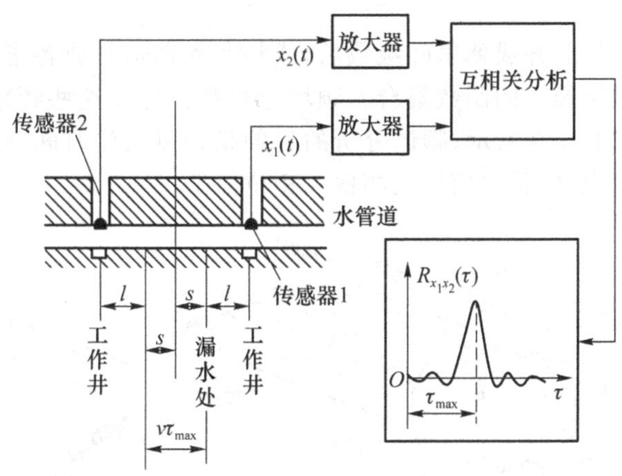

图 2-16　基于互相关分析的水管漏水部位检测

5. 时域统计量

图 2-17 所示为滚动轴承疲劳试验监测结果，在第 74 h 时峭度指标上升到 6，表明该轴承已经发生疲劳破坏，而对比起来，峰值和有效值却未明显增大。图中虚线为不同工况下的测量值，表明峭度指标受工况的影响最小。图 2-18 所示为某滚动轴承外圈在工作 21 h 出现损伤后，峭度指标和峰值指标的变化趋势，可以看出，当滚动轴承正常工作时，两者的值均接近 3，当损伤出现时，峭度指标的变化极为明显，而峰值指标虽有反应，但不如峭度指标明显。

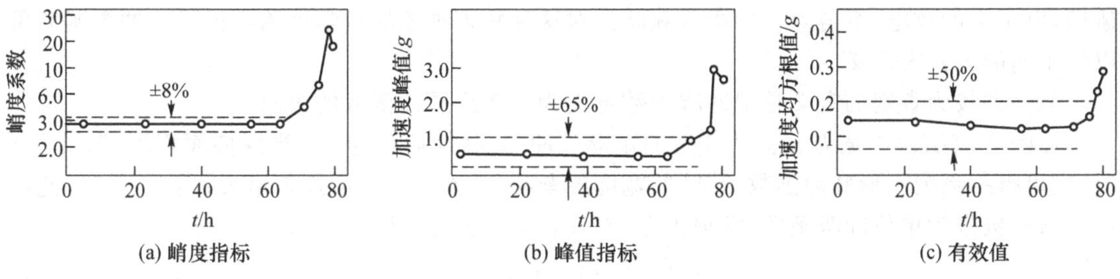

(a) 峭度指标　(b) 峰值指标　(c) 有效值

图 2-17　滚动轴承疲劳试验监测结果

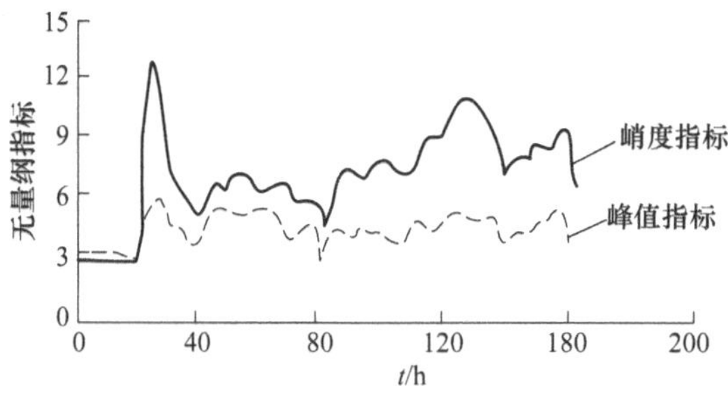

图 2-18 滚动轴承外圈损伤时的峭度指标和峰值指标

2.3 信号的频域分析

频域是指将周期信号展开成傅里叶级数后,或将非周期信号或各态历经的随机信号进行傅里叶变换后形成的关于频率的函数集合。频域分析是指计算这些频率函数并进行分析,又称为傅里叶分析。如图 2-19 所示,频谱分析的目的是把复杂的时间信号经傅里叶变换分解为单一的谐波分量来研究,以获取信号的幅值和相位信息。

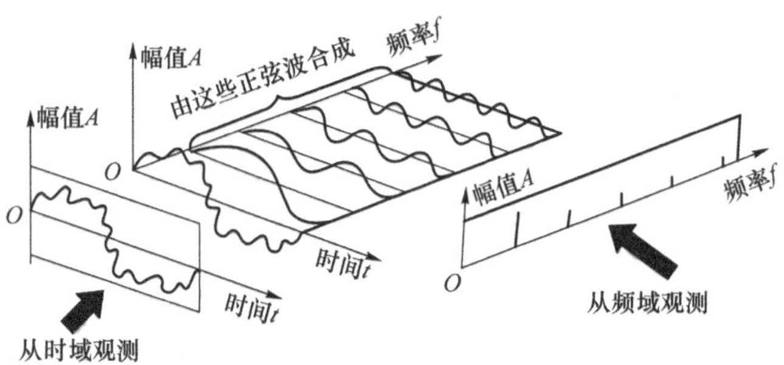

图 2-19 频谱分析示意图

为了理解频谱分析原理,首先需要简单介绍冲击函数和卷积两个重要的基本概念。

2.3.1 冲激函数与卷积

1. 单位冲激函数的定义及性质

自然界常遇到一些物理现象,它们的持续时间极短,而取值极大,如力学中的爆炸、冲击、碰撞,电子中的放电、雷击等。冲激函数就是对这种物理现象的科学抽象与描述。冲激函数可以用不同的方式来定义。

第一种较为直观的定义是把冲激函数定义为一系列脉冲函数的极限。

如图 2-20(a)中宽为 τ、高为 $1/\tau$ 的矩形脉冲,其脉冲面积为 1。当保持面积不变,减小 τ 时,则可得一系列矩形脉冲函数,其脉冲宽度逐渐减小,而脉冲幅度逐渐增大;当 $\tau\to 0$ 时,此脉冲函数的极限为单位冲激函数,常记为 $\delta(t)$,又称为 δ 函数,即

$$\delta(t)=\lim_{\tau\to 0}\frac{1}{\tau}\left[u\left(t+\frac{\tau}{2}\right)-u\left(t-\frac{\tau}{2}\right)\right] \tag{2-31}$$

冲激函数 $\delta(t)$ 如图 2-20(b)所示,它表示只在 $t=0$ 的点有一"冲激",在 $t=0$ 以外各点,函数值均为 0。如果矩形脉冲面积不是 1 而是 E,则表示冲激强度为 E 倍单位值的 δ 函数,即 $E\delta(t)$,在图形旁注上 E。另外,为引出冲激函数定义,脉冲函数的选取不限于矩形,也可采用

其他形状，如三角脉冲函数、双边指数函数、钟形脉冲函数及抽样函数等来定义。

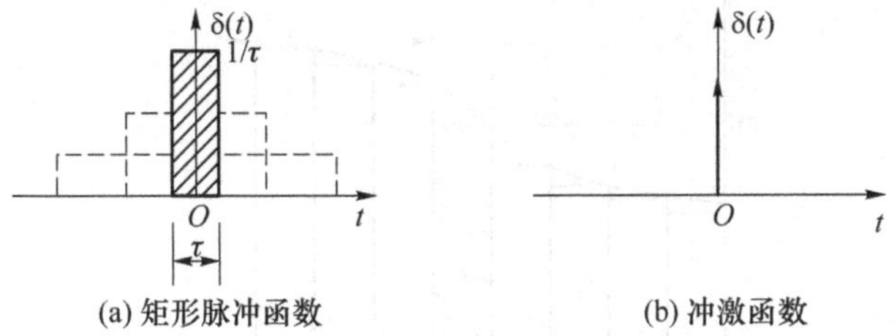

图 2-20　冲激函数的定义

第二种定义为狄拉克(Dirac)给出的定义，即

$$\begin{cases}\int_{-\infty}^{\infty}\delta(t)\mathrm{d}t = 1 \\ \delta(t) = 0,\ t \neq 0\end{cases} \tag{2-32}$$

对于在任意点 $t=t_0$ 处出现的冲激，有

$$\begin{cases}\int_{-\infty}^{\infty}\delta(t-t_0)\mathrm{d}t = 1 \\ \delta(t-t_0) = 0,\ t \neq t_0\end{cases} \tag{2-33}$$

冲激函数有如下性质：

① 抽样性(筛选性)：

$$\int_{-\infty}^{\infty}\delta(t-t_0)f(t)\mathrm{d}t = \int_{-\infty}^{\infty}\delta(t-t_0)f(t_0)\mathrm{d}t = f(t_0) \tag{2-34}$$

连续时间函数 $f(t)$ 与单位冲激信号 $\delta(t-t_0)$ 相乘并在 $-\infty\sim+\infty$ 连续时间内取积分，可以得到 $f(t)$ 在 $t=t_0$ 点的函数值 $f(t_0)$，即“筛选”出 $f(t_0)$。

② δ 函数是偶函数：$\delta(t)=\delta(-t)$。

③ δ 函数积分等于阶跃函数，因为

$$\int_{-\infty}^{t}\delta(\tau)\mathrm{d}\tau = 1,\quad t > 0$$

$$\int_{-\infty}^{t}\delta(\tau)\mathrm{d}\tau = 0,\ t < 0$$

所以 $\int_{-\infty}^{t}\delta(\tau)\mathrm{d}\tau = u(t)$。

④ 阶跃函数 $u(t)$ 的微分应等于冲激函数，即 $\frac{\mathrm{d}u(t)}{\mathrm{d}t}=\delta(t)$。

因为阶跃函数在 $t=0$ 以外的各点取固定值，其变化率为 0，而在 $t=0$ 处不连续，且产生突变，因而变化率趋于无穷大。

2. 信号分解为冲激信号叠加

一个信号可以在时域上近似地分解为具有不同时间延迟的矩形窄脉冲信号分量，如图 2-21 所示，脉冲宽度趋于零的极限情况，即称为冲激信号叠加。

在任意时刻 $t=\tau=n\Delta\tau, n\in\mathbf{Z}$ 时，窄脉冲可表示为

$$f(\tau)[u(t-\tau)-u(t-\tau-\Delta\tau)]$$

将 n 从 $-\infty\sim+\infty$ 变化，许多这种矩形脉冲叠加即得 $f(t)$ 的近似表达式为

$$\begin{aligned} f(t) &\approx \sum_{n=-\infty}^{\infty} f(\tau)[u(t-\tau)-u(t-\tau-\Delta\tau)] \\ &= \sum_{n=-\infty}^{\infty} f(\tau)\,\frac{[u(t-\tau)-u(t-\tau-\Delta\tau)]}{\Delta\tau}\cdot\Delta\tau \end{aligned}$$

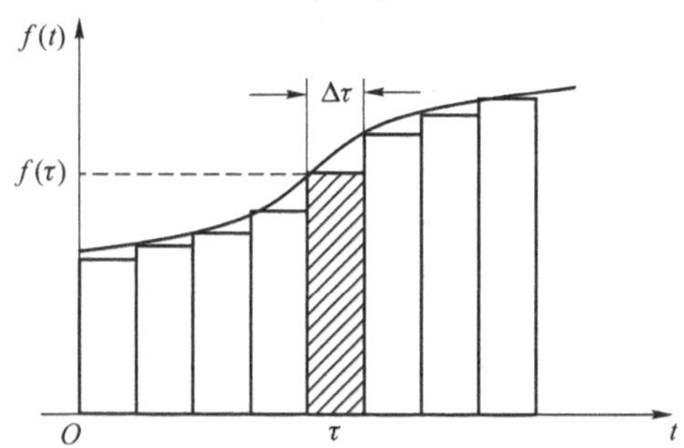

图 2-21　信号分解为冲激信号的叠加

当 $\Delta\tau\to 0$ 时取极限，即得

$$
\begin{aligned}
f(t) &= \lim_{\Delta\tau\to 0}\sum_{n=-\infty}^{\infty} f(\tau)\,\frac{[u(t-\tau)-u(t-\tau-\Delta\tau)]}{\Delta\tau}\cdot\Delta\tau \\
&= \sum_{n=-\infty}^{\infty} f(\tau)\cdot\lim_{\Delta\tau\to 0}\frac{[u(t-\tau)-u(t-\tau-\Delta\tau)]}{\Delta\tau}\cdot\Delta\tau \\
&= \int_{-\infty}^{+\infty} f(\tau)\delta(t-\tau)\mathrm{d}\tau
\end{aligned}
\tag{2-35}
$$

上式说明，一个信号可以在时域上分解为具有不同时间延迟的冲激信号的叠加，其冲激强度即为冲激处的函数值 $f(\tau)$ 与 $\mathrm{d}\tau$ 的乘积。

3. 卷　积

卷积法是线性系统时域分析方法中的一种，它可以求线性系统对任意激励信号的零状态响应。卷积的物理概念及其运算在信号理论上占有重要地位，它是联系时域与频域分析的桥梁。

设已知一线性系统，其起始条件为零，如已知其系统的冲激响应为 $h(t)$，则当输入为 $x(t)$ 时，用卷积法求其输出响应 $y(t)$。卷积法的基本思想是：将任意输入信号分解为冲激信号的叠加，借助已知的系统冲激响应，可以求得每个冲激分量产生的响应，然后根据线性系统的叠加原理，将这些响应叠加起来，即可得出总的输出响应。

如式(2-35)所示，由于输入 $x(t)$ 可分解为许多冲激信号，在任一时刻 $t=\tau$ 处，其冲激强度为 $x(\tau)\cdot\mathrm{d}\tau\cdot\delta(t-\tau)$。根据线性非时变特性，由此冲激所产生的响应为 $x(\tau)\cdot\mathrm{d}\tau\cdot h(t-\tau)$，根据线性系统的叠加性，求任意时刻 t 的响应，只需将 t 时刻以前所有这些冲激响应相叠加，即

$$
y(t) = \int_0^t x(\tau)\cdot\mathrm{d}\tau\cdot h(t-\tau) = \int_0^t x(\tau)h(t-\tau)\mathrm{d}\tau \tag{2-36}
$$

上式称为卷积积分，简称卷积。如果考虑 $x(t)$ 和 $h(t)$ 均为时间轴 $-\infty\sim+\infty$ 分布，则卷积的更一般的定义为

$$
y(t) = \int_{-\infty}^{+\infty} x(\tau)h(t-\tau)\mathrm{d}\tau = x(t) * y(t) \tag{2-37}
$$

4. δ 函数与其他函数的卷积

若在完成卷积运算的两个函数中有一个函数为脉冲函数 $\delta(t)$，则它的卷积是一种最简单的卷积积分。设函数 $x(t)$ 与 $\delta(t)$ 的卷积为

$$
x(t) * \delta(t) = \int_{-\infty}^{+\infty} x(\tau)\delta(t-\tau)\mathrm{d}\tau = \int_{-\infty}^{+\infty} x(\tau)\delta(\tau-t)\mathrm{d}\tau = x(t)
$$

那么，当脉冲函数为 $\delta(t\pm T)$ 时，

$$x(t) * \delta(t \pm T) = \int_{-\infty}^{+\infty} x(\tau)\delta(t \pm T - \tau)\mathrm{d}\tau = \int_{-\infty}^{+\infty} x(\tau)\delta[(\tau - (t \pm T)]\mathrm{d}\tau = x(t \pm T)$$

由此可见，函数 $x(t)$ 与 $\delta(t)$ 的卷积结果，就是简单地将 $x(t)$ 在发生脉冲函数的坐标位置上（以此作为坐标原点）重新构图，如图 2－22 所示。

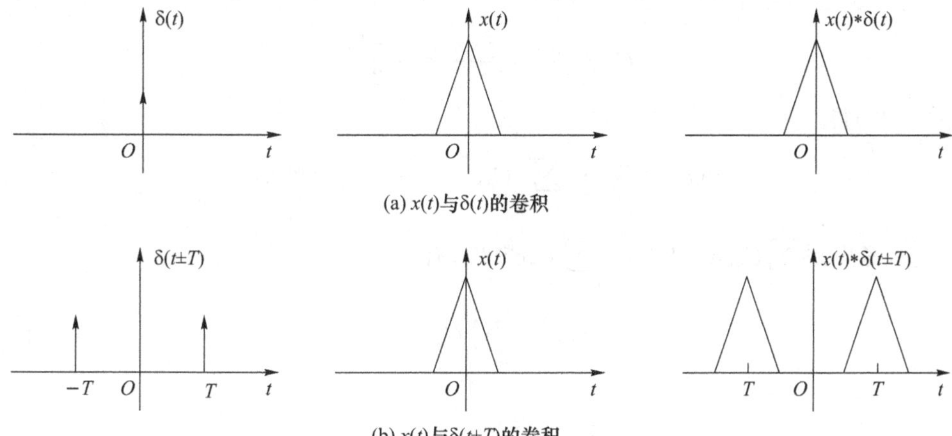

图 2－22　δ(t)与其他函数卷积示意图

2.3.2　傅里叶级数

若一个周期信号 $x(t)$ 满足狄利克雷（Dirichlet）条件，即

① $x(t)$ 在一个周期 T 内处处连续或只有有限个不连续点；

② $x(t)$ 在一个周期 T 内只有有限个极大和极小值；

③ $x(t)$ 在一个周期内 T 的积分存在，即 $\int_0^T |x(t)| \mathrm{d}t < \infty$，

则周期函数 $x(t)$ 可以展开为傅里叶级数：

$$x(t) = \frac{a_0}{2} + \sum_{n=1}^{\infty}(a_n \cos 2\pi n f_0 t + b_n \sin 2\pi n f_0 t) = \frac{a_0}{2} + \sum_{n=1}^{\infty} A_n \cos(2\pi n f_0 t + \phi_n) \tag{2-38}$$

式中：$a_n = \frac{2}{T}\int_0^T x(t)\cos 2\pi n f_0 t\mathrm{d}t,\quad n = 0,1,2,\cdots$

$$b_n = \frac{2}{T}\int_0^T x(t)\sin 2\pi n f_0 t\mathrm{d}t,\quad n = 0,1,2,\cdots$$

$$A_n = \sqrt{a_n^2 + b_n^2},\quad \phi_n = \arctan\frac{b_n}{a_n}$$

其中：T 为信号周期；频率 $f_0 = 1/T$ 为信号基频；A_n 和 ϕ_n 分别为 n 次谐波的幅值和相位；$a_0/2$ 为信号的平均值。令 $A_0 = a_0/2$，则以频率 f 为横轴，分别以 A_n 和 ϕ_n 为纵轴作图可以得到离散幅值谱和相位谱。

根据欧拉公式：

$$\cos 2\pi n f_0 t = \frac{1}{2}(\mathrm{e}^{\mathrm{j}2\pi n f_0 t} + \mathrm{e}^{-\mathrm{j}2\pi n f_0 t})$$

$$\sin 2\pi n f_0 t = \frac{1}{2\mathrm{j}}(\mathrm{e}^{\mathrm{j}2\pi n f_0 t} - \mathrm{e}^{-\mathrm{j}2\pi n f_0 t})$$

代入式(2-38)得

$$x(t)=\frac{a_0}{2}+\sum_{n=1}^{\infty}\left(\frac{a_n-\mathrm{j}b_n}{2}\mathrm{e}^{\mathrm{j}2\pi nf_0t}+\frac{a_n+\mathrm{j}b_n}{2}\mathrm{e}^{-\mathrm{j}2\pi nf_0t}\right) \tag{2-39}$$

令 $C_n=\frac{a_n-\mathrm{j}b_n}{2}$，$n=1,2,\cdots$，又 a_n 是 n 的偶函数，即 $a_n=a_{-n}$，b_n 是 n 的奇函数，即 $b_{-n}=-b_n$，所以

$$C_{-n}=\frac{a_{-n}-\mathrm{j}b_{-n}}{2}=\frac{a_n+\mathrm{j}b_n}{2}$$

代入式(2-39)得

$$x(t)=\frac{a_0}{2}+\sum_{n=1}^{\infty}(C_n\mathrm{e}^{\mathrm{j}2\pi nf_0t}+C_{-n}\mathrm{e}^{-\mathrm{j}2\pi nf_0t})$$

令 $C_0=\frac{a_0}{2}$，考虑到 $\sum_{n=1}^{\infty}C_{-n}\mathrm{e}^{-\mathrm{j}2\pi nf_0t}=\sum_{n=-\infty}^{-1}C_n\mathrm{e}^{\mathrm{j}2\pi nf_0t}$，有

$$x(t)=\sum_{n=-\infty}^{\infty}C_n\mathrm{e}^{\mathrm{j}2\pi nf_0t} \tag{2-40}$$

式中：

$$\begin{aligned}C_n&=\frac{1}{2}(a_n-\mathrm{j}b_n)=\frac{1}{2}\cdot\frac{2}{T}\int_0^T x(t)\left[\cos(2\pi nf_0t)-\mathrm{j}\sin(2\pi nf_0t)\right]\mathrm{d}t\\&=\frac{1}{T}\int_0^T x(t)\mathrm{e}^{-\mathrm{j}2\pi nf_0t}\mathrm{d}t,\quad -\infty<n<\infty\end{aligned}$$

即式(2-40)为傅里叶级数的指数形式。

又因为 $C_n=|C_n|\mathrm{e}^{\mathrm{j}\phi_n}$，其中 $|C_n|=\frac{1}{2}\sqrt{a_n^2+b_n^2}$，$\phi_n=-\arctan\frac{b_n}{a_n}=-\phi_n$。以频率 f 为横轴，分别以 $|C_n|$ 和 ϕ_n 为纵轴作图，也可以得到离散幅值谱和相位谱。

显然，幅值谱 $|C_n|-f$ 和相位谱 ϕ_n-f 均为双边谱，而幅值谱 A_n-f 和相位谱 ϕ_n-f 均为单边谱。设一余弦信号 $x(t)=A\cos(2\pi f_0t-\phi_0)$，用两种方式表示的幅值谱和相位谱如图 2-23 所示。

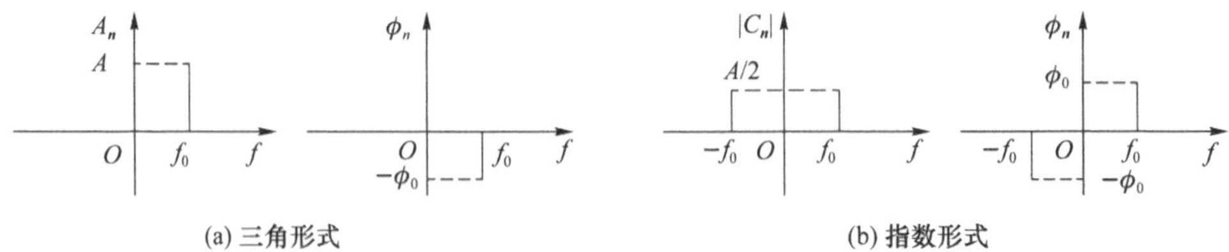

图 2-23 两种幅值谱和相位谱的比较

2.3.3 傅里叶变换

1. 傅里叶变换推导

对于非周期信号，其频谱(傅里叶变换)是周期信号频谱(傅里叶级数)当周期 T 趋于无穷大时的极限。

设周期函数 $x(t)$ 展开成指数形式的傅里叶级数

$$x(t)=\sum_{n=-\infty}^{\infty}C_n\mathrm{e}^{\mathrm{j}2\pi nf_0t},\quad C_n=\frac{1}{T}\int_0^T x(t)\mathrm{e}^{-2\pi nf_0t}\mathrm{d}t$$

所以，$C_n\cdot T=\frac{C_n}{f_0}=\int_0^T x(t)\mathrm{e}^{-\mathrm{j}2\pi nf_0t}\mathrm{d}t$，当 $T\to\infty$，对等式两边求极限得

$$\lim_{T\to\infty}\frac{C_n}{f_0}=\lim_{T\to\infty}\int_0^T x(t)\mathrm{e}^{-\mathrm{j}2\pi nf_0 t}\mathrm{d}t$$

显然，当 $T\to\infty$ 时，$f_0\to 0$，$C_n\to 0$，但 C_n/f_0 不趋于 0 而趋于一定值，并成为一连续的频谱密度函数，以 $X(f)$ 表示。

又，当 $T\to\infty$ 时，$f_0\to 0$，$nf_0\to f$，即原来离散的频率 nf_0 趋于连续频率 f，所以

$$X(f)=\int_{-\infty}^{\infty}x(t)\mathrm{e}^{-\mathrm{j}2\pi ft}\mathrm{d}t$$

即为非周期函数 $x(t)$ 的频谱。其物理意义是单位频带上的频谱值，即频谱密度为频率 f 的连续函数，因此称 $X(f)$ 为非周期函数 $x(t)$ 的频谱密度函数，简称非周期函数的频谱。

下面推导傅里叶逆变换。

将周期函数 $x(t)$ 展开傅里叶级数 $x(t)=\sum\limits_{n=-\infty}^{\infty}C_n\mathrm{e}^{\mathrm{j}2\pi nf_0 t}$，即

$$x(t)=\sum_{n=-\infty}^{\infty}\frac{C_n}{f_0}\mathrm{e}^{\mathrm{j}2\pi nf_0 t}f_0$$

在 $T\to\infty$ 的情况下，$f_0\to\mathrm{d}f$，$nf_0\to f$，$C_n/f_0\to X(f)$，$\sum\limits_{n=-\infty}^{\infty}\to\int_{-\infty}^{\infty}$，所以

$$x(t)=\int_{-\infty}^{\infty}x(f)\mathrm{e}^{\mathrm{j}2\pi ft}\mathrm{d}f$$

所以，傅里叶变换对为

$$\begin{cases}X(f)=\int_{-\infty}^{\infty}x(t)\mathrm{e}^{-\mathrm{j}2\pi ft}\mathrm{d}t\\ x(t)=\int_{-\infty}^{\infty}X(f)\mathrm{e}^{\mathrm{j}2\pi ft}\mathrm{d}f\end{cases}\tag{2-41}$$

2. 几种典型非周期信号的频谱

数学上严格证明了傅里叶变换存在的充分条件是 $x(t)$ 在无限区间内绝对可积，即满足 $\int_{-\infty}^{\infty}|x(t)|\mathrm{d}t<\infty$。但是自从在傅里叶变换中引入了冲激函数后，使原来许多不满足绝对可积条件的信号也能进行傅里叶变换。

(1) 冲激函数信号的频谱

设 $x(t)$ 为单位冲激信号，即 $x(t)=\delta(t)$，则

$$X(f)=\int_{-\infty}^{\infty}\delta(t)\mathrm{e}^{-\mathrm{j}2\pi ft}\mathrm{d}t=\mathrm{e}^{-\mathrm{j}2\pi f\cdot 0}=1\tag{2-42}$$

单位冲激信号的频谱如图 2-24 所示。显然，单位冲激信号频谱为一常数，也即在整个频率范围内频谱是均匀分布的。这意味着在时域上变化异常剧烈的冲激信号，在频域中包含着极其丰富的高频分量。

(2) 矩形脉冲信号的频谱

矩形脉冲信号如图 2-25 所示，E 为脉冲幅度，τ 为脉冲宽度。其频谱为

$$\begin{aligned}X(f)&=\int_{-\infty}^{\infty}x(t)\mathrm{e}^{-\mathrm{j}2\pi ft}\mathrm{d}t=\int_{-\tau/2}^{\tau/2}E\mathrm{e}^{-\mathrm{j}2\pi ft}\mathrm{d}t\\&=\frac{E}{\pi f}\sin(\pi f\tau)=E\tau\frac{\sin(\pi f\tau)}{\pi f\tau}=E\tau\,\mathrm{Sa}(\pi f\tau)\end{aligned}\tag{2-43}$$

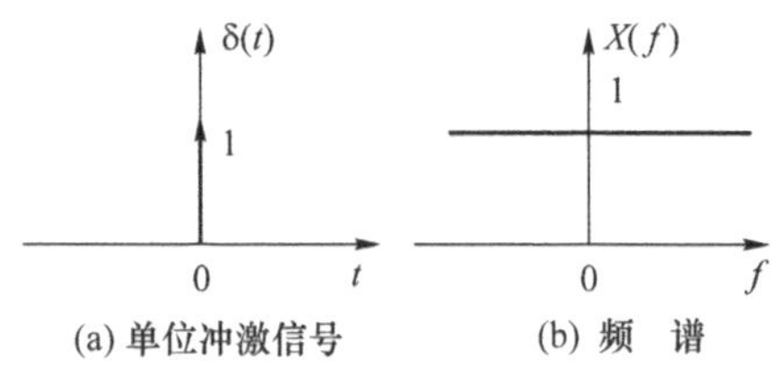

图 2-24 冲激信号的频谱

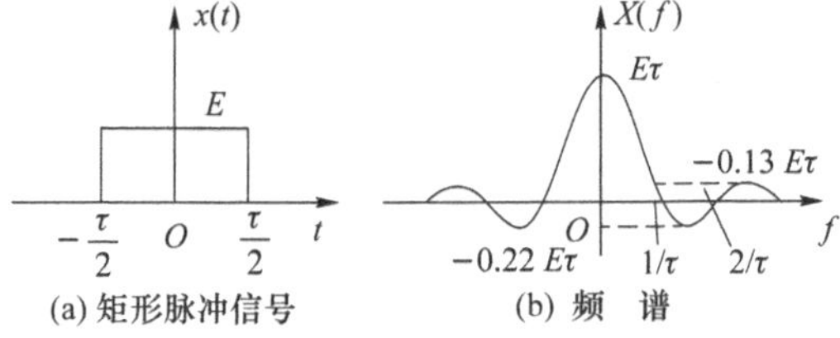

图 2-25 矩形脉冲信号的频谱

由图 2-25 可见,单个矩形脉冲的频谱是一抽样函数,矩形脉冲在时域有限,但在频域信号能量主要集中在频谱的第一个零点以内的各频率分量上,因此矩形脉冲的带宽为 $f_{\mathrm{B}}=1/\tau$。

(3) 直流信号的频谱

直流信号波形如图 2-26(a)所示,它不满足绝对可积的条件,但是可用冲激函数表示其频谱,把直流信号在时域上看作是脉宽为 τ 的矩形脉冲当 $\tau\to\infty$ 时的极限,相应地,频域上前者的频谱也应是后者的极限,故得

$$F[x(t)]=F[E]=\lim_{\tau\to\infty}E\tau\mathrm{Sa}(\pi f\tau)=E\lim_{\tau\to\infty}\frac{\pi\tau}{\pi}\mathrm{Sa}(\pi\tau f)\overset{\pi\tau=k}{=\!=\!=}E\lim_{k\to\infty}\frac{k}{\pi}\mathrm{Sa}(kf) \tag{2-44}$$

又因为冲激函数可定义为 $\delta(t)=\lim\limits_{k\to\infty}\left[\frac{k}{\pi}\mathrm{Sa}(kt)\right]$,所以,$F[E]=E\delta(f)$或 $F[1]=\delta(f)$。

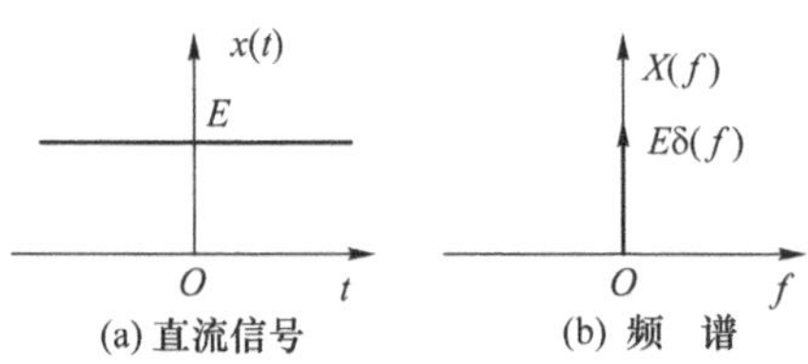

图 2-26 直流信号的频谱

由此可见,直流信号的频谱是位于 $f=0$ 处的冲激函数,因为直流信号在傅里叶级数频谱上表示为 $f=0$ 处有一有限幅值,而傅里叶变换的意义则是频谱密度值,也即在 $f=0$ 处附近无限小的频带内取得有限频谱幅值,那么它的密度为无限大,因此得到在 $f=0$ 处的冲激函数。直流信号的频谱如图 2-26(b)所示。

(4) 单边指数信号频谱

单边指数信号表示为

$$x(t)=\begin{cases}\mathrm{e}^{-\alpha t} & (t\geqslant 0)\\ 0 & (t<0)\end{cases},\quad \alpha>0$$

则

$$F[x(t)]=\int_{-\infty}^{\infty}x(t)\mathrm{e}^{-\mathrm{j}2\pi ft}\mathrm{d}t=\int_{0}^{\infty}\mathrm{e}^{-\alpha t}\cdot\mathrm{e}^{-\mathrm{j}2\pi ft}\mathrm{d}t=\int_{0}^{\infty}\mathrm{e}^{-(\alpha+\mathrm{j}2\pi f)t}\mathrm{d}t=\frac{1}{\alpha+\mathrm{j}2\pi f} \tag{2-45}$$

幅值谱为

$$|F[x(t)]|=|X(f)|=1/\sqrt{\alpha^2+(2\pi f)^2}$$

相位谱为

$$\phi(f)=-\arctan\frac{2\pi f}{\alpha}$$

单边指数信号的频谱如图 2-27 所示。

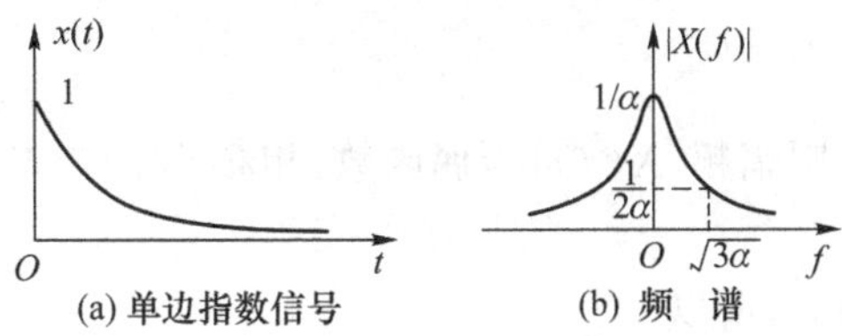

图 2-27　单边指数信号的频谱

(5) 阶跃信号频谱

阶跃信号也不满足绝对可积条件，在时域上可将它当作单边指数信号 $e^{-\alpha t}$ 当 $\alpha \to 0$ 时的极限，其频谱也应是 $e^{-\alpha t}$ 的频谱当 $\alpha \to 0$ 时的极限。因为

$$X(f)=\frac{1}{\alpha+\mathrm{j}2\pi f}=\frac{\alpha}{\alpha^2+(2\pi f)^2}-\mathrm{j}\,\frac{2\pi f}{\alpha^2+(2\pi f)^2}=A(f)+\mathrm{j}B(f)$$

分别为实频 $A(f)$ 和虚频 $B(f)$。当 $\alpha \to 0$ 时，有

$$\begin{cases} A_u(f)=\lim\limits_{\alpha\to 0}A(f)=0, & f\neq 0 \\ A_u(f)=\lim\limits_{\alpha\to 0}A(f)\to\infty, & f=0 \end{cases}$$

而当 $f=0$ 时，

$$\lim_{\alpha\to 0}\int_{-\infty}^{\infty}A(f)\mathrm{d}f=\lim_{\alpha\to 0}\int_{-\infty}^{\infty}\frac{\alpha}{\alpha^2+(2\pi f)^2}\mathrm{d}f=\frac{1}{2\pi}\lim_{\alpha\to 0}\int_{-\infty}^{\infty}\frac{\mathrm{d}\left(\frac{2\pi f}{\alpha}\right)}{1+\left(\frac{2\pi f}{\alpha}\right)^2}$$

$$=\frac{1}{2\pi}\lim_{\alpha\to 0}\arctan\frac{2\pi f}{\alpha}\bigg|_{-\infty}^{\infty}=\frac{1}{2\pi}\cdot\pi=\frac{1}{2}$$

显然，$A_u(f)$ 为冲激强度为 1/2 的冲激函数，即

$$A_u(f)=\frac{1}{2}\delta(f)$$

另外，当 $\alpha\to 0$ 时，有

$$B_u(f)=\lim_{\alpha\to 0}B(f)=-\frac{1}{2\pi f}$$

因此，阶跃信号的频谱为

$$X(f)=A_u(f)+\mathrm{j}B_u(f)=\frac{1}{2}\delta(f)-\mathrm{j}\,\frac{1}{2\pi f} \tag{2-46}$$

可见，阶跃信号的频谱在 $f=0$ 处存在一个冲激，这时由于阶跃信号中含有直流分量，因此阶跃信号在 $t=0$ 处有跳变。所以频谱中还出现其他高频分量。阶跃信号的频谱如图 2-28 所示。

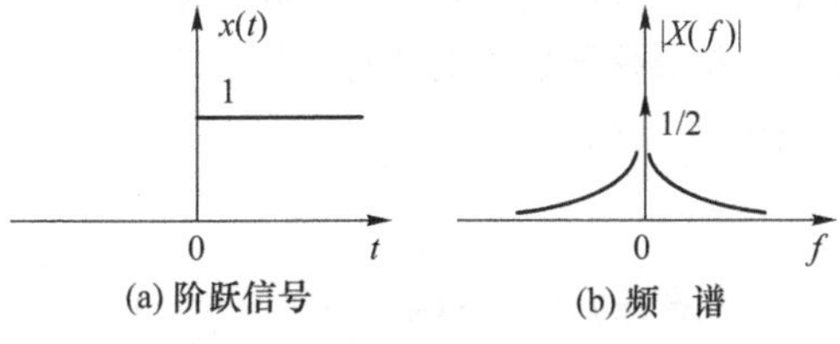

图 2-28　阶跃信号的频谱

3. 傅里叶变换的性质

(1) 奇偶性

若信号 $x(t)$为实函数,则幅频$|X(f)|$为偶函数,相频 $\phi(f)$为奇函数,实频为偶函数,虚频为奇函数。

证明:因为 $x(t)$为实函数,所以

$$\begin{aligned}X(f) &= \int_{-\infty}^{\infty} x(t)\mathrm{e}^{-\mathrm{j}2\pi ft}\,\mathrm{d}t \\ &= \int_{-\infty}^{\infty} x(t)\cos 2\pi ft\,\mathrm{d}t - \mathrm{j}\int_{-\infty}^{\infty} x(t)\sin 2\pi ft\,\mathrm{d}t \\ &= R(f) + \mathrm{j}I(f) = |X(f)|\mathrm{e}^{\mathrm{j}\phi(f)}\end{aligned}$$

式中:

$$R(f) = \int_{-\infty}^{\infty} x(t)\cos 2\pi ft\,\mathrm{d}t,\quad I(f) = -\int_{-\infty}^{\infty} x(t)\sin 2\pi ft\,\mathrm{d}t$$

$$|X(f)| = \sqrt{R^2(f) + I^2(f)},\quad \phi(f) = \arctan\frac{I(f)}{R(f)}$$

由于 $\cos 2\pi ft$ 和 $\sin 2\pi ft$ 分别为 f 的偶函数和奇函数,所以幅频$|X(f)|$为偶函数,相频 $\phi(f)$为奇函数,实频为偶函数,虚频为奇函数。

(2) 线　性

若 $x_1(t)\leftrightarrow X_1(f)$,$x_2(t)\leftrightarrow X_2(f)$,则

$$\alpha_1 x_1(t)+\alpha_2 x_2(t)\leftrightarrow\alpha_1 X_1(f)+\alpha_2 X_2(f)$$

(3) 对称性

若 $x(t)\leftrightarrow X(f)$,则 $X(t)\leftrightarrow x(-f)$。

该性质说明傅里叶变换时域与频域的对称性。

证明:因为 $x(t) = \int_{-\infty}^{\infty} X(f)\mathrm{e}^{\mathrm{j}2\pi ft}\,\mathrm{d}f$,所以 $x(-t) = \int_{-\infty}^{\infty} X(f)\mathrm{e}^{-\mathrm{j}2\pi ft}\,\mathrm{d}f$,将变量 t 与 f 互换,可得 $x(-f) = \int_{-\infty}^{\infty} X(t)\mathrm{e}^{-\mathrm{j}2\pi ft}\,\mathrm{d}t$,所以命题得证。

(4) 时移特征

若 $x(t)\leftrightarrow X(f)=|X(f)|\mathrm{e}^{\mathrm{j}\phi(f)}$,则

$$x(t-t_0)\leftrightarrow X(f)\mathrm{e}^{-\mathrm{j}2\pi t_0} = |X(f)|\mathrm{e}^{\mathrm{j}[\phi(f)-2\pi t_0]}$$

该性质说明,信号在时间域上的延时,将不改变信号的幅度谱,仅使相位谱产生一个与频率呈线性关系的相移。

(5) 频移特性

若 $x(t)\leftrightarrow X(f)$,则 $x(t)\mathrm{e}^{\mathrm{j}2\pi f_0 t}\leftrightarrow X(f-f_0)$。

该性质说明,一个时域信号 $x(t)$乘以 $\mathrm{e}^{\mathrm{j}2\pi f_0 t}$,相应于频域中将 $x(t)$的频谱 $X(f)$沿频率轴右移 f_0。在实用中,通常是将时域乘以正弦或余弦函数的载频信号,形成调幅信号。

下面利用频移性质进行正弦和余弦函数傅里叶变换频谱的推导,其频谱函数如图 2-29 所示。

因为 $1\leftrightarrow\delta(f)$,所以 $1\times\mathrm{e}^{\mathrm{j}2\pi f_0 t}\leftrightarrow\delta(f-f_0)$。

又因为

$$\sin 2\pi f_0 t=\frac{\mathrm{j}}{2}(\mathrm{e}^{-\mathrm{j}2\pi f_0 t}-\mathrm{e}^{\mathrm{j}2\pi f_0 t})$$

$$\cos 2\pi f_0 t=\frac{1}{2}(\mathrm{e}^{\mathrm{j}2\pi f_0 t}+\mathrm{e}^{-\mathrm{j}2\pi f_0 t})$$

所以

$$\sin 2\pi f_0 t \leftrightarrow \frac{j}{2}[\delta(f+f_0)-\delta(f-f_0)]$$

$$\cos 2\pi f_0 t \leftrightarrow \frac{1}{2}[\delta(f+f_0)+\delta(f-f_0)]$$

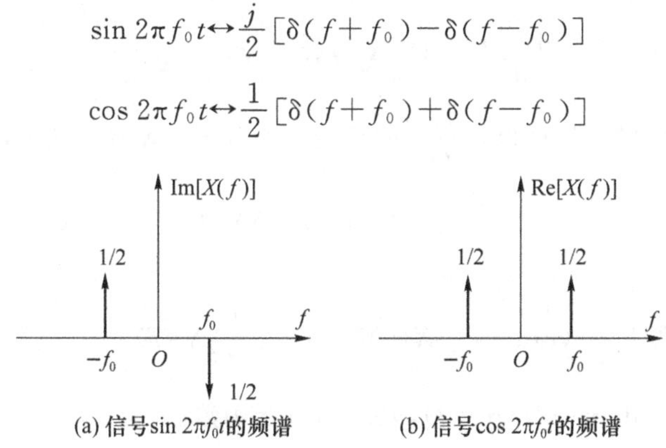

图 2-29　正弦、余弦信号的频谱

(6) 尺度变换特性

若 $x(t) \leftrightarrow X(f)$，则 $x(at) \leftrightarrow \frac{1}{|a|}X\left(\frac{f}{a}\right)$，式中 a 为非零常数。

该性质说明，当信号在时域中被压缩时，频谱将扩展，高谱分量相对增加；当信号在时域中被扩展时，频谱将压缩，低谱分量相对增加。由此可见，要压缩信号的持续时间，则不得不以展宽频带作代价，所以在无线通信中，通信速度与占用频带宽度是矛盾的。

(7) 时域卷积定理

若 $x_1(t) \leftrightarrow X_1(f)$，$x_2(t) \leftrightarrow X_2(f)$，则 $x_1(t) * x_2(t) \leftrightarrow X_1(f) \cdot X_2(f)$。

证明：因为 $x_1(t) * x_2(t) = \int_{-\infty}^{\infty} x_1(\tau)x_2(t-\tau)\mathrm{d}\tau$，所以

$$F[x_1(t) * x_2(t)] = \int_{-\infty}^{\infty}\left[\int_{-\infty}^{\infty} x_1(\tau)x_2(t-\tau)\mathrm{d}\tau\right]\mathrm{e}^{-\mathrm{j}2\pi ft}\mathrm{d}t = \int_{-\infty}^{\infty} x_1(\tau)[X_2(f)\mathrm{e}^{-\mathrm{j}2\pi f\tau}]\mathrm{d}\tau$$

$$= X_2(f)\int_{-\infty}^{\infty} x_1(\tau)\mathrm{e}^{-\mathrm{j}2\pi f\tau}\mathrm{d}\tau = X_2(f)X_1(f)$$

该定理说明，两个信号在时域中的卷积的频谱等于两信号的频谱的乘积。此定理对于用傅里叶变换方法求取线性系统的响应有重要意义。因为线性系统的输出 $y(t)$是输入信号 $x(t)$与系统冲击响应 $h(t)$的卷积，即 $y(t)=h(t) * x(t)$，按时域卷积定理得 $Y(f)=H(f)X(f)$，所以

$$y(t) = F^{-1}[Y(f)] = F^{-1}[H(f)X(f)] = \int_{-\infty}^{\infty} H(f)X(f)\mathrm{e}^{\mathrm{j}2\pi ft}\mathrm{d}f$$

因此，时域卷积定理开辟了从频域角度进行系统分析和求解系统响应的方法。

(8) 频域卷积定理

若 $x_1(t) \leftrightarrow X_1(f)$，$x_2(t) \leftrightarrow X_2(f)$，则 $x_1(t) \cdot x_2(t) \leftrightarrow X_1(f) * X_2(f)$。

该定理说明，两时间函数在时域上相乘，其频谱为相乘两函数频谱的卷积。在进行信号处理时，往往需要把无限长信号截断成有限长来处理，这相当于原来的无限长信号与一矩形脉冲函数相乘，利用此定理可以计算截断后的有限长的信号的频谱。

(9) 微分特性

若 $x(t) \leftrightarrow X(f)$，则

$$\frac{\mathrm{d}x(t)}{\mathrm{d}t} \leftrightarrow (\mathrm{j}2\pi f)X(f),\quad \frac{\mathrm{d}^n x(t)}{\mathrm{d}t^n} \leftrightarrow (\mathrm{j}2\pi f)^n X(f)$$

证明:因为 $x(t)=\int_{-\infty}^{\infty}X(f)e^{j2\pi ft}df$,所以

$$\frac{dx(t)}{dt}=\int_{-\infty}^{\infty}X(f)(j2\pi f)e^{j2\pi ft}df$$

显然上式为$\frac{dx(t)}{dt}$的反变换式,所以,$\frac{dx(t)}{dt}$的正变换为$(j2\pi f)X(f)$;同理,通过递推可得

$$\frac{d^n x(t)}{dt^n}\leftrightarrow(j2\pi f)^n X(f)$$

(10) 积分特性

若 $x(t)\leftrightarrow X(f)$,则$\int_{-\infty}^{t}x(\tau)d\tau\leftrightarrow\frac{1}{2}X(0)\delta(f)+\frac{1}{j2\pi f}X(f)$。

证明:先证$\int_{-\infty}^{t}x(\tau)d\tau=x(t)*u(t)$,$u(t)$ 为阶跃函数。

因为

$$\begin{aligned}\int_{-\infty}^{t}x(\tau)d\tau&=\int_{-\infty}^{t}x(\tau)*\delta(\tau)d\tau=\int_{-\infty}^{t}\left[\int_{-\infty}^{\infty}x(\lambda)\delta(\tau-\lambda)d\lambda\right]d\tau\\&=\int_{-\infty}^{\infty}x(\lambda)\left[\int_{-\infty}^{t}\delta(\tau-\lambda)d\tau\right]d\lambda=x(t)*u(t)\end{aligned}$$

所以

$$\begin{aligned}F\left[\int_{-\infty}^{t}x(\tau)d\tau\right]&=F[x(t)*u(t)]=F[x(t)]\cdot F[u(t)]\\&=X(f)\left[\frac{1}{j2\pi f}+\frac{1}{2}\delta(f)\right]=\frac{1}{2}X(0)\delta(f)+\frac{1}{j2\pi f}X(f)\end{aligned}$$

故命题得证。

(11) 帕斯瓦尔(Parseval)定理

$$\int_{-\infty}^{\infty}x^2(t)dt=\int_{-\infty}^{\infty}|X(f)|^2df$$

即信号在时域中的能量与在频域中的能量相等。

证明:若非周期信号 $x(t)$ 具有有限能量为

$$W=\int_{-\infty}^{\infty}x^2(t)dt$$

又因为 $x(t)=\int_{-\infty}^{\infty}X(f)e^{j2\pi ft}df$,代入上式得

$$\begin{aligned}W&=\int_{-\infty}^{\infty}x(t)\left[\int_{-\infty}^{\infty}X(f)e^{j2\pi ft}df\right]dt\\&=\int_{-\infty}^{\infty}X(f)\left[\int_{-\infty}^{\infty}x(t)e^{j2\pi ft}dt\right]df=\int_{-\infty}^{\infty}X(f)\cdot X(-f)df\end{aligned}$$

因为 $x(t)$为实函数,其频谱实部 $\mathrm{Re}[X(f)]$为偶函数,虚部 $\mathrm{Im}[X(f)]$为奇函数,所以,$X(-f)=X^*(f)$,代入上式得信号在频域中的能量为

$$W=\int_{-\infty}^{\infty}|X(f)|^2df$$

因此,命题得证。

4. 功率谱密度函数

(1) 自功率谱密度函数

由帕斯瓦尔定理可知,信号在时域中的能量与在频域中的能量相等。但对于平稳随机过程或各态历经过程 $X(t)$,其样本函数 $x(t)$定义在$(-\infty,\infty)$,理论上其能量为无穷大。因此,

只能讨论它在单位时间内的能量，即它的功率。为此，定义 $x(t)$ 的截尾函数为

$$x_T(t)=\begin{cases}x(t), & -T/2\leqslant t\leqslant T/2\\ 0, & |t|>T/2\end{cases}$$

显然 $x_T(t)$ 满足傅里叶积分存在的条件，其傅里叶变换为

$$\begin{cases}X_T(f)=\int_{-\infty}^{\infty}x_T(t)\mathrm{e}^{-\mathrm{j}2\pi ft}\mathrm{d}t\\ x_T(t)=\int_{-\infty}^{\infty}X_T(f)\mathrm{e}^{\mathrm{j}2\pi ft}\mathrm{d}f\end{cases}$$

根据帕斯瓦尔定理，有

$$\int_{-\infty}^{\infty}[x_T(t)]^2\mathrm{d}t=\int_{-T/2}^{T/2}[x_T(t)]^2\mathrm{d}t=\int_{-\infty}^{\infty}[X_T(f)]^2\mathrm{d}f$$

两边同时除以区间长度 T，得到 $x(t)$ 在 $[-T/2,T/2]$ 上的平均功率。令 $T\to\infty$，得到

$$\lim_{T\to\infty}\frac{1}{T}\int_{-\infty}^{\infty}[x_T(t)]^2\mathrm{d}t=\lim_{T\to\infty}\frac{1}{T}\int_{-\infty}^{\infty}|X_T(f)|^2\mathrm{d}f=\int_{-\infty}^{\infty}\lim_{T\to\infty}\frac{1}{T}|X_T(f)|^2\mathrm{d}f$$

显然上式左端为信号在时域里的平均功率，右端为在频域里的平均功率。

定义 $x(t)$ 的自功率谱密度函数为

$$S_x(f)=\lim_{T\to\infty}\frac{1}{T}|X_T(f)|^2$$

$S_x(f)$ 反映了 $x(t)$ 的平均功率在频域中的分布。如果 $X(t)$ 只是平稳过程，则需求得所有样本的自谱，然后进行集合平均。平稳随机过程的自相关函数和自功率谱密度函数是一对傅里叶变换对，即为著名的维纳-辛钦公式：

$$\begin{cases}S_x(f)=\int_{-\infty}^{\infty}R_x(\tau)\mathrm{e}^{-\mathrm{j}2\pi f\tau}\mathrm{d}\tau\\ R_x(\tau)=\int_{-\infty}^{\infty}S_x(f)\mathrm{e}^{\mathrm{j}2\pi f\tau}\mathrm{d}f\end{cases}\tag{2-47}$$

证明：设 $x(t)$ 为各态历经过程的一个样本函数，则

$$R_x(\tau)=\lim_{T\to\infty}\frac{1}{T}\int_{-T/2}^{T/2}x(t)x(t+\tau)\mathrm{d}t=\lim_{T\to\infty}\frac{1}{T}\int_{-\infty}^{\infty}x_T(t)x_T(t+\tau)\mathrm{d}t$$

又，

$$\begin{aligned}\int_{-\infty}^{\infty}x_T(t)x_T(t+\tau)\mathrm{d}t&=\int_{-\infty}^{\infty}x_T(t)\left[\int_{-\infty}^{\infty}X_T(f)\mathrm{e}^{\mathrm{j}2\pi f(t+\tau)}\mathrm{d}f\right]\mathrm{d}t\\&=\int_{-\infty}^{\infty}X_T(f)\mathrm{e}^{\mathrm{j}2\pi ft}\left[\int_{-\infty}^{\infty}x_T(t)\mathrm{e}^{\mathrm{j}2\pi ft}\mathrm{d}t\right]\mathrm{d}f\\&=\int_{-\infty}^{\infty}X_T(f)X_T(-f)\mathrm{e}^{\mathrm{j}2\pi ft}\mathrm{d}f\\&=\int_{-\infty}^{\infty}X_T(f)X_T^*(f)\mathrm{e}^{\mathrm{j}2\pi ft}\mathrm{d}f\\&=\int_{-\infty}^{\infty}|X_T(f)|^2\mathrm{e}^{\mathrm{j}2\pi ft}\mathrm{d}f\end{aligned}$$

所以，

$$\begin{aligned}R_x(\tau)&=\lim_{T\to\infty}\frac{1}{T}\int_{-T/2}^{T/2}x(t)x(t+\tau)\mathrm{d}t\\&=\int_{-\infty}^{\infty}\lim_{T\to\infty}\frac{1}{T}|X_T(f)|^2\mathrm{e}^{\mathrm{j}2\pi\tau}\mathrm{d}f\\&=\int_{-\infty}^{\infty}S_x(f)\mathrm{e}^{\mathrm{j}2\pi\tau}\mathrm{d}f\end{aligned}$$

命题得证。

自功率谱密度函数有如下性质：

(a) 自谱是频率的非负偶函数，即 $S_x(f)\geqslant 0, S_x(-f)=S_x(f)$；

(b) 随机过程的自谱在整个频域上的积分等于随机过程的均方值，即

$$R_x(0)=\psi_x^2=\int_{-\infty}^{\infty}S_x(f)\mathrm{d}f$$

(c) 设 $\dot{X}(t)$ 为平稳随机过程 $X(t)$ 的导数过程(也是平稳过程)，则它们自谱的关系为

$$S_{\dot{x}}(f)=(2\pi f)^2S_x(f)$$

证明：根据傅里叶变换的性质可得 $F[\dot{x}(t)]=\mathrm{j}2\pi fX(f)$，由自谱定义得

$$\begin{aligned}S_{\dot{x}}(f)&=\lim_{T\to\infty}\frac{1}{T}|F[\dot{x}(t)]|^2=\lim_{T\to\infty}\frac{1}{T}|\mathrm{j}2\pi fX(f)|^2\\&=(2\pi f)^2\lim_{T\to\infty}\frac{1}{T}|X(f)|^2=(2\pi f)^2S_x(f)\end{aligned}$$

故命题得证。

(2) 互功率谱密度函数

定义：设 $X(t),Y(t)$ 是各态历经过程，$x_T(t),y_T(t)$ 分别为 $x(t),y(t)$ 的一个样本函数的截尾函数，则 $X(t)$ 与 $Y(t)$ 的互谱为

$$S_{xy}(f)=\lim_{T\to\infty}\frac{1}{T}X_T^*(f)\cdot Y_T(f)$$

$Y(t)$ 与 $X(t)$ 的互谱为

$$S_{yx}(f)=\lim_{T\to\infty}\frac{1}{T}Y_T^*(f)\cdot X_T(f)$$

如果 $X(t),Y(t)$ 仅是平稳过程，则需要对所有样本函数的互谱进行集合平均。

根据维纳-辛钦公式，互相关函数与互谱为一对傅里叶变换对，即

$$\begin{cases}S_{xy}(f)=\int_{-\infty}^{\infty}R_{xy}(\tau)\mathrm{e}^{-\mathrm{j}2\pi f\tau}\mathrm{d}\tau\\R_{xy}(\tau)=\int_{-\infty}^{\infty}S_{xy}(f)\mathrm{e}^{\mathrm{j}2\pi f\tau}\mathrm{d}f\end{cases},\quad\begin{cases}S_{yx}(f)=\int_{-\infty}^{\infty}R_{yx}(\tau)\mathrm{e}^{-\mathrm{j}2\pi f\tau}\mathrm{d}\tau\\R_{yx}(\tau)=\int_{-\infty}^{\infty}S_{yx}(f)\mathrm{e}^{\mathrm{j}2\pi f\tau}\mathrm{d}f\end{cases}\tag{2-48}$$

互谱具有以下性质：

(a) 互谱一般是复函数；

(b) $S_{xy}^*(f)=S_{xy}(-f)=S_{yx}(f)$；

(c) $|S_{xy}(f)|^2\leqslant S_x(f)S_y(f)$。

证明：设 $X_T(f),Y_T(f)$ 分别是 $X(t),Y(t)$ 任一样本函数的截尾函数的傅里叶变换，对任意实数 a，有 $|X_T^*(f)+aY_T(f)|^2\geqslant 0$，即

$$|X_T^*(f)|^2+2a|X_T^*(f)Y_T(f)|+a^2\ |Y_T(f)|^2\geqslant 0$$

两边同除以 T，并令 $T\to\infty$，得

$$S_x(f)+2aS_{xy}(f)+a^2S_y(f)\geqslant 0$$

由 $\Delta=4S_{xy}^2(f)-4S_x(f)S_y(f)\leqslant 0$，所以

$$|S_{xy}(f)|^2\leqslant S_x(f)S_y(f)$$

故命题得证。

2.4　数字信号分析与处理

2.4.1　数字信号处理系统

按对信号的处理不同，信号处理系统可分为模拟信号处理系统和数字信号处理系统两类。模拟信号处理系统的输入、输出信号均为模拟信号，其处理系统通常由模拟元件 R、L、C 及模拟电路构成。数字信号处理系统的原理框图如图 2-30 所示。其处理系统的核心部分是计算机或专用数字硬件构成的数字系统。其输入、输出均为数字信号。输入数字信号 $x(n)$ 按预先给定的处理程序由数字系统进行处理后，得到输出数字信号 $y(n)$。在多数情况下，原始信号通常是模拟信号，为了将其转换成数字信号 $x(n)$ 进行数字处理，系统中通常还包含模/数（A/D，Analog/Digital）转换环节；而为了将输出信号更好地显示或记录下来，还配有数/模（D/A，Digital/Analog）转换环节，将数字输出信号 $y(n)$ 转换成模拟信号 $y(t)$，以便用记录仪、磁带机等记录下来，或者在终端上显示出来，也可将数字信号 $y(n)$ 直接在打印机上打印出来。包括 A/D 和 D/A 环节的数字信号处理系统可等效为一个模拟系统，其根本的区别在于信号处理的方法不同，并由此带来了一系列优点。

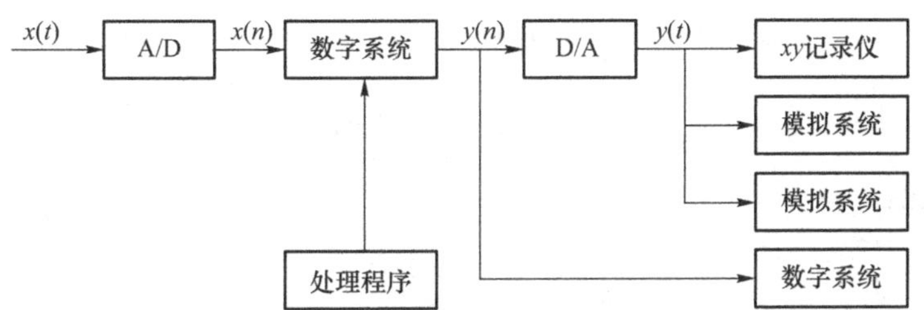

图 2-30　数字信号处理系统框图

把模拟信号转换为与其相对应的数字信号的过程称为模/数（A/D）转换过程，这是数字信号处理的必需程序。如图 2-31 所示，A/D 转换过程主要包括采样、量化、编码三部分。

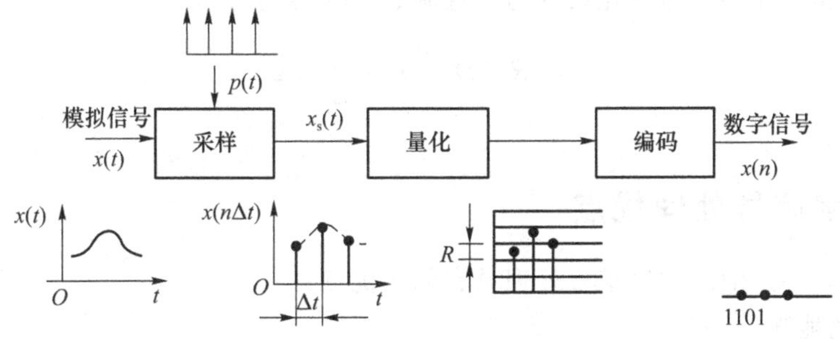

图 2-31　A/D 转换过程

若信号 $x(t)$ 可能出现的最大值为 A，令其分为 D 个间隔，则每个间隔长度为 $R=A/D$，R 称为量化步长。当采样信号 $x(n\Delta t)$ 落在某一小间隔内，经过舍入或截尾方法而变为有限值时，则产生量化误差，如图 2-32 所示。

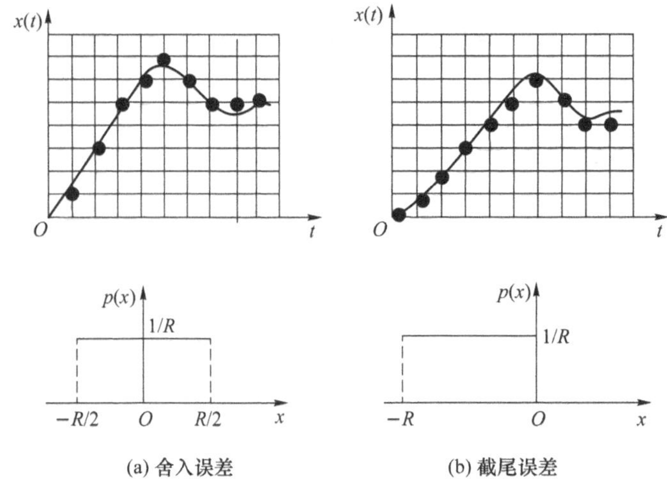

图 2-32　舍入量化与截尾量化

量化误差呈等概率分布,其概率密度函数 $p(x)=1/R$,当舍入量化时,最大舍入误差为 $\pm 0.5R$;当截尾量化时,最大截尾误差为 $-R$。下面计算舍入量化和截尾量化的方差。

① 舍入量化:

均值为 $\mu_x=\int_{-\infty}^{\infty} xp(x)\mathrm{d}x=\int_{-R/2}^{R/2} x/R\mathrm{d}x=0$;

方差为 $\sigma_x^2=\int_{-\infty}^{\infty}(x-\mu_x)^2 p(x)\mathrm{d}x=\int_{-R/2}^{R/2} x^2/R\mathrm{d}x=R^2/12$。

② 截尾量化:

均值为 $\mu_x=\int_{-\infty}^{\infty} xp(x)\mathrm{d}x=\int_{-R}^{0} x/R\mathrm{d}x=-R/2$;

方差为 $\sigma_x^2=\int_{-\infty}^{\infty}(x-\mu_x)^2 p(x)\mathrm{d}x=\int_{-R}^{0}(x+R/2)^2/R\mathrm{d}x=R^2/12$。

由此可见,量化步长 R 越大,量化误差越大。通常,量化步长取决于计算机位数,N 为二进制数位 2^N-1,则量化步长为最大幅值的 $1/2^N-1$。常用的 A/D 转换器位数有 8、10、12 和 16 位等。

最后,将离散的幅值经过量化后变为二进制数字称为编码,即

$$A=R\cdot D=R\cdot\sum_{i=0}^{N-1} a_i 2^i \tag{2-49}$$

式中:a_i 取 0 或 1。

2.4.2 数字信号处理优点

与模拟信号处理相比,数字信号处理具有如下优点:

(1) 处理功能强

数字信号处理可以完成许多模拟信号感到困难甚至难以完成的复杂信号处理任务,以信号的谱分析为例,模拟系统通常要采用大量的窄带滤波器来构成,逼近处理功能有限,而且分辨率低,分析时间长。而现代数字谱分析仪采用快速傅里叶变换(FFT)算法,对 1 024 点序列作谱分析只需十几毫秒甚至几毫秒,实时处理能力强,频谱分辨能力也很强,在超低频段(1 Hz)可达 1 mHz 量级,在高频段(100 kHz)可达 250 Hz,而且甚至更小,运算及输出功能极

其丰富。例如，过滤数赫兹或数十赫兹的信号，采用模拟滤波器，其电感电容数值可能大得惊人而不易实现，但采用数字滤波器却轻而易举。又如，图像处理正是利用数字计算机庞大的存储单元及复杂的运算功能才得以实现。

(2) 高度的灵活性

对于模拟系统，其性能取决于构成它的一些器件如电阻、电感和电容的参数，如欲改变其性能就必须改变这些硬件参数，重新构成新系统，显然比较困难。对于数字系统，它主要由乘法器、加法器、寄存器、控制器等单元构成，其性能主要取决于系统的设置及其运算规则或程序，因此只要改变输入系统存储器的数据或改变运算程序，就能得到具有不同性能的系统，丝毫不会带来困难，具有高度的灵活性。

(3) 精度高

模拟系统的精度主要取决于元器件的精度，一般模拟器件的精度达到 10^{-3} 已很不易。而数字系统的精度主要取决于字长，16 位字长精度即可达 10^{-4} 以上，更高的位数与精度目前也能做到。

(4) 稳定性好

模拟系统中各种器件参数易受环境条件的影响，如产生温度漂移、电磁感应、杂散效应等。而数字系统只有 0、1 两个电平，受环境因素的影响要小得多。

当然，与模拟系统相比，数字信号处理系统也有不足的方面，主要表现在信号处理的实时性方面，因为数字信号需要对信号进行采样、量化、运算、传输等处理，因此必将产生一定时延而导致实时性问题。为了解决这个问题，往往需要设计专用的数字硬件系统，因而带来了设计与结构的复杂性，并使成本增加，因此，在完成较为简单的信号处理任务时，模拟系统就显现出结构简单，成本低廉等优势。

总而言之，由于数字信号处理的突出优点，并且随着大规模集成电路技术的不断发展，其实时性问题正在不断地得到解决。信号处理的总趋势正在朝着数字信号处理的方向发展，并有完全取代模拟信号分析的趋势。

2.4.3　数字信号处理的发展历史

在 20 世纪 60 年代前，信号处理主要还是依靠模拟设备来实现的。随着计算机技术及大规模和超大规模集成电路的迅速发展，尤其是 1965 年，库利(J. W. Cooley)和图基(J. W. Tukey)发明了快速傅里叶变换(FFT)算法，把计算傅里叶变换的时间缩短了几个数量级，取得了数字信号处理算法上的重大突破。它的出现大大推动了数字信号处理科学的发展。20 世纪 80 年代初推出的高速通用数字信号处理单片机在解决数字信号处理的实时性及设计的复杂性上又迈出了极其重要的一步。目前，数字信号处理技术已广泛应用于电子通信、机械故障诊断、自动测量、控制工程、计算机控制、语言处理及图像处理等领域。

2.4.4　离散傅里叶变换

由于在实际机械系统中产生的故障信号通常是模拟信号，其时间和幅值均为连续的，因此不能在计算机上进行数字信号处理。为此，必须首先将信号数字化，即通过采样和量化后得到适于计算机处理的数字信号。本小节主要讨论信号通过采样后，如何得到适合于计算机处理的信号频谱计算公式，即离散傅里叶变换。通过连续傅里叶变换推导出离散傅里叶变换，并进一步比较其区别与联系。图 2-33 所示为离散傅里叶变换的图解分析。

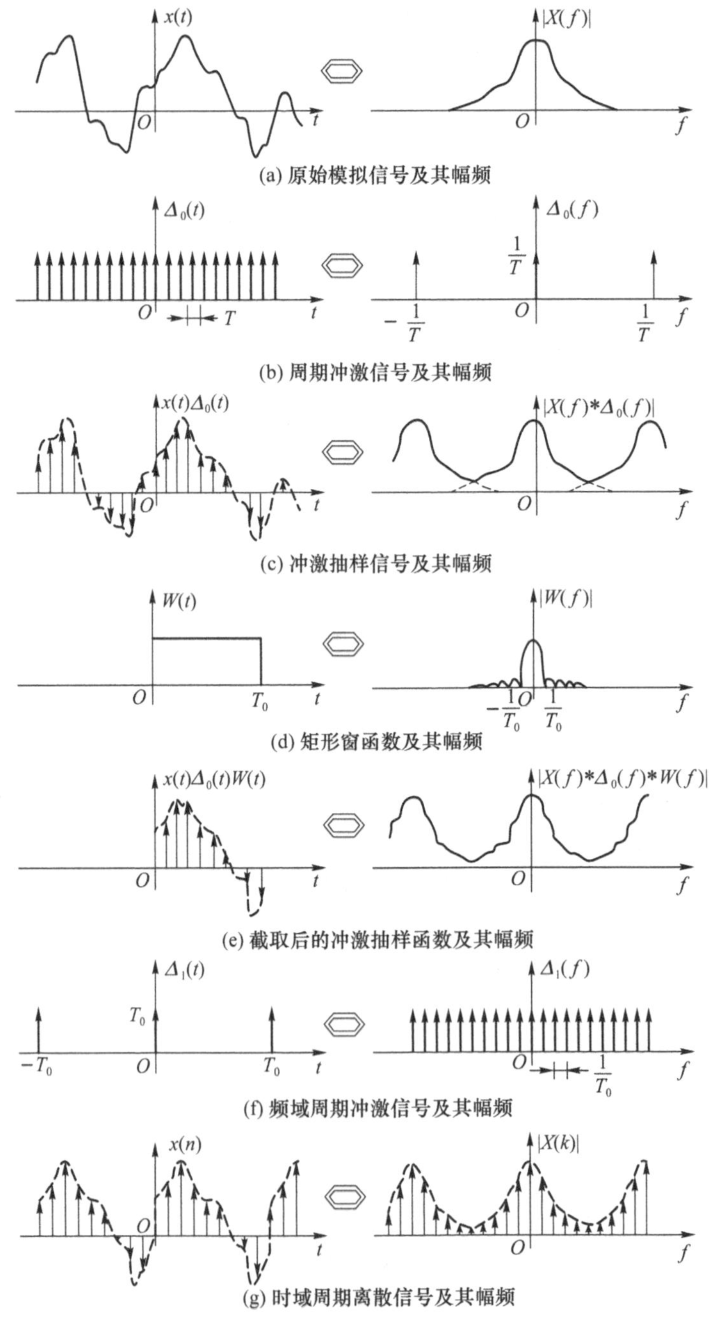

图 2-33　离散傅里叶变换的图解分析

1. 时域采样离散

在图 2-33 中，图(a)表示原始模拟信号 $x(t)$ 及其频谱的模 $|X(f)|$，图(b)表示周期冲激信号 $\Delta_0(t)$ 及其频谱的模 $|\Delta_0(f)|$，图(c)表示原始模拟信号 $x(t)$ 与周期冲激信号 $\Delta_0(t)$ 相乘后得到的冲激抽样信号 $x(t)\Delta_0(t)$ 及其频谱的模 $|X(f)*\Delta_0(f)|$。

设周期冲激信号 $\Delta_0(t)=\sum\limits_{n=-\infty}^{\infty}\delta(t-nT)$，采样周期为 T，所以其傅里叶级数展开为

$$\Delta_0(t) = \sum_{n=-\infty}^{\infty} \Delta_0 \mathrm{e}^{\mathrm{j}2\pi n \frac{1}{T}t}$$

式中：

$$\Delta_0 = \frac{1}{T}\int_{-T/2}^{T/2} \Delta_0(t)\mathrm{e}^{-\mathrm{j}2\pi n\frac{1}{T}t}\mathrm{d}t = \frac{1}{T}\int_{-T/2}^{T/2} \delta(t)\mathrm{e}^{-\mathrm{j}2\pi n\frac{1}{T}t}\mathrm{d}t = \frac{1}{T}$$

所以，$\Delta_0(t) = \frac{1}{T}\sum_{n=-\infty}^{\infty} \mathrm{e}^{\mathrm{j}2\pi n\frac{1}{T}t}$。

因此冲激抽样信号为 $x(t)\Delta_0(t) = \frac{1}{T}\sum_{n=-\infty}^{\infty} x(t)\mathrm{e}^{\mathrm{j}2\pi n\frac{1}{T}t}$，其傅里叶变换为

$$X(f) * \Delta_0(f) = \frac{1}{T}F\left\{\sum_{n=-\infty}^{\infty} x(t)\mathrm{e}^{\mathrm{j}2\pi n\frac{1}{T}t}\right\} = \frac{1}{T}\sum_{n=-\infty}^{\infty} X\left(f - n\frac{1}{T}\right)$$

由此可见，冲激抽样信号的频谱是原连续信号频谱在频率轴上的周期延拓，其延拓周期为采样频率。从图 2-33(c)可以看出，延拓后的冲激抽样信号的频谱在高频段可能存在混叠，这样将导致采样后的信号失真，因此，为了避免出现此现象，在采样中需要满足下面的采样定理。

采样定理　设信号 $x(t)$的最高分析频率为 f_{m}，为了使采样后的信号不失真，即不发生频谱混叠，要求采样频率 $f_{\mathrm{s}} \geqslant 2f_{\mathrm{m}}$。

2. 时域加窗

理论上，机械系统产生的故障信号在时间上是无限的，但是实际分析的信号不可能无限长，而只可能采集实际信号中的一段来进行分析和处理。因此，需要用窗函数 $W(t)$来对信号进行截取。在图 2-33 中，图(d)表示矩形窗函数 $W(t)$的时域函数及其频谱的模$|W(f)|$，图(e) 表示信号 $x(t)\Delta_0(t)W(t)$及其频谱(时域乘积对应频域卷积)的模$|X(f) * \Delta_0(f) * W(f)|$，$W(t)$及$|W(f)|$的数学表达式分别为

$$W(t) = \begin{cases} 1, & 0 < t < T_0 \\ 0, & t < 0 \text{ 或 } t > T_0 \end{cases}$$

$$|W(f)| = T_0\left|\frac{\sin(\pi f T_0)}{\pi f T_0}\right| = T_0|\mathrm{Sa}(\pi f T_0)|$$

显然，在窗函数 $W(t)$的频谱 $W(f)$上，出现了一个主瓣和许多旁瓣，所以当信号 $x(t)\Delta_0(t)$的频谱 $X(f) * \Delta_0(f)$与 $W(f)$卷积时，其频谱上对应频率成分的能量将通过 $W(f)$旁瓣泄漏到其他频率成分上，此现象称为频谱泄漏。对比图 2-33(c)和(e)可以看出其频谱出现了一些皱波，这就是由频谱泄漏所致。

为了减少频谱泄漏现象，应根据信号的特点，采用不同的窗函数，通常哈明(Hamming)窗或凯泽(Kaiser)窗的旁瓣较小，频谱泄漏现象相对较少，但此时主瓣的宽度较宽，又降低了谱线的分辨率。矩形窗的分辨率最高，但频谱泄漏相对最严重。实用中常折中两方面的要求选择汉宁(Haning)窗。

3. 频域采样

如图 2-33(f)、(g)所示，信号 $x(t)\Delta_0(t)W(t)$是时间长度为 T_0 的离散抽样信号，其频谱 $X(f) * \Delta_0(f) * W(f)$为周期连续函数，显然，频谱连续仍不能满足计算机的运算要求，因此需要在频域内进行采样并将其离散，频域采样的频率间隔应为 $1/T_0$。因此，频域周期采样信号为

$$\Delta_1(f) = \sum_{n=-\infty}^{\infty} \delta\left(f - n\frac{1}{T_0}\right) = T_0\sum_{n=-\infty}^{\infty} \mathrm{e}^{2\pi n T_0 f}$$

设 $x_{\mathrm{s}}(t) = x(t)\Delta_0(t)W(t)$，其频谱为

$$X_s(f)=X(f)*\Delta_0(f)*W(f)$$

因此,$X_s(f)$采样后的频谱为

$$X_s(f)\Delta_1(f)=T_0\sum_{n=-\infty}^{\infty}X_s(f)e^{2\pi nT_0f}$$

对其进行傅里叶逆变换得

$$x_s(t)*\Delta_1(t)=T_0\sum_{n=-\infty}^{\infty}x_s(t+nT_0)$$

由此可见,频谱的采样构成了时域的周期延拓,其延拓周期为 T_0。如图 2-33(g)所示,信号在时域和频域均为周期离散序列。

4. 离散傅里叶变换的推导

显然,原始模拟信号通过时域采样、加窗和频域采样后,最后得到的信号在时域和频域均离散,且均为周期信号。时域的周期为 T_0,离散间隔为 Δt,而频域的周期为 $1/\Delta t$,间隔为 $1/T_0$。因此,在一个周期内,时域和频域的离散点数均相同,均为 T_0/T。

下面对离散傅里叶变换 DFT(Discrete Fourier Transform)进行推导。

设连续信号 $x(t)$ 在 $[0,T_0]$ 上的采样得到 $x(n)(n=1,2,\cdots,N)$,$N=\dfrac{T_0}{\Delta t}$,由于 DFT 中信号频谱已经离散,在一个周期内的点数也为 N。所以,$x(t)$ 的频谱 $X(f)=\int_0^T x(t)e^{-j2\pi ft}dt$ 可化为

$$X(kf)=\sum_{n=0}^{N-1}x(n\Delta t)e^{-j2\pi k\Delta fn\Delta t}\Delta t$$

因为 $\Delta f=\dfrac{1}{N\Delta t}$,所以 $\Delta f\Delta t=\dfrac{1}{N}$,代入上式得

$$X(kf)=\sum_{n=0}^{N-1}x(n\Delta t)e^{-j2\pi kn\frac{1}{N}}\Delta t$$

用 $X(k)$代替 $X(kf)$,用 $x(n)$代替 $x(n\Delta t)$,并省略 Δt 得

$$X(k)=\sum_{n=0}^{N-1}x(n)e^{\frac{-j2\pi kn}{N}},\quad k=0,1,\cdots,N-1$$

即为离散傅里叶正变换 DFT。

将 DFT 两边同乘以 $e^{\frac{j2\pi kr}{N}}$,并在一个周期内求和,得

$$\sum_{k=0}^{N-1}X(k)e^{\frac{j2\pi kr}{N}}=\sum_{k=0}^{N-1}\left[\sum_{n=0}^{N-1}x(n)e^{\frac{-j2\pi kn}{N}}\right]e^{\frac{j2\pi kr}{N}}=\sum_{n=0}^{N-1}\left[x(n)\sum_{k=0}^{N-1}e^{\frac{-j2\pi k(n-r)}{N}}\right]$$

因为

$$\sum_{k=0}^{N-1}e^{\frac{-j2\pi k(n-r)}{N}}=\frac{1-e^{\frac{-j2\pi(n-r)N}{N}}}{1-e^{\frac{-j2\pi(n-r)}{N}}}=\begin{cases}N, & n=r\\0, & n\neq r\end{cases}$$

所以

$$\sum_{k=0}^{N-1}X(k)e^{\frac{j2\pi kr}{N}}=x(r)N,\quad x(r)=\frac{1}{N}\sum_{k=0}^{N-1}X(k)e^{\frac{j2\pi kr}{N}}$$

$$x(n)=\frac{1}{N}\sum_{k=0}^{N-1}X(k)e^{\frac{j2\pi kn}{N}}$$

即为离散傅里叶逆变换 IDFT(Inverse Discrete Fourier transform)。

由此可见,离散傅里叶变换对为

$$\begin{cases} X(k)=\sum_{n=0}^{N-1}x(n)\mathrm{e}^{\frac{-\mathrm{j}2\pi kn}{N}}, & k=0,1,\cdots,N-1 \\ x(n)=\dfrac{1}{N}\sum_{k=0}^{N-1}X(k)\mathrm{e}^{\frac{\mathrm{j}2\pi kn}{N}}, & n=0,1,\cdots,N-1 \end{cases} \tag{2-50}$$

容易验证，$X(k+N)=X(k)$，$x(n+N)=x(n)$，即时域和频域均是周期为 N 的周期离散序列，即在时域上的采样形成频域上的周期延拓，在频域上的采样又形成了时域上的周期延拓。

又因为

$$x(n)=\frac{1}{N}\sum_{k=0}^{N-1}X(k)\mathrm{e}^{\frac{\mathrm{j}2\pi kn}{N}}=\frac{1}{N}\overline{\left[\sum_{k=0}^{N-1}\overline{X(k)}\mathrm{e}^{\frac{-\mathrm{j}2\pi kn}{N}}\right]}$$

所以，IDFT 可以将频谱取共轭后，再计算 DFT，最后取其共轭即可得到 IDFT。由此可见，IDFT 和 DFT 均可统一为 DFT 计算。

5. 离散傅里叶变换 DFT 与连续信号频谱间的关系

根据 DFT 来逼近连续信号及其频谱。

① 对非周期连续信号 $x(t)$，若 $x(t)$在 $T_0=N\cdot\Delta t$（Δt 为采样周期）内的采样序列 $x(n)$已知，则在特定频率 $f=k\Delta f(\Delta f=1/T_0)$处 $x(t)$的频谱 $X(f)$为

$$X(k\Delta f)\approx\Delta t\cdot \mathrm{DFT}[x(n)] \tag{2-51}$$

若在特定频率点 $f=k\Delta f$ 处信号频谱 $X(k\Delta f)$已知，则 $X(f)$对应的时间信号在特定时间点 $t=n\Delta t$ 处的值为

$$x(n\Delta t)\approx\frac{1}{\Delta t}\cdot \mathrm{IDFT}[X(k)] \tag{2-52}$$

② 对周期连续信号 $x(t)$，若一个周期内的采样序列 $x(n)$已知，则信号的频谱为

$$X(k\Delta f)\approx\frac{1}{N}\cdot \mathrm{DFT}[x(n)] \tag{2-53}$$

若频谱已知，则时间信号的采样值为

$$x(n\Delta t)\approx N\cdot \mathrm{IDFT}[X(k)] \tag{2-54}$$

请读者自己证明上述两条性质。

因此，对某一信号分析时，由于关心的是信号的结构成分，所以只需确定出信号中频谱的相对量即可，不管信号是周期的还是非周期的，频谱计算都可采用 DFT。

6. 频谱校正技术

(1) 频谱泄漏

为了解释频谱泄漏原理，考虑一个向无限远延伸的频率为 25 Hz、幅值为 1 的余弦信号，对这个信号进行间隔为 $T=0.0125$ s 的时域采样，采样频率为 $1/T=80$ Hz。相当于将这个信号乘以一个单位脉冲序列，如图 2-34 所示，在频域内，余弦信号是两根对称于原点的谱线，单位脉冲序列映射到频域内，仍然是由谱线形成的脉冲序列，其幅值为 $1/T$，频率间隔为 $1/T=80$ Hz。二者卷积，只要把余弦的两根谱线重叠到谱线序列上即可。

矩形窗的幅值谱出现了一个主瓣和许多旁瓣，当它与一个脉冲序列卷积时，只要它叠加在各个脉冲上面即可。时域加窗后的信号变化如图 2-35 所示。从图 2-35 可以看出，由于时域加窗导致余弦函数频谱成为连续谱，原来集中在 25 Hz 处的能量被分散到无限带宽上，表现出25 Hz 的频率成分泄漏到其他频率成分上，这就是频谱泄漏。

在频域内，与一个采样间隔为 $f=1/T_0=10$ Hz 的脉冲序列相乘，得到离散谱；在时域内，

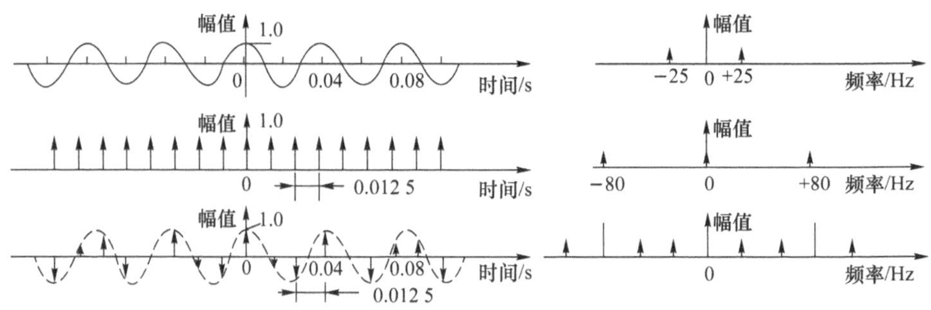

图 2-34　信号时域采样及其频域变化

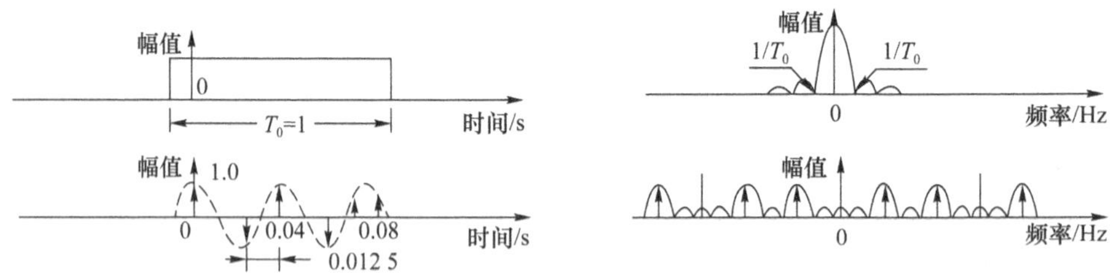

图 2-35　采样后的信号时域加窗及其频域变化

将做卷积,导致时域内的信号周期延拓,由于矩形窗截取的波形不是原来余弦函数的整数倍(这里是2.5个周期,见图2-36),因此时域卷积后得到的波形与原始余弦波形产生了差异,出现了一些不连续的间断点,这是在时域内由频谱泄漏表现出的误差。在对应的频谱中,在25 Hz处并没有出现谱线,而是在10、20、30 Hz等处出现了谱线,表明25 Hz的频率成分的能量泄漏到10、20、30 Hz等其他频率成分上,即为在频域上表现出的泄漏。然而,如果每个周期采样2个点,采样频率为50 Hz,矩形窗宽 T_0 的一个周期为0.04 s,那么就只会出现25 Hz的频率成分,频谱泄漏将不会表现出来。

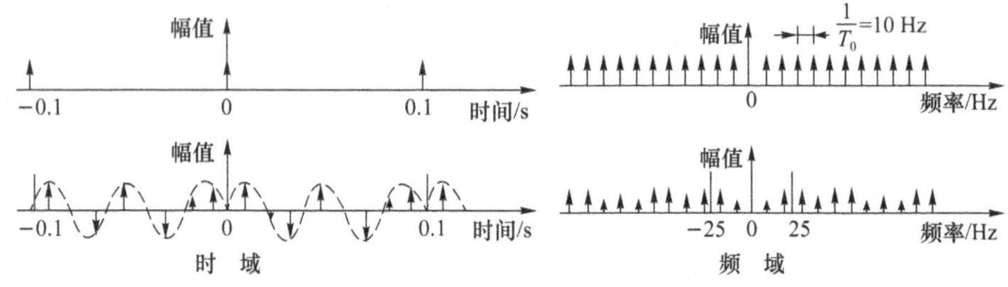

图 2-36　信号频域采样及其时域变化

显然,导致余弦信号频谱泄漏的根本原因是信号的时域加窗,但是频率泄漏表现出来的原因是:未对余弦信号进行整周期截取,即矩形窗的窗宽 T_0 不是余弦信号周期的整数倍,从而导致信号周期不是采样周期的整数倍。然而,整周期截取往往是非常困难的,因此频率泄漏问题普遍存在。

由于频谱泄漏的存在,我们从频谱中无法得到正确的幅值、频率和相位值,因此必须加以校正。校正的原则是已知窗函数的幅值谱曲线和上面两点的幅值,确定两点之间窗函数的最大幅值,因为幅值最大处对应的频率才是周期信号的真实频率。

(2) 基于比例内插法的频谱校正方法

由于计算机只能对有限长度的信号样本进行计算，这就相当于给原信号加了一个矩形窗，不可避免地存在由时域截断而引起的能量泄漏，使得谱峰幅值变小，精度降低。针对该问题，人们提出很多改进方法，例如增加采样长度、降低采样频率、整周期采样、ZOOM－FFT 细化频谱技术等，这些方法可以在一定程度上提高频率分辨率，但是均存在局限性。采样长度的增加受到硬件的限制，整周期采样技术的实现需要复杂的硬件，且不能有效地测定信号中分频分量；ZOOM－FFT 技术虽然能够提高分辨率，但低通滤波器的过渡带却使得分析频带两端的幅值存在一定误差。相比之下，基于比例的内插校正算法因其原理简单，校正精度高而得到广泛应用。

典型的频谱校正模型如图 2－37 所示，假设矩形窗函数的主瓣中心频率为 f_i，主瓣左右相邻两根谱线的谱峰值分别为 h_- 和 h_+，对应的频率为 f_- 和 f_+，相邻刚好为一个频率分辨率 Δf，则可以通过主瓣两侧的两根谱线的幅值和频率大小，利用窗函数的频谱图形，去求主瓣中心点的频率 f_i 和幅值 A_i。该方法的相关数学推导详见相关参考文献，在此，省去烦琐的数学推导过程，直接介绍该方法的计算步骤。

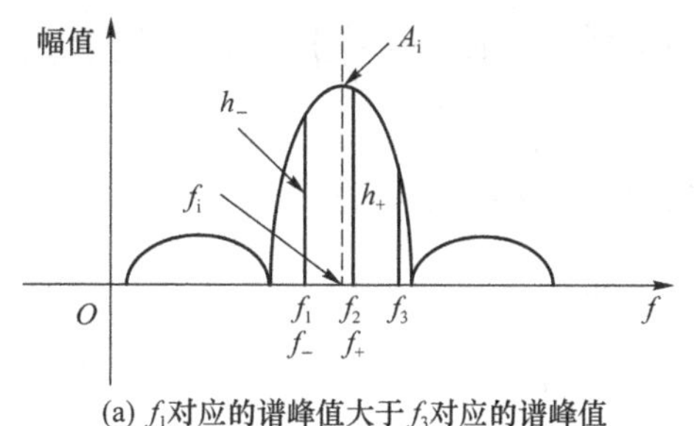

(a) f_1对应的谱峰值大于f_3对应的谱峰值

(b) f_1对应的谱峰值小于f_3对应的谱峰值

图 2－37　频谱校正模型

设 f_2 为计算谱峰主瓣内的最高谱峰值对应的频率，f_1 和 f_3 分别为左右相邻谱峰对应的频率。当 f_1对应的谱峰值大于 f_3对应的谱峰值时，$f_-=f_1$，$f_+=f_2$，h_- 为 f_1 对应的谱峰值，h_+ 为 f_2 对应的谱峰值，如图 2－37(a)所示；当 f_1对应的谱峰值小于 f_3对应的谱峰值时，$f_-=f_2$，$f_+=f_3$，h_- 为 f_2 对应的谱峰值，h_+ 为 f_3 对应的谱峰值，如图 2－37(b)所示。设 N 为采样点数目，T 为采样时间间隔，则

① 频率校正

$$f_i=f_-+\left(\frac{\delta}{N\times T}\right) \tag{2-55}$$

$$\delta=\frac{h_+}{h_-+h_+} \tag{2-56}$$

② 振幅校正

$$A_i=\frac{\pi\times\delta\times h_-}{\sin(\pi\times\delta)} \tag{2-57}$$

③ 相位校正

$$\theta_i=\mathrm{Phase}(h_+)-\pi\times\delta-0.5\pi \tag{2-58}$$

2.4.5　快速傅里叶变换

FFT 的实质是 DFT 的快速算法。因为按 DFT 的公式进行计算需要 N^2 次复数乘和 $N(N-1)$次复数加，即 $4N^2$ 次实数乘和 $2N^2+2N(N-1)$次实数加，因此计算速度很慢，难以适

用。自从1965年由美国库利-图基(J. W. Cooley, W. Tukey)提出FFT算法,大大节省了运算时间,推动了数字信号分析和处理的发展,因此FFT算法被认为具有信号分析技术的划时代意义。下面以基2时析型的FFT算法为例来介绍FFT的基本思路。

若序列 $x(n)$,长度 $N=2^B$,则 $x(n)$ 可分为两个 $N/2$ 项的奇序列和偶序列,即

偶序列: $g(r)=x(2r),\quad r=0,1,2,\cdots,N/2-1$

奇序列: $h(r)=x(2r+1),\quad r=0,1,2,\cdots,N/2-1$

所以,

$$\begin{aligned} X(k) &= \sum_{n=0}^{N-1} x(n)\mathrm{e}^{-\frac{\mathrm{j}2\pi kn}{N}} = \sum_{r=0}^{N/2-1}\left[x(2r)\mathrm{e}^{-\frac{\mathrm{j}2\pi(2rk)}{N}} + x(2r+1)\mathrm{e}^{-\frac{\mathrm{j}2\pi(2r+1)k}{N}}\right] \\ &= \sum_{r=0}^{N/2-1} g(r)\mathrm{e}^{-\frac{\mathrm{j}2\pi rk}{N/2}} + \mathrm{e}^{-\frac{\mathrm{j}2\pi k}{N}}\sum_{r=0}^{N/2-1} h(r)\mathrm{e}^{-\frac{\mathrm{j}2\pi rk}{N/2}} \end{aligned}$$

故,

$$X(k)=G(k)+\mathrm{e}^{-\frac{\mathrm{j}2\pi k}{N}}H(k),\quad k=0\sim N/2-1$$

$$X(k+N/2)=G(k+N/2)+\mathrm{e}^{\frac{-\mathrm{j}2\pi(k+N/2)}{N}}H\left(k+\frac{N}{2}\right)$$

$$X(k+N/2)=G(k)-\mathrm{e}^{-\frac{\mathrm{j}2\pi k}{N}}H(k)$$

因此,按奇偶选抽FFT算法的基本公式(蝶形图如图2-38所示)

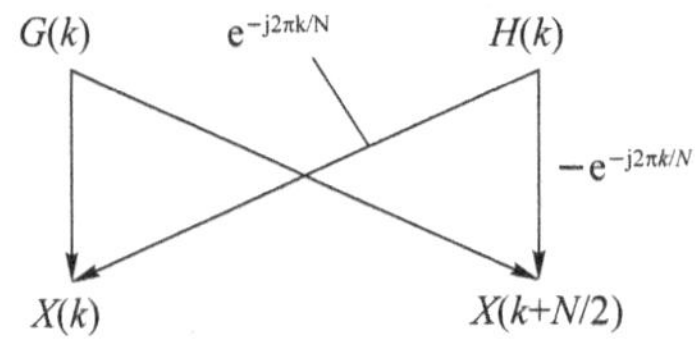

图2-38 时分型蝶形图

$$\begin{cases} X(k)=G(k)+\mathrm{e}^{-\frac{\mathrm{j}2\pi k}{N}}H(k) \\ X(k+N/2)=G(k)-\mathrm{e}^{-\frac{\mathrm{j}2\pi k}{N}}H(k) \end{cases} \quad k=0\sim N/2-1 \tag{2-59}$$

所以,FFT算法的基本思路是:将序列逐次奇偶对分,直到子序列中只含有一个数,求出单项的DFT(为其自身),然后合并两项序列的DFT,由此再合并四项序列的DFT,……,直到由两个 $N/2$ 项的序列的DFT合成原序列的DFT。

下面进行FFT运算量的估计。

设原序列长为 N,总共有 $\mathrm{lb}N$ 个计算层,每一层有 $N/2$ 个蝶形图,每个蝶形图有2次复数加、2次复数乘,所以,总蝶型图的计算量为

复数加为

$$2\cdot\frac{N}{2}\mathrm{lb}N=N\,\mathrm{lb}N$$

复数乘为

$$2\cdot\frac{N}{2}\mathrm{lb}N=N\,\mathrm{lb}N$$

则实数加为 $4N\,\mathrm{lb}N$;实数乘为 $4N\,\mathrm{lb}N$。

与直接计算相比:

实数乘为 $$\frac{4N\,\mathrm{lb}N}{4N^2}=\frac{\mathrm{lb}N}{N}$$

实数加为
$$\frac{4N\,\mathrm{lb}N}{4N^2-2N}=\frac{\mathrm{lb}N}{N-1/2}$$

当 $n=1\,024$ 时，$\frac{\mathrm{lb}N}{N}\approx\frac{\mathrm{lb}N}{N-1/2}=\frac{1}{102.4}$，显然 FFT 算法提高了两个数量级，而且序列越长，计算量提高越多。

2.4.6　基于快速傅里叶变换的各种运算公式

设连续信号 $x(t)$、$y(t)$ 按采样周期 T_s 采样，分别得到 N 个点的时间序列 $x(n)$、$y(n)$，$n=1,2,\cdots,N$，则可由 FFT 计算出 $X(k)=\mathrm{DFT}[x(n)]$，$Y(k)=\mathrm{DFT}[y(n)]$，频谱间隔为 $\Delta f=1/(NT_s)$。利用 $X(k)$、$Y(k)$，$k=1,2,\cdots,N$，可以计算出各种频率函数值。

1. 信号频谱

(1) 对非周期函数，频谱函数量纲为"物理量/Hz"

双边频谱为

$$X_D(k)=T_s\cdot X(k) \tag{2-60}$$

单边谱为

$$X_s(k)=\begin{cases}T_s\cdot X(k), & k=0\\ 2T_s\cdot X(k), & 1\leqslant k\leqslant N/2-1\\ 0, & N/2\leqslant k\leqslant N-1\end{cases} \tag{2-61}$$

(2) 对周期函数，频谱函数量纲为"物理量"

双边频谱为

$$X_D(k)=\frac{1}{N}\cdot X(k) \tag{2-62}$$

单边谱为

$$X_s(k)=\begin{cases}\frac{1}{N}\cdot X(k), & k=0\\ \frac{2}{N}\cdot X(k), & 1\leqslant k\leqslant N/2-1\\ 0, & N/2\leqslant k\leqslant N-1\end{cases} \tag{2-63}$$

2. 自功率谱密度函数

自功率谱密度函数由周期图法可以估计得到：

双边谱为

$$S_{xx}(k)=\frac{1}{N}\cdot T_s\cdot X^*(k)X(k)=\frac{1}{N}\cdot T_s\cdot\|X(k)\|^2 \tag{2-64}$$

单边谱为

$$G_{xx}(k)=\begin{cases}S_{xx}(k), & k=0\\ 2\cdot S_{xx}(k), & 1\leqslant k\leqslant N/2-1\\ 0, & N/2\leqslant k\leqslant N-1\end{cases} \tag{2-65}$$

3. 互功率谱密度函数

互功率谱密度函数的定义为

$$S_{xy}(k)=\frac{1}{N}\cdot T_s\cdot X^*(k)Y(k) \tag{2-66}$$

$$S_{yx}(k)=\frac{1}{N}\cdot T_s\cdot Y^*(k)X(k) \tag{2-67}$$

4. 频率响应函数

在机械故障诊断中,可测信号的部位往往不是直接产生故障的部位,故障信号通常经过一定的传递被放大或混入其他信号,因此了解系统的传递特性是很重要的。频率响应函数(即系统的传递特性)可用下面几个公式计算:

$$H(k)=Y(k)/X(k) \tag{2-68}$$

$$H(k)=S_{xy}(k)/S_{xx}(k) \tag{2-69}$$

$$H(k)=S_{yy}(k)/S_{yx}(k)=S_{yy}(k)/S_{xy}^{*}(k) \tag{2-70}$$

5. 相干函数

相干函数的定义为

$$\gamma_{xy}^{2}(k)=\frac{|S_{xy}(k)|^{2}}{S_{xx}(k)S_{yy}(k)} \tag{2-71}$$

相干函数通常用来描述信号 $y(t)$ 中频率 f 的分量在多大程度上来源于 $x(t)$。一般相干函数大于0.9就表示 $y(t)$ 中的频率 f 的分量与 $x(t)$ 相干。

6. 自相关函数及互相关函数

自相关函数的定义为

$$R_{xx}(n)=\frac{1}{T_{s}}\ \mathrm{IDFT}\ [S_{xx}(k)] \tag{2-72}$$

互相关函数的定义为

$$R_{xy}(n)=\frac{1}{T_{s}}\ \mathrm{IDFT}\ [S_{xy}(k)] \tag{2-73}$$

$$R_{yx}(n)=\frac{1}{T_{s}}\ \mathrm{IDFT}\ [S_{yx}(k)] \tag{2-74}$$

7. 脉冲响应函数

脉冲响应函数的定义为

$$h(n)=T_{s}\cdot\ \mathrm{IDFT}\ [H(k)] \tag{2-75}$$

式中:$H(k)$ 为频率响应函数。

8. 倒频谱分析

倒频域中的重要函数是功率倒频谱和复倒频谱,其定义分别为

$$C_{x}(k)=\mathrm{IDFT}[\lg(S_{xx}(k))] \tag{2-76}$$

$$C_{x}(k)=\mathrm{IDFT}[\ln(X(k))] \tag{2-77}$$

倒频谱分析的优点在于:

① 对自功率谱密度函数取了对数后,大大降低了各频率分量幅值大小的差距,使得幅值较小的频率分量得以凸显。

② 倒频谱相当于对信号的频谱又做了一次频谱分析,当频谱中出现大量调制边频带时,频谱中的谱线将具有很强的周期性,其周期间隔即为调制边频,此时利用倒频谱分析可以将这些边频带浓缩为单根谱线,因此极易识别其边频宽度。由于齿轮故障具有明显的调制现象,因此倒频谱分析在齿轮故障诊断中具有重要应用。

③ 如果有的干扰信号在时域内与有用信号为卷积关系,在频谱则为乘法关系,因为取对数,在倒频域又成了加法关系,有利于识别及清除。有时在倒频谱分析后还想观察去除干扰后的原时间信号,因为功率谱密度函数没有相位信息,不可能重建原时间信号,所以只能应用复倒频谱分析。

设频谱为 $X(k)=A(k)\mathrm{e}^{\mathrm{i}\phi(k)}$,取自然对数后得

$$\ln X(k)=\ln A(k)+\mathrm{i}\phi(k)$$

则

$$C_x(n)=\mathrm{IDFT}[\ln A(k)+\mathrm{i}\phi(k)]$$

在倒频谱分析中，当发现某些倒频率成分是干扰成分时，可以定义适当的窗函数 $W(n)$ 将其冲零，再经过傅里叶变换，即清除谱为

$$S_{xx}^{L}(k)=\mathrm{DFT}[W(n)C_x(n)]$$

此时得到的频谱密度函数中清除了干扰成分，故清除谱依然保留了实部为对数频谱，虚部为相位谱的特点。然后对清除谱的实部取指数即得到有用信号的频谱实部，清除谱的虚部为有用信号的虚部。最后通过傅里叶逆变换即可得到有用信号的时间信号，即 $x_e(n)=\mathrm{IDFT}[S_{xx}^{L}(k)]$。

2.4.7　实例分析

1. 随机激励下的结构频率响应函数测试

对某结构在激励点施加随机激励，在响应点测取加速度响应，如图 2-39 所示。其中，随机激励力为 $f(t)$，其频谱为 $F(f)$，自功率谱密度函数为 $S_f(f)$；响应点的随机加速度响应为 $x(t)$，其频谱为 $X(f)$，自功率谱密度函数为 $S_x(f)$。利用快速傅里叶变换 FFT 可以分别计算出图 2-40 所示的激励力频谱和自谱、响应的频谱和自谱，以及激励与响应的互谱和相干函数，并最终得到从激励点到响应点的频率响应函数。需要指出的是，在计算过程中为了避免频谱泄漏，对随机信号进行了加汉宁窗处理。

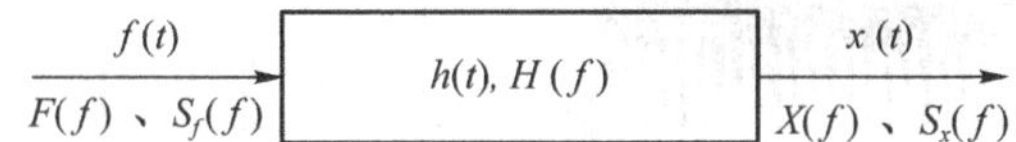

图 2-39　随机激励下的结构频率响应函数测试示意图

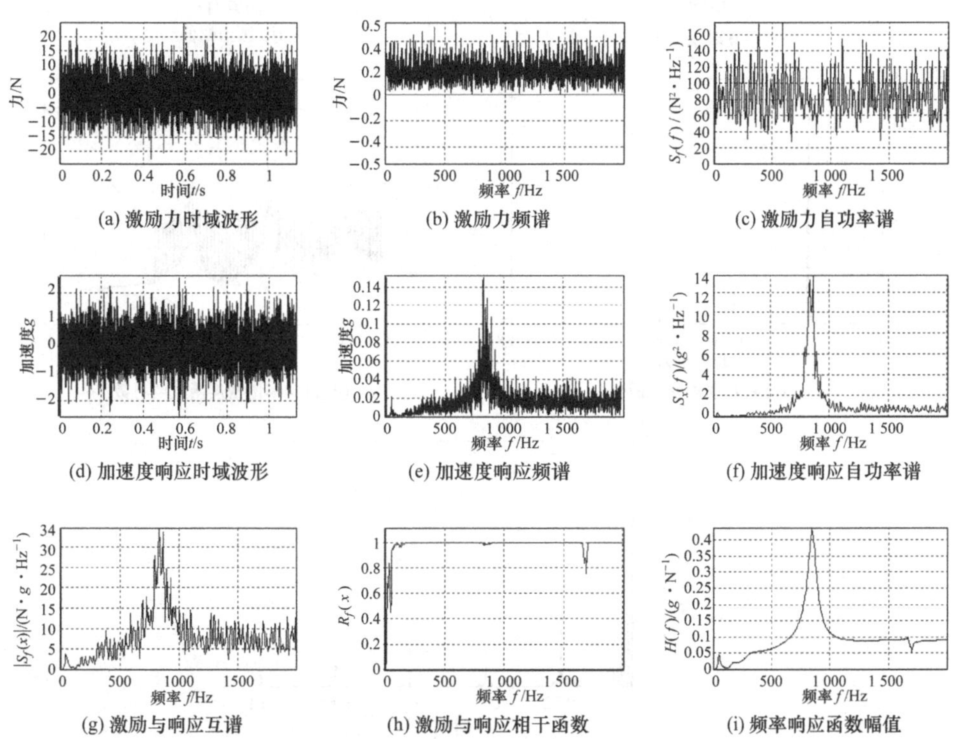

(a) 激励力时域波形　(b) 激励力频谱　(c) 激励力自功率谱

(d) 加速度响应时域波形　(e) 加速度响应频谱　(f) 加速度响应自功率谱

(g) 激励与响应互谱　(h) 激励与响应相干函数　(i) 频率响应函数幅值

图 2-40　随机激励下的结构频率响应函数测试

2. 基于倒频谱的调制边频带分析

设信号 $x(t)$为以调幅信号,调幅信号的频率为 $f_r=50$ Hz,载波信号的频率 $f_z=1\ 000$ Hz,调幅信号的谐波次数为 $N=10$,载波信号的谐波次数为 $M=3$,则仿真信号 $x(t)$为

$$x(t)=\sum_{m=0}^{M}\left\{\frac{5.0}{(m+1)}\times\left[1.0+\sum_{n=0}^{N}\frac{0.5}{n+1}\sin(2\pi nf_r t)\right]\sin(2\pi mf_z)\right\}$$

图 2-41 所示为对该仿真信号的分析实例,图(a)为信号的时域波形;图(b)为信号的频谱,可以从频谱中发现在载波信号基频及其倍频两边出现了许多边频带,边频的间隔为调幅信号的频率;图(c)为信号的自功率谱密度函数,其频率结构与频谱相同,但是由于平方的作用,峰值更加凸显;图(d)为信号的自功率密度函数的对数,可以看出,通过取对数后,大大降低了各频率分量幅值大小的差距,使得幅值较小的频率分量得以凸显。从对数自功率谱密度函数的曲线可以看出,多个边频带族构成了频谱上的周期信号。图(e)为信号的倒频谱实部,可以看出,倒频谱对边频带的“概括”能力,边频带的周期间隔为调制频率 $f_r=50$ Hz,正好对应倒频率 0.02 s,同时根据傅里叶级数的性质,在倒频谱上也将出现倒频率 0.02 s 的整数倍倒频率分量,由此可见,从倒频谱可以非常容易地辨别出信号的调制边频带。

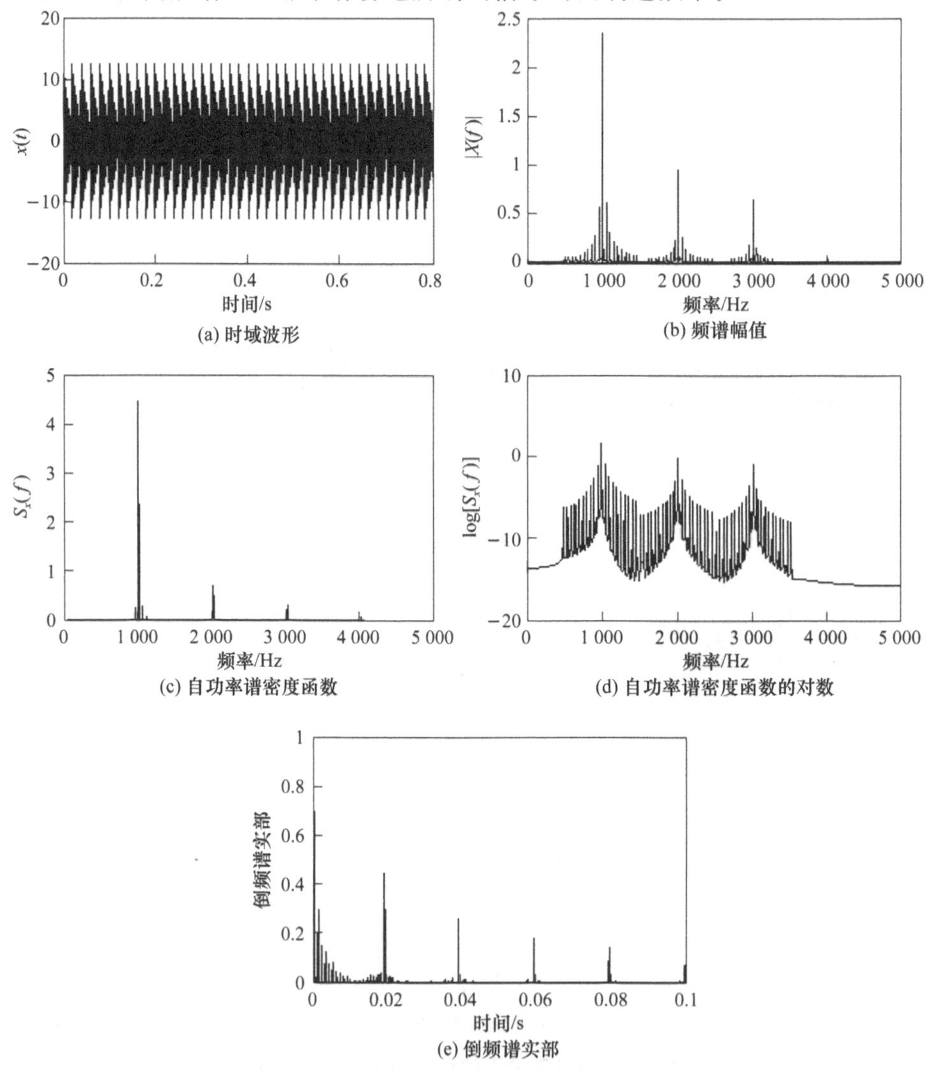

图 2-41 基于倒频谱的边频带分析实例

2.5　数字图像分析与处理

在航空发动机检测与诊断技术中，数字图像分析和处理技术也经常用于进行故障的特征提取和模式识别。例如在智能铁谱分析技术中，将图像分析和处理技术运用于铁谱图像的分析和处理，通过对滑油中的磨损颗粒进行识别，获取发动机的磨损状态信息，从而为航空发动机的维修提供决策依据。在基于孔探图像分析和处理的发动机内部损伤识别技术中，运用数字图像分析和处理方法可以实现对图像中的损伤进行测量和计算，同时也可以提取损伤的特征，从而对各种损伤进行识别。将数字图像处理技术运用于航空器传统的检测、诊断方法中，可以有效提高检测和诊断的速度及自动化程度。图 2-42 所示为实际的铁谱分析图像和孔探检测图像。下面将介绍数字图像分析和处理的基本概念和常用的算法。

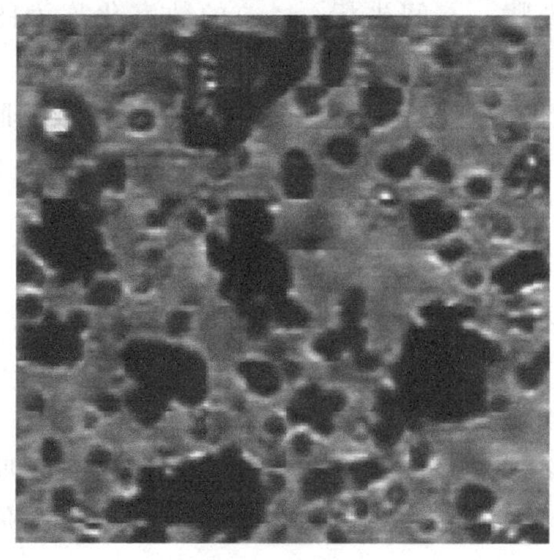

(a) 铁谱图像

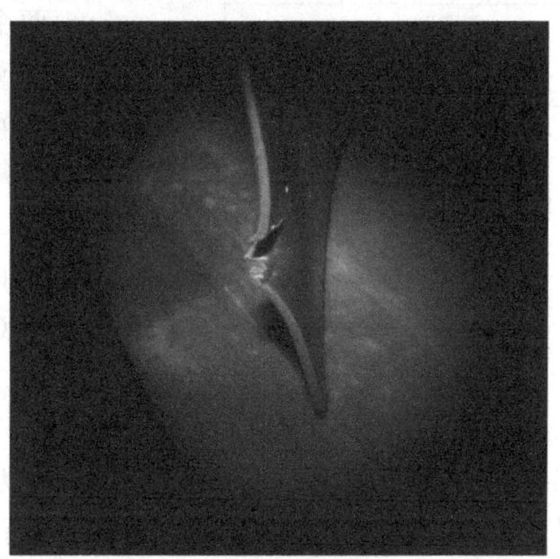

(b) 孔探图像

图 2-42　航空发动机故障图像示例

2.5.1　数字图像的基本概念

我们所研究的图像(image)，它与二维光强度函数有关，用 $f(x,y)$ 表示。意思是说，在空间坐标 (x,y) 处的幅值 f 就是该点图像的光强度(亮度)。因为光是能量的一种形式，故 $f(x,y)$ 必须大于零，且是有限值，即

$$0<f(x,y)<\infty \tag{2-78}$$

人的视觉所感受到的图像，一般都是由物体反射光组成的。$f(x,y)$ 的主要性质可被看成是由入射光及物体的反射光决定的。它们分别称为照射分量 $i(x,y)$ 和反射分量 $r(x,y)$。函数 $i(x,y)$ 与 $r(x,y)$ 之积形成图像 $f(x,y)$，即

$$f(x,y)=i(x,y)\cdot r(x,y) \tag{2-79}$$

式中：$0<i(x,y)<\infty$，$0<r(x,y)<1$。

当 $r(x,y)=0$ 时，为全吸收；当 $r(x,y)=1$ 时，为全反射。$r(x,y)$ 由物体的性质决定。例如，黑天鹅绒的反射分量为 0.01，不锈钢的反射分量为 0.65，单调的墙涂料为 0.80，雪为 0.93，镀银金属为 0.90。照射分量 $i(x,y)$ 由光源决定。

在坐标 (x,y) 处的单色图像 f 的强度称为该点图像的灰度级 l，也称为该点图像的灰度值

(gray level),其范围为 $L_{\min} \leqslant l \leqslant L_{\max}$。

在理论上,对 $L_{\min}$ 的要求是它必须为正;对 $L_{\max}$ 的要求是它必须是有限的。而实际上,

$$L_{\min}=i_{\min} \cdot r_{\min}, \quad L_{\max}=i_{\max} \cdot r_{\max}$$

利用上述照射分量和反射分量的值作为标准界限,可以认为在室内图像处理应用时,$L_{\min} \approx 0.05$,而 $L_{\max} \approx 100$。

间隔$[L_{\min}, L_{\max}]$也叫作灰度范围。在使用时,通常把间隔数值规定在$[0, L]$范围内。当 $l=0$ 时,被认为是全黑;当 $l=L$ 时,被认为是全白,其中间值是由黑连续变为白时的灰度级。

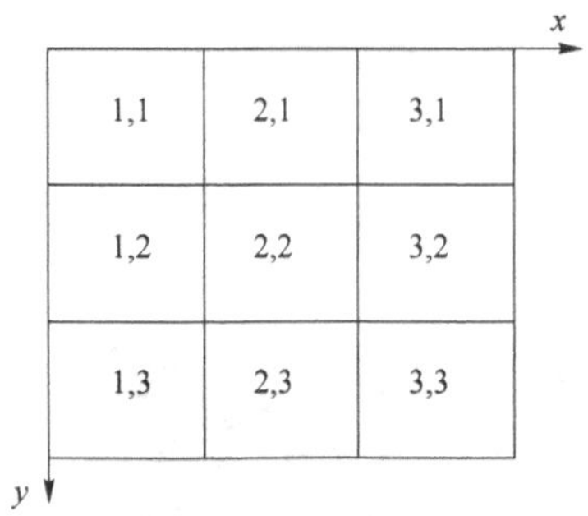

1,1	2,1	3,1
1,2	2,2	3,2
1,3	2,3	3,3

x
y

图 2-43 图像的像素采样

为了适应计算机的需要,图像 $f(x,y)$ 在空间和幅度上都必须数字化。也就是说,把模拟连续图像变换为数字离散图像必须经过采样(sampling)和量化(quantizing)两个步骤。空间坐标(x,y)的数字化称为图像采样,幅度数字化称为图像量化。

连续图像可以按等间隔采样,在平面上分成网眼似的小格子,每个格子上给以整数值,表示地址(见图 2-43),也可用 $n \times m$ 矩阵表示:

$$f(x,y) \approx \begin{bmatrix} f(0,0) & f(0,1) & \cdots & f(0,m-1) \\ f(1,0) & f(1,1) & \cdots & f(1,m-1) \\ \vdots & \vdots & & \vdots \\ f(n-1,0) & f(n-1,1) & & f(n-1,m-1) \end{bmatrix} \tag{2-80}$$

每个小方格子或矩阵中的每一元素被称为像素。每个像素的灰度再进行数字化,叫作图像的量化,通常用 L 级($L=2^B$,B 为位数)表示。经过上述处理后,一幅数字化灰度图像所需要的存储位用下式表示:

$$b=n \times m \times B \tag{2-81}$$

例如,128×128 的图像,每个像素的灰度级为 64($64=2^6$,即每个像素 6 位),则需要的存储位为 128×128×6 位=98 304 位。显然,n、m 和 B 增加,存储量大,且处理时间长。n 和 m 的选择取决于图像的性质、处理目的及要求。例如,对数字和文字等简单的图像,用 32×32×1 比较合适,而复杂的图像采用 256×256×8 或 512×512×8 比较合适。由于微型机的发展和普及,存储位 B 多采用 8 位,即一字节。对于 24 位真彩色图像,每个像素需要存储红色(R)、绿色(G)和蓝色(B)三个分量的数据,而每个分量均需要 8 个存储位,每个像素的存储位为 24 位,因此,彩色图像的存储量更大。

2.5.2 图像预处理

当图像输入计算机时,由于输入转换器件(如光敏器件、A/D 转换器等性质的差别)及周围环境的影响等,使图像含有各种各样的噪声和失真。为了稳定地进行特征抽出等处理,必须消除噪声,校正失真,把图像变换成标准形状。我们把这一过程称为图像的前处理。具体地说,图像的前处理包括输入图像位置的标准化及大小的正规化。如对图像旋转、放大、缩小等,即为图像的几何校正;对图像的失真进行校正,去掉模糊的成分,恢复图像的原来面貌,即为图像的复原;把图像变成人容易观察的和机器容易处理的图像,即为图像的增强。这些内容都是图像处理技术的重要组成部分。

噪声的消除　消除图像中的噪声成分叫作图像的平滑化(smoothing)或滤波操作(filtering)。滤波的目的有两个:一是抽出对象的特征作为图像识别的特征模式;二是为适应计算机处理的要求,消除图像数字化时所混入的噪声。对滤波处理的要求有两条:一是不能损坏图像的轮廓及边缘等重要信息;二是使图像清晰,视觉效果好。

通常采用领域平均法对图像进行降噪处理。在数字图像区域内,某点的灰度值由所取区域内各点灰度的平均值来表示,这是在实平面上对图像进行平滑化的一种最简单的方法。

假如给定一幅 $N \times N$ 的图像 $f(x,y)$,用邻域平均法所得到的平滑图像为 $g(x,y)$,即

$$g(x,y) = \frac{1}{M} \sum_{(n,m) \in s} f(n,m) \tag{2-82}$$

式中:$x, y=0,1,2,\cdots,N-1$;S 表示点 (x,y) 邻域中点坐标的集合,但不包括点 (x,y);M 表示集合 S 内坐标点的总数。

图 2-44 所示为一铁谱显微图像的降噪实例,其中噪声图像为在原始图像上加高斯白噪声产生的,对比降噪后的图像和原始图像,不难看出图像的降噪效果。

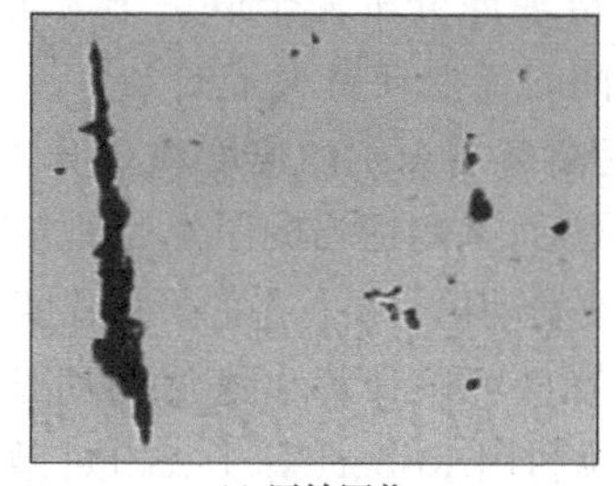
(a) 原始图像

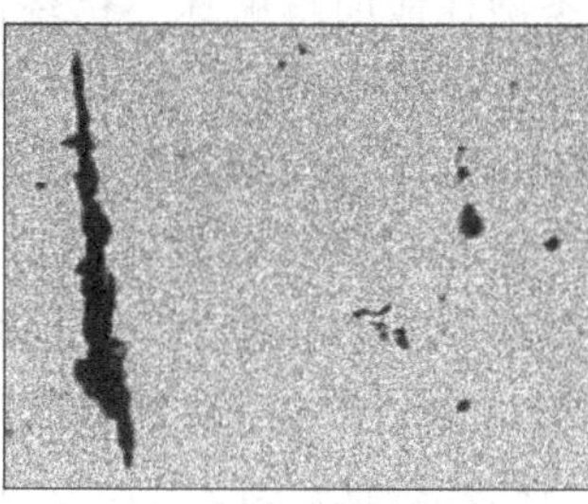
(b) 加噪后的图像

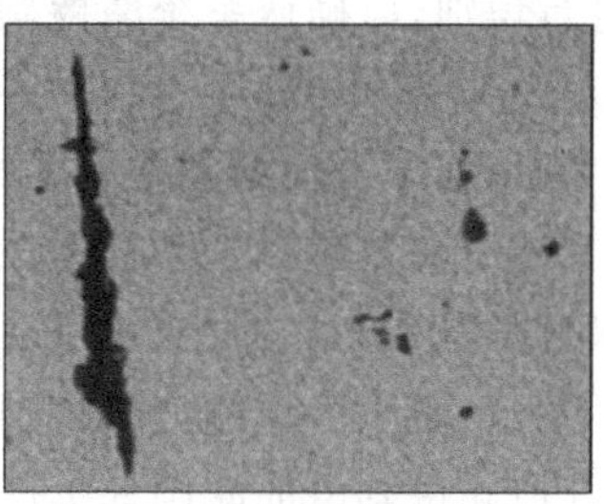
(c) 降噪后的图像

图 2-44　图像降噪实例

2.5.3　图像边沿检测

1. 一次微分

Roberts 操作和 Sobel 操作比较有名,并得到较好的结果。Roberts 一次微分不是沿 x,y 轴微分,而是取旋转 $\pm 45°$ 两个方向微分值的和。图 2-45 所示的 2×2 掩膜,两个方向的差分为 $a-d$,$b-c$,求和的方式有两种微分值计算式为

$$\sqrt{(a-d)^2+(b-c)^2} \quad 或 \quad |a-d|+|b-c| \tag{2-83}$$

Sobel 一次微分操作所用的 3×3 掩膜如图 2-46 所示,设

$$x=(c+2f+i)-(a+2d+g) \tag{2-84}$$

$$y=(g+2h+i)-(a+2b+c) \tag{2-85}$$

微分值计算式也有两种形式,即

$$\sqrt{x^2+y^2} \quad 或 \quad |x|+|y| \tag{2-86}$$

2. 二次微分

一次微分是一种向量,不但有其大小还有其方向,与标量相比较,数据存储量大。另外,在斜率一样的宽区域上,如果把全部区域都当作边缘取出,情况有时会变坏,因此有必要求斜率的斜率,即做二次微分的运算。拉普拉斯算子是一种重要的二次微分算子,即

$$\begin{aligned}\nabla^2 = &\{[f(x+1,y)-f(x,y)]-[f(x,y)-f(x-1,y)]\}+ \\ &\{[f(x,y+1)-f(x,y)]-[f(x,y)-f(x,y-1)]\}\end{aligned} \tag{2-87}$$

也可写成

$$\nabla^2=f(x+1,y)+f(x-1,y)+f(x,y+1)+f(x,y-1)-4f(x,y) \tag{2-88}$$

若用掩膜表示,如图 2-47 所示。

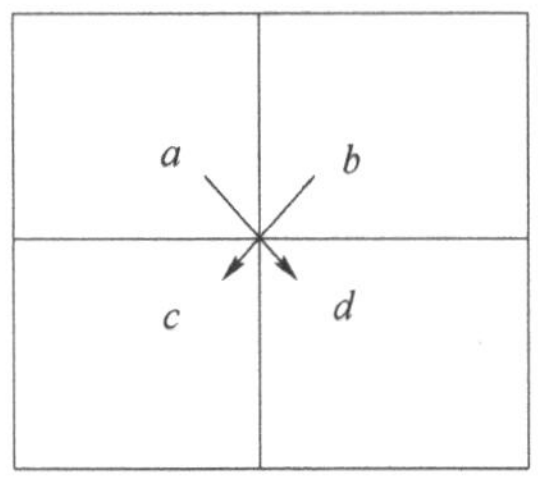

图 2-45　2×2 掩膜

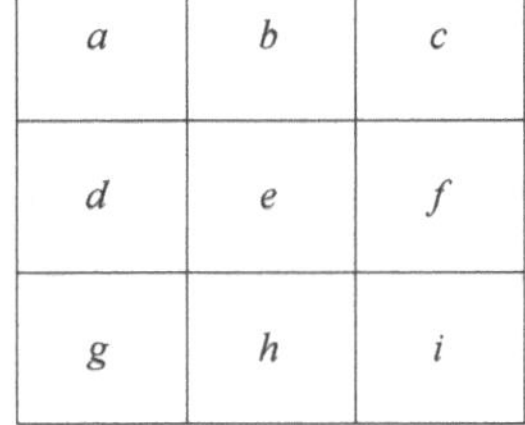

图 2-46　3×3 掩膜

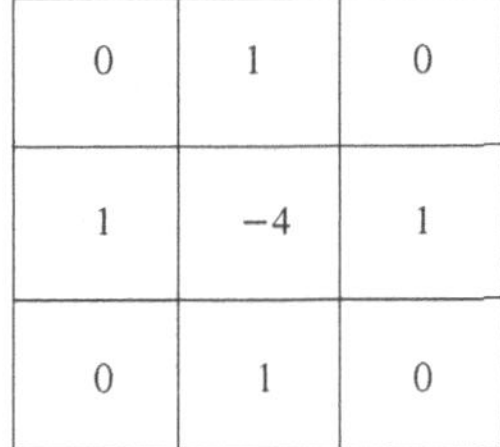

图 2-47　3×3 掩膜

3. 实　例

传统的滑油滤分析需要分解滑油滤堵,对其收集物进行人工分析,从数量、外观形貌等特征进行识别,以确认系统摩擦副是否破坏或即将破坏。传统的滑油滤分析完全取决于人工识别,对人类专家的经验十分依赖,因此识别的速度和精度不高,同时需要耗费大量的人力。

利用基于滑油滤图像的磨损状态自动识别技术可以大大提高磨屑识别的速度和精度。首先,利用一定装置对发动机滑油滤上的磨屑进行收集并拍照;然后,采用适当的图像处理方法,提取衡量磨损状态的特征量;最后,建立一定的判别准则来识别航空发动机磨损状态的严重程度。

其中,用边沿检测方法可以检测出磨屑的边沿,利用边沿信息可以计算出磨屑的周长信息,并由此得到滑油滤图像上的磨屑状态特征。图 2-48 所示为利用 Robert 算子、Sobel 算子和 Laplace 算子对该航空发动机滑油滤磨屑图像的边沿检测效果。

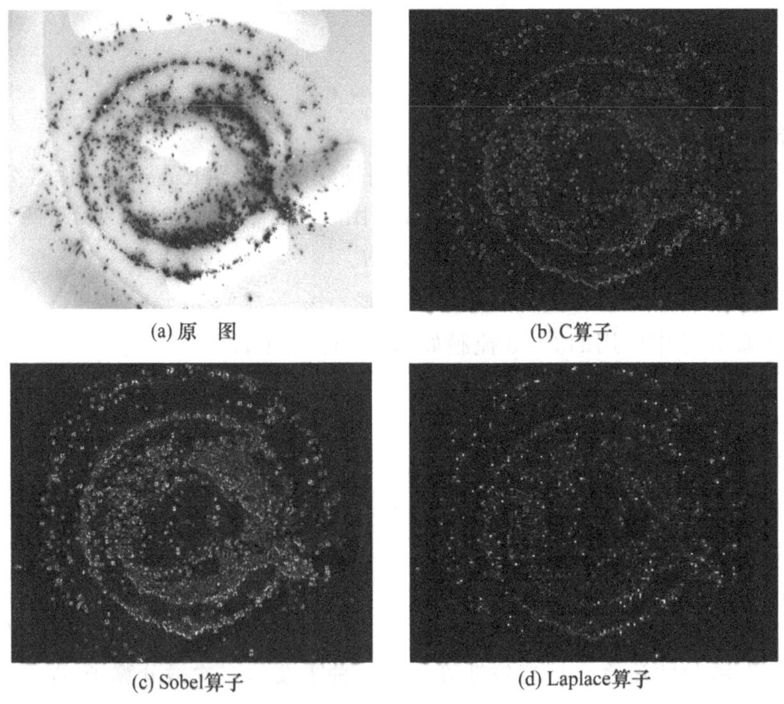

图 2-48　某发动机滑油滤磨屑图像的边沿检测

2.5.4 图像分割

图像分割实现图像中目标的提取，是后续图像分析和识别的基础，因此目标提取是否正确和完全，将直接影响图像识别的正确性。图像分割技术多年来一直受到人们的高度重视，至今已提出了上千种类型的分割算法，它们一般可以分为阈值分割和边沿检测两类。基于边沿检测的图像分割算法是通过检测图像中目标与背景之间的边界，从而获取所感兴趣的目标；图像阈值分割是利用图像中要提取的目标和背景在灰度特性上的差异，通过选择合适的阈值，来确定图像中每一像素点应属于目标还是背景，从而产生二值图像并由此实现目标提取。通过边沿检测法得到的目标边界受图像噪声的影响很大，利用传统的边沿检测算子，通常会产生边界不封闭或虚假边界等情形，从而使分割误差很大，而阈值分割法是基于像素空间聚类的算法，所以其抗噪声干扰能力则要强得多，因此在图像分割算法中，阈值分割算法比边沿检测法应用更为广泛。

在阈值分割算法中，要从复杂背景中分辨出目标并将其形状完整地提取出来，阈值的选取是关键。为此，国内外学者针对这一课题进行了广泛深入的研究和大量实验，提出了多种阈值选取方法。但是应该看到，尽管目前已经存在许多图像阈值分割方法，然而没有一种方法对所有的图像均能实现有效的分割，也没有一种图像适用于所有的分割方法。因此，根据具体图像特征选择特定的图像分割方法应该是图像处理中的一个重要思路。

1. 图像分割原理

一幅图像包括对象物、背景还有噪声，如何从多值的数字图像中只提取出对象物呢，最常用的方法就是设定某一阈值 θ，用 θ 将图像的数据分成两部分：大于 θ 的像素群和小于 θ 的像素群，例如输入图像为 $f(x,y)$，输出图像为 $f'(x,y)$，则

$$f'(x,y)=\begin{cases}1, & f(x,y)\geqslant\theta \\ 0, & f(x,y)<\theta\end{cases} \tag{2-89}$$

从式(2-89)可以看出，图像分割的本质是图像的二值化处理，是图像灰度变换的特殊方法，它将图像 $f(x,y)$ 分成对象物和背景两个区域，然后求其阈值。

按此定义推广，可以得到半阈值分割、多阈值分割和动态阈值分割方法。

(1) 半阈值分割原理

若将灰度变换函数在某一灰度值 θ 以下，强制为 0，θ 值以上的灰度保持不变，即

$$f'(x,y)=\begin{cases}f(x,y), & f(x,y)\geqslant\theta \\ 0, & f(x,y)<\theta\end{cases} \tag{2-90}$$

这种二值化处理称为半阈值处理(semithresholding)。这种处理方法在背景灰度十分低时才有意义。利用这种处理方法，可以保持目标对象的全部信息。

(2) 多阈值分割原理

如果图像的目标对象除背景像素群以外，还具有 n 类($n>1$)，则需要设定多个(n 个)阈值方能实现图像分割，即

$$f'(x,y)=\begin{cases}n, & \theta_n\leqslant f(x,y) \\ n-1, & \theta_{n-1}\leqslant f(x,y)<\theta_n \\ n-2, & \theta_{n-2}\leqslant f(x,y)<\theta_{n-1} \\ \vdots & \\ 0, & f(x,y)<\theta_1\end{cases} \tag{2-91}$$

(3) 动态阈值分割原理

若物体受到遮光等影响,图像是在不均匀照射下拍摄的,对整幅图像只用单一阈值,不能给出良好的结果,则必须用动态阈值分割技术进行处理,即分割阈值将随图像空间坐标点的变化而变化。此时,分割阈值为 $\theta(x,y)$,各个坐标下的阈值将构成一个阈值曲面,即

$$f'(x,y)=\begin{cases}f(x,y), & f(x,y)\geqslant\theta(x,y)\\0, & f(x,y)<\theta(x,y)\end{cases}\tag{2-92}$$

2. 图像分割特征选取

众所周知,彩色图像与灰度图像的描述不一样,灰度图像可以用标量来表示,而彩色图像通常要用三维矢量才能对其进行描述。人们利用动态 K-L 变换法寻找不同彩色区域,并由此得出一组适用于多种彩色图像分割的正交特征 I_1、I_2、I_3,即

$$\begin{cases}I_1=(R+G+B)/3\\I_2=(R-B)/2\text{ 或 }(B-R)/2\\I_3=(2G-R-B)/4\end{cases}\tag{2-93}$$

显然,I_1、I_2、I_3 为 R、G、B 时的线性变换,I_1 实际上反映了图像的灰度特征,I_2 和 I_3 则反映了图像的彩色特征。因此,根据不同的图像选取不同的特征,在利用阈值法进行图像分割时,只需将灰度直方图用 I_1 或 I_2 或 I_3 的直方图代替即可进行有效的分割。

3. 图像阈值分割方法

图像阈值分割的关键在于如何进行阈值选择(threshold selection),因为在数字图像数据中,无用的背景数据和对象物数据常常混在一起,此外,在图像中还含有各种噪声,所以必须根据图像的统计性质,即从概率的角度来选择合适的阈值。下面介绍几种阈值选择技术和方法。

(1) 最大类间方差法

由 Otsu 提出的最大类间方差法,是在判决分析最小二乘法原理的基础上推导得出的。该算法较为简单,是一种备受关注的阈值分割法。设图像灰度级分布为 $0\sim L-1$,图像直方图为 $p(i)$,$i=0\sim L-1$,表示灰度级为 i 的像素在整幅图中的比例。

设图像由暗目标和亮背景组成。按灰度级用阈值 t 将图像划分为两类:$C_0(0\sim t)$ 和 $C_1(t+1\sim L-1)$,因此 C_0 和 C_1 类的出现概率及均值分别为

$$w_0=P(C_0)=\sum_{i=0}^{t}p_i=w(t),\quad u_0=\sum_{i=0}^{t}\frac{ip_i}{w_0}=\frac{u(t)}{w(t)}\tag{2-94}$$

$$w_1=P(C_1)=\sum_{i=t+1}^{L-1}p_i=1-w(t),\quad u_1=\sum_{i=t+1}^{L-1}\frac{ip_i}{w_1}=\frac{u_T-u(t)}{1-w(t)}\tag{2-95}$$

式中:$u(t)=\sum_{i=0}^{t}ip_i$;$u_T=u(L-1)=\sum_{i=0}^{L-1}ip_i$;$u_T=w_0u_0+w_1u_1$。

定义 C_0 和 C_1 类间方差为

$$\sigma_B^2(t)=w_0(u_0-u_T)^2+w_1(u_1-u_T)^2=w_0w_1(u_1-u_0)^2\tag{2-96}$$

$\sigma_B^2(t)$ 称为阈值选择函数。从 0 到 $L-1$ 之间改变 t 值,求上式为最大值时的 t 值,即

$$t^*=\operatorname{Arg}\max_{0\leqslant t\leqslant L-1}\sigma_B^2(t)\tag{2-97}$$

然后用 t^* 值作为分割阈值来分割图像,灰度值小于 t^* 的像素点即认为是目标点,标记为 0;灰度值大于 t^* 的像素点即认为是背景点,标记为 255,即可得到分割结果。

(2) 图像阈值分割的最小偏态指标法

众所周知,在数理统计中,随机样本数据的均值为样本的一阶统计矩,它衡量数据的平均

值大小;方差为样本的二阶统计中心矩,它衡量随机数据离散的程度;而偏态指标为样本的三阶中心统计矩,它衡量随机数据分布偏离正态分布的程度。设随机样本为 $x(t)$,其概率密度分布函数为 $p(x)$,则其定义分别为

$$\mu_x = \lim_{T\to\infty}\frac{1}{T}\int_0^T x(t)\mathrm{d}t = \int_{-\infty}^{+\infty} xp(x)\mathrm{d}x \tag{2-98}$$

$$\sigma_x^2 = \lim_{T\to\infty}\frac{1}{T}\int_0^T [x(t)-\mu_x]^2\mathrm{d}t = \int_{-\infty}^{+\infty}(x-\mu_x)^2 p(x)\mathrm{d}x \tag{2-99}$$

$$K_3 = \frac{\int_{-\infty}^{+\infty}(x-\mu_x)^3 p(x)\mathrm{d}x}{\sigma_x^3} \tag{2-100}$$

设一幅图像只由目标物和背景组成,其灰度分布范围为 $0\sim G$;已知其灰度级分布概率密度分别为 $P_1(t)$和 $P_2(t)$,不失一般性,假设 $P_1(t)$和 $P_2(t)$均服从正态分布,其灰度均值分别为 $\mu_1(t)$和 $\mu_2(t)$,方差分别为 $\sigma_1^2(t)$和 $\sigma_2^2(t)$,偏态指标分别为 $K_{3,1}(t)$和 $K_{3,2}(t)$,则设图像灰度级按阈值 t 划分为目标和背景两类,这里认为图像是由亮背景上的暗物体所组成,因此凡是灰度级小于 t 的像素皆认为目标物,大于 t 的像素皆作为背景。设图像归一化直方图为 $h(i)$, $(i=0\sim G)$,目标物像素占全图像像素数比为 $\theta(t)$,则

$$\theta(t) = \sum_{i=0}^{t} h(i) \tag{2-101}$$

$$\begin{cases} \mu_1(t) = \sum_{i=0}^{t} h(i)i/\theta(t) \\ \mu_2(t) = \sum_{i=t+1}^{G} h(i)i/[1-\theta(t)] \end{cases} \tag{2-102}$$

$$\begin{cases} \sigma_1^2(t) = \sum_{i=0}^{t} [i-\mu_1(t)]^2 h(i)/\theta(t) \\ \sigma_2^2(t) = \sum_{i=t+1}^{G} [i-\mu_2(t)]^2 h(i)/[1-\theta(t)] \end{cases} \tag{2-103}$$

$$\begin{cases} K_{3,1}(t) = \dfrac{\sum_{i=0}^{t}[i-\mu_1(t)]^3 h(i)}{[\sigma_1(t)]^3\cdot\theta(t)} \\ K_{3,2}(t) = \dfrac{\sum_{i=t+1}^{G}[i-\mu_2(t)]^3 h(i)}{[\sigma_2(t)]^3\cdot[1-\theta(t)]} \end{cases} \tag{2-104}$$

定义图像的偏态指标为

$$K_3(t) = |K_{3,1}(t)| + |K_{3,2}(t)| \tag{2-105}$$

由于 $K_{3,1}(t)$和 $K_{3,2}(t)$可为正值(正偏态)或负值(负偏态),因此其绝对值即表明了偏离正态分布的绝对大小,所以图像总的偏态指标 $K_3(t)$表明了目标物和背景两区域像素灰度分布偏离正态分布的程度大小。显然,当阈值 t 为最佳阈值时,被阈值 t 划分的目标物和背景灰度分布最接近正态分布,偏离正态分布的程度最小,因此图像总的偏态指标应为最小值;而在其他阈值处时,目标物和背景区域像素点的统计概率分布必然与正态分布相差很大,显然图像总的偏态指标值一定要增大。由此可见,图像偏态指标可以作为图像分割阈值选取的准则函数,其选择准则为

$$t^{*} = \text{Arg}\min_{0<t\leqslant G}[K_3(t)] \tag{2-106}$$

(3) 图像阈值分割的最大 Fisher 评价函数法

众所周知,在模式识别理论中,可以利用评价函数进行特征选择,假设 n 维特征向量 $\boldsymbol{X}$ 在一直线上投影,即研究使 n 维特征从 n 维减少到一维的情况。这时,怎样选取投影直线,才能使类间的距离最好呢?如图 2-49 所示,对于两个类别 ω_1 和 ω_2,假定各类的特征是二维分布(图 2-49中 A、B 部分),将它们在 y_1 和 y_2 直线上投影时,可以明显看出,类间分离在 y_2 直线方向上为好。一般情况下,特征向量 $\boldsymbol{X}$ 的线性组合 y 用式(2-107)表示为

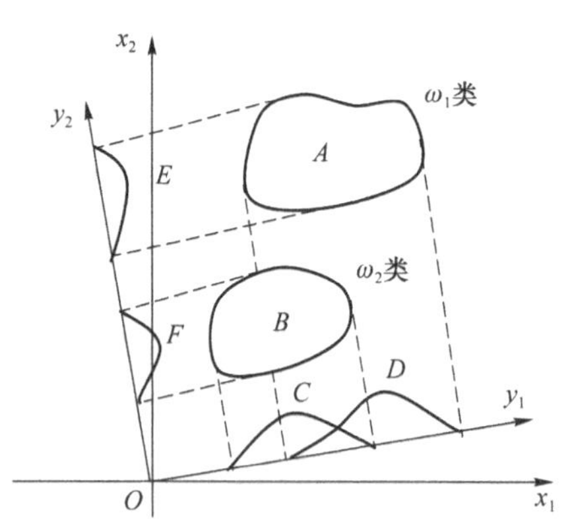

图 2-49 二维特征向量在直线上的投影

$$\boldsymbol{y}=\boldsymbol{Y}^{\mathrm{T}}\boldsymbol{X} \tag{2-107}$$

当 $\|\boldsymbol{Y}\|=1$ 时,则 $\boldsymbol{y}$ 就是 $\boldsymbol{X}$ 向 $\boldsymbol{Y}$ 方向直线上的投影。

图 2-49 中,A 表示 $\boldsymbol{X}$ 属于 ω_1 的分布;B 表示 $\boldsymbol{X}$ 属于 ω_2 的分布;C 表示 $\boldsymbol{Y}_1{}^{\mathrm{T}}\boldsymbol{X}$,$\boldsymbol{X}$ 属于 ω_2 的分布;D 表示 $\boldsymbol{Y}_1{}^{\mathrm{T}}\boldsymbol{X}$,$\boldsymbol{X}$ 属于 ω_1 的分布;E 表示 $\boldsymbol{Y}_2{}^{\mathrm{T}}\boldsymbol{X}$,$\boldsymbol{X}$ 属于 ω_1 的分布;F 表示 $\boldsymbol{Y}_2{}^{\mathrm{T}}\boldsymbol{X}$,$\boldsymbol{X}$ 属于 ω_2 的分布。

另外,属于 ω_i类的特征向量 $\boldsymbol{X}$ 的平均值 μ_i 用式(2-108)表示

$$\boldsymbol{\mu}_i = \frac{1}{n_i}\sum_{\boldsymbol{X}\in\omega_i}\boldsymbol{X} \tag{2-108}$$

式中:n_i 表示属于 ω_i 类 $\boldsymbol{X}$ 的个数,所以用式(2-108)变换 $\boldsymbol{X}$,得到 $\boldsymbol{y}$ 的平均值 m_i 和 $\boldsymbol{y}$ 类内方差 σ_i^2 为

$$\boldsymbol{m}_i = \frac{1}{n_i}\sum_{\boldsymbol{X}\in\omega_i}\boldsymbol{Y}^{\mathrm{T}}\boldsymbol{X} = \boldsymbol{Y}^{\mathrm{T}}\boldsymbol{\mu}_i, \quad \sigma_i^2 = \frac{1}{n_i}\sum_{\boldsymbol{y}\in\omega_i}(\boldsymbol{y}-\boldsymbol{m}_i)^2 \tag{2-109}$$

显然,为了能对 ω_1 和 ω_2 进行有效的识别,两类的特征应该分得越开越好,因此必须要用一个评价函数来衡量两个类别间的分离度,著名的 Fisher 评价函数 $J(Y)$ 就是基于这个思想提出的,它可以对两个类别间的分离度进行定量描述,其定义为

$$J(Y)=\frac{|m_1-m_2|^2}{\sigma_1^2+\sigma_2^2} \tag{2-110}$$

从式(2-110)可以看出,当两个类别平均值间距离很大,且各类方差很小时,$J(Y)$ 取最大值。同时,还可求得 $J(Y)$ 取最大值时所对应的最佳投影直线方向。

从上述分析可以看出,Fisher 评价函数 $J(Y)$ 不仅可以获取 n 维特征的最佳一维投影方向,而且它也是判定类别分离程度的有效准则。众所周知,在一幅灰度图像中,其像素点一般可以分为目标物和背景两类,图像阈值分割的目的就是选取一个最佳灰度阈值,使目标物和背景达到最佳分离程度。由于 Fisher 评价函数 $J(Y)$ 正好就是一个十分有效的判定类别分离程度的准则,因此,将 Fisher 评价函数 $J(Y)$ 作为图像阈值分割的准则函数,并探讨其准则函数的特征和图像分割性能。下面将推导 Fisher 评价函数 $J(Y)$ 在图像分割中的表达式。

同样,假设图像的灰度分布范围为 $0\sim G$,并设图像仅由目标物和背景两类像素组成,其灰度均值分别为 μ_1 和 μ_2,方差分别为 σ_1^2 和 σ_2^2,则设图像灰度级按阈值 t 划分为目标物和背景两类,灰度级小于 t 的像素为目标物,大于 t 的像素为背景。设图像归一化直方图为 $h(i)$, $i=0\sim G$,目

标物像素占全图像像素数比为 θ,即目标物和背景的先验概率分别为 θ 和 $1-\theta$,则 θ、μ_1 和 μ_2、σ_1^2 和 σ_2^2 的计算与式(2-101)～式(2-103)相同。

在进行图像分割时,必须考虑目标物和背景像素的先验概率 θ 和 $1-\theta$,所以在考虑了类别先验概率的情况下,Fisher 评价函数应该为

$$J(t)=\frac{|\theta\mu_1-(1-\theta)\mu_2|^2}{\theta\sigma_1^2+(1-\theta)\sigma_2^2} \tag{2-111}$$

显然,当阈值 t 为最佳阈值时,被阈值 t 划分的目标物和背景分离度必然达到最大值,此时表明图像中目标物和背景分离得最好,自然图像的分割效果也应最佳,由此可见,将 Fisher 评价函数作为图像阈值分割的准则函数,其阈值选择准则为

$$t^*=\mathrm{Arg}\max_{0<t\leqslant G}[J(t)] \tag{2-112}$$

(4) 模糊C均值聚类算法

设数据集 X 中含有 n 个样本(n 个元),表示为 $x_k,k=1,\cdots,n$。聚类问题是要将$\{x_1, x_2,\cdots, x_n\}$区分为 X 中的 c 个子集,$2\leqslant c\leqslant n$,要求相似的样本应尽量在同一类,c 为聚类数。

经典的聚类算法将每一个辨识对象严格地划分为属于某一类。但是在实际中某些对象并不具有严格的属性,它们可能位于两类之间,这时采用模糊聚类可以获得更好的效果。模糊聚类分析的基本思路为:欲将数据集 $X=\{x_1,x_2,\cdots,x_k,\cdots,x_n\}$分为 c 类,设 X 中的任意样本 x_k 对第 i 类的隶属度为 u_{ik},式中 $0\leqslant u_{ik}\leqslant 1$。所以,该分类结果可以用一个 $c\times n$ 阶矩阵 $\boldsymbol{U}$ 来表示。该矩阵称为模糊矩阵,且具有如下性质:

$$u_{ik}\in[0,1],\quad \sum_{i=1}^{c}u_{ik}=1,\quad \forall k\quad 及\ 0<\sum_{k=1}^{n}u_{ik}<n,\quad \forall i$$

为了在众多可能的分类中寻求合理的分类结果,就要确定合理的聚类准则。定义目标函数 $J(\boldsymbol{U},V)$为

$$J(\boldsymbol{U},V)=\sum_{k=1}^{n}\sum_{i=1}^{c}(u_{ik})^m(d_{ik})^2 \tag{2-113}$$

式中:$\boldsymbol{U}=[u_{ik}](i=1,2,\cdots,c;\ k=1,2,\cdots,n)$ 为模糊分类矩阵,且满足 $u_{ik}\in[0,1]$ 和 $\sum_{i=1}^{c}u_{ik}=1$, $\forall k$;$V=\{v_1,v_2,\cdots,v_c\}$为 c 个聚类中心集合,$v_i\in\mathbf{R}^P$,$m\in[1,\infty]$ 为加权指数;d_{ik} 为第 k 个样本到第 i 类的距离,定义为

$$(d_{ik})^2=\|x_k-v_i\|^2=(x_k-v_i)^{\mathrm{T}}\boldsymbol{A}(x_k-v_i) \tag{2-114}$$

式中:x_k为数据样本,$x_k\in\mathbf{R}^P$; T 表示矩阵转置;矩阵 $\boldsymbol{A}$ 为对称矩阵。当 $\boldsymbol{A}=\boldsymbol{I}$ 时,即为欧式距离。

显然,$J(\boldsymbol{U},V)$表示了各类中样本到聚类中心的加权距离平方和,权重是样本 x_k对第 i 类隶属度的 m 次方,聚类准则取为求 $J(\boldsymbol{U},V)$的极小值:$\min\{J(\boldsymbol{U},V)\}$。

由于矩阵 $\boldsymbol{U}$ 中各列都是独立的,因此

$$\min\{J(\boldsymbol{U},V)\}=\min\left\{\sum_{k=1}^{n}\sum_{i=1}^{c}(u_{ik})^m(d_{ik})^2\right\}=\sum_{k=1}^{n}\left[\min\left\{\sum_{i=1}^{c}(u_{ik})^m(d_{ik})^2\right\}\right] \tag{2-115}$$

上述极值的约束条件为等式$\sum_{i=1}^{c}u_{ik}=1$,可用拉格朗日乘法来求解

$$F=\sum_{i=1}^{c}(u_{ik})^m(d_{ik})^2+\lambda\left(\sum_{i=1}^{c}u_{ik}-1\right) \tag{2-116}$$

最优化的一阶必要条件为

$$\begin{cases}\dfrac{\partial F}{\partial \lambda}=\left(\sum\limits_{i=1}^{c}u_{ik}-1\right)=0\\ \dfrac{\partial F}{\partial u_{ik}}=[m\ (u_{ik})^{m-1}\ (d_{ik})^2-\lambda]=0\end{cases} \tag{2-117}$$

考虑到 d_{ik} 可能为 0,应分两种情况加以讨论。对比定义集合 I_k 和 $\tilde{I}_k$ 为

$$\begin{cases}I_k=\{i\,|\,1\leqslant i\leqslant c,d_{ik}=0\}\\ \tilde{I}_k=\{1,2,\cdots,c\}-I_k\end{cases} \tag{2-118}$$

展开式(2-117)可得

$$\begin{cases}u_{1k}+u_{2k}+\cdots+u_{ck}-1=0\\ m\ (u_{1k})^{m-1}(d_{1k})^2-\lambda=0\\ m\ (u_{2k})^{m-1}(d_{2k})^2-\lambda=0\\ \vdots\\ m\ (u_{ck})^{m-1}(d_{ck})^2-\lambda=0\end{cases} \tag{2-119}$$

① 当 $d_{ik}=0,I_k\neq\Phi$ 时,有 $\forall i\in\tilde{I}_k,u_{ik}=0$ 以及 $\sum_{i\in I_k}u_{ik}=1$。

② 当 $d_{ik}=0,I_k=\Phi$ 时,可得

$$\begin{cases}u_{1k}+u_{2k}+\cdots+u_{ck}-1=0\\ u_{1k}=\left(-\dfrac{\lambda}{m}\right)^{\frac{1}{m-1}}\cdot(d_{1k})^{-\frac{2}{m-1}}\\ u_{2k}=\left(-\dfrac{\lambda}{m}\right)^{\frac{1}{m-1}}\cdot(d_{2k})^{-\frac{2}{m-1}}\Rightarrow\left(-\dfrac{\lambda}{m}\right)^{\frac{1}{m-1}}=\dfrac{1}{\sum\limits_{j=1}^{c}(d_{jk})^{-\frac{2}{m-1}}}\Rightarrow u_{ik}=\dfrac{1}{\sum\limits_{j=1}^{c}\left(\dfrac{d_{ik}}{d_{jk}}\right)^{\frac{2}{m-1}}}\\ \vdots\\ u_{ck}=\left(-\dfrac{\lambda}{m}\right)^{\frac{1}{m-1}}\cdot(d_{ck})^{-\frac{2}{m-1}}\end{cases}$$

由此可以得到 $J(\boldsymbol{U},V)$ 为最小时的 u_{ik} 值为

$$\begin{cases}u_{ik}=1\Big/\sum\limits_{j=1}^{c}\left(\dfrac{d_{ik}}{d_{jk}}\right)^{\frac{2}{m-1}}, & I_k=\Phi\\ u_{ik}=0,\forall i\in\tilde{I}_k\ 以及\sum\limits_{i\in I_k}u_{ik}=1, & I_k\neq\Phi\end{cases} \tag{2-120}$$

同样可以获得 $J(\boldsymbol{U},V)$ 为最小时的 V_i 值。令

$$\frac{\partial}{\partial v_i}J\ (\boldsymbol{U},V)=0 \tag{2-121}$$

可得 $\dfrac{\partial J(\boldsymbol{U},V)}{\partial V_i}=\sum\limits_{k=1}^{n}\ (u_{ik})^m\cdot 2\cdot(x_k-v_i)=0$,解得

$$v_i=\frac{1}{\sum\limits_{k=1}^{n}\ (u_{ik})^m}\sum_{k=1}^{n}\ (u_{ik})^m x_k,\quad i=1,2,\cdots,c \tag{2-122}$$

若数据集 X、聚类类别数 c 和权重 m 已知,就能用式(2-120)和式(2-122)确定最佳分类矩阵和聚类中心。该方法可由迭代算法求解,即为模糊 C-均值算法 FCM(Fuzzy C-

Means)。该算法的基本思路是，首先进行隶属度矩阵的初始化，然后由式(2-109)计算出 c 个聚类中心，再由式(2-120)得到新的隶属度矩阵，最后代入式(2-122)计算得到新的 c 个聚类中心，直到新的聚类中心与上次得到的聚类中心距离差在允许误差范围内为止。算法收敛后，设分割门限为 α，则分割可由下式表示：

$$\text{如果 } u_{ik}=\max_{i}\{u_{1k},u_{2k},\cdots,u_{ck}\}\geqslant\alpha,\quad \text{则 } x_k\in\text{第 } i \text{ 类} \tag{2-123}$$

(5) 图像分割实例

以 3 幅铁谱磨粒图像进行分割实验比较分析，如图 2-50 所示。其中，图(a)中磨粒目标最多，图(b)中磨粒目标较少，图(c)中磨粒目标很少。从图 2-51 可以看出，Otsu 法对于多目标图像分割效果较好，而对于磨粒目标很少的情况，将出现分割失效；从图 2-52和图 2-53 可以看出，最小偏态指标法和最大 Fisher 评价函数法对于磨粒目标的适应面较广，对于目标多和少的情况均能取得较好的分割效果；从图 2-54 可以看出，模糊 C 均值分割法对于多目标图像分割效果较好，而对于磨粒目标很少的情况下，其分割效果也变得很差。

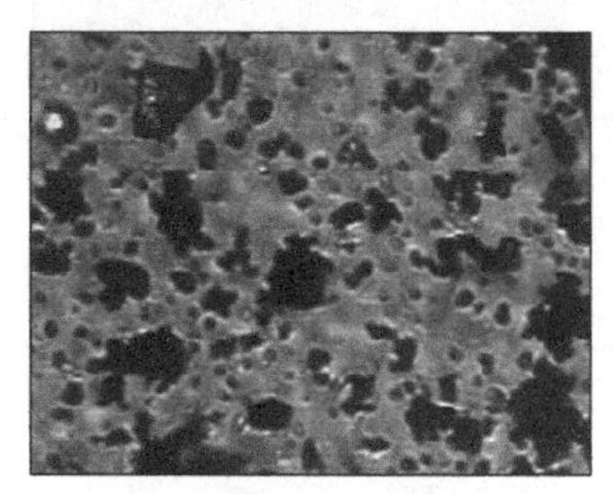
(a) 磨粒目标最多

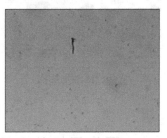

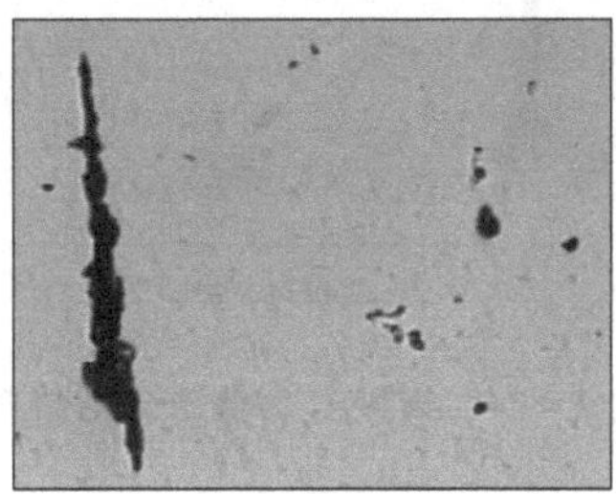
(b) 磨粒目标较少

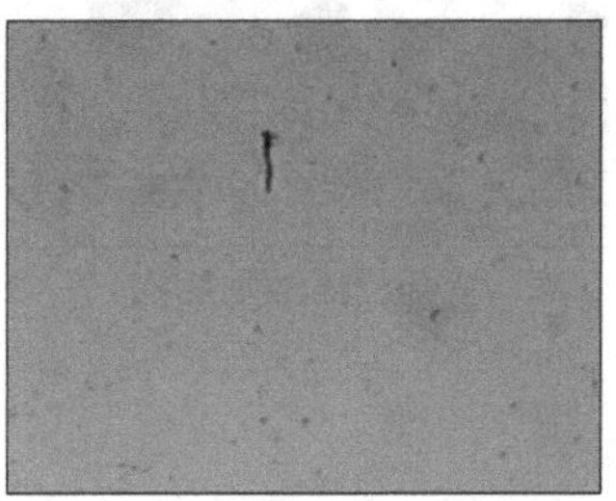
(c) 磨粒目标很少

图 2-50　原始铁谱磨粒图像

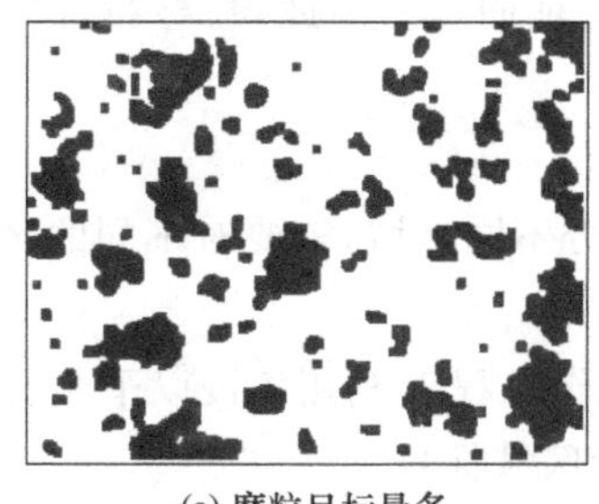
(a) 磨粒目标最多

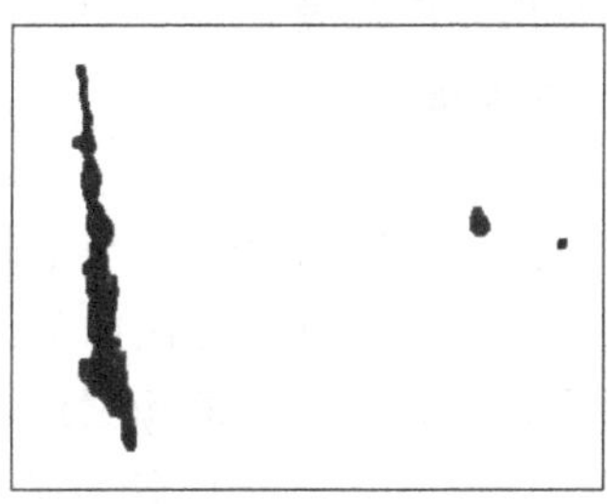
(b) 磨粒目标较少

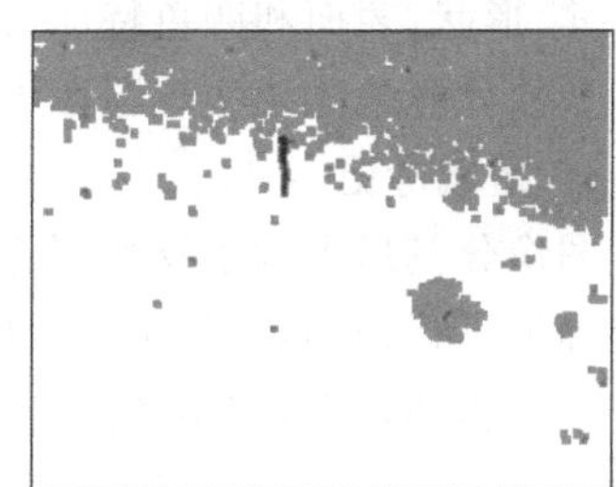
(c) 磨粒目标很少

图 2-51　Ostu 法分割结果

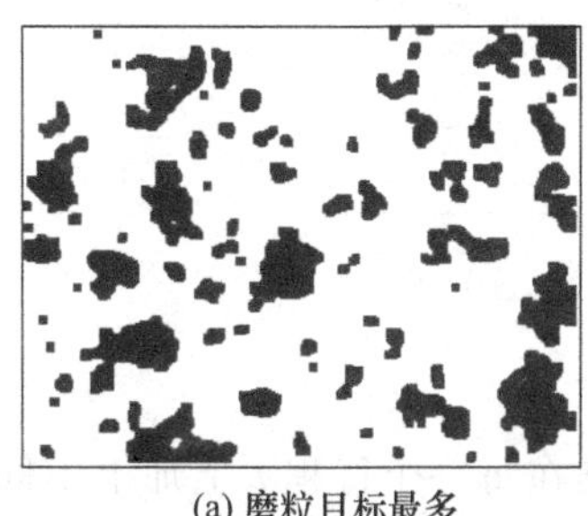
(a) 磨粒目标最多

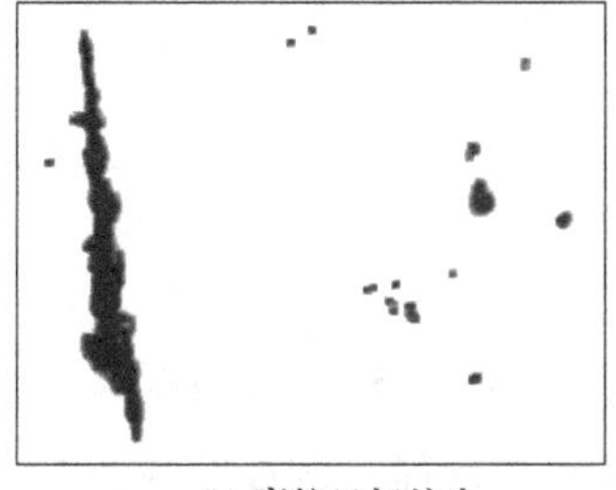
(b) 磨粒目标较少

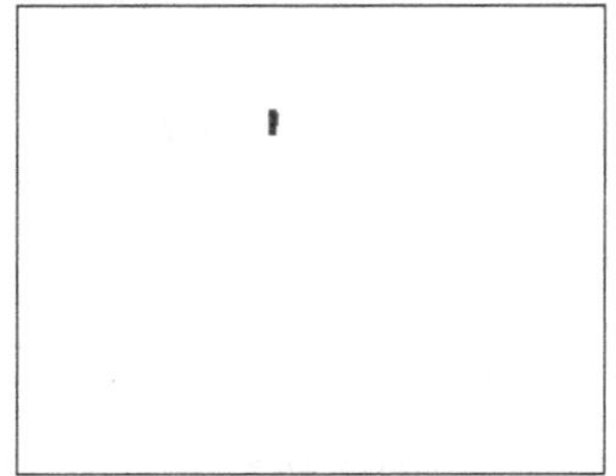
(c) 磨粒目标很少

图 2-52　最小偏态指标法的分割结果

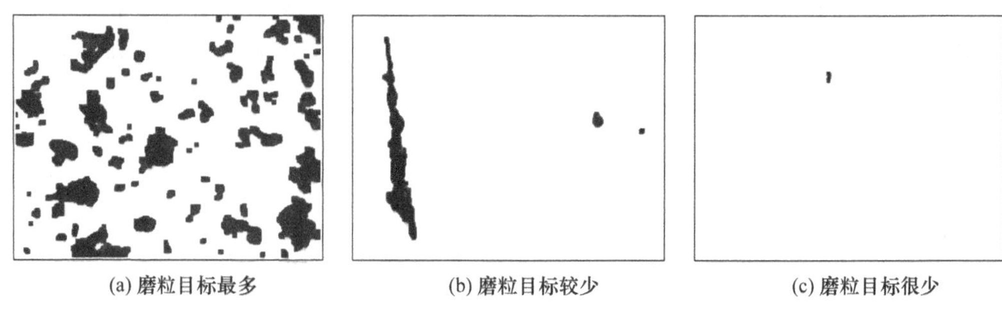

(a) 磨粒目标最多　(b) 磨粒目标较少　(c) 磨粒目标很少

图 2-53　最大 Fisher 评价函数法的分割结果

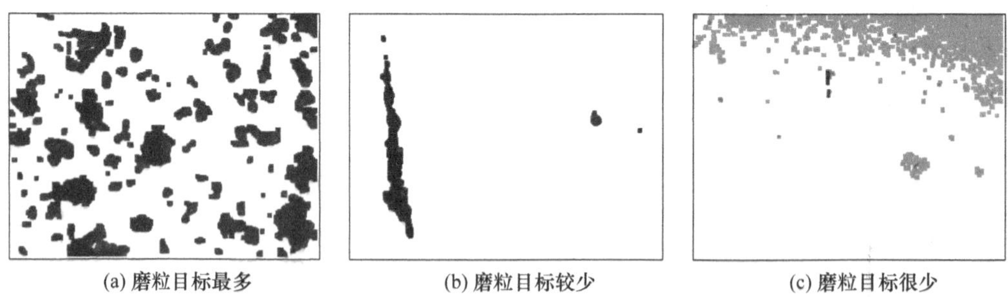

(a) 磨粒目标最多　(b) 磨粒目标较少　(c) 磨粒目标很少

图 2-54　模糊 C 均值法分割结果

2.5.5　图像目标特征提取与参数计算

完成图像分割后，将得到感兴趣的图像区域，为了识别出图像目标，需要提取出目标对象的尺寸、形状、表面和颜色特征，计算出相应的特征参数，形成特征向量。因此，目标特征的提取和参数计算是准确实现图像识别的关键。

1. 区域标记

图像分割后得到了反映图像目标区域的二值图像，为了区分不同区域，需要对不同的区域加上标记进行识别，这就是区域的标号化。其处理方法如下：

在二值图像中，把图像的各行像素值为 1 联结的像素组叫作行程 l，利用 l 按以下步骤加标号。如图 2-55 所示，长方框表示行程，l_i 表示行程名，n_i 表示区域标号。

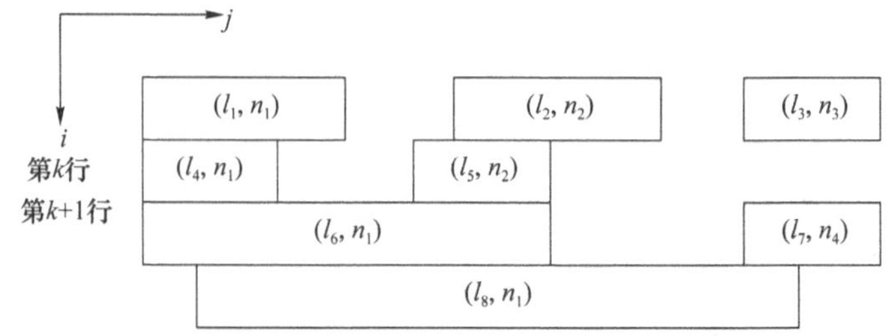

图 2-55　行程和标号

① 研究图像的第 k 行(开始 $k=1$)行程。例如存在行程，则在每一个行程 l_i 上加上不同的标号 n_i。

② 研究第 $k+1$ 行的行程，若行程不存在，则进行第③步。若 l_j 存在，则当此行程和图像

第 k 行的行程不联结时，在 l_j 上加上新的标号 n_j。若行程 l_j 只和第 k 行行程中的一个行程 l_i 联结，则在 l_j 上加上 l_i 的标号；当行程 l_j 和第 k 行的一个以上的行程 l_i 联结时，在行程 l_i 上加上这些行程 l_i 的标号 n_i 中最小的一个。在图像的第 k 行上，不联结的行程 l_i 是第 $k+1$ 行的行程联结区域的一部分。为了以后把标号组 $\{n_i\}$ 改写成同一号码，应预先把它们存储起来。

③ 假如第 $k+1$ 行是图像的最后一行，则进入第④步；否则，把 $k+1$ 行重新作为 k 返回第②步。

④ 在存储的标号组内，统一具有共同元素的组，又形成了新的标号组与联结区域相对应。在图 2-55 中，存储着 $\{n_1, n_2\}$ 和 $\{n_1, n_4\}$ 两个标号组，因为这两个标号组具有共同的元素 n_1，所以结合而成为 $\{n_1, n_2, n_4\}$。

⑤ 再次扫描图像，把各像素的标号置换成所属组的代表值。当没有所属组时，标号照原样。

图 2-56 所示为 3 幅铁谱磨粒图像的分割标记结果，从图中可以看出，分割得到的目标经过标记后，就可以分别进行目标的参数计算了，因此目标标记是图像识别的重要步骤。

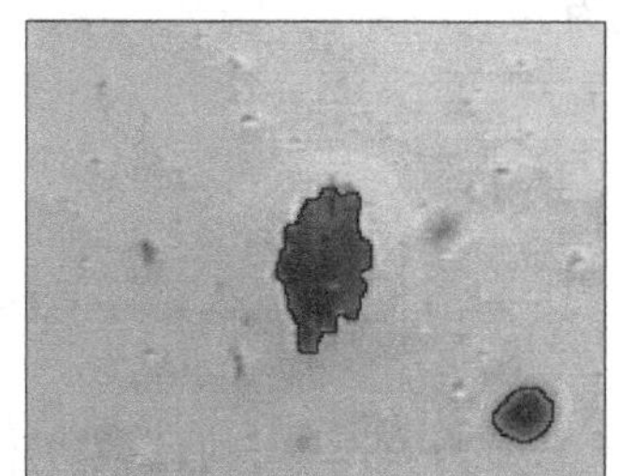
(a) 磨粒图像1

(b) 磨粒图像2

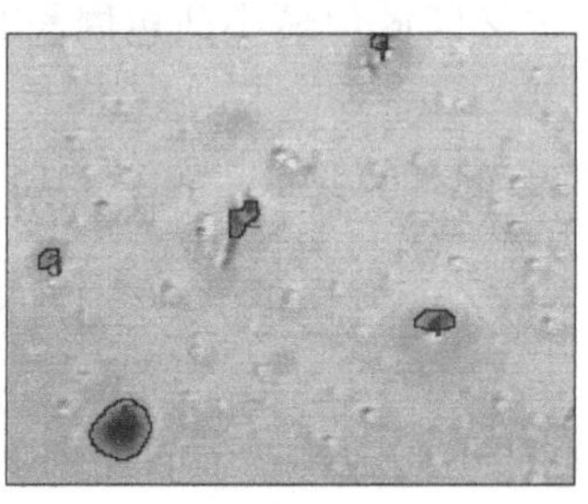
(c) 磨粒图像3

图 2-56　图像目标标记结果

2. 区域特征参数计算

(1) 两点间距离计算

在数字图像识别中，表示坐标 (i, j) 与 (k, l) 间距离的方法有以下 3 种：

① 欧几里得距离(Euclidean distance)

$$D_e[(i,j),(k,l)]=[(i-k)^2+(j-l)^2]^{1/2} \tag{2-124}$$

② 市街区距离(City block distance)

$$D_e[(i,j),(k,l)]=|i-k|+|j-l| \tag{2-125}$$

③ 棋盘距离(Chess board distance)

$$D_e[(i,j),(k,l)]=\max(|i-k|,|j-l|) \tag{2-126}$$

(2) 区域形状参数提取

1) 区域面积

对于二值图像，用表示区域中标记为“1”的像素个数，那么区域面积为

$$S=n(1) \tag{2-127}$$

2) 区域周长

对于二值图像，当数字图像以正方形格子采样时，区域周长的计算为

$$L=\frac{\pi}{4}\left[n(0,1)+n\begin{pmatrix}1\\0\end{pmatrix}+\frac{1}{\sqrt{2}}n\begin{pmatrix} & 1\\0 & \end{pmatrix}+\frac{1}{\sqrt{2}}n\begin{pmatrix}0 & \\ & 1\end{pmatrix}\right] \tag{2-128}$$

式中：$n(0,1)$表示沿着自左向右的水平方向二值图像中由“0”状态变为“1”状态的计数；$n\begin{pmatrix}1\\0\end{pmatrix}$表示沿着自底向顶的垂直方向二值图像中由“0”状态变为“1”状态的计数；$n\begin{pmatrix} & 1\\0 & \end{pmatrix}$，$n\begin{pmatrix}0 & \\ & 1\end{pmatrix}$分别表示沿着右对角和左对角方向，由“0”状态变为“1”状态的计数。

3）圆　度

圆度R_d体现了区域接近圆的程度，反映了区域的整体形状。区域越接近圆，R_d越大，越接近1；反之，若区域的形状越复杂，则R_d越小。

$$R_d=\frac{4\pi A}{L^2} \tag{2-129}$$

式中：A为区域面积；L为周长，通过对单个区域在某一起的点上进行8-邻域搜索，统计边界轮廓的像素数即为磨粒的边界周长。

4）区域凹度

定义区域的最小凸包周长为Z，周长为L，则区域整体凹度为

$$C=L/Z \tag{2-130}$$

式中：L的计算见式(2-128)，Z的计算公式为

$$Z=\frac{\pi}{4}\left[F(0,1)+F\begin{pmatrix}1\\0\end{pmatrix}+\frac{1}{\sqrt{2}}F\begin{pmatrix} & 1\\0 & \end{pmatrix}+\frac{1}{\sqrt{2}}F\begin{pmatrix}0 & \\ & 1\end{pmatrix}\right] \tag{2-131}$$

式中：$F(0,1)$表示沿着自左向右的水平方向二值图像中由“0”状态变为“1”状态的计数；$F\begin{pmatrix}1\\0\end{pmatrix}$表示沿着自底向顶的垂直方向二值图像中由“0”状态变为“1”状态的计数；$F\begin{pmatrix} & 1\\0 & \end{pmatrix}$，$F\begin{pmatrix}0 & \\ & 1\end{pmatrix}$分别表示沿着右对角和左对角方向，由“0”状态变为“1”状态的计数。需要注意的是，当扫描线与区域边界相交时，不管相交几次都取“1”。

5）区域欧拉数

为了描述区域的连通性，引入区域的欧拉数，其定义为

$$E(A)=M-H$$

式中：A表示区域；M是区域中的连通单元数；H表示孔数。

对于二值图像欧拉数可用下式计算：

$$E(A)=n(1)-n\begin{pmatrix}1\\1\end{pmatrix}-n(1,1)+n\begin{pmatrix}1 & 1\\1 & 1\end{pmatrix} \tag{2-132}$$

式中：$n\begin{pmatrix}1\\1\end{pmatrix}$表示二值图像中具有垂直相邻两个“1”标记的状态计数；$n(1,1)$表示具有水平相邻“1”标记状态的计数；$n\begin{pmatrix}1 & 1\\1 & 1\end{pmatrix}$表示四个“1”标记相邻的状态计数。

6）孔隙率

孔隙率定义了磨粒内部的孔区域面积与非孔区域面积之比，当磨粒图像二值化后，其定义为

$$E=\frac{n(0)}{n(1)} \tag{2-133}$$

式中：$n(0)$为粒区域中"0"的数目；$n(1)$为粒区域中"1"的数目。

7) 区域形心位置

对于二值图像 $f(i,j)$，它的 u，v 阶统计矩定义为

$$m(u,v)=\sum_{i=1}^{n}\sum_{j=1}^{n}f(i,j)i^{u}j^{v}$$

则区域形心为

$$\begin{cases}i_0=m(1,0)/m(0,0)\\ j_0=m(0,1)/m(0,0)\end{cases}\tag{2-134}$$

8) 区域高阶中心矩函数

定义区域的 u，v 阶中心矩如下：

$$\overline{m}_{u,v}=\sum_{i=1}^{n}\sum_{j=1}^{n}f(i,j)\,(i-i_0)^{u}\,(j-j_0)^{v}$$

利用中心矩可以提取区域的一些基本形状特征，得到一系列各阶中心矩函数：

$$M_1=\overline{m}_{20}+\overline{m}_{02}\tag{2-135}$$

$$M_2=(\overline{m}_{20}-\overline{m}_{02})^2+4\,\overline{m}_{11}\tag{2-136}$$

$$M_3=(\overline{m}_{30}-3\,\overline{m}_{12})^2+(3\,\overline{m}_{21}-\overline{m}_{03})^2\tag{2-137}$$

$$M_4=(\overline{m}_{30}-3\,\overline{m}_{12})^2+(\overline{m}_{21}+\overline{m}_{03})^2\tag{2-138}$$

$$\begin{aligned}M_5=&(\overline{m}_{30}-3\overline{m}_{12})(\overline{m}_{30}+\overline{m}_{12})[(\overline{m}_{30}+\overline{m}_{12})^2-3(\overline{m}_{21}+\overline{m}_{03})^2]+\\&(3\overline{m}_{21}-\overline{m}_{03})(\overline{m}_{21}+\overline{m}_{03})[3(\overline{m}_{30}+\overline{m}_{12})^2-(\overline{m}_{21}+\overline{m}_{03})^2]\end{aligned}\tag{2-139}$$

$$\begin{aligned}M_6=&(\overline{m}_{20}-\overline{m}_{02})[(\overline{m}_{30}+\overline{m}_{12})^2-(\overline{m}_{21}+\overline{m}_{03})^2]+\\&4\overline{m}_{11}(\overline{m}_{30}+\overline{m}_{12})(\overline{m}_{21}+\overline{m}_{03})\end{aligned}\tag{2-140}$$

$$\begin{aligned}M_7=&(3\,\overline{m}_{21}-\overline{m}_{03})(\overline{m}_{30}+\overline{m}_{12})[(\overline{m}_{30}+\overline{m}_{12})^2-3(\overline{m}_{21}+\overline{m}_{03})^2]-\\&(\overline{m}_{30}-3\,\overline{m}_{12})(\overline{m}_{21}+\overline{m}_{03})[3(\overline{m}_{30}+\overline{m}_{12})^2-(\overline{m}_{21}+\overline{m}_{03})^2]\end{aligned}\tag{2-141}$$

9) 长短轴

利用中心矩得到一系列 Hu 矩组

$$\overline{m}_{uv}=m_{u,v}/m_{0,0}^{u+v/3}\tag{2-142}$$

长短轴表明征了磨粒的尺寸大小。若磨粒长轴为 a、短轴为 b，则其计算公式为

$$a=\sqrt{2\times\left[\overline{m}_{20}+\overline{m}_{02}+\sqrt{(\overline{m}_{20}-\overline{m}_{02})^2+4\times\overline{m}_{11}^2}\right]/\overline{m}_{00}}\tag{2-143}$$

$$b=\sqrt{2\times\left[\overline{m}_{20}+\overline{m}_{02}-\sqrt{(\overline{m}_{20}-\overline{m}_{02})^2+4\times\overline{m}_{11}^2}\right]/\overline{m}_{00}}\tag{2-144}$$

则长短轴比为

$$Rt=\frac{a}{b}\tag{2-145}$$

(3) 区域表面参数提取

1) 灰度共生矩阵的表面纹理参数

任何复杂图像总可以看成三维空间中的一个曲面。局部模式的不同形式和它们的种种排列规则反映在曲面上无非是某一方向，相邻某间隔长度的一对像素，以及它们各自属于什么灰度范围。对某一图像区域来说，要求知道具有这类属性的点对个数的分布规律。

将图像 $f(i,j)$ 的灰度归并，其最高灰度为 N_g，记 $L_x=\{1,2,\cdots,N_x\}$，$L_y=\{1,2,\cdots,N_y\}$及$G=\{1,2,\cdots,N_g\}$。因此，可以将待分析的图像 $f(i,j)$理解为从 $L_x\times L_y$到 G

的一个变换,也就是说,对 $L_x \times L_y$ 中的每一点,都对应一个属于 G 的灰度。定义方向为 θ、间隔为 d 的灰度共生矩阵为

$$[p(i,j,d,\theta)] \tag{2-146}$$

$[p(i,j,d,\theta)]$表示矩阵第 i 行 j 列元素,其中$(i,\ j)\in L_x \times L_y$,$\theta=0°,45°,90°,135°$,角度以 Ox 轴为起始,逆时针方向计算,对不同的 θ,矩阵元素的定义为

$$\begin{aligned} p(i,j,d,0°)=\#\{&(k,l),(m,n)\in(L_y\times L_x)\times(L_y\times L_x)(|k-m|=0,|l-n|=d);\\ &f(k,l)=i,f(m,n)=j\} \end{aligned} \tag{2-147}$$

$$\begin{aligned} p(i,j,d,45°)=\#\{&(k,l),(m,n)\in(L_y\times L_x)\times(L_y\times L_x)(|k-m|=d,|l-n|=d)\ \text{OR}\\ &(|k-m|=-d,|l-n|=-d);f(k,l)=i,f(m,n)=j\} \end{aligned} \tag{2-148}$$

$$\begin{aligned} p(i,j,d,90°)=\#\{&(k,l),(m,n)\in(L_y\times L_x)\times(L_y\times L_x)(|k-m|=d,|l-n|=0);\\ &f(k,l)=i,f(m,n)=j\} \end{aligned} \tag{2-149}$$

$$\begin{aligned} p(i,j,d,135°)=\#\{&(k,l),(m,n)\in(L_y\times L_x)\times(L_y\times L_x)(|k-m|=d,|l-n|=-d)\ \text{OR}\\ &(|k-m|=-d,|l-n|=d);f(k,l)=i,f(m,n)=j\} \end{aligned} \tag{2-150}$$

记号$\#\{x\}$表示集合 x 的元素数;矩阵$[p(\ i,\ j,\ d,\theta\ )]$的第 i 行 j 列元素表示所有 θ 方向,相邻间隔为 d 的像素中有一个取 i 值,另一个取 j 值的相邻对点数。

为了使表达简明,在下面的共生矩阵,作正规化处理:

$$p(i,j)/R \Rightarrow p(i,j) \tag{2-151}$$

这里 R 是正规化常数。

$$\begin{cases} R=2N_y(N_x-1), & \text{if}\quad d=1,\theta=0° \\ R=2(N_y-1)(N_x-1), & \text{if}\quad d=1,\theta=45° \\ R=2N_x(N_y-1), & \text{if}\quad d=1,\theta=90° \\ R=2(N_x-1)(N_y-1), & \text{if}\quad d=1,\theta=135° \end{cases} \tag{2-152}$$

记

$$p_x(i)=\sum_{j=1}^{N_g}p(i,j),\quad i=1,2,\cdots,N_g$$

$$p_y(j)=\sum_{i=1}^{N_g}p(i,j),\quad j=1,2,\cdots,N_g$$

$$p_{x+y}(k)=\sum_{i=1}^{N_g}\sum_{j=1}^{N_g}p(i,j),\quad k=2,3,\cdots,2N_g$$

$$p_{x-y}(k)=\sum_{i=1}^{N_g}\sum_{j=1}^{N_g}p(i,j),\quad k=0,1,\cdots,N_g-1$$

根据灰度共生矩阵,可以得到以下纹理特征:

① 角二阶矩

$$f_1=\sum_{i=1}^{N_g}\sum_{j=1}^{N_g}\{p(i,j)\}^2 \tag{2-153}$$

② 对比度

$$f_2 = \sum_{i=1}^{N_g-1} n^2 \left\{ \sum_{i=1}^{N_g} \sum_{j=1}^{N_g} p(i,j) \right\} \tag{2-154}$$

③ 相关

$$f_3 = \left\{ \sum_{i=1}^{N_g} \sum_{j=1}^{N_g} i \cdot j \cdot p(i,j) - \mu_x \mu_y \right\} \Big/ \sigma_x \sigma_y \tag{2-155}$$

式中：μ_x，σ_x 分别是 $\{p_x(i);\ i=1,\ 2,\ \cdots,\ N_g\}$ 的均值和均方差；μ_y，σ_y 分别是 $\{p_y(i);\ i=1,\ 2,\ \cdots,\ N_g\}$ 的均值和均方差。

④ 方差

$$f_4 = \sum_{i=1}^{N_g} \sum_{j=1}^{N_g} (i-\mu)^2 p(i,j) = \sum_{i=1}^{N_g} (i-\mu)^2 p_x(i) \tag{2-156}$$

式中：μ 是 $p(i,j)$ 的均值。

⑤ 逆差矩

$$f_5 = \sum_{i=1}^{N_g} \sum_{j=1}^{N_g} \frac{1}{1+(i-j)^2} p(i,j) \tag{2-157}$$

⑥ 和平均

$$f_6 = \sum_{i=2}^{2N_g} i p_{x+y}(i) \tag{2-158}$$

⑦ 和方差

$$f_7 = \sum_{i=2}^{2N_g} (i-f_6)^2 p_{x+y}(i) \tag{2-159}$$

⑧ 和熵

$$f_8 = -\sum_{i=2}^{2N_g} p_{x+y}(i) \log[p_{x+y}(i)] \tag{2-160}$$

当 $p_{x+y}(i)=0$ 时，$\log[p_{x+y}(i)]$ 无意义，则以 $\log[p_{x+y}(i)]+\varepsilon$ 代替 $\log[p_{x+y}(i)]$，ε 为任意小的正数。

⑨ 熵

$$f_9 = -\sum_{i=1}^{N_g} \sum_{j=1}^{N_g} p(i,j) \log[p(i,j)] \tag{2-161}$$

⑩ 差方差

$$f_{10} = p_{x-y} \tag{2-162}$$

⑪ 差熵

$$f_{11} = -\sum_{i=0}^{N_g-1} p_{x-y}(i) \log[p_{x-y}(i)] \tag{2-163}$$

⑫ 相关信息测度

$$f_{12} = \frac{\mathrm{HXY} - \mathrm{HXY}_1}{\max(H_x, H_y)} \tag{2-164}$$

$$f_{13} = \{1 - \exp[-2.0(\mathrm{HXY}_2 - \mathrm{HXY})]\}^2 \tag{2-165}$$

式中:H_x为p_x的熵;H_y为p_y的熵;

$$\mathrm{HXY} = -\sum_{i=1}^{N_g}\sum_{j=1}^{N_g} p(i,j)\log[p(i,j)]$$

$$\mathrm{HXY}_1 = -\sum_{i=1}^{N_g}\sum_{j=1}^{N_g} p(i,j)\log[p_x(i)p_y(j)]$$

$$\mathrm{HXY}_2 = -\sum_{i=1}^{N_g}\sum_{j=1}^{N_g} p_x(i)p_y(j)\log[p_x(i)p_y(j)]$$

⑬ 最大相关系数

$$f_{14} = 矩阵\ \boldsymbol{Q}\ 的第三最大特征值 \tag{2-166}$$

式中:矩阵$\boldsymbol{Q}$的第i行j列元素为

$$\boldsymbol{Q}(i,j) = \sum_{k=1}^{N_g} \frac{p(i,k)p(j,k)}{p_x(i)p_y(j)}$$

显然,上述特征,对于不同的间距d和方向θ将得到不同的值,为了获取旋转不变的纹理属性,通常的处理方法是将每一特征$f_i(i=1,2,\cdots,14)$,关于不同的方向(0°、45°、90°、135°)求平均值和均方差$\overline{x}_{fi}$和σ_{fi},这样处理就抑制了方向分量。

2)灰度-梯度共生矩阵的表面纹理参数

图像的灰度大小构成了图像的基础,而梯度则是构成图像轮廓、边沿的要素。因此,可以应用灰度和梯度的综合信息来提取图像的纹理特征。

对原图像$\{f(i,j),i=1,2,\cdots,N_x;j=1,2,\cdots,N_y\}$做如下正规化变换:

$$F(i,j)=[f(i,j)N_g/f_{\max}]+1$$

式中:$[x]$表示x的整数部分;$f_{\max}$为图像的最高灰度。

对原图像运用Sobel算子得到梯度图像$\{g(i,j);\ i=1,2,\cdots,N_x,j=1,2,\cdots,N_y\}$,对它作正规化处理,得

$$G(i,j)=[g(i,j)N_s/g_{\max}]+1$$

式中:$g_{\max}$为图像中的最大梯度。

灰度-梯度共生矩阵定义为

$$\{H(i,j),i=1,2,\cdots,N_g;j=1,2,\cdots,N_s\}$$

其中:i, j表示矩阵的第i行j列元素;$H(i,j)$表示正规化后图像具有的灰度第i级,梯度第j级的总像素点数。将灰度-梯度矩阵作正规化处理,得到

$$H(i,j)=H(i,j)/(N_x\cdot N_y),\quad i=1,2,\cdots,N_g,j=1,2,\cdots,N_s$$

利用灰度-梯度矩阵共生矩阵可以得到如下图像纹理特征:

① 小梯度优势

$$T_1 = \left[\sum_{i=1}^{N_g}\sum_{j=1}^{N_s}\frac{H(i,j)}{j^2}\right]\Big/H \tag{2-167}$$

其中:$H=\sum_{i=1}^{N_g}\sum_{j=1}^{N_s}H(i,j)$。

② 大梯度优势

$$T_2 = \left[\sum_{i=1}^{N_g}\sum_{j=1}^{N_s}j^2H(i,j)\right]\Big/H \tag{2-168}$$

③ 灰度分布的不均匀性

$$T_3 = \sum_{i=1}^{N_g}\left[\sum_{j=1}^{N_s} H(i,j)\right]^2 \Big/ H \tag{2-169}$$

④ 梯度分布的不均匀性

$$T_4 = \sum_{i=1}^{N_g}\left[\sum_{j=1}^{N_s} H(i,j)\right] \Big/ H \tag{2-170}$$

⑤ 能量

$$T_5 = \sum_{i=1}^{N_g}\sum_{j=1}^{N_s} [p(i,j)]^2 \tag{2-171}$$

⑥ 相关

$$T_6 = \sum_{i=1}^{N_g}\sum_{j=1}^{N_s} (i-\sigma_F)(j-\sigma_G)p(i,j) \tag{2-172}$$

这里

$$\sigma_F = \left\{\sum_{i=1}^{N_g} (i-\mu_F)^2\left[\sum_{j=1}^{N_s} p(i,j)\right]\right\}^{1/2},\quad \sigma_G = \left\{\sum_{i=1}^{N_s} (i-\mu_G)^2\left[\sum_{j=1}^{N_g} p(i,j)\right]\right\}^{1/2}$$

$$\mu_F = \sum_{i=1}^{N_g} i\left[\sum_{j=1}^{N_s} p(i,j)\right],\qquad \mu_G = \sum_{i=1}^{N_s} i\left[\sum_{j=1}^{N_g} p(i,j)\right]$$

⑦ 灰度平均

$$T_7 = \mu_F \tag{2-173}$$

⑧ 梯度平均

$$T_8 = \mu_G \tag{2-174}$$

⑨ 灰度方差

$$T_9 = \sigma_F \tag{2-175}$$

⑩ 梯度方差

$$T_{10} = \sigma_G \tag{2-176}$$

⑪ 灰度熵

$$T_{11} = -\left\{\sum_{i=1}^{N_g}\left[\sum_{j=1}^{N_s} p(i,j)\right]\log\left[\sum_{j=1}^{N_s} p(i,j)\right]\right\} \tag{2-177}$$

⑫ 梯度熵

$$T_{12} = -\left\{\sum_{j=1}^{N_s}\left[\sum_{i=1}^{N_g} p(i,j)\right]\log\left[\sum_{i=1}^{N_g} p(i,j)\right]\right\} \tag{2-178}$$

⑬ 混合熵

$$T_{13} = -\sum_{i=1}^{N_g}\sum_{j=1}^{N_s} p(i,j)\log p(i,j) \tag{2-179}$$

⑭ 惯性

$$T_{14} = -\sum_{i=1}^{N_g}\sum_{j=1}^{N_s} (i-j)^2 p(i,j) \tag{2-180}$$

⑮ 逆差矩

$$T_{15}=\sum_{i=1}^{N_g}\sum_{j=1}^{N_s}\frac{1}{1+(i-j)^2}p(i,j) \tag{2-181}$$

(4) 区域颜色特征提取

图像的像素颜色为 RGB 表示法,Ohta 等人以动态 K－L 变换法找不同彩色区域,并由此得出一组适用于多种彩色图像分割的正交特征 I_1、I_2、I_3,即

$$\begin{cases}I_1=(R+G+B)/3\\ I_2=(R-B)/2\ \text{或}\ (B-R)/2\\ I_3=(2G-R-B)/4\end{cases} \tag{2-182}$$

因此,可以采用彩色特征 R、G、B、I_1、I_2、I_3 的均值和均方差一共 12 个参数作为区域颜色特征。

复习题

1. 应用冲激函数的抽样性质,求下列表达式的函数值:

(a) $\int_{-\infty}^{\infty}f(t-t_0)\delta(t)\mathrm{d}t$; (b) $\int_{-\infty}^{\infty}f(t_0-t)\delta(t)\mathrm{d}t$; (c) $\int_{-\infty}^{\infty}\delta(t-t_0)u\left(t-\frac{t_0}{2}\right)\mathrm{d}t$;

(d) $\int_{-\infty}^{\infty}\delta(t-t_0)u(t-2t_0)\mathrm{d}t$; (e) $\int_{-\infty}^{\infty}(\mathrm{e}^{-t}+t)\delta(t+2)\mathrm{d}t$; (f) $\int_{-\infty}^{\infty}(t+\sin t)\delta\left(t-\frac{\pi}{6}\right)\mathrm{d}t$。

2. 求下列函数 $f_1(t)$ 与 $f_2(t)$ 的卷积 $f_1(t)*f_2(t)$:

(a) $f_1(t)=u(t)$,$f_2(t)=\mathrm{e}^{-at}u(t)$;

(b) $f_1(t)=\delta(t)$,$f_2(t)=\cos(\omega t+45°)$;

(c) $f_1(t)=\cos(\omega t)$,$f_2(t)=\delta(t+1)-\delta(t-1)$;

(d) $f_1(t)=\mathrm{e}^{-at}u(t)$,$f_2(t)=\sin(t)\cdot u(t)$。

3. 试画出 $f(t)=3\cos(\omega_1 t)+5\sin(2\omega_1 t)$ 的幅频图及相频图。

4. 求周期冲激信号 $\delta_T(t)=\sum_{n=-\infty}^{\infty}\delta(t-nT_1)$ 的傅里叶级数,并画出幅频图。

5. 根据离散傅里叶变换 DFT 来逼近连续信号及其频谱,对非周期连续信号 $x(t)$,请证明下列性质:

(1) 若 $x(t)$ 在 $T_0=NT$(T 为采样周期)内的采样序列 $x(n)$ 已知,则在特定频率 $f=k\Delta f$ ($\Delta f=1/T_0$)上 $x(t)$ 的频谱 $X(f)$ 为

$$X(k\Delta f)\approx T\cdot \mathrm{DFT}[x(n)]$$

(2) 若在特定频率点 $f=k\Delta f$ 上信号频谱 $X(k\Delta f)$ 已知,则 $X(f)$ 对应的时间信号在特定时间点 $t=nT_s$ 上的值为

$$x(nT)\approx\frac{1}{T}\cdot \mathrm{IDFT}[X(k\Delta f)]$$

6. 请说明通过离散傅里叶变换 DFT 得到的频谱具有哪两个主要缺点,并分析其原因。

7. 请解释平稳随机过程的定义,并说明其均值、均方值、方差、自相关函数及互相关函数的性质。

8. 请解释采样定理。

9. 请解释倒频谱分析的定义，并说明其作用和意义。

10. 请用 MATALAB 信号分析工具箱用快速傅里叶变换 FFT 计算信号的频谱，实现信号的装载、FFT 计算、画出时间波形及相应的频谱图。

11. 已知一幅 1 024×768 的 24 位真彩色 BMP 格式的图像，每个像素的颜色由 R、G、B 组成，它们分别占 8 b，请计算在计算机上显示此图像，需要的内存空间有多大？

12. 请说明图像预处理的目的和意义，并简述图像邻域平均的方法。

13. 请说明图像分割的目的和意义，并简述常见的图像分割方法。

14. 请说明图像目标特征提取的目的和意义，并简述图像目标特征通常分为哪几类？它们各自有哪些特征参数？

15. 请用 MATLAB 图像处理工具箱实现图像的打开、预处理、分割及目标特征计算等功能。

参考文献

[1] 廖伯瑜. 机械故障诊断基础[M]. 北京：冶金工业出版社，2000.

[2] 李国华，张永忠. 机械故障诊断[M]. 北京：化学工业出版社，1999.

[3] 屈梁生. 机械故障的全息诊断原理[M]. 北京：科学出版社，2007.

[4] 陈行禄，秦永元. 信号分析与处理[M]. 北京：北京航空航天大学出版社，1993.

[5] 盛兆顺，尹琦岭. 设备状态监测与故障诊断技术及应用[M]. 北京：化学工业出版社，2003.

[6] 何正嘉，訾艳阳，张西宁. 现代信号处理及工程应用[M]. 西安：西安交通大学出版社，2007.

[7] 易良榘. 简易振动诊断现场实用技术[M]. 北京：机械工业出版社，2003.

[8] 王积分，张新荣. 计算机图像识别[M]. 北京：中国铁道出版社，1988.

[9] Anderson D P. 磨粒图谱[M]. 金元生，杨其明，译. 北京：机械工业出版社，1987.

[10] 夏良正. 数字图像处理[M]. 南京：东南大学出版社，1999.

[11] 郭桂蓉. 模糊模式识别[M]. 长沙：国防科技大学出版社，1993.

[12] 章毓晋. 图像分割[M]. 北京：科学出版社，2001.

[13] 徐建华. 图像分析与处理[M]. 北京：科学出版社，1993.

[14] Otsu N. A threshold selection method from gray - level histogram[C]. IEEE Trans. SMC - 15，1979.

[15] 陈果，左洪福. 图像阈值分割的两种新技术[J]. 模式识别与人工智能，2002，15(4)：100-105.

[16] 陈果，左洪福. 基于偏态指标的图像阈值新技术[J]. 小型微型计算机系统. 2003，24(2)：255-260.

[17] 陈果，左洪福. 图像阈值分割的 Fisher 准则函数法[J]. 仪器仪表学报，2003，24(6)：564-567.

第3章　故障识别理论及方法

一般来说，由于包括航空器在内的机械设备的自身结构、运行过程及环境的复杂性，其运行特征参数与状态之间并无一一对应关系，因此故障诊断十分困难。从工程实际来说，故障识别主要可分为状态监测与故障诊断两部分。其中，状态监测仅实现机械设备工况状态的分析及识别，主要是基于数字量的分析；故障诊断以状态识别为基础，从异常状态出发，要求实现故障定位、定性及定因诊断。而机械故障往往是多种状态并存，属于多类状态的识别。诊断技术不仅要用到数字量、逻辑推理，还需要引入神经网络、模糊数学及专家系统等人工智能理论和方法。本章主要介绍目前机械故障诊断领域的主要理论和方法，包括：贝叶斯(Bayes)分类法、距离函数分类法、模糊诊断法、灰色理论诊断法、神经网络诊断法以及专家系统诊断法等。

3.1　贝叶斯分类法

3.1.1　条件概率

设试验 E 的样本空间为 S，A、B 为 E 的事件，设在 n 次试验中，事件 A、AB 各出现 n_A、n_{AB} 次，这时，在 A 发生的条件下 B 发生的次数即为 n_{AB} 次，因此，在 A 发生的条件下 B 发生的频率，记为 $f_n(B|A)$：

$$f_n(B|A)=\frac{n_{AB}}{n_A}=\frac{n_{AB}/n}{n_A/n}=\frac{f_n(AB)}{f_n(A)}$$

由此可以定义条件概率

$$P(B|A)=P(AB)/P(A) \tag{3-1}$$

3.1.2　全概率公式

设试验 E 的样本空间为 S，A 为 E 的事件，$B_1,B_2,\cdots,B_n$ 为 S 的一个划分，且 $P(B_i)>0$，$i=1,2,\cdots,n$，则

$$P(A)=P(A|B_1)P(B_1)+P(A|B_2)P(B_2)+\cdots+P(A|B_n)P(B_n)$$

证明：因为 $B_1,B_2,\cdots B_n$ 为 S 的一个划分，所以，$B_iB_k=\Phi(i\neq k)$，且 $S=B_1\cup B_2\cup\cdots\cup B_n$。所以

$$A=AS=A(B_1\cup B_2\cup\cdots\cup B_n)=AB_1\cup AB_2\cup\cdots\cup AB_n$$

又 $(AB_i)(AB_k)=\Phi(i\neq k)$，所以，由概率的有限可加性得

$$\begin{aligned}P(A)&=P(AB_1)+P(AB_2)+\cdots+P(AB_n)\\&=P(A|B_1)P(B_1)+P(A|B_2)P(B_2)+\cdots+P(A|B_n)P(B_n)\end{aligned} \tag{3-2}$$

3.1.3　最小错误率的贝叶斯决策规则

在机械工程中，大量的问题是随机的。所谓随机现象，就是指事件的发生是不可重复的，但它是按照某种规律而发生变化的，描述这种规律的最严密的方法是概率密度函数。贝叶斯

分类法就是以概率密度函数为基础，用概率统计分析法来描述工况状态变化。

设备在运行过程中的状态都是一个随机变量，事件出现的概率在很多情况下是可以估计的，这种根据先验知识对工况状态出现的概率作出估计，称为先验概率。因为状态是随机变量，故状态空间可写为 $\Omega=(\omega_1,\omega_2,\cdots,\omega_m)$，其中 $\omega_i(i=1,2,\cdots,m)$ 是状态空间中的一个模式点，在状态监测中，主要是判别工况正常与异常两种状态，它们的先验概率用 $P(\omega_1)$、$P(\omega_2)$ 表示，并有 $P(\omega_1)+P(\omega_2)=1$。但仅有先验概率还不够，需要从观测数据中得到各类的条件概率密度函数，即

$p(x|\omega_1)$——正常状态的类的条件概率密度函数；

$p(x|\omega_2)$——异常状态的类的条件概率密度函数。

由全概率公式有

$$p(x)=\sum_{j=1}^{2}p(x|\omega_j)P(\omega_j)$$

由条件概率公式有

$$P(\omega_i|x)p(x)=P(\omega_i x)=p(x|\omega_i)P(\omega_i)$$

故可得贝叶斯(Bayes)公式：

$$P(\omega_i\mid x)=\frac{p(x\mid\omega_i)P(\omega_i)}{p(x)}=\frac{p(x\mid\omega_i)P(\omega_i)}{\sum_{j=1}^{2}p(x\mid\omega_j)P(\omega_j)} \tag{3-3}$$

式中：$P(\omega_i|x)$表示已知样本条件下 ω_i 出现的概率，称为后验概率。贝叶斯公式是通过观测值 x 把状态的先验概率转换为后验概率，对两类状态有

$$\begin{cases} P(\omega_1\mid x)=\dfrac{p(x\mid\omega_1)P(\omega_1)}{\sum_{j=1}^{2}p(x\mid\omega_j)P(\omega_j)} \\ P(\omega_2\mid x)=\dfrac{p(x\mid\omega_2)P(\omega_2)}{\sum_{j=1}^{2}p(x\mid\omega_j)P(\omega_j)} \end{cases} \tag{3-4}$$

(1) 决策规则

$$\begin{cases} P(\omega_1|x)>P(\omega_2|x), & x\in\omega_1 \\ P(\omega_1|x)<P(\omega_2|x), & x\in\omega_2 \end{cases} \tag{3-5}$$

由式(3-4)消去共同分母，则得式(3-5)的等价形式为

$$\begin{cases} p(x|\omega_1)P(\omega_1)>p(x|\omega_2)P(\omega_2), & x\in\omega_1 \\ p(x|\omega_1)P(\omega_1)<p(x|\omega_2)P(\omega_2), & x\in\omega_2 \end{cases} \tag{3-6}$$

(2) 分类错误率计算

错误率是分类性能好坏的一种度量，其定义为

$$P(e)=\int_{-\infty}^{\infty}P(e;x)p(x)\mathrm{d}x$$

对于两类问题，由式(3-5)做出的决策可知，当 $P(\omega_1|x)<P(\omega_2|x)$时，应决策 ω_2。在做出此决策时，x 的条件错误概率为 $P(\omega_1|x)$；反之，则应为 $P(\omega_2|x)$，即

$$P(e|x)=\begin{cases} P(\omega_1|x), & P(\omega_1|x)<P(\omega_2|x) \\ P(\omega_2|x), & P(\omega_1|x)>P(\omega_2|x) \end{cases} \tag{3-7}$$

如图 3-1 所示，令 M 为 Ω_1 和 Ω_2 两类的分界面，特征向量是一维时，M 将 x 轴分为两个决

策域:Ω_1为$(-\infty,M)$,Ω_2为$(M,+\infty)$,则有

$$\begin{aligned}\varepsilon = P(e) &= \int_{-\infty}^{M} P(\omega_2 \mid x)p(x)\mathrm{d}x + \int_{M}^{+\infty} P(\omega_1 \mid x)p(x)\mathrm{d}x \\ &= \int_{-\infty}^{M} p(x \mid \omega_2)P(\omega_2)\mathrm{d}x + \int_{M}^{+\infty} p(x \mid \omega_1)P(\omega_1)\mathrm{d}x \end{aligned} \tag{3-8}$$

式(3-8)也可以写成

$$\begin{aligned}P(e) &= P(x \in \Omega_1, \omega_2) + P(x \in \Omega_2, \omega_1) \\ &= P(x \in \Omega_1 \mid \omega_2)P(\omega_2) + P(x \in \Omega_2 \mid \omega_1)P(\omega_1) \\ &= P(\omega_2)\int_{\Omega_1} p(x \mid \omega_2)\mathrm{d}x + P(\omega_1)\int_{\Omega_2} p(x \mid \omega_1)\mathrm{d}x \\ &= P(\omega_2)P_2(e) + P(\omega_1)P_1(e) \end{aligned} \tag{3-9}$$

式(3-9)的几何意义见图3-1中的斜线部分。贝叶斯决策规则的含义是对每个x都使得$P(e)$取最小值,则式(3-8)也就最小,即错误率$P(e)$最小。

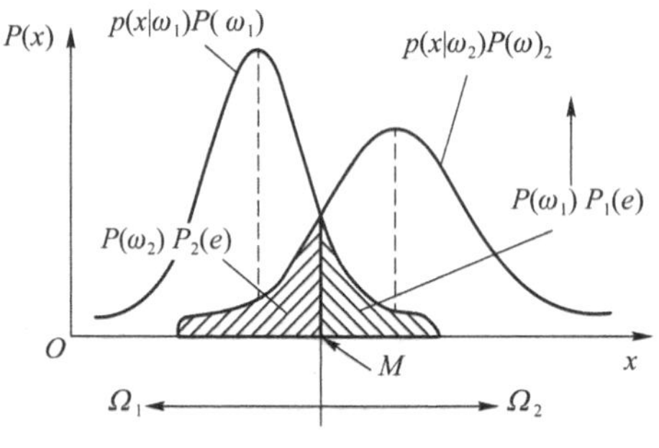

图3-1 决策错误率

3.2 距离函数分类法

由n个特征参数组成的特征矢量相当于n维特征空间上的一个点。研究证明,同类状态的模式点具有聚类性,不同类状态的模式点有各自的聚类域和聚类中心,如果能事先知道各类状态的模式点的聚类域并作为参考模式,则可将待检模式与参考模式间的距离作为判别函数,判别待检状态的属性。

3.2.1 空间距离(几何距离)函数

1. 欧氏距离

在欧氏空间中,设矢量$\boldsymbol{X}=(x_1,x_2,\cdots,x_n)^{\mathrm{T}}$,$\boldsymbol{Z}=(z_1,z_2,\cdots,z_n)^{\mathrm{T}}$,两点距离越近,表明相似性越大,则可认为属于同一群聚域,或属于同一类别,这种距离称为欧氏距离,表示为

$$D_{\mathrm{E}}^2 = \sum_{i=1}^{n}(x_i - z_i)^2 = (\boldsymbol{X}-\boldsymbol{Z})^{\mathrm{T}}(\boldsymbol{X}-\boldsymbol{Z}) \tag{3-10}$$

式中:$\boldsymbol{Z}$为标准模式矢量;$\boldsymbol{X}$为待检矢量;T为矩阵转置。

欧氏距离简单明了,且不受坐标旋转、平移的影响,为避免坐标对分类结果的影响,可在计算欧氏距离之前先对特征参数进行归一化处理,如

$$x_i = \frac{x_i - x_{\min}}{x_{\max} - x_{\min}} \tag{3-11}$$

式中：$x_{\min}$和 $x_{\max}$分别为特征参数的最大值和最小值。

考虑到特征矢量中的诸分量对分类所起的作用不同，可采用加权方法，构造加权欧氏距离：

$$D_{\mathrm{E}}^2=(\boldsymbol{X}-\boldsymbol{Z})^{\mathrm{T}}\boldsymbol{W}(\boldsymbol{X}-\boldsymbol{Z}) \tag{3-12}$$

式中：$\boldsymbol{W}$ 为权系数矩阵。

2. 马氏距离

这是加权欧氏距离中用得较多的一种，其形式为

$$D_{\mathrm{m}}^2=(\boldsymbol{X}-\boldsymbol{Z})^{\mathrm{T}}\boldsymbol{R}^{-1}(\boldsymbol{X}-\boldsymbol{Z}) \tag{3-13}$$

式中：$\boldsymbol{R}$ 为 $\boldsymbol{X}$ 与 $\boldsymbol{Z}$ 的协方差矩阵，即 $\boldsymbol{R}=\boldsymbol{X}\boldsymbol{Z}^{\mathrm{T}}$。马氏距离的优点是排除了特征参数间的相互影响。

3. 相似度指标

相似度指标也是在作聚类分析时衡量两个特征矢量是否属于同一类的统计量。待检状态应归入相似性指标最大（相似距离最小）的状态类别。

(1) 角度相似性指标(余弦度量)

$$S_{\mathrm{c}}=\frac{\sum_{i=1}^{n}X_iZ_i}{\sqrt{\sum_{i=1}^{n}X_i^2\sum_{i=1}^{n}Z_i^2}}\quad 或\quad S_{\mathrm{c}}=\frac{\boldsymbol{X}^{\mathrm{T}}\boldsymbol{Z}}{\|\boldsymbol{X}\|\cdot\|\boldsymbol{Z}\|} \tag{3-14}$$

式中：$\|\boldsymbol{X}\|$和$\|\boldsymbol{Z}\|$分别为特征向量 $\boldsymbol{X}$ 和 $\boldsymbol{Z}$ 的模；S_{c}是特征矢量 $\boldsymbol{X}$ 和 $\boldsymbol{Z}$ 之间夹角的余弦，夹角为 0 则取值为 1，即角度相似达到最大。

(2) 相关系数

$$S_{\boldsymbol{XZ}}=\frac{\sum_{i=1}^{n}(X_i-\overline{X})(Z_i-\overline{Z})}{\sqrt{\sum_{i=1}^{n}(X_i-\overline{X})^2\sum_{i=1}^{n}(Z_i-\overline{Z})^2}} \tag{3-15}$$

式中：$\overline{X}$ 和 $\overline{Z}$ 分别为 $\boldsymbol{X}$ 和 $\boldsymbol{Z}$ 的均值。相关系数越大，表示相似性越强。

3.2.2　*k*-近邻算法

首先介绍最近邻法。

最近邻的基本思想很简单，设有一组 n 个样本：

$$\chi=\{X_1,X_2,\cdots,X_n\} \tag{3-16}$$

每个样本都已标以类别标志。如果在这 n 个样本中与待分类样本 $\boldsymbol{X}$ 相距最近的一个样本为 $X_n'\in\chi$，则把 $\boldsymbol{X}$ 分到 X_n'所在的类别中去。

也可以用判别函数来说明最近邻法。设有 c 类模式样本 $\omega_1,\omega_2,\cdots,\omega_c$，每类有样本 n_i个，记为 $\boldsymbol{X}_{ik}$，$i=1,2,\cdots,c$，$k=1,2,\cdots,n_i$，则最近邻法的判别函数为

$$d_i(\boldsymbol{X})=\min\|\boldsymbol{X}-\boldsymbol{X}_{ik}\|,\quad k=1,2,\cdots,n_i \tag{3-17}$$

于是决策法则就是：若

$$d_j(\boldsymbol{X})=\min_i d_i(\boldsymbol{X}),\quad i=1,2,\cdots,c \tag{3-18}$$

则决策 $\boldsymbol{X}\in\omega_j$，即将 $\boldsymbol{X}$ 分到第 j 类中。

在适用最近邻规则的过程中,对样本的训练是定义一个分割面将样本空间划分为 N 个区域,如图 3-2 所示,每个区域 D_i 满足

$$D_i=\{x:d(x,x_i)<d(x,x_j),i\neq j\} \tag{3-19}$$

在样本数量足够大的情况下,最近邻规则具有良好的性能。最近邻规则适用效果与采用的样本集的特点有直接关系,如果适用不同的样本集对某个观测值 x 进行分类,那么对于同一个观测值 x 将存在不同的最近邻样本,判定规则依赖于最近邻样本所属类别。当样本个数非常大时,观测值 x 与最近邻样本的距离足够近,决策准确性最高。

从最近邻法很容易推广到 k-近邻法。如果取未知样本 $\boldsymbol{X}$ 的 k 个近邻,看这 k 个近邻中多数属于哪一类,就把 $\boldsymbol{X}$ 归为哪一类。具体说就是,在 n 个样本中,找出 $\boldsymbol{X}$ 的 k 个近邻。若 k_1, k_2, k_3, $\cdots$, k_c 分别是 k 个近邻中属于 ω_1, ω_2, $\cdots$, ω_c 类的样本数,则可以定义判别函数为

$$g_i(\boldsymbol{X})=k_i,\quad i=1,2,\cdots,c \tag{3-20}$$

若

$$g_j(\boldsymbol{X})=\max_i k_i \tag{3-21}$$

则决策 $\boldsymbol{X}\in\omega_j$,即将 $\boldsymbol{X}$ 分到第 j 类中。

在实际使用过程中,为了避免出现 $k_i=k_j$, $i\neq j$, k 值一般选奇数。以两类分类为例,如图 3-3 所示,取 $k=5$,在样本 x 的 5 近邻中形状为"·"的样本数为 3,形状为"×"的样本数为 2,则测试样本被归为"·"所属类别。

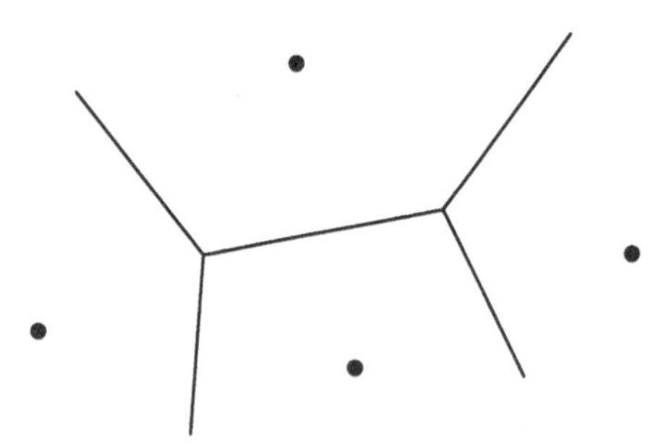

图 3-2 二维空间最近邻准则

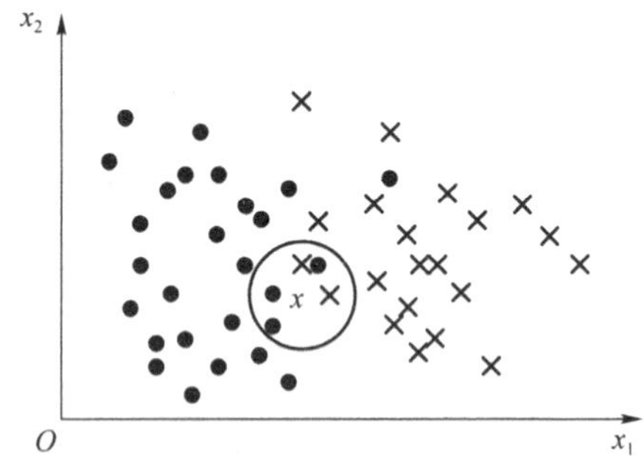

图 3-3 k-近邻($k=5$)准则

3.2.3 在故障诊断中应用距离函数时应注意的问题

上述所介绍的各种判别方法中,它们的共同思路是在机器运行状态下,用某种能表达工况的特征矢量作为训练样本,求得在各种状态下模式点的聚类中心,将对应于这些聚类中心的特征向量作为标准模式(或称参考模式),用待检查样本,分别计算它们到聚类中心的距离,按最近邻准则确定其状态属性。对于两类问题,这种方法十分有效,但对多类问题,由于决策函数复杂,实时性差,在生产中应用就存在问题。

即使对两类问题,在应用时往往有各种不同的困难,例如标准模式样本不一定很容易获得,特别是异常工况样本的聚类性很差,所求得的聚类中心不一定能代表该类状态的属性,因为它并不都服从正态分布。

3.3　模糊诊断法

机器运行过程的动态信号及其特征值都具有某种不确定性，如偶然性和模糊性。模糊性表示区分或评价客观事物差异的不分明性。通常，故障征兆特征用许多模糊的概念来描述，如“振动强烈”“噪声大”，故障原因用“偏心大”“磨损严重”等。同一种机器，在不同的条件下，由于工况的差异，使机器的动态行为不尽一致，人们对同一机器的评价只能在一定范围内作出估计，而不能作出明确的判断，还有不同的技术人员由于种种原因，例如个人经历、业务素质、主观判断能力等，这些都导致对同一台机器的评价得到不确切的结论。从事实本身来看，模糊现象往往是客观规律，为了解决这类问题，需要以模糊数学为基础，把模糊现象与因素间的关系用数学表达方式描述，并用数学方法进行运算，得到某种确切的结论，这就是模糊诊断技术。

3.3.1　隶属函数

模糊数学将 0、1 二值逻辑推广到可取[0,1]闭区间上任意值的连续逻辑，此时的特征函数称为隶属函数 $\mu(x)$，它满足 $0\leqslant\mu(x)\leqslant1$。设状态空间 $\Omega=\{\omega_1,\omega_2,\cdots,\omega_m\}$ 中第 k 个子集 ω_k，$\mu_k(x)$为 x 对 ω_k的隶属度。对特征参数来说，当 $\mu(x)=0$ 时，表示无此特征；对于故障诊断而言，当 $\mu(x)=1$ 时，表示肯定有那一种故障。隶属函数在模糊数学中占有重要地位，它是把模糊性进行数值化描述，使事物的不确定性在形式上用数学方法进行计算。在诊断问题中，隶属函数的正确选择是首要的工作。若选取不当，则会背离实际情况而影响诊断精度。常用的隶属函数有 20 余种，可分为三大类：第一类是上升型，即随 x 增加而上升；第二类是下降型，即随 x 减少而下降；第三类是中间对称型。这三类隶属函数都可以通过下式所示的广义隶属函数来表示：

$$\mu(x)=\begin{cases}I(x), & x\in[a,b]\\ h, & x\in[b,c]\\ D(x), & x\in[c,d]\\ 0, & x\notin[a,d]\end{cases}\quad a\leqslant b\leqslant c\leqslant d \tag{3-22}$$

式中：$I(x)\geqslant0$ 为$[a,b)$上的严格单调增函数，$D(x)\geqslant0$ 为$(c,d]$上的严格单调减函数，$h\in(0,1]$称为模糊隶属函数的高度，通常取为 1。部分常用的隶属函数列于表 3－1 中。在选择隶属函数及确定其参数时，应该结合具体问题加以研究，根据历史统计数据、专家经验和现场运行信息来合理选取。

表 3－1　常用的隶属函数

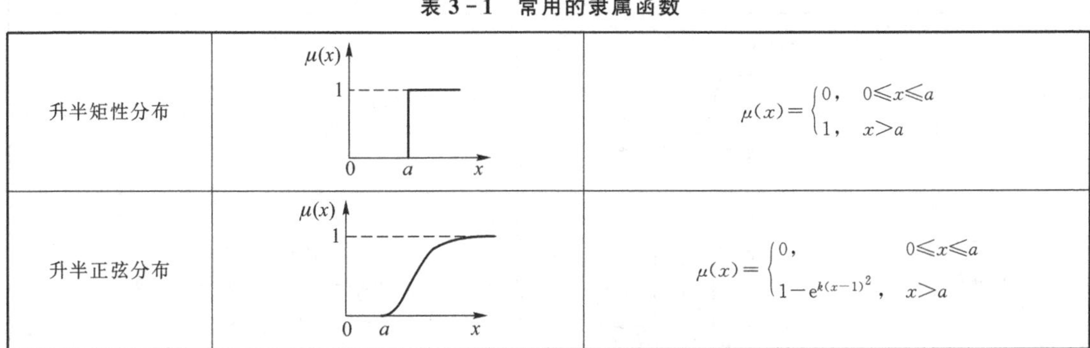

升半矩性分布		$\mu(x)=\begin{cases}0, & 0\leqslant x\leqslant a\\ 1, & x>a\end{cases}$
升半正弦分布		$\mu(x)=\begin{cases}0, & 0\leqslant x\leqslant a\\ 1-\mathrm{e}^{k(x-1)^2}, & x>a\end{cases}$

续表 3-1

升半梯形分布	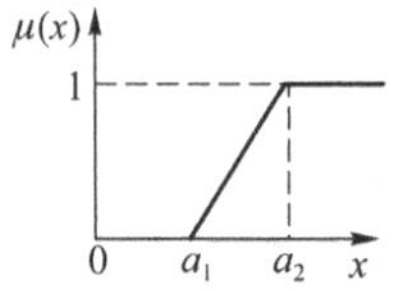	$\mu(x)=\begin{cases}0, & 0\leqslant x\leqslant a\\ \dfrac{x-a_1}{x-a_2}, & a_1<x\leqslant a\\ 1, & x>a_2\end{cases}$
升半指数分布	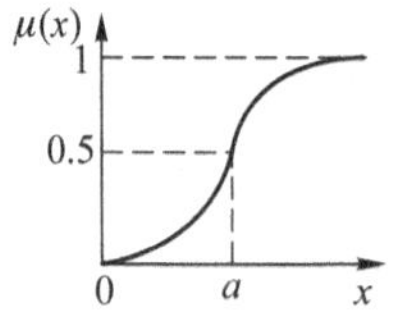	$\mu(x)=\begin{cases}\dfrac{1}{2\mathrm{e}^{k(x-a)}}, & 0\leqslant x\leqslant a\\ 1-\dfrac{1}{2\mathrm{e}^{k(x-a)}}, & x>a\end{cases}$
升半柯西分布	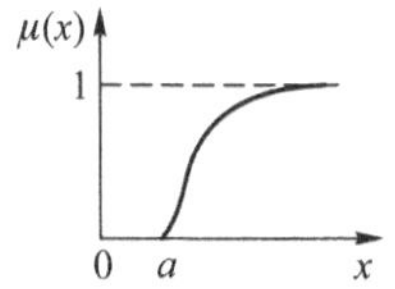	$\mu(x)=\begin{cases}0, & 0\leqslant x\leqslant a\\ 1-\dfrac{1}{1+k(x-a)^2}, & x>a\end{cases}$
降半矩形分布	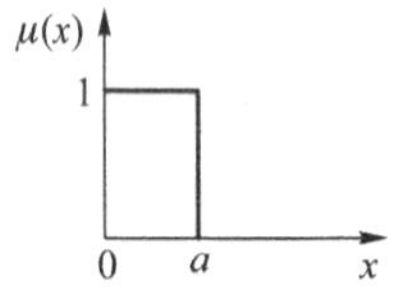	$\mu(x)=\begin{cases}1, & 0\leqslant x\leqslant a\\ 0, & x>a\end{cases}$
降半正态分布	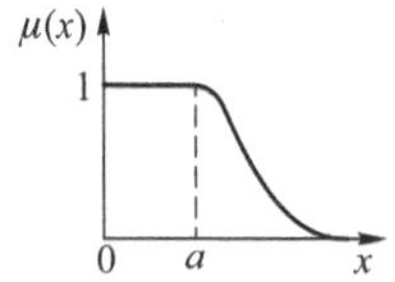	$\mu(x)=\begin{cases}1, & 0\leqslant x\leqslant a\\ \mathrm{e}^{k(x-a)^2}, & x>a\end{cases}$
降半梯形分布	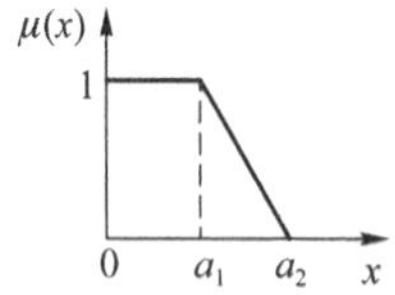	$\mu(x)=\begin{cases}1, & 0\leqslant x\leqslant a\\ \dfrac{a_2-x}{a_1-x}, & a_1<x\leqslant a\\ 0, & x>a_2\end{cases}$
降半指数分布	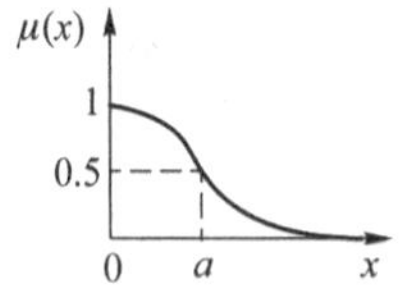	$\mu(x)=\begin{cases}1-\dfrac{1}{2\mathrm{e}^{k(x-a)}}, & 0\leqslant x\leqslant a\\ \dfrac{1}{2\mathrm{e}^{k(x-a)}}, & x>a\end{cases}$
降半柯西分布	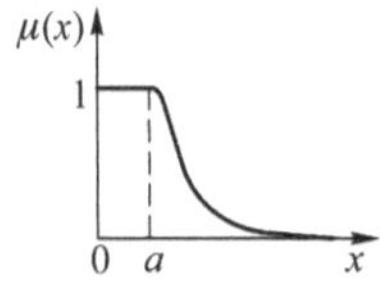	$\mu(x)=\begin{cases}1, & 0\leqslant x\leqslant a\\ \dfrac{1}{1+k(x-a)^2}, & x>a\end{cases}$
矩形分布	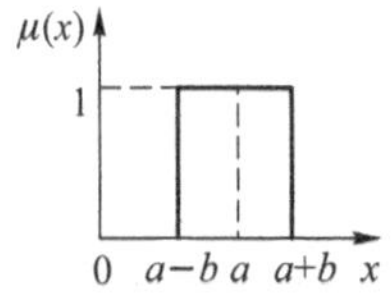	$\mu(x)=\begin{cases}0, & 0\leqslant x\leqslant a-b\\ 1, & a-b<x\leqslant a+b\\ 0, & x>a+b\end{cases}$

续表 3-1

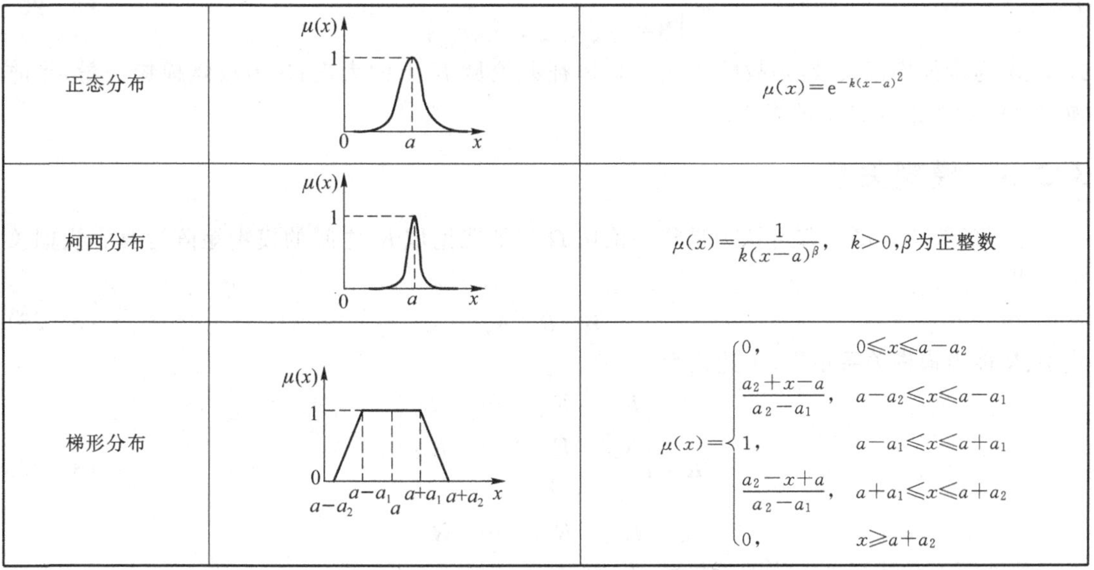

正态分布		$\mu(x)=\mathrm{e}^{-k(x-a)^2}$
柯西分布		$\mu(x)=\dfrac{1}{k(x-a)^{\beta}}$，　$k>0$，β为正整数
梯形分布		$\mu(x)=\begin{cases}0, & 0\leqslant x\leqslant a-a_2\\ \dfrac{a_2+x-a}{a_2-a_1}, & a-a_2\leqslant x\leqslant a-a_1\\ 1, & a-a_1\leqslant x\leqslant a+a_1\\ \dfrac{a_2-x+a}{a_2-a_1}, & a+a_1\leqslant x\leqslant a+a_2\\ 0, & x\geqslant a+a_2\end{cases}$

有时为了简化问题，可以把连续隶属函数近似用多值逻辑来代替，如将机器状态根据隶属度的值分为若干等级：很好、较好、一般、较差和很差等，如图 3-4 所示。

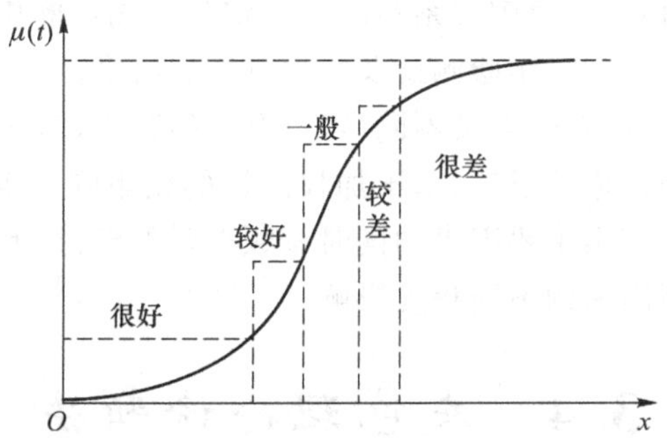

图 3-4　隶属函数与近似的多值逻辑函数

3.3.2　模糊矢量

对一个系统或一台机器中可能发生的故障可以用一个集合来定义，通常用状态论域来表示：

$$\Omega=\{\omega_1,\omega_2,\cdots,\omega_m\} \tag{3-23}$$

式中：m 为故障的种数。

同理，对于与这些故障有关的各种征兆也用一个集合来定义，用征兆论域表示为

$$K=\{K_1,K_2,\cdots,K_n\} \tag{3-24}$$

式中：n 为特征的种数。

以上两个论域中的元素用模糊变量而不是用逻辑变量来描述，它们均有各自的隶属函数，可以理解为各故障或征兆发生的可能性，如 ω_i 的隶属函数为 μ_{ω_i}，$i=1,2,\cdots,m$；K_j 的隶属函数为 μ_{k_j}，$j=1,2,\cdots,n$，则其矢量形式可具体表示为

$$\begin{cases}\boldsymbol{A}=[\mu_{K_1},\mu_{K_2},\cdots,\mu_{K_n}]^{\mathrm{T}}\\ \boldsymbol{B}=[\mu_{\omega_1},\mu_{\omega_2},\cdots,\mu_{\omega_m}]^{\mathrm{T}}\end{cases} \tag{3-25}$$

式中:$\boldsymbol{A}$ 为特征模糊矢量,是故障在某一具体征兆论域 K 上的表现;$\boldsymbol{B}$ 为故障模糊矢量,是故障在具体状态论域 Ω 上的表现。

3.3.3 模糊关系

故障的模糊诊断过程可认为是状态论域 Ω 与征兆论域 K 之间的模糊矩阵运算。模糊关系方程为

$$\boldsymbol{B}=\boldsymbol{R}*\boldsymbol{A} \tag{3-26}$$

式中:$\boldsymbol{R}$ 称为模糊关系矩阵,表达式为

$$\boldsymbol{R}=\begin{bmatrix}R_{11} & R_{12} & \cdots & R_{1n}\\ R_{21} & R_{22} & \cdots & R_{2n}\\ \vdots & \vdots & & \vdots\\ R_{m1} & R_{m2} & \cdots & R_{mn}\end{bmatrix} \tag{3-27}$$

表示故障原因和特征之间的因果关系,有 $0\leqslant R_{ij}\leqslant 1\ (i=1,2,\cdots,m;j=1,2,\cdots,n)$;“$*$”为广义模糊逻辑算子,可表示不同的逻辑运算。

模糊关系矩阵有等价关系和相似关系两种。等价关系满足自反性、对称性和传递性;相似关系只能满足自反性和对称性。模糊关系矩阵的确定是模糊诊断中十分重要的一个环节,需要参考大量故障诊断经验的总结、实验测试及统计分析的结果。

模糊逻辑运算根据算子的具体含义不同,可以有多种算法,如基于合成算子运算的最大最小法、基于概率算子运算的概率算子法、基于加权运算的权矩阵法等。其中,最大最小法可突出主要因素;概率算子法在突出主要因素的同时兼顾次要因素;权矩阵法即为普通的矩阵乘法运算关系,可以综合考虑诸因素的不同程度影响。

3.4 灰色理论诊断法

任何动态过程都可以称为系统。当系统的参数及其内部的结构和与外部联系的关系(即传递函数的特性)已知时,其输入输出关系便确定了。这种系统可称为“白色”系统。当系统的参数及其内部结构和特征无法获知时,这种系统便称为“黑色”系统或黑箱。而对系统的参数、结构及特征部分已知和部分未知时,这种系统则称为“灰色”系统。或者更概括地说,部分信息已知、部分信息未知的这类系统便可称为“灰色”系统。

灰色系统理论是一种思路新颖、独特的研究方法,它利用已知信息来确定系统的未知信息,从而实现使系统由“灰”变“白”的过程,这个过程又称为系统的“白化过程”。一台运行中的设备就是一个复杂的灰色系统。它主要表现在其故障(输入)和征兆(输出)之间关系的随机性和模糊性。灰色系统理论把这种关系称为“灰色”关系,进行统一处理。灰色系统理论包括灰色系统建模、关联度分析以及灰色模型预测等。

3.4.1 灰色预测法

灰色系统理论采用了一种独特的数据处理方法:累加处理或累减处理。其目的是削弱信号中的随机成分而加强其确定性成分(单调性趋势或周期性趋势),从而提高其信噪比。

1. 数据累加处理

数据累加又称为累加生成，简记为 AGO(Accumulated Generating Operation)，设原始数据为$\{X^{(0)}(t_i)\}$ $(i=1,2,\cdots,N)$，则对其进行如下处理，称一次累加处理为 1 - AGO，并记为

$$X^{(1)}(t_i)=\sum_{k=1}^{i}X^{(0)}(t_k)\quad(i=1,2,\cdots,N)\tag{3-28}$$

由此可得，1 - AGO 的新数列$\{X^{(1)}(t_i)\}$ $(i=1,2,\cdots,N)$，仿此可求得 m - AGO 的数列为$\{X^{(m)}(t_i)\}$ $(i=1,2,\cdots,N)$，对于含有单调趋势的信号来说，当 m 足够大时，m - AGO 的数列即可认为数据的随机性已被消除而变成确定性数列了。单调趋势数列可用指数函数来逼近。

图 3 - 5(a)所示为一具有明显摆动(随机性)的原始序列，图 3 - 5(b)所示为经 1 - AGO 后的数列，显然随机性已被明显地削弱。

2. 数据累减处理

在灰色建模时，常需要对累加数据数列再进行累减处理，它是累加处理的逆运算，记为 IAGO(Inverse AGO)，设 m - AGO 处理后得到的数列为$\{X^{(m)}(t_i)\}$ $(i=1,2,\cdots,N)$，则对其进行如下处理，称一次累减处理为 1 - IAGO，并记为

$$X^{(m-1)}(t_i)=X^{(m)}(t_i)-X^{(m)}(t_{i-1})\quad(i=1,2,\cdots,N)\tag{3-29}$$

依此类推可以得到 j - IAGO 序列 $X^{m-j}(t_i)(i=1,2,\cdots,N)$。

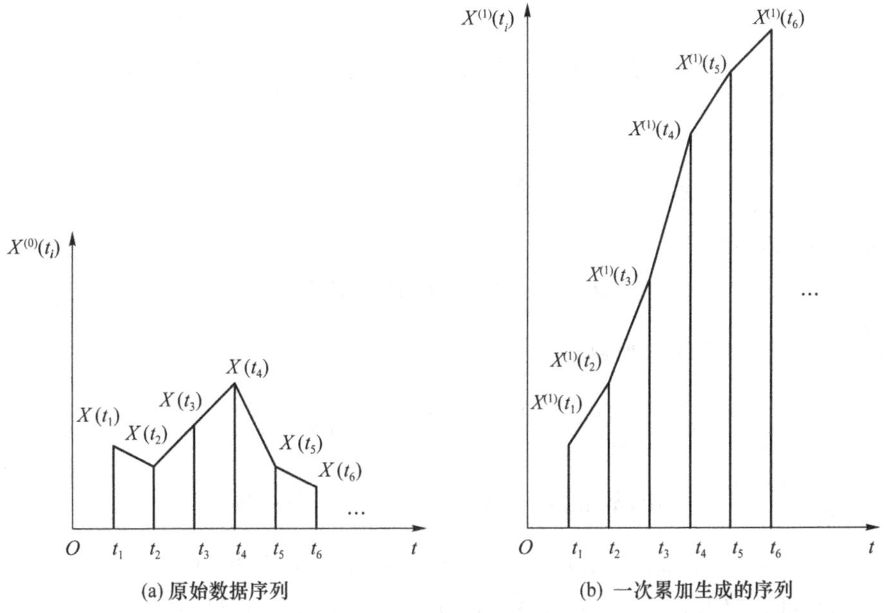

(a) 原始数据序列　　(b) 一次累加生成的序列

图 3 - 5　灰色模型数据处理

3. 灰色系统的建模

灰色系统模型简称 GM(Grey Model)。它是基于原始数列所得的 1 - AGO 数列而建立的微分方程式，记为 GM(n,N)。其中，n 为微分方程的阶数；N 为微分方程中包含变量的个数。

作预测用的模型一般为 GM(n,1)模型。其中最重要的同时也是在实际中应用得最多的是 GM(1,1)模型。

GM(1,1)模型为包含一个变量的一阶微分方程式：

$$\frac{dX^{(1)}(t)}{dt}+aX^{(1)}(t)=u \tag{3-30}$$

用差分代替微分,式(3-30)可以展开为

$$X^{(1)}(t_i)-X^{(1)}(t_{i-1})+aX^{(1)}(t_i)=u \tag{3-31}$$

令$\frac{X^{(1)}(t_i)+X^{(1)}(t_{i-1})}{2}\approx X^{(1)}(t_i)$,同时,由1-IAGO运算得$X^{(0)}(t_i)=X^{(1)}(t_i)-X^{(1)}(t_{i-1})$代入式(3-31)得

$$X^{(0)}(t_i)+a\left[\frac{X^{(1)}(t_i)+X^{(1)}(t_{i-1})}{2}\right]=u$$

即

$$-a\left[\frac{X^{(1)}(t_i)+X^{(1)}(t_{i-1})}{2}\right]+u=X^{(0)}(t_i) \tag{3-32}$$

将$i=2,3,\cdots,N$代入式(3-31),可以得到$N-1$个方程。设微分方程系数a和参数u组成的向量为$\hat{\boldsymbol{a}}=(a,u)^{\mathrm{T}}$,则该方程写为矩阵的形式为

$$\boldsymbol{B}\cdot\hat{\boldsymbol{a}}=\boldsymbol{Y}_N \tag{3-33}$$

式中:

$$\boldsymbol{B}=\begin{bmatrix} -\frac{1}{2}[X^{(1)}(t_2)+X^{(1)}(t_1)] & 1 \\ -\frac{1}{2}[X^{(1)}(t_3)+X^{(1)}(t_2)] & 1 \\ \vdots & \vdots \\ -\frac{1}{2}[X^{(1)}(t_N)+X^{(1)}(t_{N-1})] & 1 \end{bmatrix},\quad \boldsymbol{Y}_N=\begin{bmatrix} X^0(t_2) \\ X^0(t_3) \\ \vdots \\ X^0(t_N) \end{bmatrix}$$

$\hat{\boldsymbol{a}}$ 可由最小二乘法解出:

$$\hat{\boldsymbol{a}}=(a,u)^{\mathrm{T}}=(\boldsymbol{B}^{\mathrm{T}}\boldsymbol{B})^{-1}\boldsymbol{B}^{\mathrm{T}}\boldsymbol{Y}_N \tag{3-34}$$

因为$\frac{dX^{(1)}(t_i)}{dt}=u-aX^{(1)}(t_i)$,所以

$$-\frac{1}{a}\frac{d[u-aX^{(1)}(t_i)]}{dt}=u-aX^{(1)}(t_i)$$

所以,$\frac{d(u-aX^{(1)}(t_i))}{u-aX^{(1)}(t_i)}=-a dt$,故$\ln[u-aX^{(1)}(t_i)]=-at_i+b$,则

$$u-aX^{(1)}(t_i)=e^{-at_i+b}\Rightarrow e^b=e^{at_i}[u-aX^{(1)}(t_i)] \tag{3-35}$$

当$i=1$时,可以解出$e^b=e^{at_1}[u-aX^{(1)}(t_1)]$,代入式(3-34)得

$$X^{(1)}(t_i)=\frac{1}{a}\{u-e^{-a(t_i-t_1)}[u-aX^{(1)}(t_1)]\} \tag{3-36}$$

又$X^{(1)}(t_{i-1})=\frac{1}{a}\{u-e^{-a(t_{i-1}-t_1)}[u-aX^{(1)}(t_1)]\}$,所以,

$$X^{(0)}(t_i)=X^{(1)}(t_i)-X^{(1)}(t_{i-1})=\frac{1}{a}[aX^{(1)}(t_1)-u][1-e^{a\Delta t}]e^{-at_i} \tag{3-37}$$

式中:$\Delta t=t_i-t_{i-1}$为数据点间的时间间隔,$i=2,3,\cdots$。

显然,灰色预测模型的特点在于根据自身数据建立动态微分方程,再预测自身发展,由式(3-37)可以对数据序列做出外推预测。

3.4.2 灰色关联度分析

关联度分析是灰色系统和处理随机量的一种方法，也是一种数据到数据的“映射”。记 x_i 对 x_j 的关联系数为 $\xi_{ij}(k)$，k 是 x_i 与 x_j 比较关联性的采样点，记为

$$\alpha_{ij}(k)=|x_j(k)-x_i(k)| \quad k\in\{1,2,\cdots,N\}$$

$$\alpha_{\min}=\min_j \min_k \alpha_{ij}(k)\alpha_{\max}=\max_j \max_k \alpha_{ij}(k)$$

再定义 $\xi_{ij}(k)$ 为

$$\xi_{ij}(k)=\frac{\alpha_{\min}+\alpha_{\max}\cdot m}{\alpha_{ij}(k)+\alpha_{\max}\cdot m} \quad k\in(1,2,\cdots,N) \tag{3-38}$$

式中：m 为取定的常数，$m\in\{0,1\}$，则 x_j 与 x_i 的关联度 γ_{ij} 为

$$\gamma_{ij}=\frac{1}{N-1}\cdot\frac{1}{2}\left[\sum_{k=1}^{N}\xi_{ij}(k)+\sum_{k=2}^{N-1}\xi_{ij}(k)\right] \tag{3-39}$$

关联度 γ_{ij} 的大小反映了 x_j 与 x_i 的关联程度。

用关联度识别故障模式与用判别函数识别故障模式的方法相类似。设标准模式特征向量矩阵 $[X_{ri}]$ 为

$$[X_{ri}]=\begin{bmatrix}X_{r1}\\X_{r2}\\\vdots\\X_{rn}\end{bmatrix}=\begin{bmatrix}X_{r1}(1) & X_{r1}(2) & \cdots & X_{r1}(k)\\X_{r2}(1) & X_{r2}(2) & \cdots & X_{r2}(k)\\\vdots & \vdots & & \vdots\\X_{rn}(1) & X_{rn}(2) & \cdots & X_{rn}(k)\end{bmatrix} \tag{3-40}$$

式中：下标 r 为标准参考模式；下标 n 为设备的标准故障模式个数；k 为每个故障模式的特征矢量个数。

第 j 个待检特征模式的特征矢量为

$$[X_{tj}]=[X_{tj}(1) \quad X_{tj}(2) \quad \cdots \quad X_{tj}(k)]$$

由式(3-39)可计算出如下的关联度序列：

$$\{\gamma_{tjri}\}=\{\gamma_{tjri1},\gamma_{tjri2},\cdots,\gamma_{tjrin}\}$$

如果把关联度序列从小到大依此排列，则为

$$\gamma_{tjrm}>\gamma_{tjrh}>\gamma_{tjrk}>\cdots$$

式中：m，h 和 k 分别为$\{1,2,\cdots,n\}$的某个自然数。这个排列次序也表示了待检模式与标准模式 X_{rm}，X_{rh}，X_{rk}，…的关联程度大小的排列次序，即待检故障模式划分为标准故障模式的可能性大小的次序。

3.5 神经网络诊断法

人工神经网络模型是在现代神经生理学和心理学的研究基础上，模仿人的大脑神经元结构特性而建立的一种非线性动力学网络系统，它由大量简单的非线性处理单元(类似人脑的神经元)高度并联、互联而成，具有对人脑某些基本特性的简单的数学模拟能力。目前，已经提出的神经网络模型有几十种，其中较为著名的有 Hopfield 模型、Rumelhart 等提出的多层感知机 MLP(Multilayer Perceptron)模型、Grossberg 和 Carpentent 提出的自适应共振理论 ART(Adaptive Resonance Theroy)；Hinton 提出的 Boltzmann 机；Kohonen 提出的自组织特征映射 SOM(Self-Organizing Map)以及 Kosko 提出的双向联想存储器模型等。这些网络在

语音识别、文字识别、目标识别、计算机视觉、图像处理与识别、智能控制、系统辨识等方面显示出极大的应用价值。作为一种新的模式识别技术或一种知识处理方法,人工神经网络在故障诊断领域中显示出极大的应用潜力。

人工神经网络在故障诊断领域的应用主要集中在3个方面:一是从模式识别的角度应用神经网络作为分类器进行故障诊断;二是从预测的角度应用神经网络作为动态预测模型进行故障预测;三是从知识处理的角度建立基于神经网络的诊断专家系统。

3.5.1 人工神经网络的拓扑结构及学习规则

人工神经网络是由大量简单单元——人工神经元高度错综复杂连接而成的网状系统。人工神经元的特性、连接拓扑结构以及学习规则是确定一个网络的三要素。

1. 生物神经元与人工神经元模型

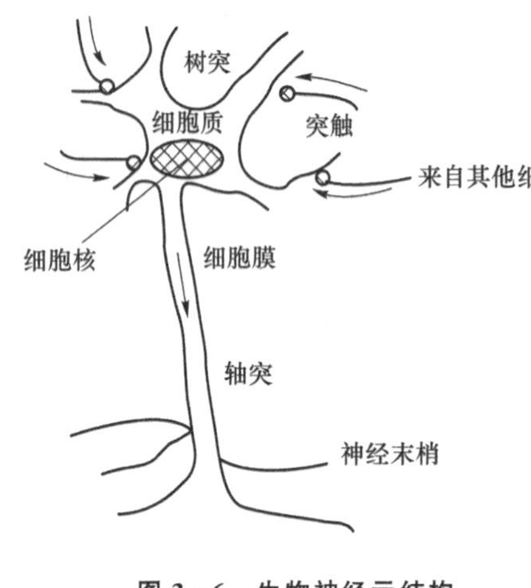

图3-6 生物神经元结构

神经元(神经细胞)是大脑组织的基本单元。人脑是由大约 10^{11} 个不同种类的神经元组成的,神经元的主要功能是传输信息。典型的神经元结构如图3-6所示,它具有以下结构特性:

① 细胞体 由细胞核、细胞质和细胞膜等组成。

② 轴突 由细胞体向外伸出的最长的一条神经纤维称为轴突。轴突相当于神经元的输出电缆,其端部的许多神经末梢为信号的输出端子,用于输出神经冲动(信息)。

③ 突触 轴突神经末梢与树突相接触的交界面称为突触,每个神经元有 $10^3 \sim 10^4$ 个突触。突触是神经元之间信息传递的载体,它将一个神经元的神经冲动信息传递给其他神经元。突触有两种类型,即兴奋型和抑制型。

④ 膜电位 神经元细胞膜内外之间存在20~100 mV的电位差。膜外为正,膜内为负。

⑤ 结构可塑性 神经元突触的信息传递特性是可变的。随着神经冲动传递方式的变化,其传递作用可增强或减弱,即神经元之间的连接强度具有可塑性。生物实验表明,突触结构的可塑性是大脑学习和记忆的基础。

神经元的功能:首先,神经元具有时空整合功能。神经元对于不同时间通过同一突触传入的神经冲动具有时间整合功能,对于同一时间通过不同突触传入的神经冲动具有空间整合功能。其次,传入的神经冲动经时空整合的结果导致神经元的两种常规工作状态,即兴奋和抑制。当传入冲动的时空整合结果,使细胞膜电位升高,超过被称为动作电位的阈值(约40 mV)时,神经元进入兴奋状态,产生神经冲动,由轴突输出;当传入的神经冲动经时空整合的结果,使膜电位下降至低于动作电位的阈值时,细胞进入抑制状态,无神经冲动输出。满足"0-1"律,即为"兴奋-抑制"状态。突触界面具有脉冲/电位信号转换功能,沿神经纤维传递的电脉冲为等幅、恒宽、编码的离散脉冲信号。而细胞膜电位变化为连续的电位信号。在突触接口处进行"数/模"转换时,通过神经介质以量子化学方式实现(电脉冲—神经化学物质—膜电位)的变化过程。突触对神经冲动的传递还具有延时和不应期。所谓不应期是指在相邻的两次冲动之间需要一个时间间隔,在此期间对激励不响应,不能传递神经冲动。突触对神经冲动的作用可增强或减弱，甚至达到饱和，这就是神经元的可塑性，所以神经元具有相应的学习功能、遗忘或疲劳(饱和)效应。

2. 人工神经元模型

人工神经网络是由大量处理单元也就是人工神经元广泛互连组成的网络，反映了人脑功能的基本特性，是人脑的某种抽象、简化和模拟。

人工神经网络突破了以传统的线性处理为基础的数字电子计算机的局限，是一个具有高度非线性的超大规模连续时间动力系统。其主要特征为连续时间非线性动力学、网络的全局作用、大规模并行分布处理和联想学习能力。

神经元一般是一个多输入/单输出的非线性器件结构，如图 3-7 所示。其中，$\sum$表示求和；θ_j表示阈值；s_j表示神经元 j 的求和输出，常称为神经元的激活水平；y_j为输出；$\{x_1,x_2,\cdots,x_n\}$为输入，即其他神经元的轴突输出；n 为输入数目；$\{W_{j1},W_{j2},\cdots,W_{jn}\}$为其他 n 个神经元与神经元 j 的突触连接强度，通常成为权重，W_{ji}可以为正或负，分别表示为兴奋性突触和抑制性突触；$f(\cdot)$即为神经元的 I/O 特性，即为神经元的激活函数或者转移函数，其作用是将可能的无限域输入变换到一个指定的有限范围内。

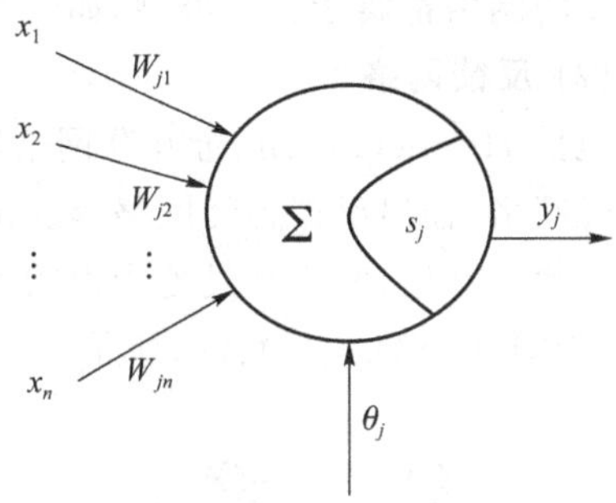

图 3-7　神经元模型

神经元模型可以表示为

$$s_j=\sum_{i=1}^{n}W_{ji}x_i-\theta_j,\quad y_j=f(s_j)\tag{3-41}$$

常用的神经元激活函数有：

① 线性函数　$f(x)=x$；

② 阈值函数(阶跃函数)　$f(x)=\begin{cases}1,x\geqslant 0\\0,x<0\end{cases}$；

③ Sigmiod 函数(S 函数)　$f(x)=\dfrac{1}{1+\mathrm{e}^{-x}}$；

④ 双曲正切函数　$f(x)=\dfrac{1-\mathrm{e}^{-x}}{1+\mathrm{e}^{-x}}=\mathrm{th}(x)$；

⑤ 高斯型函数　$f(x)=\exp\left[-\dfrac{(x-c)^2}{2s^2}\right]$。

各种常用的神经元激活函数图形如图 3-8 所示。

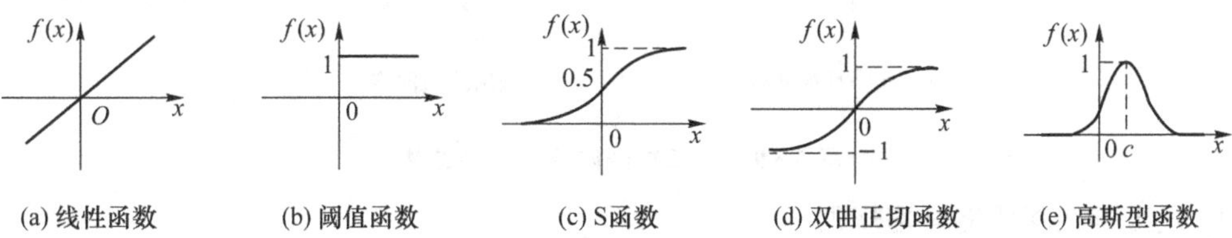

图 3-8　常用神经元激活函数的图形

从神经生物学的角度看，人工神经元模型是过于简化的，它没有考虑影响神经元动态特性的时间延迟，没有包括同步机能和神经元的频率调制功能，而这些特性是非常重要的。尽管如此,人工神经网络对于认识人脑“计算”的原则仍然具有重要价值。

3. 人工神经网络的拓扑结构

虽然单个神经元的信息处理功能十分有限,但将多个神经元连成网状结构其处理功能却大大增强。按照神经元连接方式的不同,神经网络可以分为以下两种类型的结构形式。

(1) 不含反馈的前向神经网络

神经元分层排列,组成输入层、隐层(也称中间层,可有若干个)和输出层。每一层的神经元只接受前一层神经元的输出作为输入。输入模式经过各层的顺次处理后得到输出层输出。多层感知机 MLP(Multi - Layers Perception)和误差反向传播 BP(Back Propagation)算法中所使用的网络都属于这一类型,如图 3-9(a)所示。

(2) 反馈网络

包括 Hopfield 网络、全互联网络以及具有局部互联反馈的网络模型,如虚报神经网络、状态神经网络、输出反馈神经网络等。由于存在反馈,这种网络具有相当丰富的动态特性,从某一初始状态开始,网络经过若干次的状态变化,才能达到某一稳定点,进入周期振荡或混沌等状态,如图 3-9(b)、(c)、(d)所示。

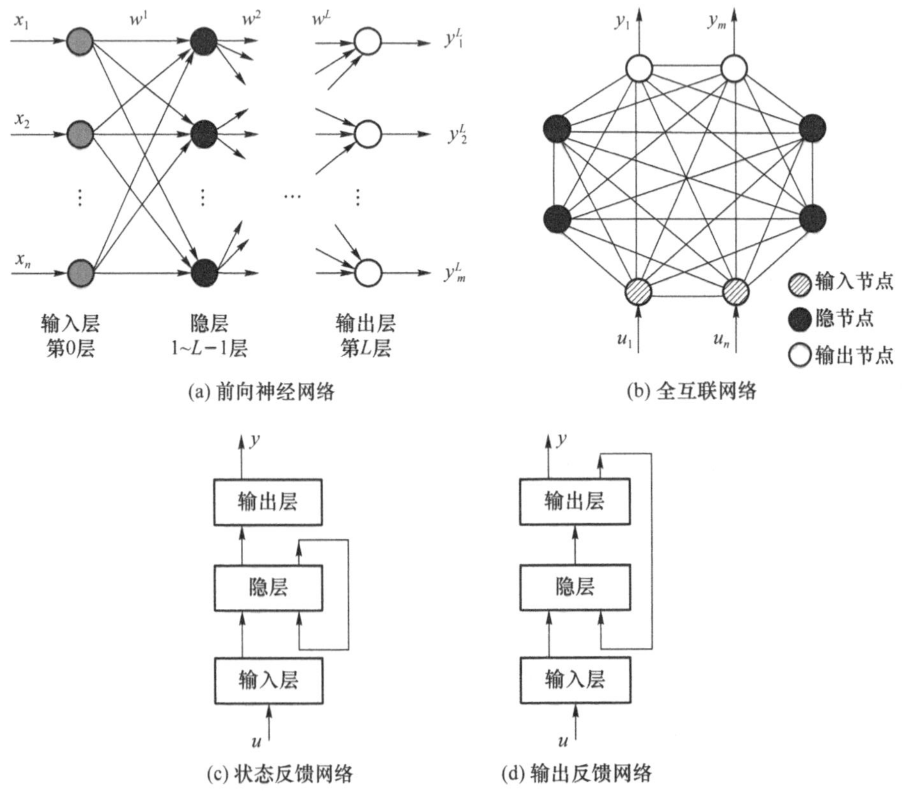

图 3-9 人工神经网络的拓扑结构

4. 人工神经网络的学习规则

人工神经网络最有价值的特性就是它的自适应功能,这种自适应功能是通过学习或训练实现的。任何一个神经网络模型要实现某种功能的操作,必须先对它进行训练,即使得它学会所要完成的任务,并把这些学得的知识记忆(存储)在网络权重中。

人工神经网络的学习规则分为以下几种:

① 相关规则　仅依赖于连接间的激活水平改变权重，如 Hebb 规则及其各种修正形式等。

② 纠错规则　依赖于输出节点的外部反馈改变网络权重，如感知器学习规则、δ 规则以及广义 δ 规则等。

③ 竞争学习规则　类似于聚类分析算法，学习表现为自适应输入空间的事件分布，如矢量量化 LVQ(Learning Vector Quantization)算法、SOM 算法、以及 ART 训练算法都利用了竞争学习规则。

④ 随机学习规则　利用随机过程、概率统计和能量函数的关系来调节连接权，如模拟退火 SA(Simulated Annealing)算法；此外，基于生物进化规则的基因遗传 GA(Genetic Algorithm)算法在某种程度上也可视为一类随机学习算法。

尽管神经网络的学习规则多种多样，但它们一般都可归结为以下两类：

① 有导师学习　不但需要学习时用的输入事例(即训练样本，通常为一矢量)，同时还要求学习与之对应的表示所需输出的目标矢量。在学习时，首先计算一个输入矢量的网络输出，然后与相应的目标输出比较，比较结果的误差用来按规定的算法改变加权，如上述纠错规则和竞争学习规则。

② 无导师学习　不要求有目标矢量，网络通过自身的“经历”来学会某种功能。在学习时，关键不在于网络实际输出怎样与外部的期望输出相一致，而在于调整权重反映学习样本的分布。因此，整个训练过程实质是抽取训练样本集的统计特性。

3.5.2　多层前向神经网络模型及 BP 算法

1. BP 网络及 BP 算法

多层前向网络也称为 BP 网络，得名于著名的 BP 算法。BP 网络是经典的前向网络，主要由输入层、隐层(可有若干层)和输出层组成。已经证明，一个具有任意的压缩型激活函数(如 Sigmoid 函数、双曲正切函数等)的单隐层前向网络，只要有充分多的隐层单元，就能以任意精度逼近任意一个有限维的 Borel 可测函数，从而表明 BP 网络可以作为一个通用的函数逼近器。

事实上，基于 BP 网络的故障诊断模型就是利用 BP 网络的泛函逼近能力，逼近故障的分类边界，从而完成特征空间到故障空间的非线性映射。图 3-10 所示为多层 BP 网络，其输入模式 P 为 n 维，输出模式 V 为 N 维，网络层数为 m，则该神经网络的非线性映射 F 为

$$F:\mathbf{R}^n \to \mathbf{R}^N \tag{3-42}$$

BP 算法的学习过程由正向传播和反向传播两部分组成。在正向传播过程中，输入模式从输入层经过隐层神经元的处理后，传向输出层。每一层神经元的状态只影响下一层神经元的状态。如果在输出层得不到期望的输出，则转入反向传播，即误差信号从输出层向输入层传播，并沿途调整各层向连接权值和阈值，以使误差不断减小，直到达到精度要求。该算法实际上是求误差函数的极小值，它通过多个样本的反复训练，并采用最快下降法使得权值沿着误差函数负梯度方向改变，并收敛于最小点。

设有 m 层神经网络。如果在输入层加上输入模式 P，并设第 k 层 i 单元输入的总和为 U_i^k，输出为 V_i^k，则由 $k-1$ 层的第 j 个神经元到 k 层的第 i 个神经元的结合权值为 W_{ij}。各个神经元的输入与输出关系函数是 f，则各变量之间的关系为

$$V_i^k = f(U_i^k) \tag{3-43}$$

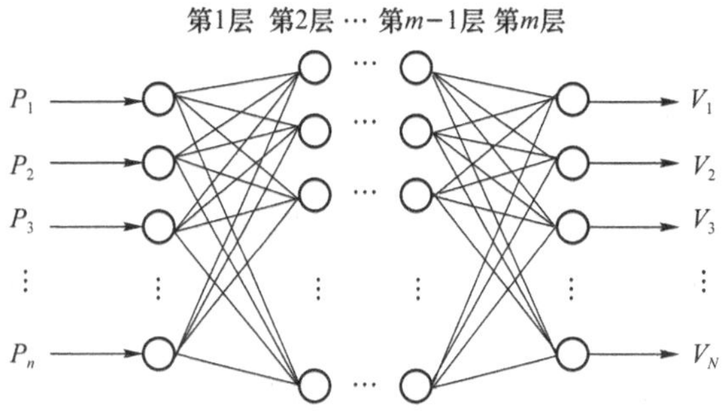

图 3-10 BP 网络结构

$$U_i^k = \sum_j W_{ij} V_j^{k-1} \tag{3-44}$$

式中：输入与输出函数 f 常用 S 型函数表示，如：

$$f(x)=\frac{1}{1+\mathrm{e}^{-x}} \tag{3-45}$$

该函数有个性质，即

$$f'(x)=f(x)\cdot[1-f(x)]=\frac{1}{1+\mathrm{e}^{-x}}\cdot\left[1-\frac{1}{1+\mathrm{e}^{-x}}\right]=\frac{\mathrm{e}^{-x}}{(1+\mathrm{e}^{-x})^2}$$

首先，定义误差函数 E 为期望输出与实际输出之差的平方和：

$$E=\frac{1}{2}\sum_i (V_i^m - Y_i)^2 \tag{3-46}$$

式中：Y_i 为输出单元的期望输出，在这里作为导师信号，因此 BP 算法是一种有导师学习算法；V_i^m 为实际输出，是输入模式 P 和权值 W 的函数。

BP 算法实际上是求误差函数的极小值。可利用非线性规划中的最快下降法，使权值沿着误差函数的负梯度方向改变，其权值 W_{ij} 的更新量 ΔW_{ij} 可由下式表示：

$$\Delta W_{ij}=-\varepsilon\frac{\partial E}{\partial W_{ij}}=-\varepsilon\frac{\partial E}{\partial U_i^k}\cdot\frac{\partial U_i^k}{\partial W_{ij}}=-\varepsilon\frac{\partial E}{\partial U_i^k}\frac{\partial}{\partial W_{ij}}\left(\sum_j W_{ij}V_j^{k-1}\right)=-\varepsilon\frac{\partial E}{\partial U_i^k}\cdot V_j^{k-1} \tag{3-47}$$

式中：ε 为学习步长，取正数。设 $d_i^k=\frac{\partial E}{\partial U_i^k}$ 为误差信号，即可得学习公式

$$\Delta W_{ij}=-\varepsilon d_i^k V_j^{k-1} \tag{3-48}$$

下面讨论求 d_i^k 的计算式：

$$d_i^k=\frac{\partial E}{\partial U_i^k}=\frac{\partial E}{\partial V_i^k}\cdot\frac{\partial V_i^k}{\partial U_i^k}=\frac{\partial E}{\partial V_i^k}\cdot f'(U_i^k)=\frac{\partial E}{\partial V_i^k}\cdot V_i^k(1-V_i^k) \tag{3-49}$$

式中的 $\frac{\partial E}{\partial V_i^k}$ 分以下两种情况讨论：

① 如果 k 是输出层(第 m 层)的神经元，$k=m$，则 Y_i 是整个网络的期望输出，为定值。由式(3-49)可得 $\frac{\partial E}{\partial V_i^k}=(V_i^m-Y_i)$，则

$$d_i^k=V_i^m(1-V_i^m)(V_i^m-Y_i) \tag{3-50}$$

② 如果 k 不是在输出层，而是中间的隐层 k，因为第 $k+1$ 层第 l 个神经元输入为

$$U_l^{k+1}=\sum_i W_{li}\cdot V_i^k,\quad E=\sum_l g(U_l^{k+1})$$

所以有

$$\frac{\partial E}{\partial V_i^k}=\frac{\partial E}{\partial U_l^{k+1}}\cdot\frac{\partial U_l^{k+1}}{\partial V_i^k}=\sum_l W_{li}\cdot d_l^{k+1}$$

则

$$d_i^k=V_i^k(1-V_i^k)\cdot\sum_l W_{li}d_l^{k+1} \tag{3-51}$$

从式(3-51)可见,k 层的误差信号 d_i^k 正比于上一层的误差信号 d_k^{k+1}。

综上所述,BP 算法可以描述如下:

① 选定初始权值 W,一般产生在[−1,1]区间平均分布的随机数;

② 重复下述过程直到收敛:

a) 对 $k=1$ 到 m 计算 U_i^k,$f'(U_i^k)$和 V_i^k(正向过程);

b) 对各层从 m 到 2 反向计算(反向过程),对同一层节点由式(3-50)和式(3-51)计算 d_i^k;

c) 修正权值 $W_{ij}=W_{ij}+\Delta W_{ij}=W_{ij}-\varepsilon d_i^k V_j^{k-1}$。

为了提高收敛速度,在权值修改中往往还加入一个惯性项(亦称为动量项)$\alpha\Delta W_{ij}(t-1)$,即

$$\Delta W_{ij}(t)=-\varepsilon d_i^k V_j^{k-1}+\alpha\Delta W_{ij}(t-1)$$

后一次的权值更新适当考虑到上一次的权值更新值,其中惯性项调整系数为 α,当学习步长 $\varepsilon=0.1\sim0.4$时,α 可取 0.7～0.9。需要注意的是,BP 算法容易收敛到局部最小,将 BP 算法与模拟退火法和遗传算法相结合可以有效地消除局部最小问题。

在工程实践中,经常碰到的是多样本学习问题,此时有两种处理方法:

① 模式(样本)学习法　输入一个样本给待训练的网络,按上述方法计算网络的修正值,在给出其他样本之前调节所有权重。

② 批处理学习法　对所有输入样本,计算其对权重的修正值,累加求和之后,再调节权重。

批处理方法综合了所有训练样本对权重的影响,避免了由于单个训练样本存在噪声或训练样本集存在矛盾样本时对权重调节所带来的消极影响。因此,批处理方法的训练速度通常要快于模式学习方法。

2. BP 网络及 BP 算法的缺陷及解决方法

BP 网络及 BP 算法在诸如模式识别、系统辨识、图像处理、语言理解、函数拟合等一系列实际问题中得到了极为广泛的应用。但是 BP 网络及 BP 算法本身依然存在着一些不足之处,具体表现在:

① 训练速度过于缓慢,通常要数千步以上。

② 存在局部极小问题,难以发现最佳权重。

③ 网络结构的确定(主要是隐层节点数)缺乏严格的理论依据,通常依据经验选取。

④ 网络在学习新样本时有遗忘已学样本的趋势,存在“突然遗忘”现象。同时,应用 BP 网络时要求刻画每个样本特征数目必须相同。

⑤ 模型泛化能力不能在理论上得到保证。

对上述第①个问题,许多研究者提出了各种改进 BP 算法,如附加动量项,采用不同的目标函数、应用其他高阶非线性优化方法(共轭梯度法、牛顿法等),从不同程度上提高了网络的

目标函数。

对第②个问题,目前解决的方法主要是利用全局优化算法进行训练,如GA、SA以及隧道效应法等,但由于这些算法的复杂性,实际应用中并不一定保证收敛到全局最优解。

对第③个问题,目前已经提出了一些BP网络的结构优化算法,如裁减法(权衰减算法、最优脑损伤算法等)及各种构造算法。但前者的缺陷在于初始网络规模难以确定,规模过大,不仅导致训练时间过长,而且易于陷入局部极小;后者的缺陷在于构造标准选择不当,可能导致网络的规模超过实际需要。

对第④个问题,目前还没有有效的解决方法,通常采用对网络重新训练时包括以前的训练样本的方法解决。

对第⑤个问题,由于神经网络的BP算法本身是基于经验误差最小,即根据模型对已知样本的逼近程度的原则来进行计算的,因此,对训练样本以外的样本识别精度就无法保证,没有泛化能力的神经网络是没有用处的,目前有效的方法是采用交叉验证法来提高模型的泛化能力,即用一部分数据建模,另一部分数据对模型进行测试。

针对神经网络的理论缺陷,1995年Vapnik在统计学习理论的基础上提出了新的模式识别方法——支持向量机SVM(Support Vector Machine),在解决问题小样本、非线性及高维模式识别问题中表现出许多优势,并能推广应用到函数拟合等其他机器学习问题中,目前正在成为继神经网络之后机器学习领域新的研究热点。

3.6 专家系统诊断法

3.6.1 专家系统简介

自从斯坦福大学于1968年开发出第一个专家系统DENDRAL以来,专家系统由于其广泛的应用范围和能产生巨大的经济效益而得到了迅速发展,现已成为人工智能的三大研究前沿(其余两个为模式识别和智能机器人)之一。诊断专家系统作为专家系统的一个分支,其研究也得到了各国的高度重视,并相继在各行业中开发出一些诊断专家系统,如贝尔实验室于1983年开发的ACE(用于电话电缆故障诊断与维护)系统,EGG公司于1982年开发的REACTOR(用于核反应堆故障诊断与处理)系统等。

专家系统(expert system)是一种智能的计算机程序。这种计算机程序使用知识与推理过程,求解那些需要杰出人物的专家知识才能求解的高难度问题。它能借助人类的知识采取一定的搜索策略,并通过推理的手段去解决某一特定领域的困难问题。

专家系统技术能够使计算机帮助人们分析和解决只能用自然语言描述的复杂问题。这样就扩展了计算机一般能做的计算与统计工作,使计算机程序具有了思维能力。这些具有思维能力的程序能与决策者进行对话,并应用推理,建议不同的可能行为过程。将人类专家具有的知识和推理技能编制进专家系统,就可建造一个能像人类专家一样诊断故障和提出建议的程序系统。同样,专家系统技术能使不具有编程能力的人们建立功能强大的程序系统。这样,对编程一窍不通的工程技术人员就能把他们的知识输入专家系统,使其他同样缺乏编程能力的工程技术人员通过对话能很容易地检查这些在系统内部的知识,并在必要时修改这些知识。

因此,与专家系统有关部门的概念和技术是革命性的,专家系统能将本领域众多专家的经验分享,使人类共享知识成为可能。将专家系统应用于故障诊断技术领域必将极大地提高故障诊断的技术水平。

3.6.2　规则专家系统诊断原理

如图 3-11 所示,基于知识的专家系统主要由知识库、推理机、人机接口、知识获取子系统、解释子系统、全局数据库组成。其工作原理是:在知识库创建和维护阶段,知识获取子系统在领域专家和知识工程师(在知识自动获取的情况下,可以脱离他们,然而到目前为止,专家系统的知识自动获取能力是很弱的)的指导下,将专家知识、诊断对象的结构知识等存放于知识库中或对知识库进行维护(增加、删除和修改);在诊断阶段,用户根据过程的需要,将知识库的征兆信息传送给推理机,推理机根据诊断过程的需要,对知识库中的各条知识及全局数据库中的各项事实进行搜索或继续向用户索要征兆信息;最后,诊断结果通过人机接口返回给用户。如果用户需要,解释子系统可调用知识库中的知识和全局数据库中的事实对诊断结果和诊断过程中用户提出的问题作出合理的解释。

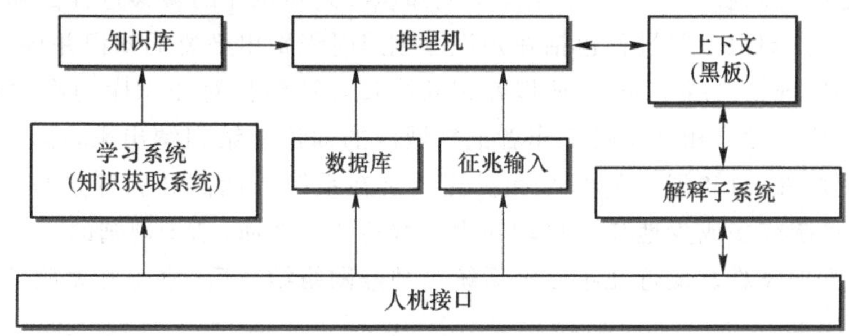

图 3-11　故障诊断专家系统结构图

下面简要介绍专家系统各部分内容。

1. 知识库

知识库主要用来存放领域专家知识。在知识库中,知识是以一定的形式表示的。知识的表示方法有许多种,常用的有:产生式规则、网络、框架、决策树、谓词逻辑等。其中,以产生式规则表示最为常用。

2. 数据库

数据库通常由动态数据库和静态数据库两部分构成。静态数据库存放相对稳定的参数,如机器的设计参数:额定转速、额定功率等。动态数据库是运行过程中的机组参数,如某润滑油样的铁谱及光谱分析数据等。这些数据都是推理过程中不可缺少的诊断依据。

3. 推理机

推理机的功能是根据一定的推理策略从知识库中选择有关的知识,对用户提供的证据进行推理,直到得出相应的结论为止。推理机包括推理方法和控制策略两部分。

(1) 推理方法

分为精确推理和不精确推理两类。

① 精确推理:把领域知识表示成必然的因果关系,推理的结论是肯定的或否定的。

② 不精确推理:在专家给出的规则强度和用户给出的原始证据不确定性的基础上,定义一组函数,求出结论的不确定性度量。其基本方法是,给各个不确定的知识某种确定性因子,

在推理过程中,依某种算法计算中间结果的确定性因子,并沿着推理链传播这种不确定性,直到得出结论。

(2) 控制策略

主要指推理方向的控制及推理规则的选择策略。

① 正向推理:由原始数据或原始征兆出发,向结论方向的推理。推理机根据原始征兆,在知识库中寻找能与之匹配的规则,如匹配成功,则将该知识规则的结论作为中间结果,再去寻找可匹配的规则,直到找到最终结论。

② 反向推理:先提出假设,然后由假设结论出发,去寻找可匹配的规则,如匹配成功,则将规则的条件作为中间结果,再去寻找可匹配的规则,直到找到可匹配的原始征兆,再反过来认为该假设成立。

③ 正反混合推理:先根据重要征兆,通过正向推理得出假设,再以假设去反向推理,寻找必要条件,如此反复。

4. 学习系统(知识获取系统)

知识获取过程可以看作是一类专业知识从知识源到知识库的转移过程。知识源有人类专家、资料和书本等。知识获取过程包括在知识库创建时识别出必要的知识并将其形式化;建成的知识库经常会发现错误或不完整,所以知识获取过程还包括对知识库的修改和扩充。早期的专家系统完全依靠专家和计算机工作者把领域内的知识总结归纳出来,然后将它们程序化后建立知识库。此外,对知识库的修改和扩充也是在系统的调试和验证过程中手工进行的。后来,一些专家系统或多或少地具有自动知识获取功能。然而,基于规则的学习系统灵活性较差,且知识库的维护较难。最近几年专家系统与神经网络结合后,才大大改观了知识自动获取的局面。

5. 上下文(黑板)

上下文即存放中间结果的地方,给推理机提供一个笔记本记录,指导推理机工作,其功能相当于一个工作过程的“记录黑板”。

6. 征兆提取器

在故障诊断领域,征兆通常是采取人机交互方式,由人机交互接口送入系统;也可以与信号检测装置进行接口,实现故障征兆的自动提取。

基于规则的专家系统的优点是其应用广泛,技术成熟。其缺点在于:

① 知识获取的瓶颈问题　通过知识工程师与领域专家对话,将领域专家的知识总结为规则加入知识库的方法是间接的,不但费时费力,而且效率低,同时领域专家的经验知识往往很难用一定的规则来描述。

② 自适应能力差　如果所涉及的知识与专业领域知识只有细微的偏差,则诊断系统将得不出结论。

③ 学习能力差　目前知识处理系统还不能实现从诊断过的实例中自动学习新的知识、维护并更新原有知识库的知识。系统的智能水平取决于系统最初所具备的知识,因此限制了系统的自我完善、发展和提高。

④ 实时性差　由于在符号处理中,问题的求解过程是一个在解空间的搜索过程,所以速度很慢。

目前,数据挖掘技术和先进的人工智能方法已应用于专家系统的知识获取,大大提高了专家系统的学习能力和自适应能力,并广泛应用于特定领域的故障诊断。

3.7 基于案例的诊断方法

3.7.1 案例推理原理

案例推理CBR(Case - Based Reasoning)是由目标案例的提示而得到历史记忆中的原案例,并由原案例来指导目标案例求解的一种策略。其中,案例就是一端带有上下文信息的知识,该知识表达了推理机在达到其目标的过程中能起关键作用的经验。当前面临的问题或情况称为目标案例,而记忆中的问题或情况称为原案例。对于案例推理,一个通俗的解释是:为了找到一个实际新问题的解,首先在经验库中寻找相似的问题,从过去的相似问题中取出解,并把它作为求解实际问题的起点,通过适应性修改来获得新问题的解。

人们在日常生活中解决问题或进行设计时,通常是先根据以往解决问题或做类似设计时的经验,再针对新旧情况的不同做相应的调整,得出新的结论或新的设计;而不是每次都从头做起,一步步地重新开始。回忆过去的经历有助于缩短解决问题的途径,避免重复做工作,也避免犯同样的错误。这就是CBR的基本思想。

CBR是通过访问知识库过去同类问题的求解过程与结果,获得解决当前问题的一种推理模式。同基于规则的推理系统相比,CBR系统是以一种完全不同的方式来解决问题。一个CBR系统由案例索引机制、检索机制、案例改写和案例库四个核心功能部件构成。

案例库提供支持问题求解的一组案例,它是系统过去进行问题求解经验的聚集。根据问题描述,案例检索机制将搜索它的案例库,以寻找一个满足问题描述要求的现有案例,如果幸运,可找到完全匹配问题描述的案例而直接得到问题的解答,这就使迅速解决复杂问题成为可能。但如果不那么幸运,则可以根据问题的描述,对检索出的案例进行修改,从而形成一个完全满足描述要求的答案,该结果同时可作为一个新的案例经索引机制组织到案例库中以备将来使用。

3.7.2 案例推理的发展历程

在20世纪70年代中期,就已经出现了一些体现CBR思想的计算机程序。随着关于记忆认知理论的不断成熟,CBR的计算机模型不断完善,并迅速应用于建立智能系统。

1982年,Roger Shank出版了*Dynamic Memory*一书,详细描述了CBR的最早研究工作,给出了在计算机上建造CBR的方法。他的早期思想被逐渐实现,并加以应用,这一时期的代表人物是佐治亚工学院的Janet Kolodner,CYRUS即是其领导开发的第一个基于案例的推理系统;在CYRUS的案例记忆模型基础上,美国许多大学的研究人员开发了一些CBR系统。

从20世纪80年代后期到90年代初,出现了许多CBR系统,其应用已经越来越普遍。CBR已经广泛应用于医疗诊断、法律、故障诊断、农业、气象、软件工程等多个领域。表3-2所列是典型的CBR软件及开发工具。

表3-2 典型CBR软件

工具或软件	商家或作者,年份	要点简介
JUDGE	Brain,1989	模拟司法判决

续表 3-2

工具或软件	商家或作者,年份	要点简介
KRITIK	Goel,1992	电路领域,集成 CBR 与 MBR
CABARET	Rissland,Skalak,1989	法律,集成 CBR 和 RBR
CABOT	Callan et al. ,1991	游戏,动态调节检索
Projective Visualization	Goodman,1993	游戏,模拟人的视觉形象
CBR2	Inference 公司,1995 http://www.risk.info.com	通用工具,按理的文本表示
Eclipse	Haley 公司,1998 http://www.haley.com	CBR 外壳,函数修正和规则修正
ESTEEM	Esteem 公司 http://www.ai-cbr.org/tools.html	顺序符号层次结构,最近邻和 ID3 检索
KATE	Acknosoft 公司 http://www.acknosoft.com	层次结构,可修改界面

案例推理作为基于规则推理技术的一个重要补充,已受到人工智能研究人员的关注,是当前人工智能及机器学习领域中的热门课题与前沿方向。目前的研究重点主要集中在以下几个方面:案例的检索及检索技术;案例修正技术及其修正规则的获取方法;案例库的维护拘束及其性能的研究;案例工程的自动化;案例推理的理论基础;案例推理与其他方法的集成技术;案例推理的应用,研制 CBR 开发平台,CBR 融合进大规模并行处理等。

3.7.3 案例推理的特点

CBR 的显著特点有:信息完全表达,增量式学习,形象思维的准确模拟,知识获取较为容易,求解效率高等。与传统的专家系统相比,它的最大优点在于动态知识库,即通过增量学习而不断增加知识的案例库。然而,CBR 中也存在一些问题:

① CBR 对噪声数据较为敏感,错误数据及冗余数据容易影响系统检索和求解效果;

② CBR 系统需要保持和管理一组数量较大的案例,时间和空间的复杂性都是必须仔细考虑的问题;

③ 深层、表层、背景知识缺乏与案例所表示的特殊知识相互集成;

④ 案例工程过程的自动化程度不够,缺乏案例知识的自动生成,即在这些知识的获取中也存在一定的瓶颈问题。

与 RBR 方法比较,CBR 方法有以下优点:

① 比单纯的 RBR 更接近人类的决策过程,是一种自然的方法。因为专家解决问题时,总是试图回忆曾遇到过的类似问题,并借助以往的解决方法来求得新的解决方法。

② 案例库比知识库容易构造。应用领域总会有些解决问题的先例,这些先例可以作为案例库的“种子”。许多领域往往已有这些先例的成文材料,稍加整理即可使用。同时,案例是相对独立的,每个案例均有其自身的结构完整性,相互间没有依赖关系。而规则库的建造有赖于知识工程师从领域专家那里收集、整理和编码,这是一项繁重而费时的工作。

③ 案例库比规则库容易维护,更具灵活性。案例的相对独立性使得增减一个案例不会影响其他案例的存在。在规则库中,一条规则的增删可能引起规则库的一致性、完全性问题。因

而,对大型知识库的维护工作比较困难。

④ CBR 比 RBR 有更快的执行速度。RBR 是一种链式推理,简单的推理可能触发多条规则,而链环的检测更是费时。而 CBR 的推理只涉及与当前问题相关的若干有限案例,检索非常迅捷。这就像一个"知道"答案的专家和一个需要"想一想"的专家之间的差异。

⑤ 拥有学习能力。CBR 能够自动地将新问题的解决(无论成功或失败)作为案例加入案例库,从而使系统的"经验"不断丰富,求解问题的能力逐渐增加。更进一步,借助其他学习技术,可以从各种案例中抽象出一般的原理和方法,使知识获取的自动化成为可能。

当然,CBR 的问题求解性能和效率依赖于案例库的覆盖范围、案例检索的合适性和解答改编的可能性。在许多应用场合下,单纯的 CBR 方法不足以保证系统求解问题的良好性能,往往需要 RBR 技术加以补充。

3.7.4　基于案例的专家系统的架构

案例推理来源于人类的认知心理活动,它属于类比推理方法。其基本思想是基于人们在问题求解中习惯于过去处理类似问题的经验和获取的知识,再针对新旧情况的差异做相应的调整,从而得到新问题的解并形成新的案例。通常,案例推理具有如下步骤,如图 3-12 所示。

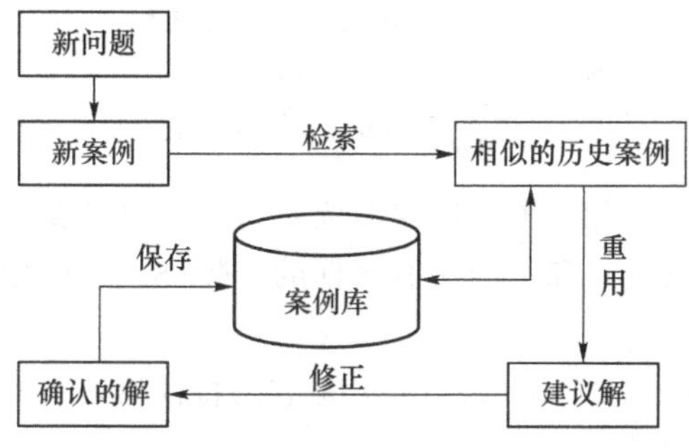

图 3-12　CBR 的工作过程

① 案例检索:根据问题的特征,从案例库中找到一个或多个与当前问题最相似的案例。检索是 CBR 进行推理的核心。

② 案例的复用:对于简单的问题,仅需要把旧案例的结果直接用于新案例。对于复杂的问题,则需要对领域知识的深入理解,根据案例之间的不同对问题进行调整。

③ 案例改写:当复用阶段产生的求解结果不理想时,需要对其进行改写。改写的第一步是对复用结果进行评估,如果成功,则不必改写,否则需要对错误和不足进行改写。

④ 案例的存储:新问题得到了解决,将当前问题的求解过程与结果形成新的案例,通过索引机制建立关于这个案例主要特征的索引,将其加入案例库中。这是学习,也是知识获取。

3.7.5　基于案例推理的关键技术

1. 案例的组织

基于案例的推理效果在某种程度上依赖于案例的结构和知识的表示形式。CBR 系统所依赖的最重要的知识存储在案例中,案例的集合组成了案例库。它是 CBR 中的知识库之一。案例库包含了运用领域中的历史经验。从问题求解角度来看,案例应包含对问题整体情况的描述,还应包含对问题的解或解的方法的描述,有时还应对求解效果给予描述,所以案例可表

示为

<问题描述,解描述> 或 <问题描述,解描述,效果描述>

案例的表示方法有很多,如文本、关系数据库、类、面向对象的数据库、语义网、神经网络、框架结构等。一个复杂形式的案例还可以由许多子案例组成。其中,关系数据库是广泛采用的案例表示方式,它将案例表示为导致特定结果的一系列特征。

2. 案例相似度的计算

对于规定目标案例,如何从案例库中检索和选择最为相似的案例决定了案例推理系统的学习与推理性能,案例间的相似性度量是检索的关键。在案例间相似度的评估中,通常是建立一个相似性计算函数将当前案例与旧案例进行比较,常用的相似性度量函数有以下几类。

(1) Tversky 对比匹配函数

$$T_{nk}=\frac{(A^n\cap A^k)}{(A^n\cup A^k)-(A^n\cap A^k)} \tag{3-52}$$

式中:A^n,A^k表示案例n和k的属性全集;T_{nk}表示案例n与k之间的相似度,这种相似度适合于属性是二进制的应用领域。

(2) 改进的 Tversky 对比匹配函数

$$S_{nk}=\frac{\sum_{i=1}^{m}w(n,i)w(k,i)V_{nk}^{i}}{\sum_{i=1}^{m}w^2(n,i)\sum_{i=1}^{m}w^2(k,i)} \tag{3-53}$$

式中:$w(n,i)$,$w(k,i)$分别表示第i个属性在案例n和k中的权值;V_{nk}^{i}表示案例n和k中的第i个属性的相似度;m表示案例n和k的所有属性的个数;S_{nk}为相似度。

(3) 最近邻法

假设案例$X=\{x_1,x_2,\cdots,x_n\}$,$x_i(1\leqslant i\leqslant n)$是它的特征值,$w_i(1\leqslant i\leqslant n)$是其权重,则案例$X$与$Y$之间的相似度可定义为

$$\text{Sim}(X,Y)=1-\text{Dist}(X,Y)=1-\left[\sum_{i=1}^{n}w_iD(x_i,y_i)^r\right]^{1/r} \tag{3-54}$$

式中:

$$D(x_i,y_i)=\begin{cases}|x_i-y_i|, & \text{如果属性连续}\\ 0, & \text{如果属性离散且 } x_i=y_i\\ 1, & \text{如果属性离散且 } x_i\neq y_i\end{cases}$$

$r=2$为欧氏距离,$r=1$为 Hamming 距离。

(4) 多参数相似性

在两个案例p,p'之间的相似性计算,考虑了多个因素,相应的计算公式为

$$\text{Sim}(p,p')=\frac{\alpha\times\text{Attrsim}(p,p')+\beta\times\text{Addsim}(p,p')+\gamma\times\text{Consim}(p,p')}{\alpha+\beta+\gamma} \tag{3-55}$$

式中:Consim,Addsim,Attrsim 分别是两个案例之间的上下文、地址、属性相似性的计算函数;α,β,γ分别为用户权值定义的参数。

(5) Weber 计算法

$$\text{Sim}(X,Y)=\theta f(X\cap Y)-\alpha f(X-Y)-\beta f(Y-X) \tag{3-56}$$

式中:θ,α,β是每一项重要性的参数;f是某个算符或某个计算相关集合相匹配的度量值的算法。

3. 案例的检索与匹配

CBR的检索要达到以下两个目标，即检索出的案例尽可能少，检索出来的案例尽可能与目标案例相关或相似。CBR中的检索策略有多种，主要的检索方法有以下几种：

① 分类网模型　案例按概括/特化层次结构组织，检索时采用自上而下的探针策略，越往下，相似度越高。

② 模板检索　根据系统或用户提供的具有特定性质的模式实现检索，在数据库中查找所有符合的案例。模板检索类似于关系数据库中的SQL查询。

③ 最近邻检索　核心思想是计算案例之间的相似度，找出一个或多个最大相似度的案例为其检索结果。

④ 归纳检索　利用基于决策树的学习算法来实现，从案例的各个部分抽取最能将该案例区分开的成分，并根据这些成分将案例组织成一个类似于判别网络的层次结构，检索时采用判别树搜索策略。归纳法在检索目标有明确定义且每种目标类型均有足够多的例子进行归纳的情况下，优于最近邻方法，可以根据案例自动确定最佳的用于检索的特征。归纳法的缺点在于需要对大量案例进行归纳，而且归纳学习将增加建立知识库的时间。

⑤ 基于知识的深检索　深层知识包括领域的因果模型，能针对推理过程、方法策略修改的原则来对求解结果进行解释。其深层知识避免了不相干案例的检索，甚至可在检索过程中对索引方式进行动态修改。

⑥ 神经网络检索　利用神经网络的诸多优点，建立一个案例库的并行分布式神经网络的表达模型，然后根据用户输入来搜索案例库网络。它具有快速、自适应、抗噪声等优点。如采用BP网络和自适应共振网络，可以实现基于特征的动态聚类与从聚类模板到每一案例的索引，并在此基础上，实现层次式的神经网络索引与相应的检索操作。

⑦ 粗糙集检索　将粗糙集理论引入CBR中，充分利用案例库中冗余属性的简化，形成案例的索引，从而可以根据不同问题按不同索引进行检索并得出结论。

⑧ 模糊检索　它是针对定性和定量混合案例属性的统一处理方法。当新问题输入后，模糊机制首先将问题中输入的定量属性转化成相应的定性属性，然后同问题中原定性属性组合在一起进行检索，得到候选案例集，再从中找出最相似的旧有案例。

4. CBR的修正技术

在CBR系统中，当案例库中没有旧案例与新案例完全匹配时，只能找到一个与待求问题比较相似的旧案例，然后再进行修正，使得其能适应新情况，从而得以求解。案例修正是CBR的中心问题和难点问题，常用的方法有：

① 替换方法　选择和确定一个替代物替换不适用新环境的旧有解的一部分。

② 转换方法　使用启发式方法来替换、删除、增加成分到旧有解中以适应新的环境。

③ 衍生类比方法　使用得到旧有解的方法来类比推理新环境下的新解，主要大量使用类比推理的原理。

④ 多案例综合方法　使用多个案例的结合来修正新问题以得到其解。

⑤ 基于案例的派生重演法　将过去的修正求解过程记录下来，作为案例保存，以后的修正就用过去修正的案例作为基础，对新问题进行CBR推理以完成新问题的修正。

⑥ 遗传算法　案例修正是一个非线性、多维、多参数的优化问题，所以可以采用遗传算法来完成案例的修正。

⑦ 利用修正知识来修正新案例　获取案例修正知识，利用基于规则的推理方式来实现案

例的修正。

在以上常用的方法中,利用修正知识来实现案例的修正是目前广泛使用的方法,其关键在于修正知识的获取。目前关于修正知识获取的方法有:利用领域知识来学习修正规则;交互式修正知识规则的学习;从案例库中学习修正规则;从数据库中直接发现修正知识等。

5. CBR的系统维护技术

在案例推理系统中,系统的增量式学习会使案例库无限增大,导致相似案例的检索时间大大增加,出现所谓的"沼泽问题",所以案例推理学习系统必须有维护功能。案例库维护的基本方法有:增量式保存法、基于相似性的保存法、随机删除法、设定时间删除法、基于案例分类删除法等。

① 增量式保存法:新问题解决后,设计人员可以直接对新问题实例进行保存,并不考虑案例是否有保存价值和案例库能否对其进行管理。这种方法能迅速丰富案例库,在CBR出现的初期常被采取,但同时会造成案例库数据的大量冗余。

② 基于相似性的保存法:对增量式保存法进行改进,在对新案例进行保存时,根据案例特征比较案例与案例库中案例的相似性,若无与新案例相似度大于设定阈值的案例,则对新案例进行保存。该方法类似于案例检索,目前常被采用。

③ 随机删除法:当案例库的规模超出设定值时,对案例库中的案例进行随机删除。该方法应用于案例库急需精简的情况下,不考虑案例的重要程度和实用性。若删除的案例为重要案例,则可能导致系统能力急剧下降。

④ 设定时间删除法:根据案例入库保存的时间,删除案例库中某一保存时间之前或者某个时间段的案例。该方法不直接考虑案例的具体性能,常用于设计周期短、更新换代快的领域。

⑤ 基于案例分类删除法:根据案例在案例库中的重要性依次分类为辅助案例、支持案例、连接案例和核心案例,在保证不影响系统性能的基础上,依次进行删除,保证案例库的规模。该算法的缺点在于没有对同类案例的使用性进行评价,有时同类案例中使用性良好的案例会被删除。

复习题

1. 请写出最小错误率的贝叶斯决策规则,并对规则进行解释。
2. 请简述k-近邻分类法的基本思想。
3. 请简述模糊诊断法的基本思想和步骤。
4. 请推导利用GM(1,1)模型进行数据建模的原理,并阐述灰色关联度分析的基本步骤。
5. 请阐述人工神经元模型的基本原理,并简述BP算法的基本原理。
6. 请简述专家系统的基本组成。

参考文献

[1] 边肇祺,张学工. 模式识别[M]. 北京:清华大学出版社,2000.
[2] 邓聚龙. 灰色理论及其预测[M]. 武汉:华中理工大学出版社,1987.
[3] 郭桂蓉. 模糊模式识别[M]. 长沙:国防科技大学出版社,1993.

[4] 钟秉林,黄仁. 机械故障诊断学[M]. 北京:机械工业出版社,2007.
[5] 张立明. 人工神经网络的模型及其应用[M]. 上海:复旦大学出版社,1995.
[6] 韩力群. 人工神经网络理论、设计及应用[M]. 北京:化学工业出版社,2007.
[7] 朱剑英. 智能系统非经典数学方法[M]. 武汉:华中科技大学出版社,2001.
[8] 杨叔子. 基于知识的诊断推理[M]. 北京:清华大学出版社,1993.
[9] 虞和济,韩庆大,李沈,等. 设备故障诊断工程[M]. 北京:冶金工业出版社,2001.
[10] 吴今培,肖建华. 智能故障诊断与专家系统[M]. 北京:科学出版社,1987.
[11] 吴今培,肖建华. 故障诊断专家系统的一种新设计方案[J]. 振动、测试与诊断,1996,16(4):1-6.
[12] 关惠玲,韩捷. 设备故障诊断专家系统原理及实践[M]. 北京:机械工业出版社,2000.
[13] 王道平,张忠义. 故障智能诊断系统的理论与方法[M]. 北京:冶金工业出版社,2001.

第4章　航空发动机振动监测与诊断

4.1　概　述

在航空发动机故障诊断技术领域，发动机振动诊断方法不仅是故障诊断的重要方法，也是发动机状态监控的主要技术手段。航空发动机振动监控和故障诊断方法主要用于发动机结构系统，特别是转子系统的机械状态。发动机非正常振动（突发或有明显趋势的）可能预示着压气机或涡轮叶片损坏，转子不平衡或轴承损坏，以及安装在发动机附件中的旋转件和附件转动齿轮的失效或其他故障。通常，振动信号所包含的机械状态的信息是非常丰富的，信号中所包含的幅值、频率、相位和模态等多种信息，能够直接反映结构系统的工作状况；对于航空发动机这样的高速旋转机械来说，通过振动信号分析来实现转子系统的常见故障诊断具有很高的准确性。由此可见，对航空发动机进行整机振动监测和故障诊断对于保障飞行安全、降低维修成本具有重要意义。

4.2　航空发动机整机振动测试技术

在新机研制或对在役的航空发动机进行振动故障诊断过程中，都需通过试验测定发动机或转子-支承系统的振动量及振动特征参数。在发动机试验中的振动量测试，一般指用安装在压气机机匣、涡轮机匣、附件传动机匣及必要的内部或外部附加测振位置上的加速度计来测量速度总量和速度谱图、位移或加速度值与谱图。为了解转子的进动轨迹和叶片、盘、轴等构件的振动应力分布及振型，还应测量轴的振动位移值及振动频率、相位、力（如应力、轴向力）等重要的振动参数。

振动系统的特征参数包括系统的质量、刚度、阻尼、固有频率、振型、动态响应等。这些参数中，有些可以直接测量，有些须经分析仪或计算机分析后得到。对同一结构，用不同的测试方法，测出的特征参数结果可能不同。因此应对特定结构，选择适当的测试方法。

1. 转速测量

电机输出轴或增速器输出轴与发动机轴的传动比是固定的，因此，可用转速传感器直接测量这类轴的转速；也可用光电式传感器或电磁式传感器，将感受的转速信号接入数字式频率计，直接测得转速的大小。

2. 振动与应力测量

由于发动机振动的复杂性，可以根据需要选择不同的振动测量仪器组成合适的测振系统，直接测出振动位移、速度、加速度及应力等。图4-1所示为发动机测振系统框图。根据发动机通用规范及型号规范的规定，常规测量中，在压气机、涡轮、附件传动机匣等必要的构件上，用加速度计及信号调节器（测振仪）等可直接测振动加速度总量或均方根值速度总量，并绘出谱图；或按规定直接测加速度、速度或位移分量。通常，分量测试选用数字式仪器（如频谱分析仪或转速跟踪测振仪）；若用带通滤波器，则带通范围一般依转速范围而定；测振动总量，其频率范围应在 5～10 000 Hz。

信号调节器中一般均含有积分和微分电路，所以典型的测振系统对位移、速度、加速度振动参数都可测量。均方根速度值能反映振动的能量及结构的应力水平，不论发动机的尺寸、转速如何，它们的主要频率分量的振动速度峰值都为同一数量级（20～70 mm/s），故便于给出一个统一的振动限制值或标准。

用非接触型（如电涡流式）传感器，配振动仪，可直接测量轴的位移值；用电阻应变计，通过滑环引电器，配动态应变仪，可直接测量风扇、压气机、涡轮叶片及盘的振动应变值，并进行振动和应力分析，以获得有关构件的振动应力分布及振型。

测量振动幅值的方法很多。对于不同的发动机，不同的场合（地面试验与空中飞行），所采用的振动参数（位移、速度或加速度）、量值参数（峰值、有效值或平均值等），以及测总量或分量、频响范围及测试位置等，应根据发动机的规范要求，通过试验，用统计的方法分析，确定有效适用的测振方案。

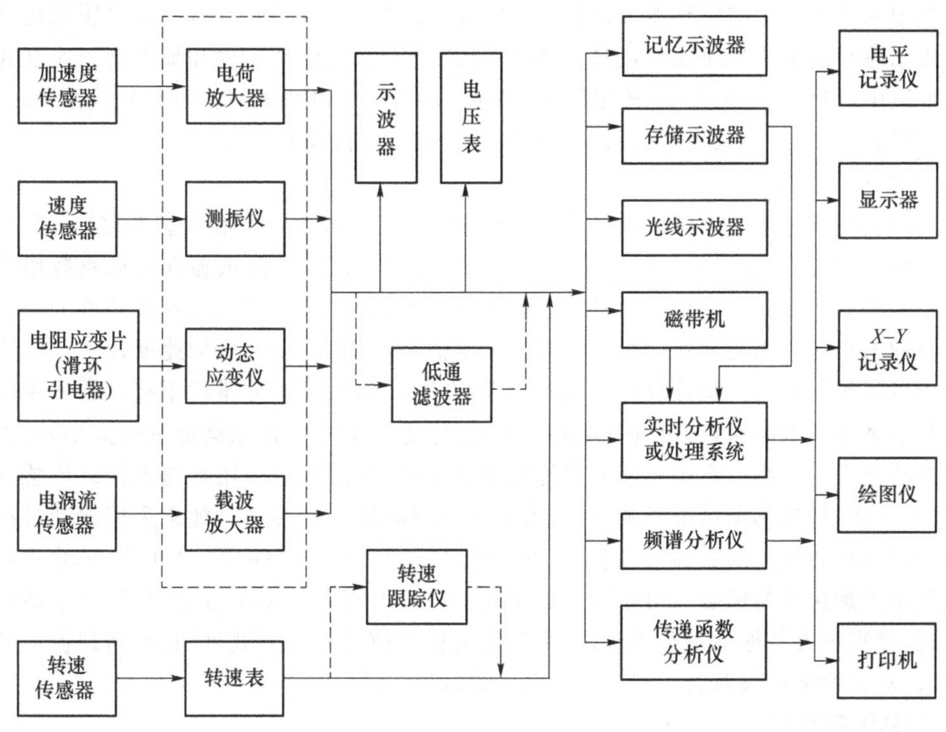

图 4－1　航空发动机整机振动测试系统框图

4.3　航空发动机振动评定标准

4.3.1　制定振动量限制标准的目的

制定振动量限制标准的目的，包括下述四个方面：

① 按统一的标准评定发动机的振动品质，尤其当制造厂向用户交货时，合理的振动限制值可以成为发动机零部件加工、平衡和装配质量控制的一种手段。

② 对于使用中的发动机，作为转子系统的机械状态或故障的监视手段，与其他手段如轴

承温度等一起,可综合判断发动机是否偏离良好的工作状态,有助于发现早期故障,防止因振动过大而使发动机零部件产生过大的载荷和内力,避免引起二次破坏。

③ 决定发动机分解检修周期的手段。合理的振动限制值有助于确定发动机分解检修周期,在其检修周期内,发动机保持良好的运行状态。这对发动机生产的经济性起着至关重要的作用。

④ 由于发动机振动将影响飞行员工作舒适条件、座舱仪表的正常工作以及与发动机相连的飞机构件的环境条件,因此,为了满足飞机对发动机整机振动的要求,须制定发动机振动量限制标准。

4.3.2 振动感受参数、显示参数和限制参数

1. 振动感受参数

在振动测量、监控和诊断分析中,应用传感器直接感受的振动参数称为振动感受参数。它取决于测振系统中选用的传感器。目前在航空发动机整机振动测量中,广泛采用的传感器是速度式传感器和压电式加速度计,它们分别感受测量部位的振动速度和加速度。速度式传感器灵敏度适中,但频响范围较窄,质量较大,使用寿命较短。压电式加速度计频响范围较宽,体积较小,使用寿命较长,但过于灵敏,需对拾振信号进行严格滤波处理。

2. 振动显示参数

振动显示参数是振动测试仪表最终显示的参数。一般显示参数和限制参数是一致的。目前,在国内外航空发动机整机振动测试时,采用振动位移、振动速度或振动过载系数作为显示参数和限制参数。用振动位移作为显示参数和限制参数时,可直观地反映发动机上测振处位移或振幅的大小。但用速度式传感器拾取的振动信号需积分一次,用加速度计式传感器拾取的振动信号需积分两次。积分仪抗干扰能力强,有利于消除高频分量的干扰。若采用振动速度作为显示参数和限制参数,也有一定的好处,它标志着振动物体振动能量的大小,也表示振动物体振动应力的大小。直接用速度式传感器测量时,不需积分。用加速度计式传感器测量时,需积分一次,只是测振系统复杂一点,需要有一定的抗干扰能力。如果采用振动过载系数(振动加速度)作为显示参数和限制参数,可反映出发动机振动时的惯性力的大小,也可直观地看出它是重力加速度的倍数。由于振动加速度正比于振幅与频率平方的乘积,对于高转速发动机来说,测得很大的振动过载系数,其实振动位移幅值并不大。此外,其他高频振动的干扰容易混入,转速的测量误差会引起较大的振动测量值误差。

3. 振动限制参数

位移、速度和加速度三种振动限制参数各有优缺点,国内外航空发动机都有采用。

一般说来,对于较低频率振动用振动位移显示和限制;对于中等频率振动用振动速度显示和限制;而对于较高频率振动则用振动加速度显示和限制。

典型的涡轮发动机工作转速处于中等频率范围,宜用振动速度进行显示和限制。

美国军标(MIL-E-5007D)涡喷涡扇发动机通用规范,对发动机整机振动测量作了如下规定:采用压电式加速度计,输出与振动加速度成比例的电荷量;测振部位为压气机、涡轮和附件齿轮机匣以及发动机的主轴承座;对振动信号进行频谱分析,分析频带为5 Hz～10 kHz。

以振动速度为限制参数。从对发动机整机振动限制的基本要求和发展趋向看,限制振动速度比较合理。振动能量正比于振动速度有效值的平方,即振动速度反映发动机振动能量的大小;从结构可靠性观点看,振动环境引起的疲劳破坏及疲劳寿命是影响可靠性的重要因素,

而振动速度正可以反映结构的应力水平，即反映了振动疲劳环境；不论发动机的尺寸、转速如何，其振动速度基本上为一个数量级，一般在 20～70 mm/s 范围内，故便于给出一个统一的振动限制标准。

4.3.3 制定振动量限制标准的原则

1. 关于振动总量和振动分量限制

目前，振动量限制分为振动总量限制和振动分量限制两种。振动总量一般是在一定带通范围内测量的振动信号。振动分量一般是经跟踪滤波、窄带滤波和频谱分析得到的单一频率的振动信号。CFM－56 发动机分别给出了跟踪低压转子转速的振动位移限制值和跟踪高压转子转速的振动速度限制值。

发动机振动量按幅值-频率分量和在一定频率范围内的振动总量（位移、速度、过载系数）来规定，应分别规定发动机 1 倍转子频率和其他频率激起的振动。

2. 制定振动量限制标准的原则

在整个发动机寿命期内，其振动量不应超过某一规定值。在该规定值下，应保证发动机具有足够的强度及使用可靠性，即一方面，保证发动机所形成的振动环境不致引起飞机上仪表工作失灵、货物受损、机组人员和乘客不适以及飞机在寿命期内发生结构疲劳损坏等；另一方面，还应充分考虑成本经济效益，尽可能减少发动机的返修率和报废率。

需要特别指出的是，发动机的整机振动值受到许多因素，诸如发动机试车台架及在飞机上的安装特性、传感器的安装位置和方向及测量用滤波器的滤波特性等的影响。因此，应借鉴同类型的批生产发动机的振动限制标准，通过大量的试验，用统计处理方法，制定有效的适用标准。

4.3.4 航空发动机整机振动限制标准

1. 传感器安装

振动传感器应置于转子和机匣直接连接的转子支点平面及发动机安装于飞机安装节组合件附近；建议在进气道和加力燃烧室或者反推力装置与发动机连接的安装边上进行振动测试。振动传感器及其固定条件对振动测量值不应有较大的影响。应满足发动机固定处“传感器-支架”系统的固有频率大于 1.5 倍转子最高转速频率。

2. 台架试车振动评定标准

① 对于双转子和多转子发动机允许的振动限制值规定如下：在一定的转速范围内，按振动总量确定；对于 1 倍的转子频率激起的振动，按每个转子单独规定。

② 在发动机检验试车时，在其稳态测得 1 倍转子激振频率的最大振动幅值不应超过图 4－2所示的数值。而在过渡的尚未稳定的状态时，不应超过图 4－2 所示数值的 1.3～1.5 倍。在放气活门转换时或接通（关闭）加力燃烧室时，其振动限制值不应超过图 4－2 所示数值的 1.5～2.0 倍。

③ 在发动机交付试车时，振动限制值由发动机研制部门确定。

④ 在各种形式的发动机长期试车时，以及飞机在地面条件下和飞行条件下检查时，1 倍转子激振频率的最大振动幅值不应超过图 4－2 所示数值的 1.3～1.5 倍。而在过渡的尚未稳定的状态时，不应超过图 4－2 所示数值的 1.5～2.0 倍。

⑤ 在有充分技术依据和发动机未出现振动性故障时，根据发动机研制部门和订货部门协

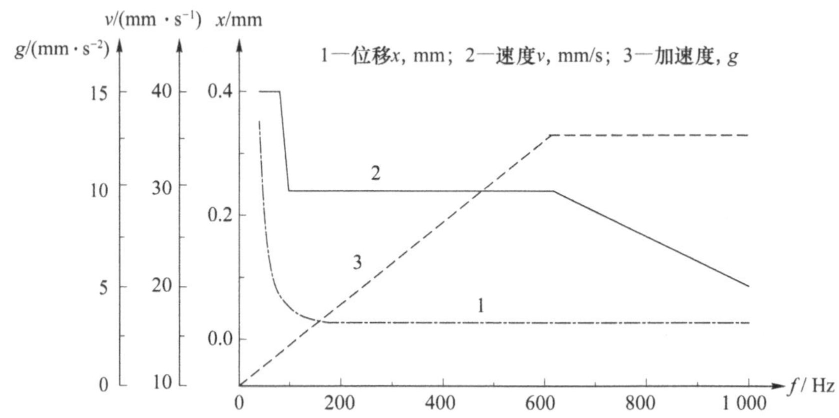

图 4-2 振动位移、速度和过荷系数限制曲线

商，对所有形式的发动机试车，允许的振动限制值不超过图 4-2 所示数值的 1.5～2.0 倍。

⑥ 对于研制的发动机，在未发现振动性故障时，根据发动机研制部门和订货部门协商，允许将振动限制值提高到图 4-2 所示数值的 1.3～1.5 倍。

3. 批生产发动机的振动评定标准

① 为了按整机振动状态及时判断生产中的缺陷及控制工艺过程的稳定性，必须规定发动机振动的出厂限制标准。

② 为了对发动机整机振动作出总的评价和完成台架鉴定试车前的设计、试验工作，对所有批生产发动机，建议按最大振动量级所处的状态选择若干台发动机的最大振动值，确定统计的最大振动值。

③ 对于与国家台架鉴定试车结构相同的发动机，如果统计的最大振动值超过图 4-2 所示振动值的 1.3～1.5 倍，表明在批生产中，发动机振动良机超过限制标准的可能性较大。

④ 发动机研制部门根据各种试车台发动机试车的整机振动测量结果统计处理，制定批生产发动机的振动限制标准，应低于图 4-2 所示振动值的 1.3～2.0 倍。在生产过程中，如超过出厂限制标准，表明该发动机在加工、装配和平衡过程中存在偏差，必须排除。

4. 附件传动系统的振动评定标准

① 对于每一种附件，应该确定附件及相连接管路和其他构件在发动机固定处的第一阶固有振动频率。建议该阶振动频率不与发动机机匣的振动频率重合。此外，对于带转轴的附件，必须使该附件在发动机固定状态下的第一阶固有振动频率不在附件转轴的工作转速频率范围内。

② 进行台架鉴定试车前，在发动机调试过程的试车工作阶段，用实测方法确定附件的振动。对安装在发动机及飞机附件机匣上的所有附件进行振动测量。

③ 发动机台架试车时，由三个相互垂直方向(其中一个方向与附件的转轴相平行)的振动测量确定附件的振动。其测量频率范围为 10～2 000 Hz。其允许的振动限制值为图 4-2 所示数值的 2.0～3.0 倍。在有充分技术依据的情况下，经发动机、飞机、附件研制方与发动机订货方协商，在飞行条件下对附件振动进行测量。

④ 如果在 10～2 000 Hz 范围内的任一频率上，发动机附件的振动量超过技术条件规定的振动限制值，则发动机和附件研制方应采取措施，诸如改变附件的安装方式或固定位置，采取阻尼减振等方法，以确保附件允许的工作条件。

⑤ 发动机和附件研制方应与发动机订货方协商，对给定频率范围内附件安装处频谱图的幅频特性进行分析，并与附件构件的固有频率对比，在此基础上，规定附件高于 2 000 Hz 频率的允许的振动限制值。允许的振动限制值应经附件振动强度和振动稳定性试验验证。试验时，应在该频率范围内，在发动机统计测量的振动量级的 1.5 倍的振动情况下，或者在附件构件已查明的共振条件下进行。

⑥ 如果附件发生与振动有关的故障，则应在与附件研制方要求相符合的频率范围内，在发动机所有工作状态下，确定附件固定处的振动幅频特性，但频率范围不应窄于 10～2 000 Hz。

⑦ 应在保证减速器构件和与其连接的发动机机匣的振动强度条件下，由发动机研制方规定涡桨发动机减速器允许的振动限制值。此时，附件在其与减速器固定处的允许振动值，不应超过规定的值。

5. 发动机机载振动监测

① 在发动机台架和飞行试验时，在发动机整个工作期间，应使用机载振动传感器，对 1 倍的转子频率激起的振动进行监测。对于使用中的飞机机载振动监测，应使用不少于两个传感器来实现。

② 为了评定发动机的振动状态。除用机载振动传感器外，可适当安装附加的振动传感器。

③ 机载振动测量仪器的误差不应超过监测的振动额定值上限的 10%；而对于振动分量来说，不应超过 15%。

④ 发动机研制部门应根据对 2～3 台发动机的振动统计分析结果，确定在发动机规定寿命期内监测转子 1 倍频率外的振动分量的必要性。

⑤ 装在飞机上的发动机，在地面试车时，其转子频率的振动水平可能与该发动机在台架试车时有差别，这是由于试车台与飞机承力结构不同造成的。装在飞机上的若干台发动机在地面试车时测量的一阶转子激起的振动速度幅值，与这些发动机在试车台试验时的振动幅值相比，不应超过 10 mm/s；否则，发动机在试车台的试验条件（在试车台的固定条件、连接的进气装置及附件的质量和刚度有差别等）必须符合承力系统的工作条件。

⑥ 发动机机载振动监测处振动限制标准的制定，应考虑使用过程中统计的振动量值范围的上限值，其值应处于图 4-2 所示数值的 1.3～1.5 倍范围内，但不应超过图 4-2 所示数值的 1.5～ 2.0 倍。

6. 现有发动机振动量限制标准资料

表 4-1 介绍了几种航空发动机整机振动量限制标准方面的情况。

表 4-1　几种航空发动机整机振动限制值

机　号	类　型	转速/(r·min^{-1})	测显方式	测振位置	限制值 A/mm	限制值 v/(mm·s^{-1})	限制值 k/g
WP6	单转子涡喷	11 150	$v \to A$	压气机机匣	0.043 4	25.3	3.0
J69	单转子涡喷	22 000	$v \to A$	压气机机匣	0.038	43.47	10.2
J79	单转子涡喷	7 450	$v \to A$	压气机机匣	0.114 5	45.8	3.52
WP7	双转子涡喷	11 425 11 150	$v \to A$	压气机机匣 涡轮机匣	0.068 0.102	40.6 59.5	4.0 6.0

续表 4-1

机　号	类　型	转速/(r·min^{-1})	测显方式	测振位置	限制值 A/mm	限制值 v/(mm·s^{-1})	限制值 k/g
SPEY	双转子涡喷	12 500 8 950	$v \to A$	压气机机匣	0.050 8	33.2	4.98
JT3D	双转子涡喷	9 780 6 538	$v \to A$	进气机匣 涡轮后机匣	0.076 2 0.076 2	39.0	4.0
Д20П	双转子涡扇	11 700 8 550	$A \to A$				4.0
АИ24	单转子涡桨	15 100	$v \to A$		0.039 4	30.94	5.0
HK8-4	单转子涡桨	9 700	$v \to v$		0.177	90	
HK 8	双转子涡桨	7 400 5 600	$v \to v$		0.155～0.202	60	4.69～8.99
CFM56	双转子涡扇	14 460 5 175	$g \to v$ $g \to A$	涡轮机匣	跟踪 n_1 0.101 6	跟踪 n_2 40.64	
J85-17	单转子涡喷	16 542		压气机机匣	0.076 2		
АЛ-31Ф	双转子涡扇	13 300 10 200	$v \to v$	前机匣 中介机匣 涡轮机匣	0.103 0.075 0.075	55 40 40	3.3 2.4 2.4

4.4　转子系统振动与分类

4.4.1　概　述

航空发动机转轴组件又称为转子-轴承系统或转子系统，它包括转子(轴、齿轮转动件、叶轮、联轴器等)、滚动轴承及密封装置等部分，是航空发动机的主要组成部分。转轴组件是在复杂的动态工况下工作的，其运行的状态将决定整机的命运。从诊断技术的观点来看，转轴组件又是航空发动机的核心部分，是监测和诊断的主要对象。因此，对转轴组件监测和诊断方法的研究是具有一定典型和普遍意义的。

在航空发动机故障诊断中，可用于监测与诊断的信息很多，包括振动、温度、压力、声音和变形等，在众多信息中，振动信号能够更迅速、更直接地反映机械设备的运行状态，根据统计，70%以上的故障都是以振动形式表现出来的。因此，本章将以航空发动机的常见故障及诊断方法来介绍航空发动机转子系统的振动故障诊断原理。

4.4.2　转子系统、转子振动和转子故障之间的关系

人们从长期观察和实践中发现，机械设备的振动具有以下几个特点：

① 振动广泛存在，即任何机械设备在动态下都会产生一定的振动。

② 振动监测具有有效性。当设备发生异常或故障时，振动将会发生变化，一般表现为振幅加大，这一特点使从振动信号中获取诊断信息变为可能。

③ 振动具有可识别性。随着信号分析技术的发展，人们认识到由不同类型、性质、原因和部位产生的故障所激发的振动具有不同特征。这些特征可表示为频率成分、幅值大小、相位差

别、波形形状、能量分布状况等。这一特点使人们从振动信号中识别故障成为可能。

④ 振动识别具有复杂性。振动特征不仅取决于故障，而且还受到系统特性的影响。特别是当数种故障不同程度地在不同位置同时发生时，将使振动表现为异常错综复杂、难以辨识。

设备故障振动现象是由故障激励和系统特征共同决定的。由于故障类型、性质、部位和原因的复杂性，以及系统特性随传递通道的不同、系统参数的不同而导致的多变性，因而其振动响应的表现(特征)将是十分复杂的。由此可见，故障特征与故障类型之间，在很多情况下并不是一一对应的简单关系。因此，不能采用简单对号入座的方法进行诊断，而需要采用多种方法进行综合分析才能作出诊断决策。此外，系统、故障和振动之间的关系对于设备诊断技术和方法的完善也将具有重要的指导意义。

4.4.3　转子振动和转子系统分类

按转子系统在其坐标平面内发生的振动形式，转子的振动可分为以下三种：

① 横向振动——振动发生在包括转轴的横向平面内。

② 轴向振动——振动发生在转轴的轴线方向上。

③ 扭转振动——沿转轴轴线发生的扭振。

旋转机械大多数故障所激发的振动为横向振动，是研究的主要内容。有些故障，如不对中将会激发轴向振动，而多盘转子的柔性轴将会产生扭转振动。

转子系统是一种多自由度振动系统，它具有多个自振频率。当转子的转速达到横向振动的一阶自振频率时，将发生一阶共振。此时的转速称为(一阶)临界转速。20 世纪 20 年代以前，人们普遍认为临界转速是不可逾越的界限。这主要是当转子系统的转速接近临界转速时将发生强烈的振动现象(共振)。随着高速机械的研究和发展，人们发现，当转子系统的转速越过临界转速后，运行在两个临界转速之间时，机械会运行得更平稳些。特别是对于细长的转子效果更好。这个发现为近代高速大型旋转式机械的设计提供了广阔天地。因此，以临界转速为分界，转子系统分为两种：

① 刚性转子系统，工作转速在(一阶)临界以下的转子系统。目前大多数低速(工作频率＜100 Hz)机械均属于刚性转子系统。

② 柔性转子系统，工作转速(一阶)临界转速以上的转子系统。例如，一些大型高速(工作频率＞100 Hz)旋转机械，如航空发动机、汽轮机组、压缩机组均属于柔性转子系统。

4.5　转子系统振动故障诊断常用方法

针对旋转机械的特点，常用的分析方法有：时间波形法、频谱分析法、轴心轨迹法、转速跟踪法。

4.5.1　时间波形法

振动波形的振动位移、速度和加速度随时间变化的曲线，与同步振动有关的各种故障所激发的振动都属于周期函数，其基本成分为以基频成分为主，加上若干高次谐波函数再附加随机噪声。波形分析法主要是通过观察振动波形的特征来获取信息的。图 4-3(a)所示为含有周期成分及随机噪声的振动波形；图 4-3(b)所示为平滑处理后的时间波形，是一典型的周期为 T 的正弦曲线，如果其频率($f=1/T$)与转子工作频率相等，则可初步判定振动与不平衡有关。显然，采样时域波形直接观察法可获得十分清晰的信息。但是这种方法的局限性在于当振动成分含量较多时,波形十分复杂,一般很难从波形直接观察中获取有关的诊断信息,实际上必须与频谱分析结合才能相互补充,发挥所长。

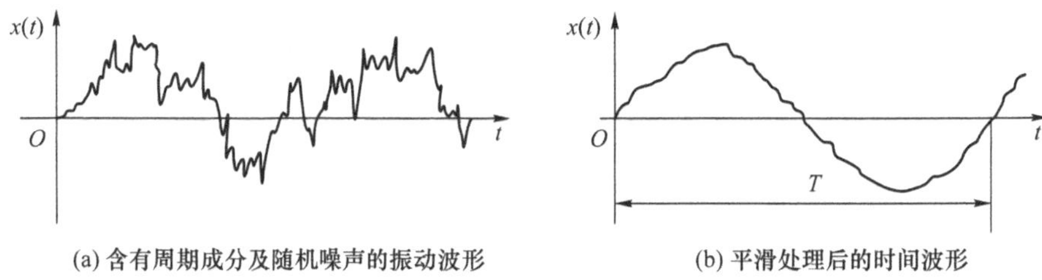

(a) 含有周期成分及随机噪声的振动波形　　(b) 平滑处理后的时间波形

图 4-3　时域振动波形

4.5.2　频谱分析法

频谱分析目前是在计算机上用快速傅里叶变换(FFT)来实现的,因此又称为 FFT 法。频谱图是用频谱分析法提取诊断信息的一种表达方式。在旋转机械诊断中,常用的频谱图有以下几种:

(1) 幅值谱及相位谱

设 $X(f)$为振动信号 $x(t)$的傅里叶变换,即

$$X(f)=F[x(t)]=\int_{-\infty}^{+\infty}x(t)\mathrm{e}^{-\mathrm{i}2\pi ft}\mathrm{d}t \tag{4-1}$$

一般情况下,$X(f)$为一复变函数,令

$$X(f)=U(f)+\mathrm{i}V(f)=|X(f)|\mathrm{e}^{\mathrm{i}\phi(f)} \tag{4-2}$$

$$|X(f)|=\sqrt{U^2(f)+V^2(f)}$$

$$\phi(f)=\arctan\frac{V(f)}{U(f)}$$

式中:$|X(f)|$为幅值谱或 FFT 谱,表示信号中各频率成分的幅值大小沿频率轴的分布状况;$\phi(f)$为相位谱,表示信号中各频率成分的相位沿频率轴的分布状况。目前,幅值谱的应用非常普遍,也非常有效,而相位谱应用中尚存在一些问题,应用不多。图 4-4 所示为某旋转机械转子振动的幅值谱。转子转速 n=5 273 r/min(工作频率为 f_r=87.9 Hz)。

幅值谱可以提供以下信息:①振动信号中主要由哪些频率成分及谐波分量组成。图 4-4 中包含工作频率 f_r 的基频成分外,尚有 $2f_r$、$3f_r$、$4f_r$、$5f_r$ 等高次谐波分量及 $0.5f_r$ 的低频分数谐波分量;②组成的谐波分量中哪些成分的幅值最为突出,这提示着与故障的某种联系。从图 4-4 可以看出,f_r 和 $4f_r$ 分量比较突出且存在着 $0.5f_r$,该诊断信息提示转子可能存在不平衡、不对中等故障。

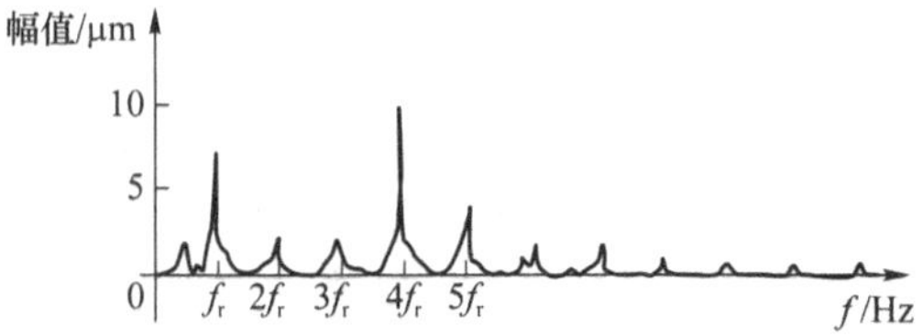

图 4-4　幅值谱

(2) 阶比幅值谱

在同步振动中其基频成分与转子的工作频率即旋转频率 f_r 相等，为了便于识别各频率成分与故障的联系，常将频谱图的频率轴改用工作频率的倍数表示，而纵轴仍表示幅值。这种谱图称为阶比幅值谱。两图形状相似，仅在横轴方向比例有所不同，因此两者提供的故障诊断信息相同，如图 4－5 所示。

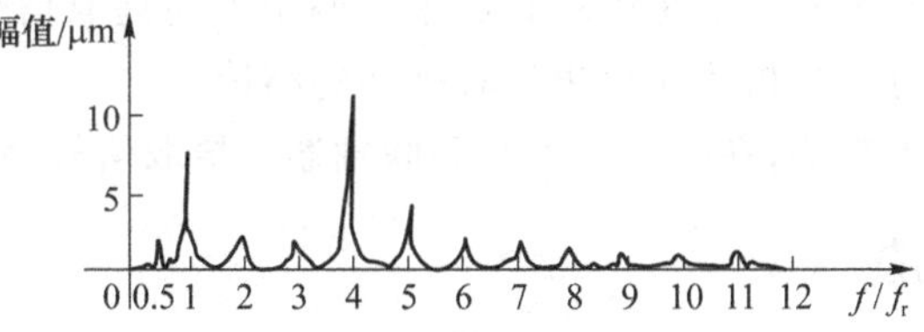

图 4－5　阶次谱

(3) 自功率谱图

信号的自功率谱密度 $S_x(f)$ 简称为自功率谱，表示信号样本中所含能量沿频率轴的分布状况，多用于以随机噪声为主的信号分析中。例如，在摩擦故障或在轴承、齿轮激振的全频带振动的分析中，功率谱提供的诊断信息与幅值谱基本相同，但具有更多的优点：①能量集中的谱峰表现得更加突出；②不仅可以表现某些特征频率的能量集中状况，还可以研究某一段频带内的能量分布；③比幅值应用更加广泛，如随机振动中的输入/输出谱、人机工程中的环境谱及医疗诊断中的心电图、脑电图、肌电图等。

图 4－6 所示为某大型航空发动机振动功率谱。在该功率谱图上，每个频率分量谱线都对应了一定的零件，利用这种对应关系，可以进行设备状态及故障的识别。

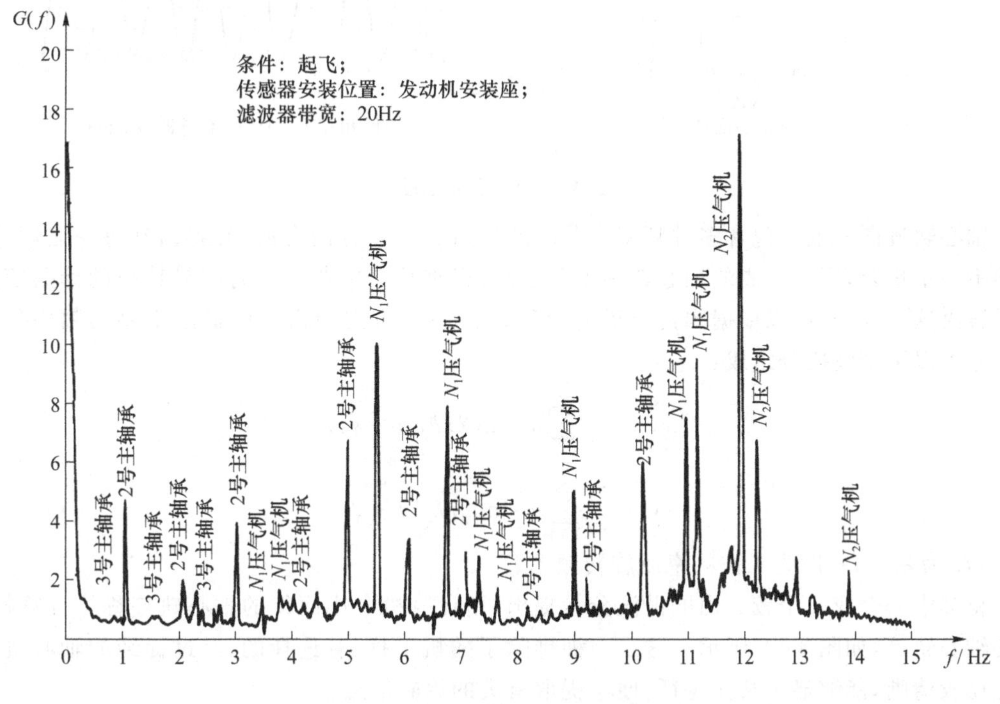

图 4－6　某大型发动机振动功率谱

频谱分析即从频谱图中提取有关的诊断信息，是旋转机械故障诊断的基本方法之一。如前所述,各种频谱图所提供的最基本的信息是谱峰的高低及频率特征,再考虑到提取信号的方式和位置,因此分析应该从以下几个方面入手:

- 可将谱图分成三个频带范围进行观察,即小于工作频率的区域、工作频率区域及各倍频区域。观察各区域中谱峰的大小,并比较其突出的程度。由于不同区域谱峰反映了不同性质和类型的故障,因此这种分析是识别机械故障的基础。
- 由于在每一转子支承断面上是由垂直和水平两个方向提取信号的,因此必须对两处方向的频谱图进行对比分析才能得出比较确切的结论。
- 由于联轴器的约束影响,在转子自由端和联轴器端拾取信号会有很大差别。

4.5.3 轴心轨迹法

转子在轴承中高速旋转时不仅只围绕自身中心旋转,而且还环绕某一中心做涡动。产生涡动的原因可能是转子不平衡、不对中或动静摩擦等,这种涡动运动的轨迹称为轴心轨迹。

一般大型高速旋转机械均在轴承处装有互相垂直的涡流位移传感器,可以直接采集两个方向上的轴心相对于轴承的位移信号,经电荷放大器及高通滤波器处理后,将信号放大并消除直流分量后即可在示波器或 $x-y$ 绘图仪上合成为轴心轨迹,如图 4-7 所示。

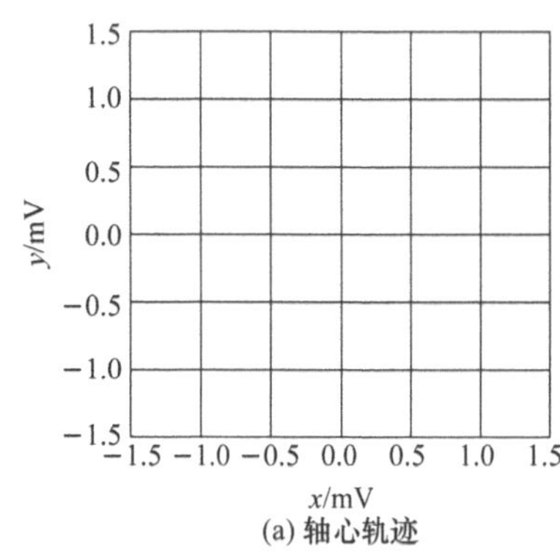

(a) 轴心轨迹

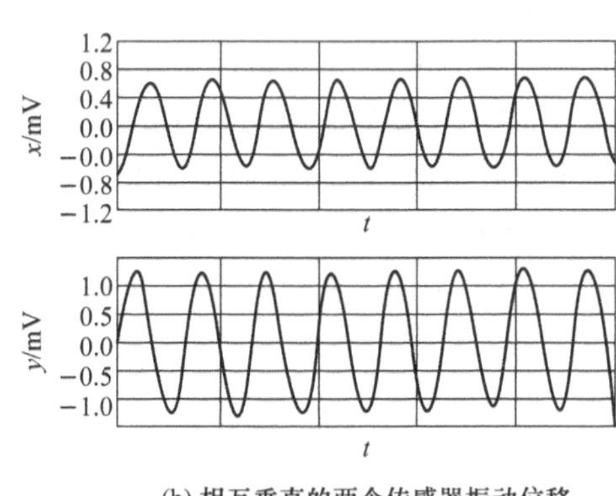

(b) 相互垂直的两个传感器振动位移

图 4-7 轴心轨迹图

轴心轨迹图一般是包含多种频率成分的波形,在 $x-y$ 方向合成的结果,其每一循环的轨迹均不一定重合,因此形成的轴心轨迹十分紊乱,很难从其中获取具有明显特征的诊断信息。为了解决这一问题,可以根据频谱分析的原理,从 $x-y$ 方向频谱图中提出主要的频率分量。设信号由以下谐波成分组成:

$$\begin{cases} x(t) = \sum_{k=1}^{n} a_k \sin(2\pi k f_r t + \phi_k) \\ y(t) = \sum_{k=1}^{n} b_k \sin(2\pi k f_r t + \psi_k) \end{cases} \tag{4-3}$$

式中:f_r 为基频,一般为工作频率或旋转频率。

将其中一个或几个较突出的谐波分量提出,用计算机合成而得的轴心轨迹称为计算机仿真的轴心轨迹,如图 4-8 所示。这是一种排除了随机干扰、有选择的、经过提纯的轴心轨迹,因此比较清晰,能够显示某些特征,便于提取有关的诊断信息。

轴心轨迹携带的诊断信息表现在其形状、旋转方向和稳定性等方面。

① 轴心轨迹的形状与机器的运行状态及发生故障的类型有密切关系,根据实验及研究的

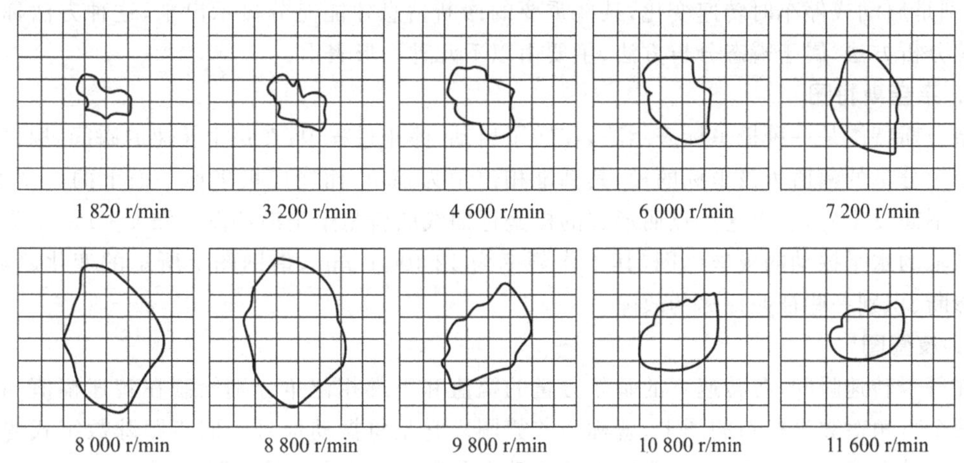

图 4－8　某旋转机械的轴心轨迹跟踪

结果，分为以下几种：由不平衡引起的轴心轨迹为椭圆形；不同程度不对中引起的轴心轨迹为椭圆形、香蕉形或“8”字形；油膜涡动的轴心轨迹为内“8”字形；转子动静部件不同程度碰摩的轴心轨迹分别为椭圆形、内“8”字形及紊乱形。

② 轴心轨迹的旋转方向与轴的旋转方向一致时为正向进动，反之为反向进动。通常，不平衡、不对中、油膜涡动等故障表现为正向进动，而当转子与静子发生摩擦，则会产生反向进动。

③ 一般情况下，若轴心轨迹保持稳定，一旦发生形状大小的变化或轨迹紊乱，则揭示机器允许状态已经发生变化或进入异常。

图 4－9 所示为某旋转机械轴心轨迹随转速升高的变化情况，在通过临界转速及升速结束后，轨迹在轮廓上接近椭圆形，说明这时基频为主要振动成分，如果振幅值不高，应该说振动是稳定的；如果达到正常运行工况，振幅仍然比较高，应重点怀疑不平衡、转子弯曲一类的故障。

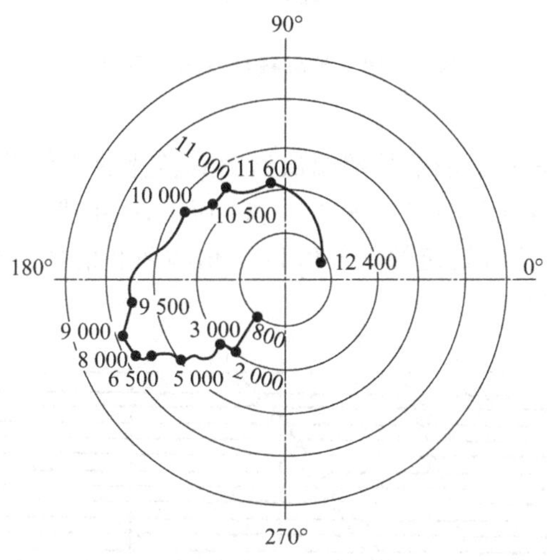

图 4－9　某旋转机械升速过程中的奈奎斯特图

4.5.4　转速跟踪法

前述分析方法都是在转速不变的情况下进行的，因此都属于稳态分析方法，但很多情况下,特别是启动或停车时转速变化,某些重要的诊断信息才能充分显示出来,这种方法称为转速跟踪分析方法,属于瞬态分析方法,主要由以下几种图形表示:

1. 奈奎斯特图

奈奎斯特图是一种极坐标表示法,在转子启动/停止过程中,在每个转速的瞬间,取振动信号的基频分量的幅值为极坐标的模,其基准相位角为幅角,而构成极坐标平面上的一个点,随着转速不断发生变化,由这些点而形成的极坐标曲线图就是奈奎斯特图。图 4-9 所示为某旋转机械轴的水平振动的极坐标图,其工作频率为 12 400 r/min,借助图上所示的变化趋势,有助于诊断、识别一些征兆详尽的故障。

2. 波德图

在每个转速瞬间,各转速下的基频分量的幅值和基准相位角分别绘制在转速幅值和转速相位两个直角对数坐标系的图上,就称为波德图。它是将振动信号经同步跟踪数字式滤波器滤波后由计算机直接绘出的,主要用于系统动态参数的性质和系统故障的预测。

图 4-10 所示为某旋转机械在升速过程中的波德图。从图中可以看出,系统在通过临界转速时幅值响应有明显的共振峰,而相位在临界前后变化了近 180°。除了随转速变化的响应外,波德图实际上还可以做机组随其他参数变化的响应曲线,利用它可以识别征兆相近的故障。

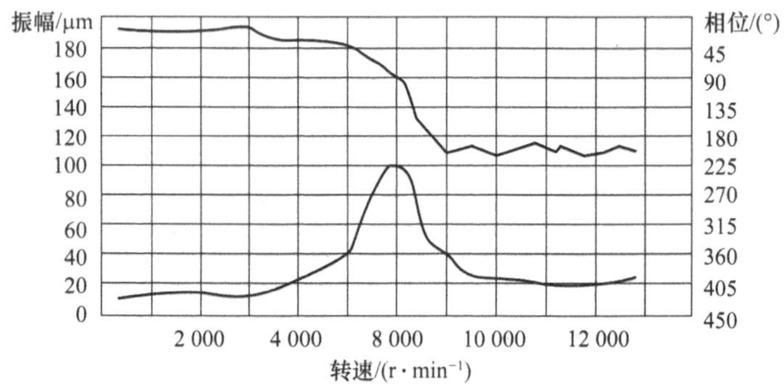

图 4-10 某旋转机械的波德图

3. 瀑布图

瀑布图(又称级联图)是将振动信号的幅值谱随着转速的变化重叠而成的三维谱图,是显示各种谐波成分随着转速变化的情况。如图 4-11 所示,图中横坐标为频率,纵坐标为转速和幅值。0.5×、1×、2×分别代表转速的 0.5 倍频、1 倍频和 2 倍频。利用瀑布图可以判断其的临界转速、振动原因和阻尼等。

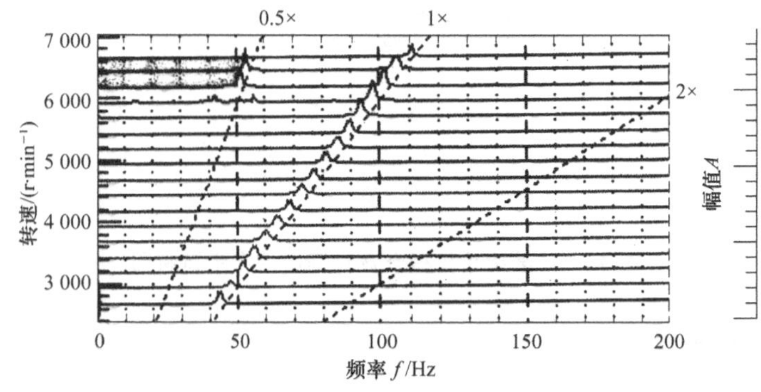

图 4-11 三维瀑布图

4. 坎贝尔图

与瀑布图类似的还有一种坎贝尔图，其横坐标为转速，纵坐标为频率，斜线为各倍频分量的阶次比，而分量的幅值则用圆圈的大小表示，阶次用由原点引出的射线表示，如图 4－12 所示。

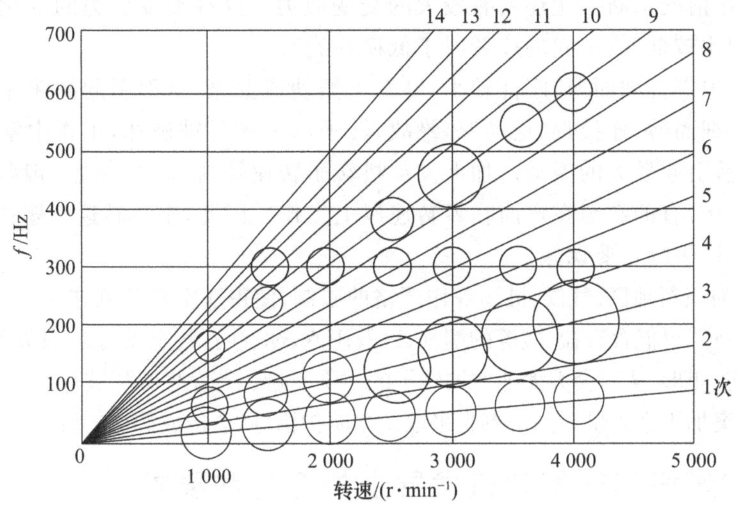

图 4－12　坎贝尔图

5. 趋势分析图

趋势分析是把所测得的特征数据值按时间顺序排列起来进行分析。这些特征数据可以是通频振动、有效值、1×振幅、2×振幅、3×振幅、4×振幅、0.5×振幅等；时间顺序可以是按前后各次采样、按小时、按天等排列。趋势分析在故障诊断中起着非常重要的作用。图 4－13 所示为 1×振动位移的峰峰值随天数的变化。

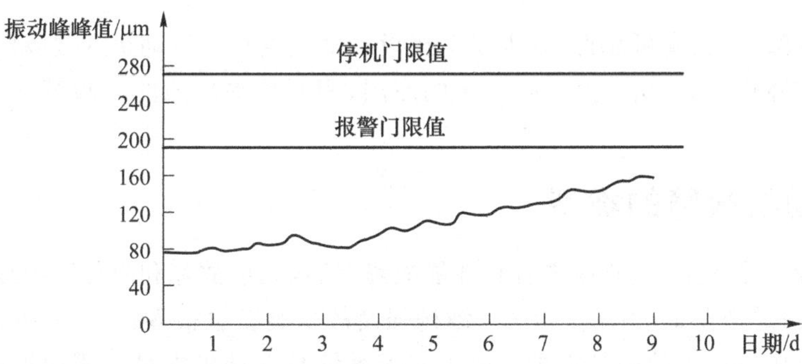

图 4－13　振动位移 1 倍频峰峰值随时间的变化趋势图

4.6　航空发动机转子系统振动故障分析

4.6.1　航空燃气涡轮发动机的结构和工作特点

现代航空燃气涡轮发动机结构较复杂，多数采用双转子，具有借气动负荷相联系的转速和多个支承，有的还用轴间轴承。为了减轻质量，零件多制得细而薄；为了减小热应力，零件的连接多采用允许一定程度自由膨胀的或“松动”的结构。

航空发动机一般多在高转速、高负荷(大应力)、高温度和温度不均布的苛刻条件下工作。对军用发动机来说,无论其转速、负荷还是温度都常常有剧烈的变化。

复杂的发动机结构和苛刻的工作条件结合起来使得发动机不仅具有很大的静负荷、静应力,而且由于工作情况不断变化还具有较大的交变应力。这种交变应力的变化频率与一般零件的振动频率相比较低,故引起的疲劳属于低循环疲劳。

航空发动机中零件细而薄、刚性较小,易发生振动或共振,从而引起高频振动和高循环疲劳。由于零件的细而薄,连接得"松动"等缘故,转子的平衡易被破坏,工作中常出现较大的不平衡量,这就容易引起较大的振动。加上发动机转子转速较高,转子系统一般都在一阶或二阶临界转速以上工作,有的甚至在弯曲临界转速以上工作。因此,临界转速问题往往成为航空发动机转子系统设计中的重要课题。

军用飞机不对飞行地区、气候、机场等作严格的限制,使得航空发动机进一步处于恶劣的环境中。例如吸入的空气可能含有盐、酸等的潮气,以及雨水、冰、沙石甚至飞鸟等,使得转子上部分零件容易被侵蚀、打伤、变形,从而会大大地增加转子的不平衡量。若发生叶片被打伤、掉块或折断,则转子会产生很大的突加不平衡量。如未事先采取适当防护措施,会造成严重的后果。

4.6.2 航空燃气涡轮发动机发展上的变化和要求

早期的军用航空发动机强调以性能为主,其他要求都置于从属的地位。当代航空发动机除有保证性能的要求外,还提出满足适应性、可靠性和维修性三项要求。为满足性能的要求,发动机向高转速、高负荷、高温度方向发展。而为满足"三性"要求,特别是可靠性要求,则需另外采取许多措施,其中最重要的是减小故障发生率。显然,减少故障自然就提高了发动机的可靠性。而发动机高性能的要求,却是最容易使发动机发生各种各样故障的,故航空发动机是一种故障多发性的机械。航空发动机设计、研制的目的就是如何最好地解决高性能与高可靠性这一矛盾。

为了降低故障率,提高可靠性,要求发动机设计师高度重视发动机的故障问题。要经常了解零件的各种故障模式,分析研究故障产生的原因,积累排除故障的经验等,作为今后改进设计方法的依据。

4.6.3 发动机故障的类型

发动机故障类型繁多,从总体来看有性能故障、结构强度故障和附件系统故障。其中结构强度故障最多,占总故障的60%~70%。结构强度故障类型也很多,有结构方面、强度方面和振动方面。转子中这三种故障都不少。由于转子系统是发动机中最重要的组成部分,一旦出现故障,小则影响工作,大则造成严重破坏事故。结构方面的故障有动静件的碰摩、转子的不对中以及支承间隙和松动等。强度方面的故障有静强度不足引起的破裂损伤,有热疲劳损伤、低循环疲劳损伤、高循环疲劳损伤,以及蠕变、屈曲等。振动方面的故障有转子不平衡力引起的强迫振动和共振、转子突加不平衡的大振动、转子热弯曲造成的大振动以及各种原因引起的转子失稳造成的大振动等。对转子系统来说,振动方面的故障率最高,仅因发动机振动过大就常常使许多发动机不能出厂或出厂后发生很高的返厂率。

根据我国航空发动机的研制经验,在研制阶段,早期型故障发生率是较高的。其中结构强度型的故障尤多。随着发动机生产批量的增加,使用时间的延长,耗损型故障渐多,热疲劳、蠕变故障增多,转子系统的故障增多。这是值得我们注意的。

4.6.4　排故方法分析

排故工作是一项复杂的综合技术工程,包括许多方面的知识和经验。通常排故往往就事论事,了解故障现象,确定故障性质,分析故障原因,而后对症下药,采取相应的措施予以排除。为了从根本上减免故障的发生,建议从以下几方面着手:

1. 采用故障监控和诊断技术

采用故障监控和诊断技术可以早期发现、预报故障,使之不至于造成较大危害。由于测量、分析技术的发展和诊断方法的研究,近来故障监控、诊断技术已在一些发动机上应用,提高了发动机的可靠性,延长了发动机的寿命。

故障诊断技术内容十分丰富,近年来国内外均在开展研究。我国航空部门也已开展这方面的研究,建立数据库、故障诊断专家系统等;但还应加强这方面的研究以尽快取得适用于航空发动机的高效的故障诊断技术。

2. 完善航空发动机的设计工作

故障监控和诊断技术是一种早期发现故障、避免造成重大危害的措施。治病不如防病,应重在预防,尽量做到不出故障,少出故障,至少不出大故障。为此,在设计阶段应尽可能把工作做得细致、完善,即零件的载荷谱清楚,材料数据充分;对零、部件的强度、振动作细致计算,关键零件要进行寿命预估。为使各种计算符合实际,在缺乏经验和实验数据作为参考和依据时应进行必要的强度、振动和寿命试验以确保设计工作的可靠,尽量做到各种设计心中有数。如果做到这些,则会有较高的可靠性,故障也可以减少甚至避免。即使遇到使用不当、环境变化等意外情况,发生了某种故障,届时分析、排除亦较容易,不至于花费很多人力物力,也不会拖延很久时日,可减少经济损失以及时机、战机的损失。

3. 加强发动机研制和生产工作的管理

在设计、生产过程中,各种规定、规章、制度必须健全并严格执行,材料、工艺要严格检验。回顾我国发动机以往发生的故障情况,原因多为设计工作不够周密细致或生产管理不够严格所造成。如能完善设计工作,加强生产管理,故障可以大为减少。同时,我们还应看到航空发动机的设计和生产是一种高、精的技术,且发展得很快。由于发动机性能不断提高,性能与可靠性之间的矛盾仍然存在,航空发动机仍然是一种多故障的机械,所以对发动机故障的研究工作在未来较长时期仍应予以足够的重视。

4.6.5　转子系统振动故障机理及特征分析

1. 转子不平衡

转子是不可能做到完全平衡的,尽管其装配时进行过严格的动平衡,残余不平衡度很小,但一经试车或使用一段时间后,不平衡度就可能发生很大变化,引起较大甚至很大的振动,超过允许值。这种故障是发动机中最常见的一种故障。

转子不平衡引起的转子系统和发动机的振动是强迫振动。它使转子做正同步进动。这种过大振动常在转子临界转速或其附近发生,发动机常常因振动过大,不敢开车通过转子临界转速。因此,研究解决转子不平衡引起的过大振动问题常与解决转子系统的临界转速问题关联在一起。

(1) 现象和特征

转子不平衡度过大引起的振动过大现象是十分简单、清楚的,主要就是发动机振动过大,超过了允许的数值,而且振动频率等于转子转速的频率。但反过来,发动机振动过大则不一定是转子的不平衡度过大,有时还有其他原因可使转子振动过大。如果直接测量转子的振动,则其特征是十分清楚、明确的。

转子振动的时域曲线是正弦曲线;频谱图上振动的频率等于转子转速的频率;幅频图上显示在临界转速时振动最大,该转速前后振动都小;相频图上显示临界转速时相位滞后角是90°,亚临界时小于90°,超临界时则大于90°;轴心轨迹为一圆或椭圆。

由于发动机的结构较复杂,不便在发动机内部直接测量,只能在机匣上测发动机的振动。发动机工作时能传到机匣上的振动或能激起机匣振动的负荷很多,因此机匣上测出的振动是复合振动。测量时经滤波可测出转速频率的振动,这有可能是转子不平衡过大引起的。但也不能十分肯定。因为尚有不少其他原因也能引起转速频率的振动,例如转子弯曲、热弯曲等。

图4-14所示为转子试验器不平衡故障模拟得到的转盘振动位移的幅频图、相频图、时间波形图、频谱图、轴心轨迹以及三维瀑布图。从图中可以看出不平衡故障的典型故障特征。

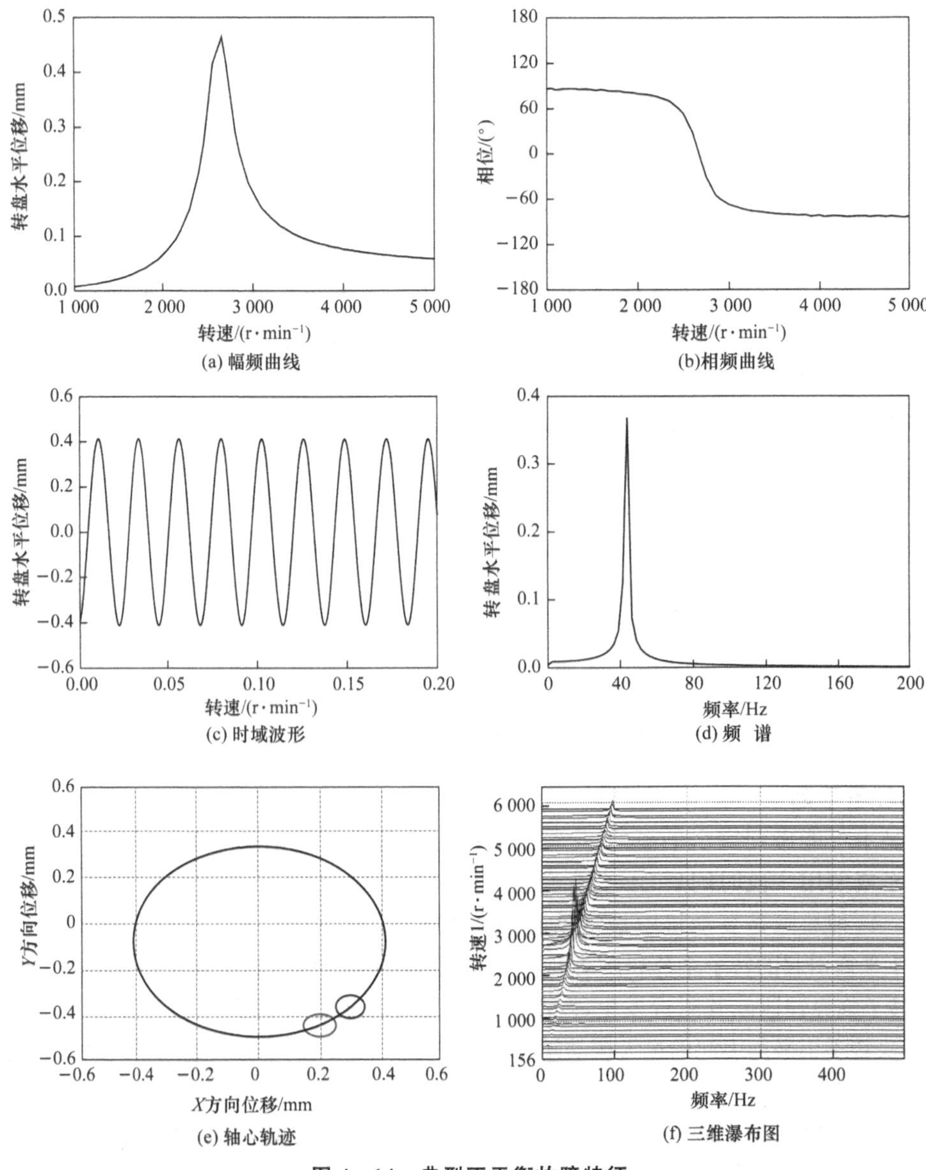

图4-14 典型不平衡故障特征

(2) 原因分析

转子装配过程已经做过严格的动平衡,允许的残余不平衡量很小。若以这种不平衡量工作,发动机的振动是不会很大的,但实际上有些发动机一经试车就发现振动很大,有些是使用一段时间后振动很大。其原因是多方面的。当代航空发动机多是采用柔性转子系统设计。从理论上讲,用低速刚性转子动平衡法平衡就不能保证柔性转子在高转速时振动较小。有的转子由于结构的原因,在做过刚性转子动平衡后需拆开重装到发动机上,从而可能使转子的平衡性遭到破坏,但却无法知道也无法补救。航空发动机转子上的叶片较薄,工作时,在高速、高温和气动负荷作用下易变形,使得转子的平衡被改变。转子叶片与轮盘多用活动式连接,此种连接形式不能保证工作时与低速平衡时叶片所处的状态相同。转子上各零件的连接配合在工作时会发生变动,可影响到转子的平衡。转子叶片等零件使用中可能受到侵蚀、打伤和蠕变,从而破坏了转子的平衡。

(3) 影响分析

因转子系统是发动机中最重要的部件,因此转子的不平衡量过大将引起整机振动过大。转子自身零件将发生较大应力和变形,连接松动,轴承负荷过大、工作不良以至损坏。转子变形过大则产生静、动件的碰摩,以及许多零组件的振动、疲劳、损伤。振动传到飞机上则引起飞机上零组件振动,影响到仪表工作、精度、寿命,并引起飞机上零组件的疲劳损伤,严重时将造成飞行事故。为此,必须对发动机的振动作严格限制,超限发动机不得出厂。甚至有些发动机因整机振动过大难以修好只得报废,造成很大损失。发动机不平衡度过大是一种最常见的故障,又是破坏性较大的故障。

(4) 排故方法

如果确诊是发动机转子不平衡量过大故障,则排除这种故障并不复杂。最常用且最简单的方法是将转子从发动机上拆下经过清洗、检查,如发现有零件损伤、变形或连接松动等,首先予以修复或更换,装配后放置平衡机上重新进行转子的动平衡;然后安装到发动机上再试车检验。这种方法平衡转速低又比较费事费时,花费人力、物力、时间较多。

另一种方法是本机平衡,即在本机器上,在工作转速或振动较大的转速或其附近进行转子的动平衡。采用这种方法必须在发动机设计时就考虑到,预先创造本机平衡的条件。譬如可以不大拆发动机就可在平衡面上安装配重。平衡措施是加装配重,而不是磨去转子上的材料以免金属屑难以清除。通常航空发动机的进气道和尾喷管较易拆下。拆除后压气机的前平衡面和涡轮的后平衡面可接触到。如果是双转子发动机,则低压转子的这两个平衡面易接触到,故通常即采用这两个平衡面进行本机平衡。因此,本机平衡只能平衡单转子发动机和双转子发动机的低压转子。但若设计时在结构上采取了某些措施有可能在高压转子的平衡面上装拆配重,则在本机上进行高压转子动平衡不是不可能的。这种平衡方法因为不便在压气机后平衡面和涡轮前平衡面加装配重,故只是发动机整个单转子或低压转子可以达到平衡,而压气机转子或涡轮转子本身则不一定能获得良好的平衡。为此,本机平衡法只是一种辅助的平衡方法,以补动平衡机上平衡的不足。不能代替平衡机上的转子动平衡。本机平衡虽然具有不必清洗和检查的优点,但也正因为如此,如果转子弯曲、连接变松或某些零件损伤就发现不了。因此,本机平衡方法只适宜新装配在试车中的发动机或翻修后装配试车的发动机。如果只是因为个别风扇叶片或第一级压气机叶片损伤需要更换,为省事省时以免贻误战机或航班也可在外场对转子进行本机平衡。使用中的发动机如果出现大振动,最好将发动机拆下返回工厂进行维修。只在特殊情况下经过诊断检查确定无其他故障时,才能应用本机平衡方法;否则,容易将转子上的故障隐藏下来,日后可能导致大的事故。但是如果某型发动机,根据较长期的使用经验表明,发动机振动过大常常是源于转子的不平衡,很少是由其他故障引起,那么该型发动机出现振动过大时就可用本机平衡方法进行平衡。此外,因本机平衡只是使压气机和涡轮转子整体上获得平衡,还不是让压气机和涡轮转子均分别达到平衡,故进行本机平衡时不宜在平衡面上增加过大的配重,以免造成个别转子或零件存在过大的不平衡力而产生很大的应力以及轴承负荷过大引起局部损坏。因此,本机平衡方法也有限制,太大振动的发动机也不能采用本机平衡。因为一则配重不能加得过大,再则发动机可能有其他故障。

上面已谈到的两种平衡方法虽有较好的平衡效果,但也都有一定的限制,而且都需耗费不少人力、物力和时间。最根本、最有效的方法是设计对转子不平衡不敏感的发动机,即发动机能承受较大的转子不平衡量使自身振动不大。

方法之一是转子采用减振性能优越的阻尼器或(和)弹性支承(如支座本身柔性较大当然就不必要采用弹性支承)。阻尼器要在高转速和颇大的不平衡量时仍有良好的减振性能,且不得有较大的副作用或缺点。

方法之二是采用平衡性不易被破坏的结构设计。这就要求转子平衡后不需拆开就能安装到发动机上。转子上的零件在高速、高温和大气动负荷作用下不变形。对转子叶片来说则要求各叶片变形相同,且能耐侵蚀、打击和碰磨。转子上的各零件之间的连接,工作时不会松动。

方法之三是将转子-支承-机匣系统的临界转速调到远离工作转速。一般情况作临界转速计算时必须将支承和机匣考虑进去,必要时还要考虑发动机的安装架或悬挂架。在某些情况下,例如发动机中有相对较大(齿轮较重,而齿轮轴刚性较低)的齿轮轴系,还应将齿轮轴系考虑在内计算转子-支承-机匣-齿轮轴系整个系统的弯曲振动和弯-扭耦合振动,共振转速即临界转速。因为在这种情况下如不计齿轮轴系的影响,有可能丢失一些临界转速。如果丢失的临界转速是在工作转速范围内,则会造成很坏的影响。最好将上述这类转子的临界转速在设计时也移到工作转速以外。调整的方法是改变振型中振幅特大的机件的刚性和(或)质量,即改变支承、机匣、齿轮轴系的结构或尺寸。

2. 转子弯曲

转子弯曲包括转子热弯曲和转子初始弯曲。转子热弯曲是指转子上、下温度不同,因而热膨胀伸长不一样,使得转子发生暂时性的弯曲。一旦温度均匀,转子的热弯曲就会消失。转子热弯曲故障在航空发动机中也时有发生。我国某型单转子发动机就曾多次发生过此种故障,造成很大损失。转子初始弯曲是由加工不良、残余应力或碰撞等因素引起的。图4-15所示为联轴器加工精度不良所引起的初始弯曲。

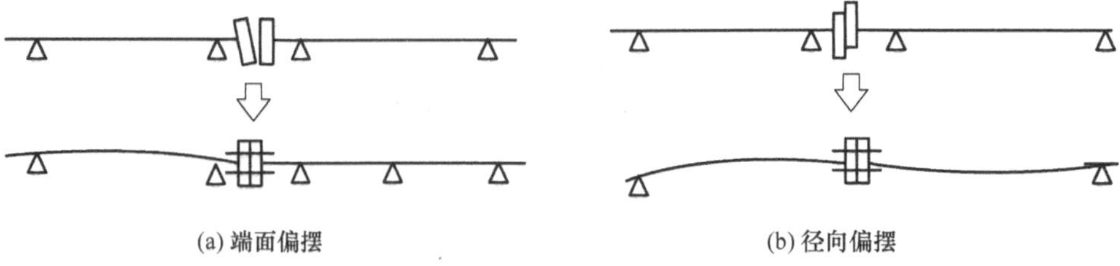

图4-15 联轴器加工精度引起的初始弯曲

(1) 现象和特征

转子热弯曲最突出的特点是在发动机热起动过程中或热起动将完刚进入慢车转速时,发动机发生较大振动。所谓热起动是发动机上次起动或工作停车后,尚未获得充分冷却时即再次起动开车。大振动开始的转速可在转子系统的临界转速附近。转子热弯曲较大时将引起动、静件的碰摩，因碰摩并发热造成零件的烧伤，轴承损坏甚至“抱轴”停车，或造成叶片、机匣和轴承等严重损毁。

热弯曲或初始弯曲（指不再有外力作用下的弯曲通称为初始弯曲）的转子在旋转时，质量的离心力不平衡将引起较大振动。这种振动的特征与转子不平衡引起的振动特征有相似之处，但也有差别。当转子有原始弯曲后旋转时，其振动相当于有一个常幅力作用时的强迫振动。这与转子在不平衡力作用下有与转速平方成比例变化的外力作用下的强迫振动显然是不同的。图 4-16 所示为某转子试验器弯曲和质量偏心两种故障振动仿真的幅频和相频曲线，可见这两种情况下的振动都是在临界转速时最大，相位产生 180°的变化；不同的是，转子弯曲时引起的振动是在亚临界，特别是在低转速时的振幅比质量偏心时的振幅要大。在远超临界转速时转子弯曲引起的振幅要比转子不平衡引起的振幅小。转子热弯曲是转子初始弯曲的一种，其振动幅频曲线与转子不平衡时的不同，这也是转子热弯曲的一个重要特点。

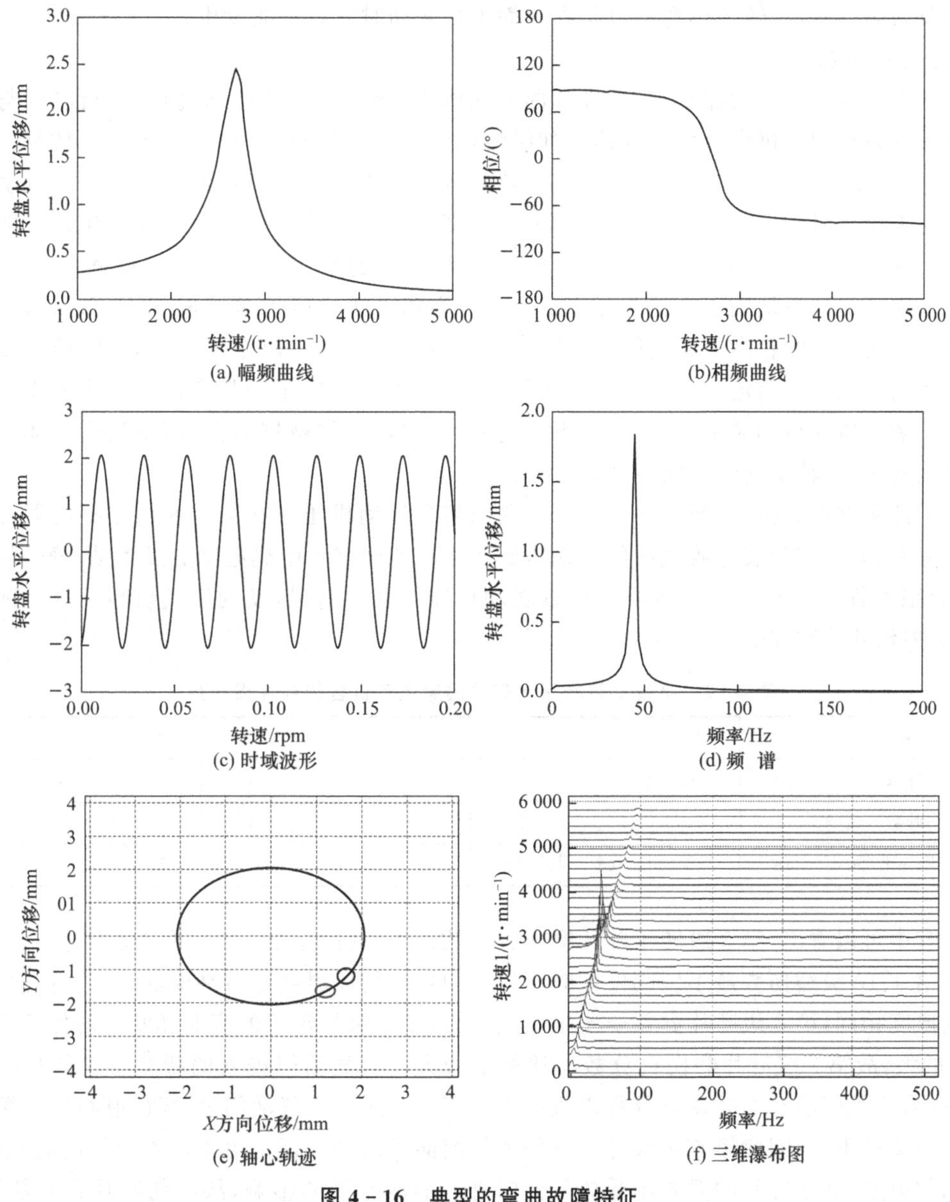

图 4-16　典型的弯曲故障特征

由于转子不平衡是不可避免的,实际上当有转子热弯曲时还要加上不平衡力引起的振动才是发动机的总振动。但要注意的是,因转子热弯曲的方向是随机的,这两项振动的方向不一定相同,相加的结果可得出各种不同形式的曲线,但通常在低转速时振幅增大,临界转速时振动可能增大很多,也可能减小,所以临界转速时振动很大不能肯定是转子热弯曲,但如转子在很低转速时振动就较大,且是热起动后出现的,则肯定是转子发生了热弯曲。转子在慢车转速运转一段时间后,转子沿圆周的温度分布就会均匀,不再可能发生转子热弯曲。如果是在慢车转速期间(除非刚进入慢车转速不久)发生振动过大则不会是转子热弯曲故障,而很可能起因于转子的不平衡。若不是热起动而是临界转速时振动过大,则肯定不是转子热弯曲,而可能是由转子的不平衡量过大引起。所以转子热弯曲故障的现象还是比较容易区别的。

发动机在工作转速时不会出现转子热弯曲。飞机在飞行中即使发动机停车再热起动也不会发生转子热弯曲故障。这是因为发动机在空中停车后,转子会被气流吹转,使转子沿圆周的温度分布均匀。所以,转子热弯曲只是在地面上热起动时才有可能发生。

(2) 原因分析

发动机起动或工作后停车,其零件和内部气体还很热,在自然冷却过程中,机匣因与外界冷气流接触易冷却。机内零件和气体冷却缓慢,外圈气体因与机匣接触较内层气体易冷。机内热气上浮,冷气下沉,形成转子上热下冷,热膨胀伸缩不同,致使转子弯曲。此外,发动机工作时总的来说进口和前方气体压力低,后方压力高。发动机停车后短期内这种压差不能完全消除,因为刚停车时机内有外界空气由后向前流动,进入的空气冷,与热零件接触后受热,热气在上冷气在下流动更加剧了上热下冷现象。如果在压气机机匣上装有放气活门机构,因放气活门是靠压气机中的较高气压关闭的,故发动机工作时关闭,一停车气门就打开,外部冷空气由放气活门进入并向前流动,冷气在下,热气在上,则加剧了转子的热弯曲。如果有少数几个放气活门装在压气机的靠下方,冷气从下方进入,机内热空气被挤向上方,则机内气体上热下冷的温差就更大,转子的热弯曲也就更厉害。

为了证实这种分析,下面举一个例子。我国某型发动机压气在第5、8两级整流器外机匣上靠下方左、右两侧都装有放气活门。该机曾多次在地面试车中热起动后发生动、静件碰摩故障,造成很大损失。其中一次故障后检查发动机转子磨损情况,发现压气机转子都是同侧碰摩,各级损伤叶片数如表4-2所列。

表4-2 某发动机转子热弯曲碰摩压气机各级叶片损伤数

级 别	1	2	3	4	5	6	7	8	9	10
各级叶数	23	29	31	37	45	45	45	39	39	43
磨伤叶数	11	14	15	18	23	21	19	23	8	10
磨伤叶片占比/%	48	48	48	49	51	47	42	59	21	23

由表中可以看出,第8级转子叶片磨伤百分数最大,其次是第5级,再次是第4、3、2、1级,最后的第9、10级磨伤数最小。刚停车时压气机中各级气体温度是后高前低,气门打开后进入的冷气温度相同,第8级叶片温差要比第5级的大,第8级处转子的弯曲和叶片的伸长都比第5级处的大,故第8级叶片磨伤百分数应比第5级大。放气活门进入的新鲜空气都是向前流动的,故第5级以前磨伤叶片百分数逐级减小。因第5、8级放气活门处冷气同时进入,第8级气体向前流动不畅,因此第6、7级叶片磨伤数较前面各级少。正是由于进入冷气向前流动,所以后面的第9、10级叶片的温差不受放气活门进入的冷空气的影响,故磨伤叶片百分数不大。

这样的磨伤叶片百分数分布情况正好说明压气机中气体是由后向前流动，同时表明放气活门对该发动机热起动引起的碰摩故障起了重要作用。但是，转子热弯曲和不平衡量引起的转子弯曲的大小和方向视具体情况不同，可有各种各样的组合形式，故各级叶片磨伤数也就有各种不同形式的分布。只有当其中某一原因引起的转子弯曲远比另一原因引起的弯曲大时，该原因造成的碰摩故障特征才特别显著。前述实例是转子热弯曲远比不平衡引起的转子弯曲大时的一种情况。当转子平衡性较好而热弯曲严重导致故障时，这样的各级叶片损伤分布就可能出现。从某型机压气机发生碰摩故障时的损坏情况看，也出现过压气机前轴承磨伤，各级叶片磨伤情况是，前面级严重，后面级较轻。这种磨损情况表明，转子不平衡力较大，并起了重要作用。

(3) 影响分析

前面已说到转子热弯曲是在热起动时发生的，并且在低转速时转子振动就比较大，在临界转速时转子振动达到最大。如果转子不平衡量较大，再加上转子热弯曲，则在临界转速附近转子振动可能达到很大数值而引起动、静件碰摩故障。严重的动、静件碰摩故障将造成恶性事故。我国某型发动机出现的转子热弯曲碰摩故障，就是在转子系统临界转速附近发生的。由于不平衡力是与转速的平方成正比的，同样不平衡力时，转子临界转速越高，在临界转速时的振动响应越大。如果加上转子热弯曲引起的振动，就可能导致发动机动、静件碰摩故障。因此，如将临界转速放置于起动过程，临界转速值以低些为好。

(4) 排故方法

发动机运转停车后处于自然冷却过程，转子发生热弯曲是不可避免的。发动机一停车转子就会慢慢发生热弯曲，之后弯曲程度越来越厉害，直到某一最大值。随着发动机进一步冷却，转子弯曲程度逐渐减小，直到恢复平直。转子热弯曲挠度随时间变化的曲线各发动机是不同的，与发动机结构有密切关系，也与停车前发动机的工作情况及停车后发动机所处的环境(冷却情况)等有关。有的发动机停车后30～60 min转子弯曲即达最大值；有的发动机要2～3 h甚至6～7 h或更长时间转子弯曲才达到最大值。当转子热弯曲严重时起动开车就可能引起发动机大振动，以及动、静件碰摩故障或恶性损坏事故。如转子热弯曲不严重时热起动，一般虽引起稍大振动但不至于造成转子碰摩故障。所以，刚停车不久或停车很长时间后起动开车，都不会引起转子热弯曲故障。

一般，大型旋转机械为减小转子热弯曲都采用转子盘车装置，停车后用电机带动转子继续慢慢旋转，使转子上、下方不断变换位置以达到转子的温度沿圆周分布均匀。有些旋转机械很少停车后热起动，为了节约，不采用盘车装置而在操作规程中规定停车后需相隔若干时间，譬如2 h或6 h后才能再次起动开车。

虽然盘车装置对预防转子热弯曲故障很有效，但航空发动机为了轻便多不采用。只有极少数在地面上备有盘车电机或手摇杆，在试车台或外场当发动机停车后，接上发动机内的备用齿轮，以带动发动机转子缓慢旋转使其上下温度均匀。显然，这种发动机中事先需制有相应的备用齿轮，但为了减轻发动机的质量，将减速齿轮装置做成地面上移动式的。这样，工作中也增加了不少麻烦，故非不得已不用。涡轮螺旋桨发动机为了简便，可在停车后不停地缓慢盘转桨叶以代盘车。

应尽量控制转子的不平衡量并采用有效的减振装置。因为转子的不平衡和热弯曲引起的振动都是在转子临界转速时最大。控制转子的不平衡量则能有效地降低转子系统振动。采用减振器不论是不平衡还是热弯曲引起的振动都可减小以免发生故障。

当转子特别是压气机转子采用弹性支承时,应力求做到在转子不平衡力和热弯曲引起的不平衡大负荷下,弹性支承刚性仍为线性,不会呈非线性增大。因为线性刚性支承的转子在过临界转速后振动会迅速减小,而具有非线性刚性的转子过临界转速后振动不会立即减小甚至反而会增大,在较大转速范围不降下来。这就很容易引起动、静件碰摩故障。

压气机最好不用放气活门而采用其他类型防喘装置。必须用时可用环形放气活门,发动机停车后放气活门打开时,冷空气可以沿圆周进入,不至于严重地加大转子的热弯曲。但应注意到冷气虽沿圆周进入压气机,也并不能完全使转子沿圆周均温。

发动机转子,特别是压气机转子本身的刚性应尽可能大些。压气机转子通常由若干段连接起来,不仅要求转子各段的刚性高,而且应力求做到转子连接的刚性很高。因为转子刚性很高在大横向负荷作用下不致发生大弯曲挠度,就可以减少转子热弯曲引起的故障。

3. 转子不对中

航空发动机各转子之间由联轴器连接成轴系,传递运动和转矩。由于连接存在误差及承载后的支承变形等原因造成发动机工作时各转子轴线之间产生轴线平行位移、轴线角度位移或综合位移等变化误差,统称转子不对中。转子系统故障60%由转子不对中引起。具有不对中故障的转子系统在运行中产生一系列有害于设备的动态效应,如引起联轴器偏转、轴承早期损坏等。转子不对中故障是旋转机械常见故障之一,不对中分为:平行不对中、角度不对中以及这两者的组合,如图4-17所示。转子不对中的轴系,改变了转子轴颈与轴承的相互位置和轴承的工作状态,使转子受力及支撑所受的附加力是转子发生异常振动和轴承早期损坏的主要原因。

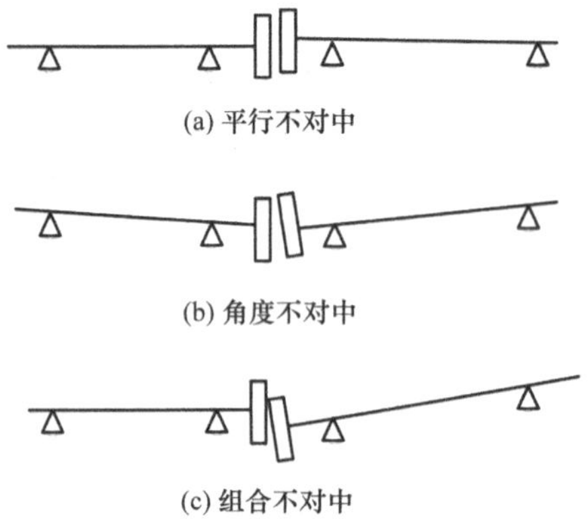

(a) 平行不对中

(b) 角度不对中

(c) 组合不对中

图4-17 联轴器的不对中

(1) 现象和特征

航空发动机转子与支承不同心亦称不对中,主要有角度不对中和平行不对中两种。角度不对中指轴与支承相对倾斜。平行不对中指轴承中心线虽与转子轴线平行但在不同高度上。无论哪种不对中都会使得轴与轴承有轴向力和径向力的相互作用。随着转子旋转,作用力交变,将使转子和支承振动。最主要的振动特征是:

① 振动的形态特征:由平行不对中主要引起转子的径向振动,而角度不对中除了引起径向振动外,还引起轴向振动,实际上发生的多为综合不对中,因此轴向振动是存在不对中的一种征兆。

② 振动的频率特征:转子不对中相当于在联轴器端输入某种激励。理论及实验结果表明,平行不对中主要引起转子的径向2倍频振动,联轴器两端转子的2倍频径向振动相位差

180°；角度不对中主要除引起转子的径向 2 倍频振动，还引起转子的轴向 1 倍频振动，尚伴有高次谐波成分。其中，联轴器两端转子的 2 倍频径向振动相位差 0°，轴向 1 倍频振动相位差 180°。

根据这两个特征可判断是否出现了转子不对中故障。如果肯定是转子不对中故障，还可利用 2 倍频和 1 倍频的相对大小来判断转子不对中的程度。2 倍频相对 1 倍频越大，表示转子不对中程度越严重。

图 4－18 所示为转子试验器的平行不对中模拟故障的特征，可以看出，平行不对中主要激发 2 倍频振动，联轴器两端的 2 倍频振动出现 180°相位差。

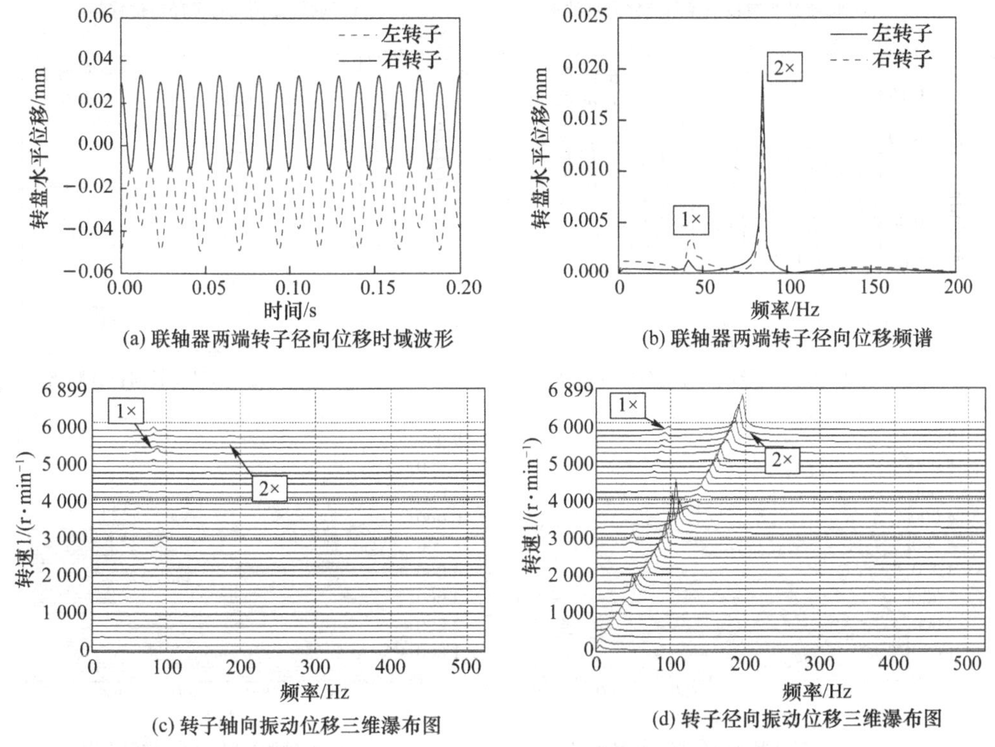

图 4－18　平行不对中故障下的转子振动特征

图 4－19 所示为转子试验器的角度不对中模拟故障的特征，可以看出，角度不对中将激发出 2 倍频径向振动、1 倍频轴向振动，在轴向和径向均伴有高倍频振动。其中，联轴器两端的径向 2 倍频振动表现为同相，轴向 1 倍频振动相位差 180°。

(2) 原因分析

转子不对中的原因，可能是装配不良，也可能是工作时零件的变形或故障，还可能是支座、机匣和轴承等零、组件在工作时受热、受力或温度不均等情况下发生变形所导致。转子不对中是常见故障之一。当转子由于不平衡力较大或其他原因使得轴弯曲度过大超出了轴承的允许范围也会出现轴向振动和径向振动，但这种情况不多见。故一般仍可由出现轴向振动和 2 倍频径向振动来判断转子是否有不对中故障。目前，已有转子不对中的诊断仪，可以诊断转子的不对中故障。

(3) 影响分析

转子不对中因使转子产生径向 2 倍频振动和轴向振动可导致轴的疲劳损伤。同时，轴承

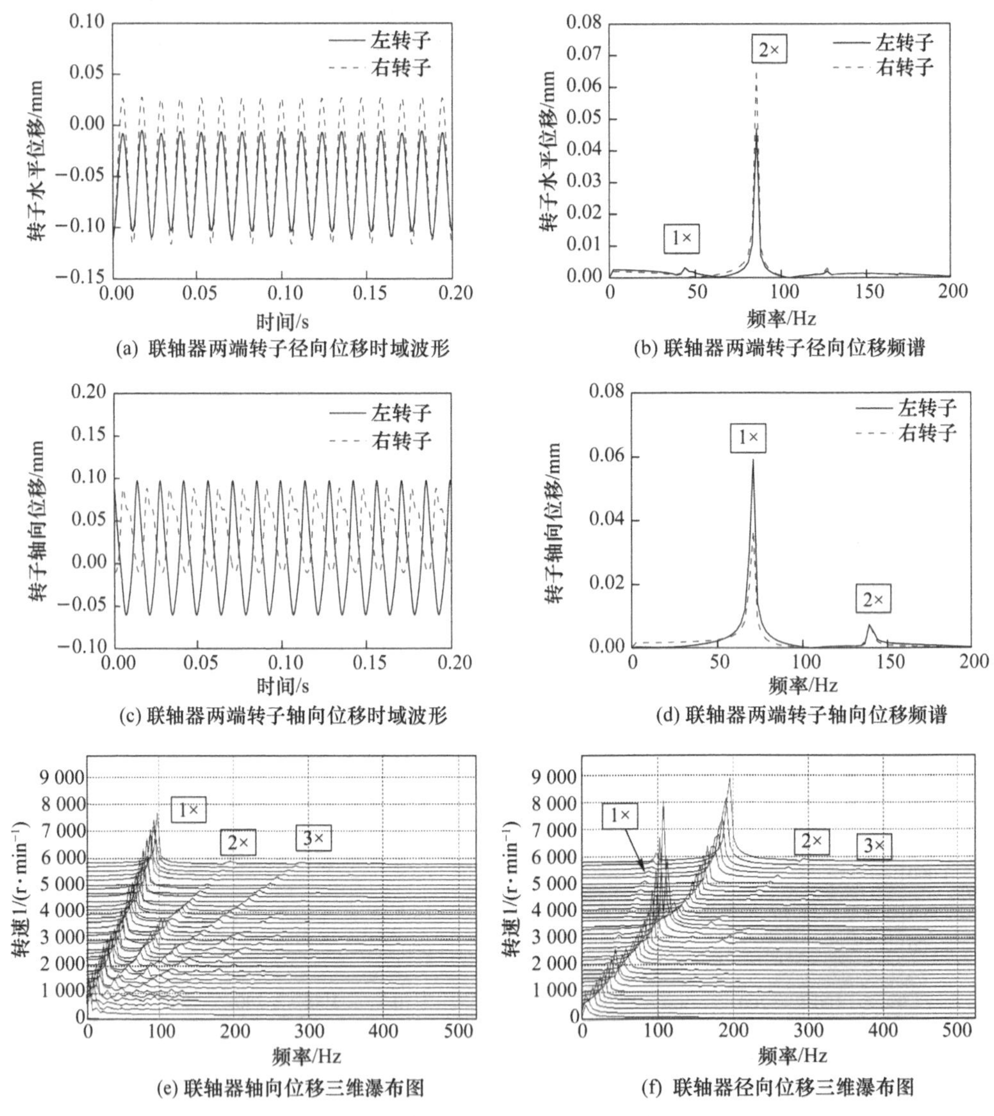

图 4-19 角度不对中故障下的转子振动特征

负荷加大,并且工作不良易使轴承磨损、发热引起其他故障。

转子不对中使得叶尖间隙和封气装置的间隙发生变化影响工作效率,严重时将发生碰摩损伤。转子不对中看起来影响不大,但时间长了会加重并引起其他更严重的故障,不可轻视。

(4) 排故方法

转子不对中故障一经确定,应经过仔细检查、分析找出造成转子不对中的具体原因,而后对症下药予以排除。如不对中是由装配不良造成,则只需分解、清洗,而后重新装配即可;如故障是由某些零件变形引起,则应修理或更换有关零件,同时要排除导致零件变形的原因;如是因设计不合理使得某些零件刚性过低,则应更改设计,重新加工有关零件;如因加工误差造成某些定位或连接不良,则应重新加工某些零件。

4. 转静碰摩

转子的碰摩也是航空发动机中最常见的故障之一。其中尤为常见的是转子叶片与机匣之间的碰摩。双转子发动机内、外转子的碰摩虽也有发生,但不多见。所以,一般都研究动、静件间的碰摩,其中包括封严装置动、静件之间的碰摩。航空发动机动、静件的碰摩是很复杂的,且种类繁多,有一点碰摩、多点碰摩,有持续碰摩、间歇碰摩,有先碰后摩,有只碰不摩,有只摩不碰。碰时常在碰撞与弹回之间来回变化。摩又有轻重不同。轻摩在机匣上难以测出;重摩不仅磨损,同时发热严重会加重碰摩和烧伤、变形,并可能引起更大的故障。多点碰摩有可能是转子和机匣轴向多处,也可能是机匣圆周上多处。因航空发动机机匣较薄,燃气温度不均时较易变形,所以轴向和周向的多点碰摩都可能发生。周向多点碰摩对机匣和转子来说就是间歇碰摩。

总之,航空发动机中动、静件的碰摩故障形式多种多样,十分复杂。正因为如此,虽有不少科技人员对旋转机械的碰摩故障做过不少研究,但还不能说对这种故障了解得很清楚。特别是航空发动机由于结构和工作条件特殊,情况更为复杂,有关碰摩的许多问题还有待于进一步研究。

(1) 现象和特征

由于工业旋转机械普遍采用单转子,而且之前有关碰摩的研究和取得的成果也主要集中在单转子旋转机械方面。下面先就单转子发动机动、静件碰摩故障的一些现象和特征作一介绍。动、静件的碰摩可能是突然的也可能是逐渐进入相摩。前者可能发生碰撞与弹回的来回交变。这时可测到一个或多个附加环的轨迹。

动、静件相摩时,因动、静件某些地方接触,互相有力的作用或者说互相起一定的支承作用,所以转子和机匣的刚性提高,变成非线性刚性。所测振动的频谱将出现非线性振动特征。因非线性的具体形式有多种,反映出的非线性频谱图也有多种。从理论上讲,动、静件碰摩频谱图中可出现倍频、分频、和频、差频等各种频谱,但由于阻尼和工作转速等原因不可能出现全部频谱。单转子动、静件碰摩,一般振动频谱图中含有 1×、2×、3×…高倍频分量,有的还含有 1/2×、1/3×…低频分量。通常 1、2 倍频振动分量较大。因碰摩转速不同,出现的频谱也有差异。例如在亚临界碰摩,其某高次谐波频率可能接近转子系统的某阶固有频率,则其某高频成分较大,当转子在超临界的高转速碰摩时,其某亚谐波可能接近转子一阶或某低阶固有频率则频谱中亚谐波分量较明显。当碰摩强度大时,次谐波分量增加。当碰摩时间短时,高频分量明显,但仅具有此种特征还不能判断为动、静件碰摩,只能作为一个辅助的判据。

在变转速情况下连续作出转子振动三维图或称瀑布图,根据碰摩前后振动特征的不同,可以较明显地判断出是否发生了动、静件碰摩,以及什么转速开始发生碰摩。

现代航空发动机大多数是双转子的。发动机有两个不同转速的转子,亦即有两个不同频率的激振源。结构情况与单转子发动机不同。由于碰摩具有强非线性,通常各种组合频率是发生动、静件碰摩时的主要振动特征。

图 4-20 所示为某单转子转子试验器的碰摩模拟故障时间波形图和频谱图,从频谱图中可以看出,碰摩故障的主要特征表现为 1 倍、2 倍、3 倍和 4 倍等高倍频特征,时间波形上下不对称,出现明显的截波特征。

图 4-21 所示为某单转子碰摩故障仿真计算结果,可以看出:①在临界转速以下,发生碰摩比不发生碰摩含有更为丰富的 2 倍、3 倍等高频成分,而分频现象不明显。在高转速范围内,碰摩后,分频成分大量出现,而 2 倍、3 倍等高频成分则不明显。②较大的碰摩刚度将导致更多的倍频和分频现象,以至于出现更多的混沌;而较低的碰摩刚度,则产生更少的倍频和分频现象,混沌也将大大减少。

图4-22所示为某典型双转子发动机高压涡轮与机匣发生碰摩故障的仿真结果,低转速下,高压涡轮碰摩主要表现为转速的倍频及组合频率;高转速下,频谱主要表现为分频及其组合频率,组合频率可统一为 $N_1+\dfrac{m\times(N_2-N_1)}{n}$。

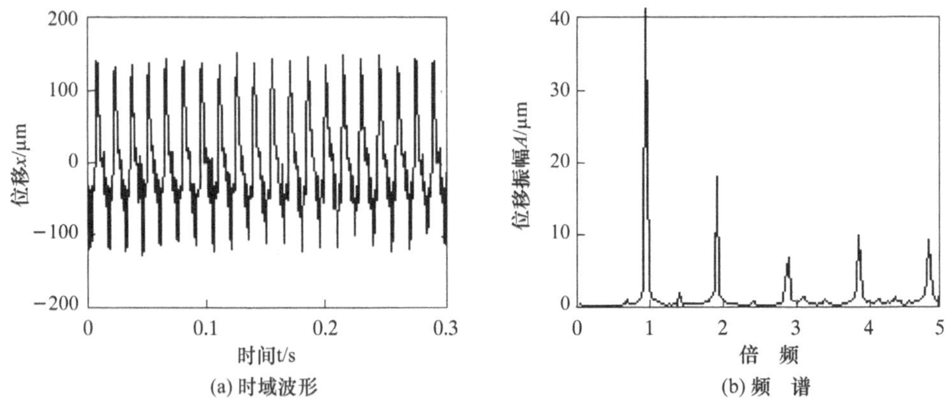

(a) 时域波形　　(b) 频 谱

图4-20 某单转子转子试验器的碰摩故障时间波形图和频谱图

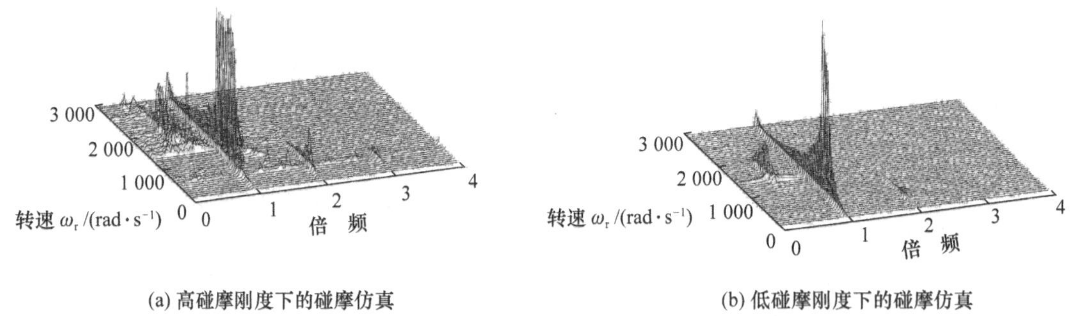

(a) 高碰摩刚度下的碰摩仿真　　(b) 低碰摩刚度下的碰摩仿真

图4-21 单转子碰摩故障仿真的转子响应三维瀑布图

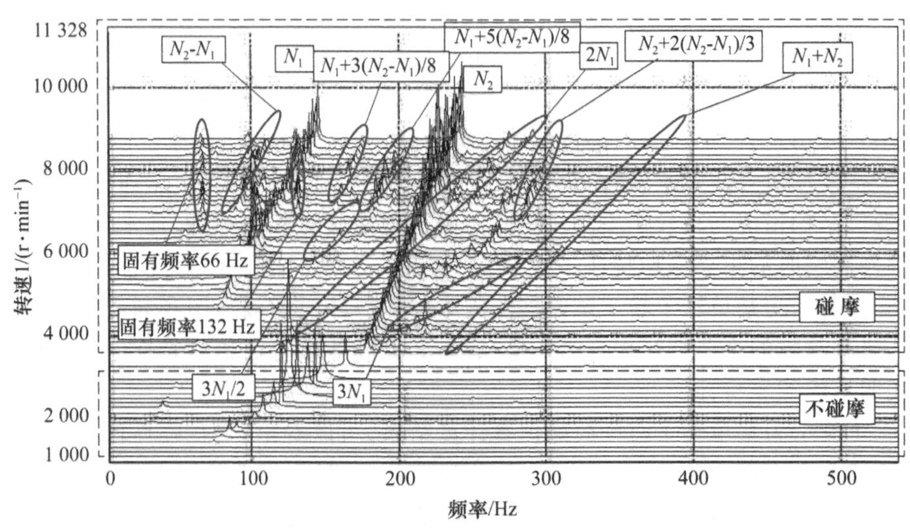

图4-22 某典型双转子发动机转静碰摩故障仿真结果

(2) 原因分析

动、静件碰摩是转子上的零件与机匣或机匣上的零件相碰摩。航空发动机机匣较薄、刚性不高。燃烧室成环形或环管形，一圈有许多个喷油嘴，难以做到沿圆周燃气温度分布均匀，所以机匣受热不均变形是难免的。故发动机研制过程较容易发生因机匣变形造成的动、静件碰摩。转子方面也常常出现一些问题，特别是在新机的研制过程。例如，转子-机匣系统的临界转速靠近工作转速，设计中虽对转子系统的临界转速做过计算，而实际临界转速仍需要通过试车确定。转子不平衡量过大使转子挠度较大，特别在临界转速附近可能会因转子挠度过大引起动、静件碰摩。如果转子因加工不良或有初应力而存在不小的初始弯曲，则在工作中特别是在临界转速附近会使转子发生较大挠度而造成动、静件相摩。航空发动机要求高，加工、装配均经过严格检验，正常情况转子一般不会出现大的初始弯曲，但是转子发生热弯曲却是难以避免的。热弯曲都是发生在发动机热起动过程中。若慢车转速高，起动过程的高转速区存在临界转速时转子容易发生较大的挠度，导致动、静件碰摩。

生产中的疏忽和有关的动、静件故障也是造成动、静件碰摩的原因，例如，生产中材料、工艺、装配不合要求，轴承故障，转子上连接件松动或损伤，机匣的各个连接螺栓紧度不均、松动或损伤等。

动、静件碰摩不仅是一种故障，还应看作是机械故障的信号，表明转子和(或)机匣可能存在缺陷或发生了故障。因此，当动、静件碰摩时，应从转子和机匣两方面仔细寻找原因。

(3) 影响分析

动、静件碰摩轻则相摩零件被擦伤，使叶尖间隙或封严间隙加大，工作效率降低。碰摩较重时摩擦发热严重，引起相摩件的热膨胀变形。若是叶片与机匣相摩发热，因多数情况是叶片单个或几个与机匣一圈先后相摩，叶片连续受热伸长较多，而机匣上各处先后受热又与外界接触容易散热，膨胀小，故易加重相摩。封严装置碰摩也有类似情况。当封严件碰摩轻时，会使效率降低。若封气的目的是减小转子轴向力，则大量漏气将使轴向负荷加大，轴承工作会变得更坏。若封的是热气，则大量漏气会使低温零件过热强度下降。当封严装置靠近轴承，封严件相摩较重时，摩擦产生的热量传到轴承，使因碰摩而负荷较大工作不良的轴承情况更加恶劣，从而导致轴承烧毁和“抱轴”事故。如在飞行中发生这种事故是非常危险的，因而碰摩故障应及早发现并排除。

碰摩不重时，发热不多较易散失。若相摩的转动件材料较易磨损，而相摩可使转子重点方向磨去少量材料，故也有一定的自动平衡作用，可暂时使振动略减。零件相摩其摩擦力有一定的减振作用，也可使振动稍减。这些只是相摩初期的短时现象。作为一种零件相摩的特征，在相摩的振动图上可以看到振动先是一度减小而后又增大的现象。继续相摩后前述的各种碰摩故障将随着发生。

(4) 排故方法

动、静件碰摩故障要依据形成的原因，对症下药，故障不难排除。然而，排故只是消极的办法，不应等到发生了较大碰摩故障再来排除。应加强发动机的振动监测和故障诊断工作，在发动机发生轻微碰摩时就要能测到和诊断出来，然后停机检查、分析找出原因，针对原因采取排故措施。

机械故障的监测和诊断是根据故障引起的振动特征来进行的。目前，单转子发动机的碰摩振动特征和诊断方法已有一些研究成果，前面已做介绍，监测诊断单转子发动机的动、静件碰摩时可以借鉴。关于双转子发动机的动、静件碰摩故障的研究较少，前面虽介绍了某一双转子发动机碰摩时所得到的一些振动特征可以参考，但因对双转子发动机的其他机械故障的振动特征缺乏研究，动、静件碰摩故障与其他故障振动特征的异同尚不清楚，所以利用前面介绍的唯一的双转子发动机的故障特征作为诊断依据还不够充分。建议大力开展双转子航空发动机机械故障的振动特征和诊断方法方面的研究。

更好的方法是尽量采取一些预防动、静件碰摩的措施。如：加强管理；保证发动机的设计、工艺、装配和材料等的高质量；控制转子的不平衡量并采用高效阻尼器使转子不出现大振动；避免转子发生较大热弯曲；做到机匣有足够的刚性且沿圆周刚性均匀和受热均匀等。

在高速旋转机械中，为了提高机械效率，往往把密封间隙、轴承间隙做得很小，但是小间隙除了会引起流体动力激振外，还会发生转子与静止部件的摩擦，此外，轴承中也会发生干摩擦与半干摩擦，这种摩擦有时是不明显的，并不发生明显故障，机器未拆开检查之前找不出现异常振动的原因，转子与静止部件发生摩擦有两种情况：一种是转子在涡动过程中轴颈或转子外缘与静止部件接触引起的径向摩擦；另一种是转子在轴向与静止件接触而引起的轴向摩擦。

摩擦振动是非线性的振动，局部摩擦引起的振动频率中包含有2×、3×、…一些高次谐波及次谐波振动。在频谱图上出现$(1/n)\times$的次谐波成分，重摩擦时$n=2$，轻摩擦时$n=2,3,4,\cdots$次谐波的范围取决于转子的不平衡状态，在足够高阻尼的转子系统中也可能完全不出现次谐波振动。

在刚发生摩擦接触的情况下，由于转子不平衡或转子弯曲，转子的基频幅值较大，高次谐波中2倍频、3倍频谐波一般并不太大，而且2倍频幅值大于3倍频谐波幅值；随着转子摩擦接触弧的增加，由于摩擦起到附加支撑作用，基频幅值有所下降，但2倍频及3倍频谐波幅值却因附加的非线性作用而有所增大。

5. 基座或装配松动

(1) 现象和特征

转子支承结构间隙和松动故障亦不少见。转子轴承与机匣间出现间隙后，支承的刚性不再是线性的。这种非线性是两段线性叠加而成的。转子旋转时起初轴颈未与支承贴紧，支承刚性为零。一定转速后因转子离心力的作用，轴颈与支承靠紧旋转，此后支承刚性变为线性。这种故障与转子碰摩故障不同。碰摩前转子刚性是线性的，碰摩期间转子刚性变为非线性。从频谱图看转子支承结构间隙故障也出现1倍频、2倍频、3倍频甚至4倍频的振动。其特征是阶数越高振幅越小。转子不对中有时也有2倍频振幅比1倍频振幅小的现象。这就很难根据频谱图判断转子是否发生转子支承结构间隙故障。

当发生转子支承结构间隙故障时，相互垂直的两方向的振动相位差较特别。图4-23所示为几种不同结构的转子支承结构间隙故障的振动相位差实验曲线。从图中可以看到，它们的一个共同特点就是1阶振动的相位差在频速比(振频与临界转速之比)为0.75附近偏离90°较多，2阶振动相位差一般在频速比为0.5附近发生跳变现象。由理论计算也可得到这种结果。

转子支承结构间隙故障有时也出现1/2、1/3次谐共振。在发生1/2次谐共振时，频谱图上还伴随着3/2阶振动成分。在发生1/3次谐共振时，也可伴有2/3、5/3阶成分。有时在实验中，在2倍临界转速附近还出现反进动1/2次谐共振，有时这种轨迹并不很规则，并在转动，较乱，即所谓混沌现象。

图4-23所示为转子试验器的轴承完全和轴承座配合松动模拟故障的振动特征，从频率图和三维瀑布图中可以看出，松动故障的主要特征表现为倍频特征，由于松动故障导致支承刚度的非线性，转子临界转速变化很大，导致转子振动随转速变化规律与不松动时相比，产生很

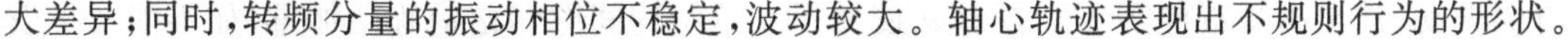

大差异;同时,转频分量的振动相位不稳定,波动较大。轴心轨迹表现出不规则行为的形状。

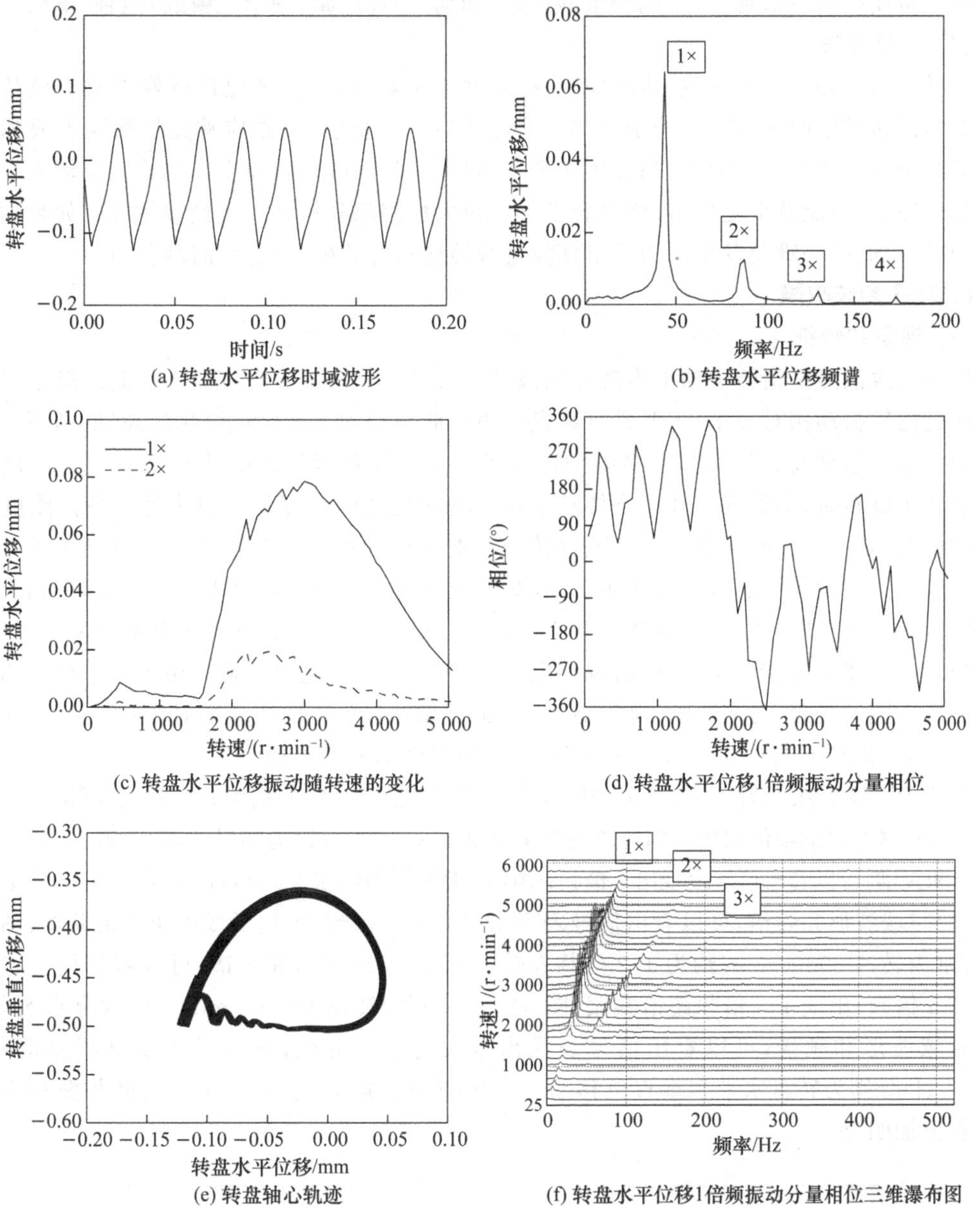

(a) 转盘水平位移时域波形

(b) 转盘水平位移频谱

(c) 转盘水平位移振动随转速的变化

(d) 转盘水平位移1倍频振动分量相位

(e) 转盘轴心轨迹

(f) 转盘水平位移1倍频振动分量相位三维瀑布图

图 4-23　典型轴承配合松动故障的振动特征

(2) 原因分析

转子支承结构间隙或松动故障的主要原因有设计不良,轴承与机匣配合紧度不够大;因加工误差较大使得配合紧度不均,工作时因热膨胀而产生间隙、松动;工作中由于振动使配合变松,发生微动摩擦以至产生间隙;轴承上频繁受到冲击负荷或变化的弯矩也易使轴承与机匣结合面变松产生微动磨损而出现间隙;轴承质量不高、负荷过大或工作时间较长致使轴承本身磨损而产生较大轴承间隙。

(3) 影响分析

转子支承结构间隙、松动将引起转子系统更大的非线性振动、含有多种倍频和分频成分的非协调进动,甚至出现混沌现象。振动又使转子支承结构间隙和松动程度加重,如不能及早发现并排除将使故障越来越大,造成严重的后果,如动、静件碰摩,轴承烧毁或“抱轴”事故。

(4) 排故方法

此类故障主要是及早发现,找出原因,排故并不困难,可根据情况进行修理或更换某些零件。如是因转轴弯曲、热弯曲、转子突加不平衡或转子失稳引起,则应首先排除这类故障再进行修理或更换某些零件。因此,当发生转子支承松动、间隙故障后应全面地检查发动机有无其他类型故障,而不能就事论事,仅修复转子支承过大的间隙和松动或更换轴承等。如果病因未除,修复后原故障仍难免发生。为了早期发现故障应做好故障的监测和诊断工作。

6. 转子裂纹故障

(1) 现象和特征

转子裂纹故障是指转子轴上出现横向裂纹。裂纹主要由转子疲劳应力引起。航空发动机转子所受扭转振动相对很小,主要是容易发生由弯曲振动和工况变化引起的高、低循环横向弯曲应力疲劳。这种疲劳裂纹都是横向的。转子上具有这种裂纹时好比有一条很窄的横向细槽。当转子旋转时,小槽就一开一合使转子在小槽附近处的刚度忽大忽小地交变。刚度成为时间的函数,是非线性刚性的一种。此种转子在重力和不平衡力的作用下,其振动中含有许多阶振动成分。在转子系统阻尼的作用下,较高阶成分往往难以显示出来。实际上,在临界转速 N_c 以下,转速常出现的除1倍频外还有2倍频和3倍频振动,4倍频振动很难出现。因此,在 $N_c/2$ 和 $N_c/3$,偶尔在 $N_c/4$ 处,将出现很大的倍频分量,产生超谐共振。由于不平衡力和裂口的方向有不同的夹角,受其影响,有时 $N_c/3$ 处的超谐共振也不明显。同时,在临界转速 N_c 以上的 nN_c 转速下,也将产生很大的 $1/n$ 分频,出现很强的亚谐共振。

某转子试验器裂纹故障仿真结果如图4-24所示,图(a)、(b)分别为转子振动位移的1倍频、2倍频、3倍频分量的幅值和相位随转速的变化规律;图(c)、(d)分别为临界转速2 450 r/min下的时域波形和频谱,可以看出信号表现出1倍频;图(e)、(f)分别为转速1 200 r/min(约为1/2倍临界转速)下的时域波形和频谱,可以看出信号表现出很大的2倍频,出现了2倍频超谐共振;图(g)、(h)分别为转速800 r/min(约为1/3倍临界转速)下的时域波形和频谱,可以看出信号表现出很大的3倍频,出现了3倍频超谐共振;图(i)、(j)分别为转速4 950 r/min(约为2倍临界转速)下的时域波形和频谱,可以看出信号表现出很大的1/2分频,出现了1/2分频亚谐共振;图(k)、(l)分别为转盘水平和垂直位移的三维瀑布图。其中,水平方向的超谐共振和亚谐共振现象更加明显。

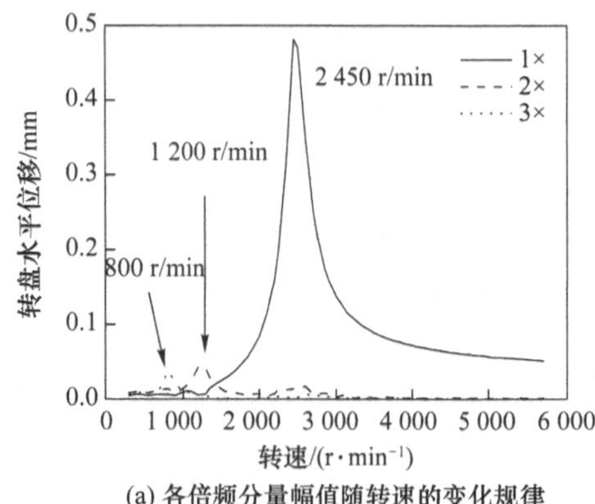

(a) 各倍频分量幅值随转速的变化规律

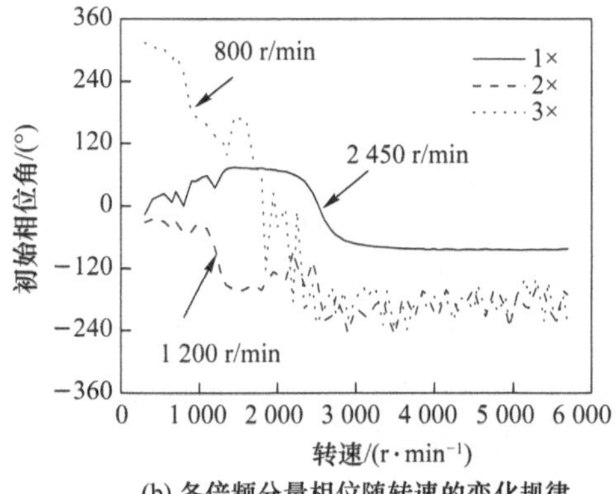

(b) 各倍频分量相位随转速的变化规律

图4-24 转子裂纹故障仿真结果

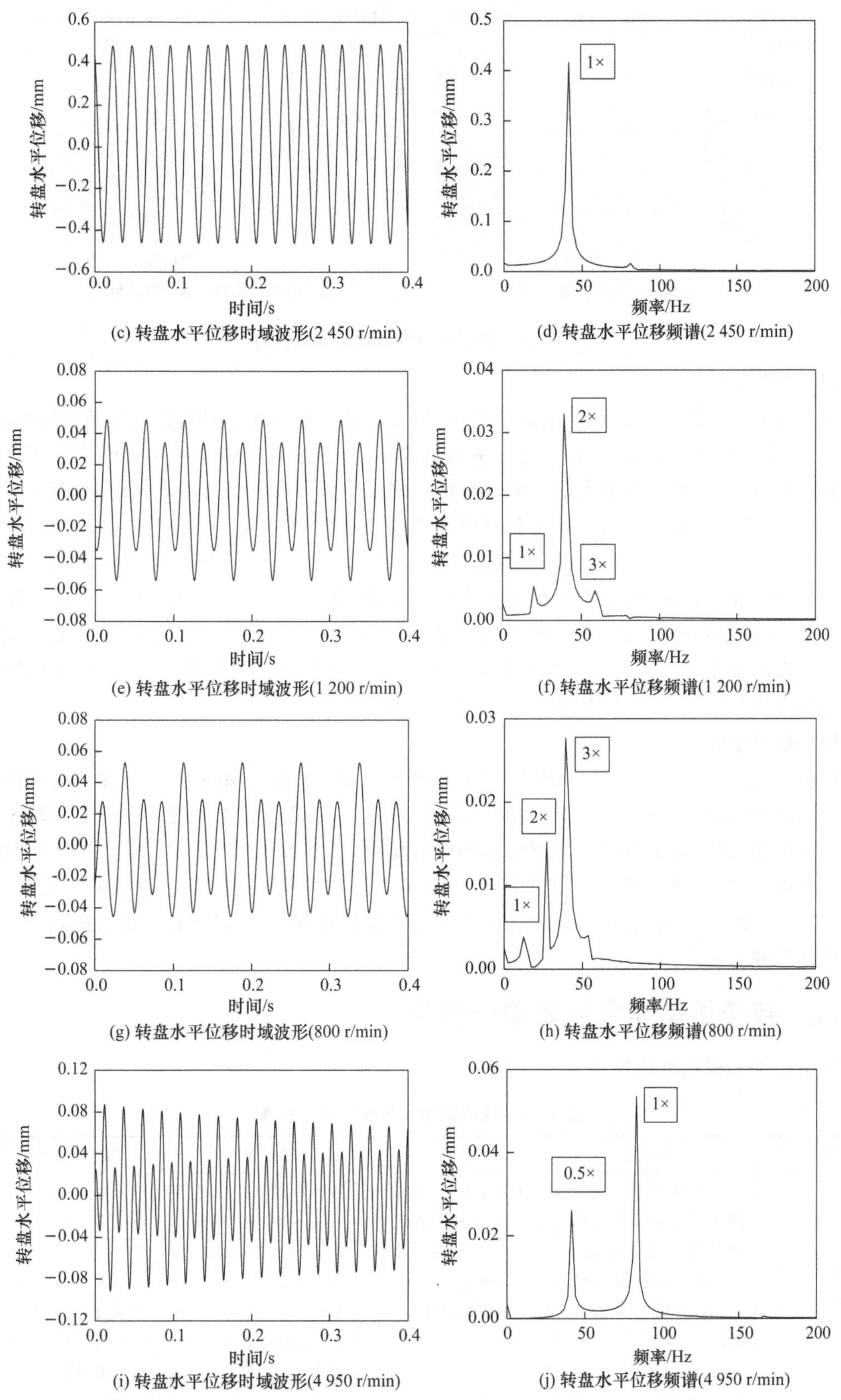

图 4－24　转子裂纹故障仿真结果(续)

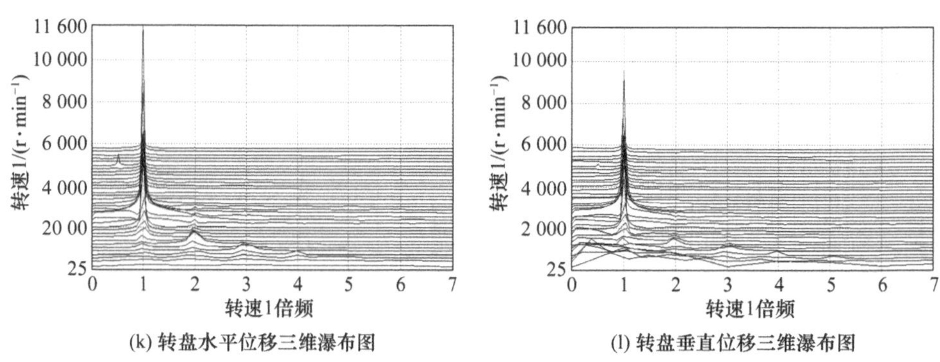

(k) 转盘水平位移三维瀑布图　　(l) 转盘垂直位移三维瀑布图

图 4-24　转子裂纹故障仿真结果(续)

(2) 原因分析

发动机装配时转子虽做过严格的动平衡,但由于转子在高速、高温、高气体负荷的作用下,零件发生变形、松脱或损伤,使转子的不平衡量破坏,特别是有时转子叶片折断或转子上的一些连接件松脱甩出,将引起很大的突加不平衡。当转子热弯曲或通过临界转速时,都会发生较大挠度,产生较大的弯曲应力。这些负荷引起的应力都是静应力。但航空发动机是时常起停和工作转速多变的,因此这种负荷也会引起低循环疲劳。转子还由于各种不同的原因容易发生失稳和(或)非线性振动,这类振动都是非协调振动(非同步进动)。转子反复弯曲产生较大交变应力,如因转轴材料有缺陷或轴在加工或工作时受到损伤产生应力集中,使得转子表面局部发生很大的交变应力。转子在较大的静应力和交变应力的综合作用下,时间较长后转子表面局部会发生裂纹,之后即使是静应力也可使转子上的裂纹扩大。

(3) 影响分析

转子是发动机中非常重要的部件,担负着极为重要的使命。如果转子出现裂纹可能发展成灾难性的事故,因此转子裂纹如不能在较轻度时及早发现是很危险的。转子上有轻度裂纹后虽还可工作,但因转子裂纹本身就会引起应力集中,使裂纹处应力加大,并且转子裂纹要引起多种非同步进动,使转子上产生交变应力。这些将进一步加速转子上裂纹的扩展和破坏。为此,转子上裂纹故障引起众多学者和工程科技人员的重视,纷纷研究转子裂纹故障产生的机理和早期诊断方法。

4.6.6　转子振动和强度故障一览表

转子振动和强度故障如表 4-3 所列。

表 4-3　转子振动和强度故障一览表

零件故障名称	故障模式	故障原因	故障影响	减少故障的措施
发动机转子不平衡	发动机振动过大;振动频率等于转子转速频率;临界转速时振动最大,临界前后振动减小;轴心轨迹为圆或椭圆	转子未平衡好;柔性转子仅用低速刚性转子平衡法平衡难保高速时亦平衡;转子的平衡在运转中被破坏	转子自身零件发生较大应力、变形;连接件松动;轴承负荷过大,工作不良以致损坏;产生静、动件碰摩;引起零、组件振动、疲劳和损伤	拆下转子在平衡机上重新平衡;在本机上进行本机平衡;采用平衡性不易破坏的结构设计;将整机的临界转速调到工作转速以外;采用高效的阻尼器

续表 4-3

零件故障名称	故障模式	故障原因	故障影响	减少故障的措施
转、静件碰摩	转、静件相摩有摩擦痕迹；发动机振动频谱图上有 1×、2×、3×、…高倍频分量，有时有 $x/2$、$x/3$ 低频分量；在发动机振动三维谱图上看到碰摩时出现上述倍频或分频谱；双转子发动机振动三维图上看到 $2N_2-N_1$，$2N_1-N_2$ 等组合频率分量	转子不平衡振动过大；静止件刚性不高或受热不均匀变形；转子热弯曲；动、静件生产中的缺陷	动、静件磨损使间隙加大工作效率降低；动、静件碰摩发热使局部烧伤，热传至轴承使其工作变坏甚至烧毁；封严件碰摩可引起大量漏气	采用振动监测和故障诊断技术早期发现故障，针对具体原因予以排除；加强生产管理，保证设计、工艺、装配、材料高质量；控制转子振动；避免转子发生较大热弯曲；做到机匣有较大刚性并受热均匀
转子热弯曲	转子热起动过程或进入慢车转速时，发动机振动过大；热起动过程发生动、静件碰摩	发动机工作或起动停车后冷却过程转子周围空气上热下冷使转子受热不均匀；压气机放气活门位置偏下方，停车时冷气进入加重了转子上热下冷受热不均匀	热弯曲引起振动过大，如起动过程存在临界转速更易造成大振动，发生静、动件碰摩	起动过程最好不存在临界转速，不得已时临界转速值宜低；控制转子不平衡量；采用阻尼器；保证压气机转子有较大刚性；叶尖间隙不宜太小；最好不用放气活门，不得已时可采用环形放气活门；必要时可采用盘车装置
转子突加不平衡	发动机突然发生大振动，稍后或者振动减小一些，但比原来大，也可能振动一直很大；突加不平衡瞬间振颤，除有转速频率外，还有固有频率，稍后即为转速频率；与转子临界转速不同之点是上述现象是在不定转速时发生的；动、静件可能发生碰摩	主要是转子叶片掉块或全部掉出；有时是螺钉、锁片等松脱飞出	转子发生极大挠度易引起静、动件碰摩，发生一系列碰摩故障现象；叶片掉块或丢失引起动、静件二次损伤	设计时采取措施防止叶片共振、颤振、压气机喘振；防止叶片被腐蚀、打伤、松脱；采用高效阻尼器
转子裂纹	转子上发生横向裂纹；转子的振动中有 1、2、3、…倍频和分频；转子振动两向相位差，一阶的偏离 90°，二阶相位差不随转速变化	转子因发生各种形式的振动，再加以局部应力集中而产生疲劳裂纹	转子有裂纹后继续工作可导致轴折断，发生灾难性事故	加强设计、工艺、材料等生产方面的管理；采用监测、诊断方法早期发现裂纹
转子两向刚性差别过大	转子临界转速区振动大；转子副临界时振动大	转子设计不当；转子加工误差（椭圆度、壁厚差等）过大	临界时失稳须快速通过；副临界振动较大轴易疲劳	提高设计、工艺质量；加强生产管理

续表 4-3

零件故障名称	故障模式	故障原因	故障影响	减少故障的措施
转子失稳	转子到某一转速时振动大;或在定转速工作,负荷增至某一值时振动过大,振动频率约等于转子的一个固有频率	转子材料内阻大;套齿联轴器摩擦;篦齿封严装置设计不良或偏心旋转;轴流叶轮偏心旋转;转子内积液;动、静件干摩擦;挤压油膜阻尼器油膜刚性高度非线性和转子不平衡	可能出现过大振动,动、静件碰摩,轴承损坏,转子运转不稳定,甚至灾难性损毁	不用黏弹材料制成转子;活动式联轴器中加入润滑油;篦齿封气装置两边压差不宜过大,封气装置不宜过长,必要时用两个代一个或在一个的中部引入中压空气;采用高效阻尼器;鼓筒式转子应开甩液孔;轴流叶轮可带冠而不用过小叶尖间隙
篦齿封气装置	振动过大,裂断,出现疲劳裂纹或断块	封气装置激起的颤振;封气装置动、静件振型协调;强迫振动;声频气弹引起的失稳	轻则降低封气效率,如封气装置裂断、失效则可导致严重恶果	增强封气环刚性;前方或入口加反旋流装置;采用扩散气道;静止件内侧用蜂窝结构;根据具体稳定性情况需要,选择封气环的支承边;采用阻尼环或阻尼衬套;减小两端压差,当用较长封气环时,引中压空气至中部
转子支承不同心	转子横向出现 2 倍频振动,同时转子出现较大轴向振动	装配不良;轴承受力、受热后变形或机匣变形	轴易振动疲劳,轴承负荷加大,工作不良;影响叶尖间隙,从而影响工作效率	针对故障原因采取预防措施,如提高装配质量,加强支座刚性,防止轴承座受力、受热不均匀
转子支承结构间隙、松动	转子出现 1,2,3,…倍频振动;转子一阶振动相位差在频速比为 0.75 附近偏离 90°,二阶振动在频速比为 0.5 附近发生跳变	设计不良,加工装配不好;工作时受热和振动冲击;轴承质量不高,负荷过大或工作不良导致磨损	引起转子更大振动,甚至出现混沌现象;转子大振动又使支承进一步松动、间隙	及早发现,找出原因,针对原因予以消除;提高设计、生产质量,减小转子振动
弹性支承	疲劳裂断;与限制器碰摩,并引起非线性刚性;因非线性刚性可能发生动、静件偏摩,通不过临界转速	设计不当或加工误差造成限制器间隙过小或不均;加工中留下缺陷和转子大振动出现应力集中疲劳裂断	限制器间隙过小或不均可导致振动过大,过不了临界转速;转子用弹性支承时振动变形主要在弹性支承,弹性支承易疲劳损坏;弹性支承损坏时又引起转子大振动可能导致灾难性后果	提高弹性支承设计、工艺和装配质量;弹性支承与阻尼器并用可减少弹性支承振动损坏

续表 4-3

零件故障名称	故障模式	故障原因	故障影响	减少故障的措施
油膜阻尼器	油膜间隙过大、过小或不均；干磨烧伤；不起减振作用或比不用更坏	外环内孔不圆；油膜间隙选取不当；其他故障造成阻尼器工作不良；设计不当或其他原因造成阻尼器供油不足	轻则减振效果差，重则不仅不减振反而引起更大的转子振动，带来一系列恶果；阻尼器干磨损伤	提高设计和装配质量，适当选取油膜间隙和配合容差；设计阻尼器要做热平衡计算或实验
涡轮轴断裂	后锥段第一台阶处疲劳断裂	台阶处的圆角半径太小，应力集中太大；后锥段的壁厚太薄；整个应力水平高；飞机飞行螺旋的角速度 Ω 太大，设计时未考虑；工艺粗糙，尺寸超差；高、低循环疲劳综合作用，引起故障处的短时间断裂	故障处应力太大，疲劳损伤严重，一旦出现裂纹故障，几乎没有剩余寿命，极易造成严重事故；断轴之后，轻则机毁，重则人亡；军机大量出现这类事故，造成军事力量的损失；经济上的损失也十分巨大	将所有旧轴的圆角半径 R 加大到 $R1.0$，以减小应力集中，并采取特殊圆角，降低应力峰值；所有新、旧轴均在故障处进行表面喷丸处理；改进设计，在结构上取消原有小半径，改成大圆弧的卸荷槽，并将轴的壁厚加大；降低应力水平，增加局部刚性；在寿命期内限制螺旋飞行次数
薄壁套筒屈曲失稳	低压转子轴折断，全部涡轮转子甩出机身，造成非包容性破坏	高压轴内的隔热套筒因外压失稳，其凸包将低压轴磨细，在大扭矩下将轴扭断；隔热套筒结构设计不合理，采用板料卷焊而成，薄厚不均，形状不圆，在外压作用下极易失稳；套筒外腔又无卸压孔，胶圈老化漏气，形成高压腔；选用套筒材料不适当，工艺未保证设计要求；缺少防止涡轮转子折断后的飞转措施	在双转子设计中，任何影响断轴的因素都必须排除；主轴突然性的折断，必然引起发动机损毁，甚至毁坏飞机；该民航机的乘客多，有10余个国家使用，对大量乘客的人身安全影响巨大	高压轴与隔热套筒之间的空气腔增加卸压孔，将隔热套筒改成整体机械加工件，保证设计质量，改进材质；改进封严胶圈质量，使其在规定寿命期内不致老化；采用防止低压转子飞转的措施；如断轴后截断燃油系统，并设计双层涡轮外环，增强机匣包容性

4.7　齿轮常见故障与诊断

齿轮传动由于其结构紧凑、传动比精确等优点，成为航空发动机的附件传动齿轮箱、涡桨和涡轴发动机的加速器常用的传动方式。现代航空发动机的附件齿轮传动的要求日益提高，既要求齿轮能在高速、重载、特殊介质等恶劣环境条件下工作，又要求齿轮传动具有高平稳性、高可靠性等良好的工作性能，使得影响齿轮正常工作的因素愈来愈多。而齿轮工作不正常又是诱发航空发动机故障的重要因素。因此，对齿轮故障诊断技术的应用研究也是非常重要的课题。

4.7.1 齿轮故障的常见形式与原因

1. 齿轮故障的常见形式

齿轮由于结构形式、材料与热处理、操作运行环境与条件等因素不同,发生故障的形式也不同,常见的齿轮故障形式有以下几类。

(1) 齿面磨损

润滑油不足或油质不清洁会造成齿面磨粒磨损,使齿廓改变,侧隙加大,以至由于齿轮厚度减薄导致断齿。一般情况下,只有在润滑油中夹杂有磨粒时,才会在运行中引起齿面磨粒磨损。

(2) 齿面胶合和擦伤

对于重载和高速齿轮的传动,齿面工作区温度很高,一旦润滑条件不良,齿面间的油膜便会消失,一个齿面的金属会熔焊在与之啮合的另一个齿面上,在齿面上形成垂直于节线的划痕状胶合。当新齿轮未经磨合便投入使用时,常在某一局部产生这种现象,使齿轮擦伤。

(3) 齿面接触疲劳

齿轮在实际啮合过程中,既有相对滚动,又有相对滑动,而且相对滑动的摩擦力在节点两侧的方向相反,从而产生脉动载荷。载荷和脉动力的作用使齿轮表面层深处产生脉动循环变化的剪应力,当这种剪应力超过齿轮材料的疲劳极限时,接触表面将产生疲劳裂纹,随着裂纹的扩展,最终使齿面剥落小片金属,在齿面上形成小坑,称为点蚀。当点蚀扩大连成片时,形成齿面上金属块剥落。此外,材质不均匀或局部擦伤,也容易在某一齿上首先出现接触疲劳,产生剥落。

(4) 弯曲疲劳与断齿

在运行过程中承受载荷的轮齿,如同悬臂梁,其根部受到脉冲循环的弯曲应力作用最大,当这种周期性应力超过齿轮材料的疲劳极限时,会在根部产生裂纹,并逐步扩展,当剩余部分无法承受传动载荷时就会发生断齿现象。齿轮由于工作中严重的冲击、偏载以及材质不均匀也可能会引起断齿。断齿和点蚀是齿轮故障的主要形式。

齿轮故障还可分为局部故障和分布故障。局部故障集中在一个或几个齿上,而分布故障则在齿轮各个轮齿上都有体现。

2. 齿轮故障的原因

产生上述齿轮故障的原因较多,但从大量故障的分析统计结果来看,主要原因有以下几个方面:

(1) 制造误差

齿轮制造误差主要有偏心、齿距偏差和齿形误差等。偏心是指齿轮(一般为旋转体)的几何中心和旋转中心不重合,如图4-25中的小轮。齿距偏差是指齿轮的实际齿距与公称齿距有较大误差,如图4-25中的大齿轮。而齿形误差是指渐开线齿廓有误差,如图4-26所示。

(2) 装配不良

齿轮装配不当会造成工作状态劣化。如图4-27(a)所示,当一对互相啮合的齿轮轴不平行时,会在齿宽方向只有一端接触,或者出现齿轮的直线性偏差等,使齿轮所承受的载荷在齿宽方向不均匀,不能平稳地传递动扭矩,如图4-27(b)所示。这种情况称为“一端接触”,会使齿的局部承受过大的载荷,有可能造成断齿。

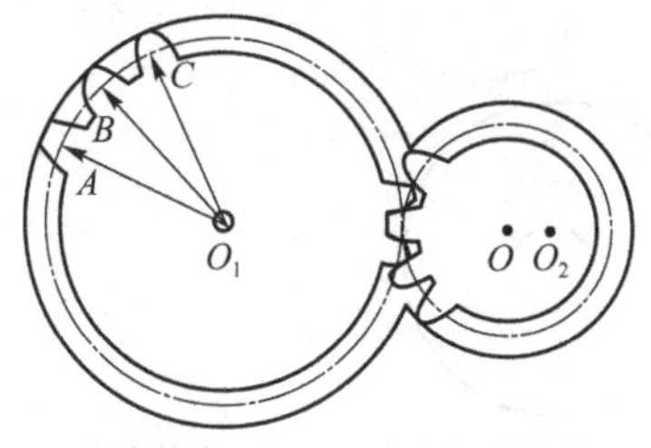

O_1—小齿轮中心；O_2—小齿轮旋转中心

图 4-25　齿轮偏心和齿距误差

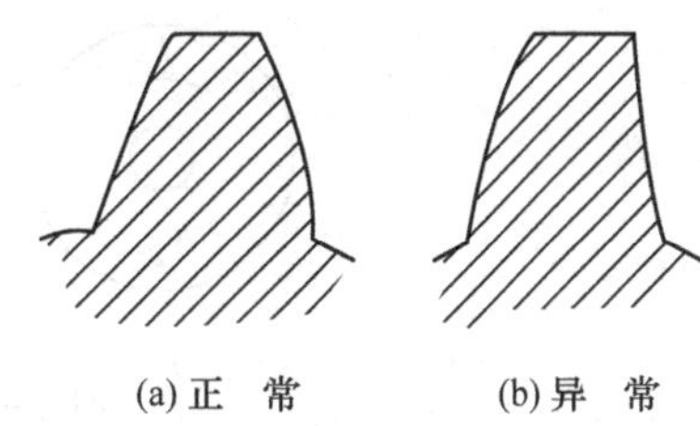

(a) 正　常　　(b) 异　常

图 4-26　齿形误差

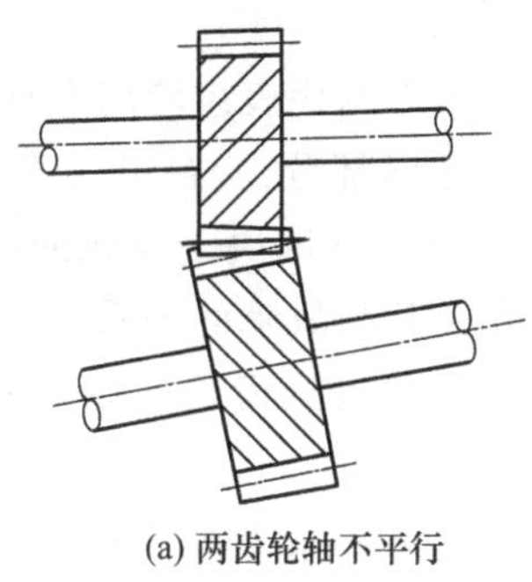

(a) 两齿轮轴不平行

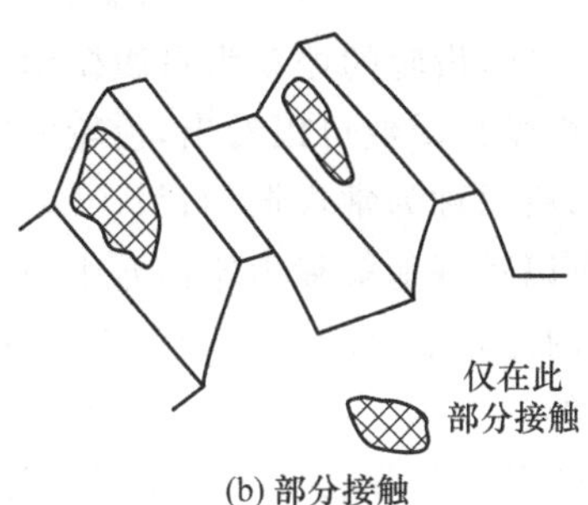

(b) 部分接触

图 4-27　两齿轮轴不平行导致的啮合不良

(3) 润滑不良

对于高速重载齿轮，润滑不良会导致齿面局部过热，造成色变、胶合等故障。导致润滑不良的原因是多方面的，除了油路堵塞、喷油孔堵塞外，润滑油中进水、润滑油变质、油温过高等都会造成齿面润滑不良。

(4) 超　载

对于工作负荷不平稳的齿轮驱动装置(例如矿石破碎机、采掘机等)，经常会出现过载现象，如果没有适当的保护措施，就会造成轮齿过载断裂，或者长期过载导致大量轮齿根部疲劳裂纹、断裂。

4.7.2　齿轮的振动机理

1. 齿轮的力学模型分析

如图 4-28 所示为齿轮副的力学模型，其中齿轮具有一定的质量，轮齿可看作是弹簧，所以若以一对齿轮作为研究对象，则该齿轮副可以看作一个振动系统，其振动方程为

$$m_r \ddot{x} + c\dot{x} + k(t)[x - e(t)] = (T_2 - iT_1)/r_2 \tag{4-4}$$

式中：x 为沿作用线上齿轮的相对位移；c 为齿轮啮合阻尼；$k(t)$为齿轮啮合刚度；T_1，T_2 为作用于齿轮上的扭矩；r_2为齿轮的节圆半径；i 为齿轮副的传动比；$e(t)$为由轮齿变形、误差及故障所造成的两个齿轮在作用线方向上的相对位移；m_r为换算质量，其表达式为

$$m_r = m_1 m_2/(m_1 + m_2) \tag{4-5}$$

若忽略齿面摩擦力的影响，则$(T_2 - iT_1)/r_2 = 0$，将 $e(t)$分解为两部分：

$$e(t) = e_1 + e_2(t) \tag{4-6}$$

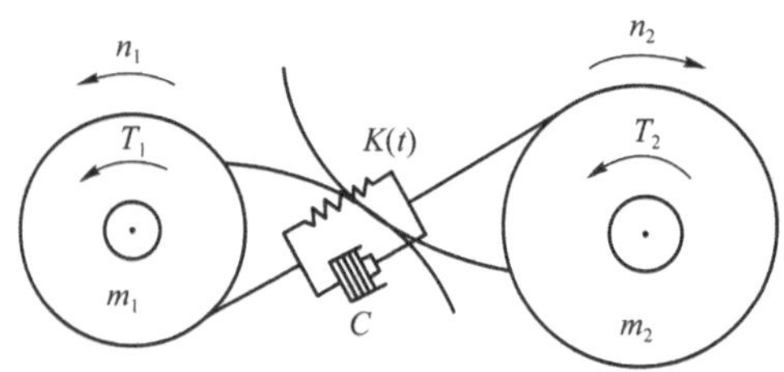

图 4-28　齿轮副力学模型

式中:e_1 为齿轮受载后的平均静弹性变形;$e_2(t)$为由于齿轮误差和故障造成的两个齿轮间的相对位移,故也可称为故障函数。这样式(4-4)可简化为

$$m_r\ddot{x}+c\dot{x}+k(t)x=k(t)e_1+k(t)e_2(t) \tag{4-7}$$

由式(4-7)可知,齿轮的振动为自激振动。该公式的左侧代表齿轮副本身的振动特征,右侧为激振函数。由激振函数可以看出,齿轮的振动来源于两部分:一部分为 $k(t)$,它与齿轮的误差和故障无关,所以称为常规振动;另一部分为 $k(t)e_2(t)$,它取决于齿轮的综合刚度和故障函数,这一部分可以较好地解释齿轮信号中边频的存在及其与故障的关系。

式(4-7)中的齿轮啮合刚度 $k(t)$为周期性的变量,由此可见齿轮的振动主要是由 $k(t)$的周期性变化引起的。

$k(t)$的变化可用两点来说明:一是随着啮合点位置的变化,参加啮合的单一轮齿的刚度发生了变化;二是参加啮合的齿数在变化。例如,对于重合系数在 1~2 之间的渐开线直齿轮,在节点附近是单齿啮合,在节线两侧某部位开始至齿顶、齿根区段为双齿啮合(见图 4-29)。显然,在双齿啮合时,整个齿轮的载荷由两个齿分担,故此时齿轮的啮合刚度就较大。同理,单齿啮合时啮合刚度较小。

从一个轮齿开始进入啮合到下一个轮齿进入啮合,齿轮的啮合刚度就变化一次。由此可计算出齿轮的啮合周期和啮合频率。总的来说,齿轮的啮合刚度变化规律取决于齿轮的重合系数和齿轮的类型。直齿轮的刚度变化较为陡峭,而斜齿轮或人字齿轮刚度变化较为平缓,较接近正弦波(见图 4-30)。

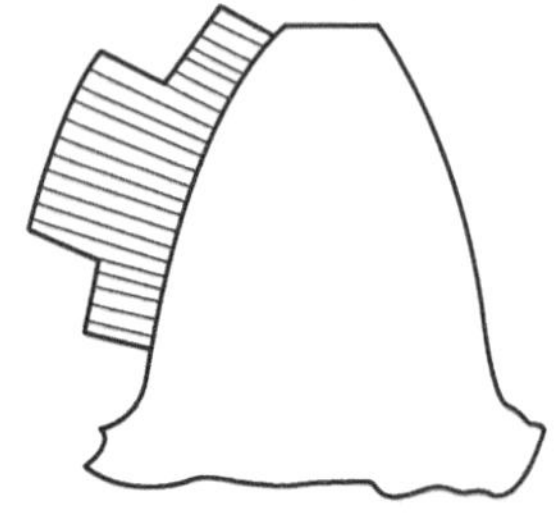

图 4-29　齿面受载变化

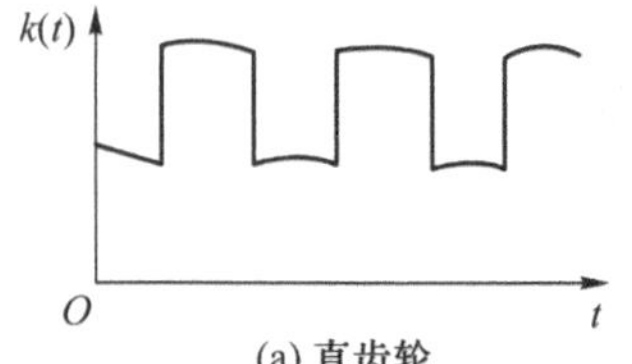

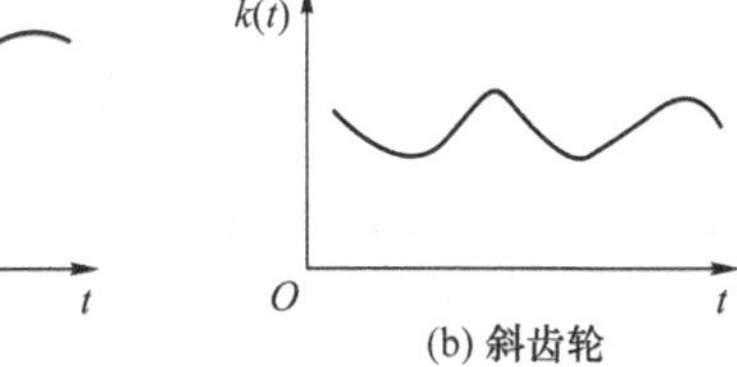

图 4-30　啮合刚度变化曲线

若齿轮副主动轮转速为 n_1、齿数为 z_1;从动轮转速为 n_2、齿数为 z_2,则齿轮啮合刚度的变化频率(即啮合频率)为

$$f_c=f_1z_1=f_2z_2=\frac{n_1}{60}z_1=\frac{n_2}{60}z_2 \tag{4-8}$$

无论齿轮处于正常或异常状态下,这一振动成分总是存在的。但两种状态下振动水平是有差异的。因此,根据齿轮振动信号啮合频率分量进行故障诊断是可行的。但由于齿轮信号

比较复杂，故障对振动信号的影响也是多方面的，特别是由于幅值调制和频率调制的作用，齿轮振动频谱上通常总是存在众多的边频带结构，给利用振动信号进行故障诊断带来一定的困难。

2. 幅值调制与频率调制

齿轮振动信号的调制现象中包含很多故障信息，所以研究信号调制对齿轮故障诊断是非常重要的。从频域上看，信号调制的结果是使齿轮啮合频率周围出现边频带成分。信号调制可分为两种：幅值调制和频率调制。

(1) 幅值调制

幅值调制是由齿面载荷波动对振动幅值的影响造成的。比较典型的例子是齿轮的偏心使齿轮啮合时一边紧一边松，从而产生载荷波动，使振幅按此规律周期性变化。齿轮的加工误差（例如节距不匀）及齿轮故障使齿轮在啮合中产生短暂的“加载”和“卸载”效应，也会产生幅值调制。

幅值调制从数学上看，相当于两个信号在时域上相乘；而在频域上，相当于两个信号的卷积，如图 4-31 所示。这两个信号一个称为载波，其频率相对来说较高；另一个称为调制波，其频率相对于载波频率来说较低。在齿轮信号中，啮合频率成分通常是载波成分，齿轮轴旋转频率成分通常是调制波成分。

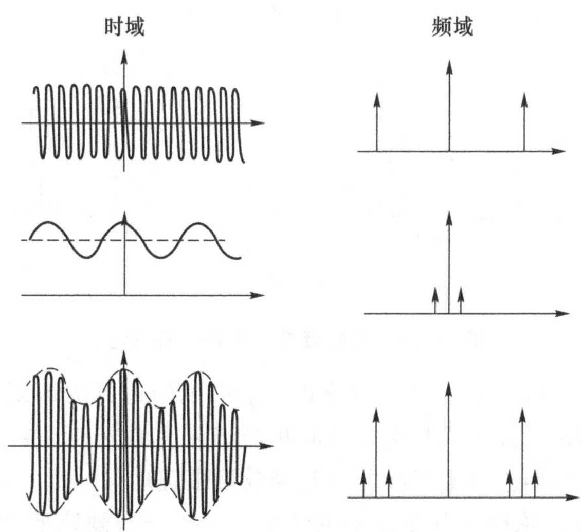

图 4-31　单一频率的幅值调制

若 $x_c(t)=A\sin(2\pi f_c t+\varphi)$ 为齿轮啮合振动信号，$a(t)=1+B\cos 2\pi f_z t$ 为齿轮轴的转频振动信号，则调幅后的振动信号为

$$x(t)=A(1+B\cos 2\pi f_z t)\sin(2\pi f_c t+\varphi) \tag{4-9}$$

式中：A 为振幅；B 为幅值调制指数；f_z 为调制频率，它等于齿轮的旋转频率。

上述调制信号在频域可表示为

$$|x(f)|=A\delta(f-f_c)+\frac{1}{2}AB\delta(f-f_c-f_z)+\frac{1}{2}AB\delta(f-f_c+f_z) \tag{4-10}$$

由此可见，调制后的信号中，除原来的啮合频率分量外，增加了一对分量 (f_c+f_z) 和 (f_c-f_z)。它们是以 f_c 为中心、f_z 为间距对称分布于两侧，所以称为边频带（见图 4-32）。

对于实际的齿轮振动信号，载波信号、调制信号都不是单一频率的，一般来说都是周期函

数。由式(4-7)可知,一般情况下,$k(t)e_2(t)$可以反映由故障产生的幅值调制。设

$$y(t)=k(t)e_2(t) \tag{4-11}$$

则 $k(t)$为载波信号,它包含齿轮啮合频率及其倍频成分;$e_2(t)$为调幅信号,反映齿轮的误差和故障情况。由于齿轮周而复始地运转,所以齿轮每转一圈,$e_2(t)$就变化一次,$e_2(t)$包含齿轮轴旋转频率及其倍频成分。

在时域上,

$$y(t)=k(t)e_2(t) \tag{4-12}$$

在频域上,

$$S_y(f)=S_k(f)*S_e(f) \tag{4-13}$$

式中:$S_y(f)$、$S_k(f)$和 $S_e(f)$分别为 $y(t)$、$k(t)$和 $e_2(t)$的频谱。由于在时域上载波信号 $k(t)$与调幅信号 $e_2(t)$相乘,在频域上调制的效果相当于它们的幅值频谱的卷积,即近似于一组频率间隔较大的脉冲函数和一组频率间隔较小的脉冲函数的卷积,从而在频谱上形成若干组围绕啮合频率及其倍频成分两侧的边频族(见图4-32)。

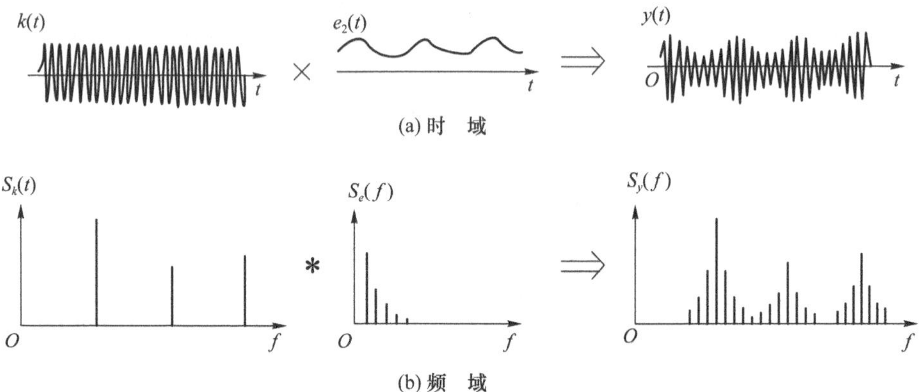

图4-32　齿轮频谱上边频带的形成

由此可以较好地解释齿轮集中缺陷和分布缺陷产生的边频的区别。图4-33(a)所示为齿轮存在局部缺陷时的振动波形及频谱。这时相当于齿轮的振动受到一个短脉冲的调制,脉冲长度等于齿轮的旋转周期。由此形成的边频带数量多且均匀。

图4-33(b)所示为齿轮存在分布缺陷的情形。由于分布缺陷所产生的幅值调制较为平缓,由此形成的边频带比较高且窄;并且齿轮上的缺陷分布越均匀,频谱上的边频带就越高、越集中。

(2) 频率调制

齿轮载荷不均匀、齿距不均匀及故障造成的载荷波动,除了对振动幅值产生影响外,同时也必然产生扭矩波动,使齿轮转速产生波动。这种波动表现在振动上即为频率调制(也可以认为是相位调制)。对于齿轮传动,任何导致产生幅值调制的因素也同时会导致频率调制。两种调制总是同时存在的。对于质量较小的齿轮副,频率调制现象尤为突出。

频率调制即使在载波信号和调制信号均为单一频率成分的情况下,也会形成很多边频成分。若载波信号为 $A\sin(2\pi f_c t)$,调制信号为 $\beta\cos(2\pi f_z t)$,则频率调制后的信号的瞬时角速度为

$$\omega=\mathrm{d}\Phi/\mathrm{d}t=2\pi f_c(1+\beta\cos 2\pi f_z t)$$

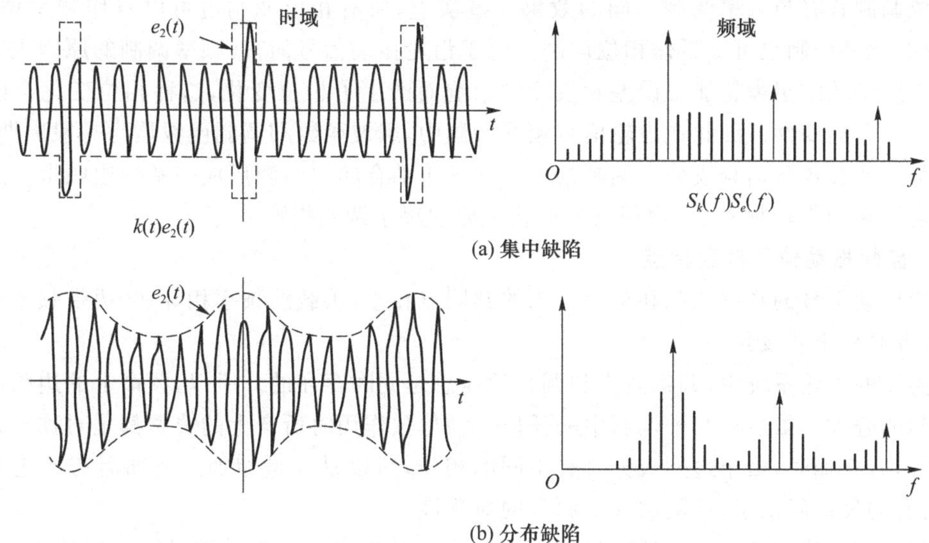

图 4-33　齿轮缺陷分布对边频带的影响

则角位移为

$$\Phi = \int_0^t \omega \mathrm{d}t = 2\pi f_c t + \frac{f_c}{f_z}\beta \sin 2\pi f_z t$$

所以,频率调制后的信号为

$$f(t)=A\sin\left[2\pi f_c t+\frac{f_c}{f_z}\beta\sin(2\pi f_z t)\right]=A\sin[2\pi f_c t+m_f\sin(2\pi f_z t)] \tag{4-14}$$

式中:A 为载波信号振幅;f_c 为载波频率;f_z 为调制频率;β 为调制信号振幅;$m_f=(f_c/f_z)\beta$ 为调制指数;φ 为初相角。

式(4-14)可以用贝塞尔(Bessel)函数展开,得

$$\begin{aligned} f(t)=A[&J_0(m_f)\sin 2\pi f_c t+J_1(m_f)\sin 2\pi(f_c+f_z)t-J_1(m_f)\sin 2\pi(f_c-f_z)t+\\ &J_2(m_f)\sin 2\pi(f_c+2f_z)t-J_2(m_f)\sin 2\pi(f_c-2f_z)t+\cdots+\\ &J_n(m_f)\sin 2\pi(f_c+nf_z)t-J_n(m_f)\sin 2\pi(f_c-nf_z)t+\cdots] \end{aligned} \tag{4-15}$$

因此得到调频信号的特性:调频的振动信号包含无限多个频率分量,并以 f_c 为中心、f_z 为间隔形成无限多对调制边带,如图 4-34 所示。

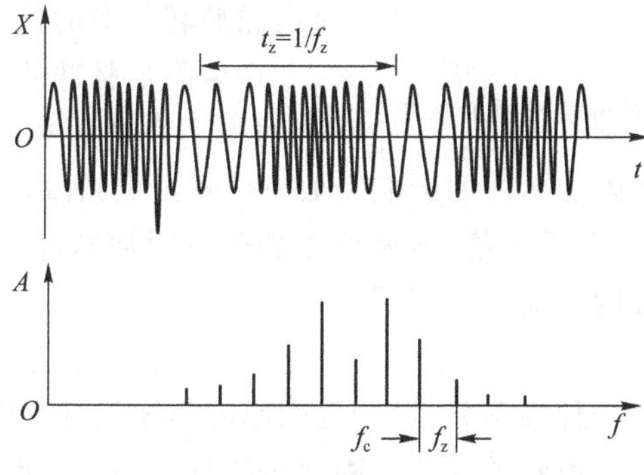

图 4-34　频率调制及其边带

相位调制具有与频率调制相同的效果。事实上,所有相位调制也可以看作频率调制,反之,所有的频率调制也可以看作相位调制。对于齿轮振动信号而言,频率调制的原因主要是齿轮啮合刚度函数由于齿轮加工误差和故障的影响而产生了相位变化,这种相位变化会因齿轮的旋转而具有周期性。因此在齿轮信号频率调制中,载波函数和调制函数均为一般周期函数,均包含基频及其各阶倍频成分。调制结果是在各阶啮合频率两侧形成一系列边频带。边频的间隔为齿轮轴的旋转频率 f_z,边频族的形状主要取决于调制指数 m_f。

(3) 齿轮振动信号调制特点

齿轮振动信号的频率调制和幅值调制的共同点在于:①载波频率相等;②边带频率对应相等;③边带对称于载波频率。

在实际的齿轮系统中,调幅效应和调频效应总是同时存在的。所以,频谱上的边频成分为两种调制的叠加。虽然这两种调制中的任何一种单独作用时所产生的边频都是对称于载波频率的,但两者叠加时,由于边频成分具有不同的相位,所以是向量相加。叠加后有的边频幅值增加了,有的反而降低了,这就破坏了原有的对称性。

边频具有不稳定性。幅值调制与频率调制的相对相位关系会受随机因素影响而变化,所以在同样的调制指数下,边频带的形状会有所改变,但其总体水平不变。因此,在齿轮故障诊断中,只监测某几个边频得到的信息往往是不全面的,据此作出的诊断结论有时是不可靠的。

3. 齿轮振动的其他成分

在齿轮振动信号中除了存在啮合频率、边频成分外,还存在其他振动成分,为了有效地识别齿轮故障,需要对这些成分加以识别和区分。

(1) 附加脉冲

齿轮信号的调制所产生的信号大体上都是对称于零电平的。但由于附加脉冲的影响,实际上测得的信号不一定对称于零线。附加脉冲是直接叠加在齿轮的常规振动上的,而不是以调制的形式出现,在时域上比较容易区分,如图 4-35 所示。

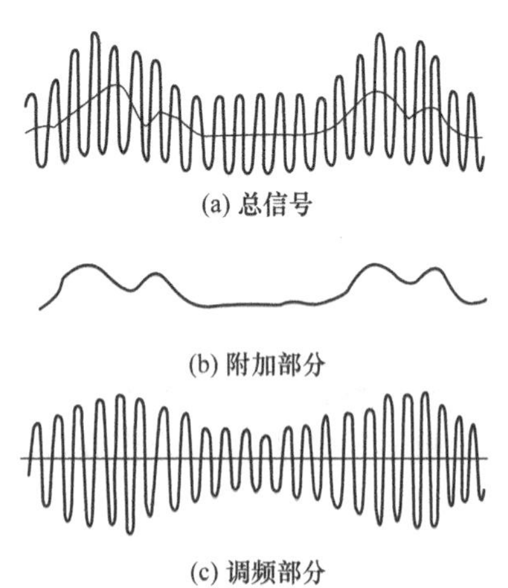

图 4-35　将齿轮箱振动信号分解出附加脉冲

在频域上,附加脉冲和调制效应也很容易区分。调制在谱上产生一系列边频成分,这些边频以啮合频率及其谐频为中心,而附加脉冲是齿轮旋转频率的低次谐波。

产生附加脉冲的主要原因有齿轮动平衡不良、对中不良和机械松动等。附加脉冲不一定与齿轮本身缺陷直接有关。附加脉冲的影响一般不会超出低频段,即在啮合频率以下。

齿轮的严重局部故障,如严重剥落、断齿等也会产生附加脉冲。此时,在低频段上表现为齿轮旋转频率及其谐频成分的增加。

(2) 隐含谱线

隐含谱线是功率谱上的一种频率分量,产生的原因是加工过程中带来的周期性缺陷,即滚齿机工作台的分度蜗轮蜗杆及齿轮的误差。隐含谱线具有如下特点:

① 一般对应于某个分度蜗轮的整齿数,因此,必然表现为一个特定回转频率的谐波。

② 是由几何误差产生的,齿轮工作载荷对它影响很小,随着齿轮的跑合和磨损会逐渐

降低。

(3) 轴承振动

由于测量齿轮振动时测点位置通常都选在轴承座上，测得的信号中必然会包含有轴承振动的成分。正常轴承的振动水平明显低于齿轮振动，一般要小一个数量级，所以在齿轮振动频率范围内，轴承振动的频率成分很不明显。滑动轴承的振动信号往往在低频段，即旋转频率及其低次谐波频率范围内可以找到其特征频率成分。而滚动轴承特征频率范围比齿轮要宽，所以，滚动轴承的诊断不宜在齿轮振动范围内进行，而应在高频段或采用其他方法进行。

当滚动轴承出现严重故障时，在齿轮振动频段内可能会出现较为明显的特征频率成分。这些成分有时单独出现，有时表现为与齿轮振动成分交叉调制，出现和频与差频成分，和频与差频会随其基本成分的改变而改变。

4.7.3　齿轮故障诊断常用信号分析处理方法

振动和噪声信号是齿轮故障特征信息的载体，能够通过各种信号传感器、放大器及其他测量仪器，很方便地测量出齿轮箱的振动和噪声信号，通过各种分析和处理，提取其故障特征信息，从而诊断出齿轮的故障。

以振动和噪声为故障信息载体来进行齿轮的精密诊断，目前常用的信号分析处理方法有以下几种：①时域分析方法，包括时域波形、调幅解调、相位解调等；②频域分析，包括功率谱、细化谱；③倒频谱分析；④时频域分析方法，包括短时 FFT、维格纳分布、小波分析等；⑤瞬态信号分析方法，包括瀑布图等。在此仅针对齿轮振动的特点介绍其中最常用的几种分析方法。

1. 频率细化分析技术

由于齿轮的振动频谱图包含着丰富的信息，不同的齿轮故障具有不同的振动特征，其相应的谱线也会发生特定的变化。

由于齿轮故障在频谱图上反映出的边频带比较多，因此在进行频谱分析时必须有足够的频率分辨率。当边频带的间隔(故障频率)小于分辨率时，就分析不出齿轮的故障，此时可采用频率细化分析技术提高分辨率。某齿轮变速箱的频谱图如图 4 - 36(a)所示，从图中可以看出，在所分析的 0～2 kHz 频率范围内，有 1～4 阶啮合频率的谱线，还可较清晰地看出有间隔为 25 Hz 的边频带，而在两边频带间似乎还有其他的谱线，但限于频率分辨率已不能清晰分辨。利用频谱细化分析技术，对其中 900～1 100 Hz 的频段进行细化分析，其细化频谱如图 4 - 36(b)所示。由细化谱中可清晰地看出边频带的真实结构，两边频带的间隔为 8.3 Hz，它是由转动频率为 8.3 Hz 的小齿轮轴不平衡引起的振动分量对啮合频率调制的结果。本例表明，用振动频谱的边频带进行齿轮不平衡一类的故障诊断时，必须要有足够的频率分辨率，否则会造成误诊或漏诊，影响诊断结果的准确性。

2. 倒频谱分析

对于同时有多对齿轮啮合的齿轮箱振动频谱图，由于每对齿轮啮合都将产生边频带，而且几个边频带交叉分布在一起，仅进行频率细化分析有时也无法看清频谱结构，因此还需要进一步做倒频谱分析。倒频谱能较好地检测出功率谱上的周期成分，通常在功率谱上无法对边频的总体水平作出定量估计，而倒频谱对边频成分具有“概括”能力，能较明显地显示出功率谱上的周期成分，将原来谱上成簇的边频带谱线简化为单根谱线，便于观察，而齿轮发生故障时的振动频谱具有的边频带一般都具有等间隔(故障频率)的结构，利用倒频谱这个优点，可以检测出功率谱中难以辨识的周期性信号。

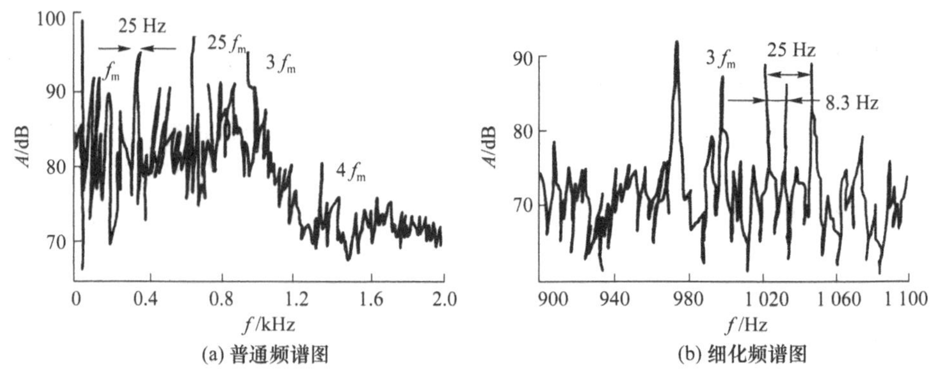

(a) 普通频谱图　(b) 细化频谱图

图 4-36　齿轮振动信号的频谱分析

图 4-37(a)所示为某齿轮箱振动信号的频谱,频率为 0～20 kHz,谱线数为 400。其中包含啮合频率(4.3 kHz)及其三阶谐频成分。由于频率分辨率太低(50 Hz),频谱上没有分解出边频带,图 4-37(b)所示为对图 4-37(a)中的 3.5～13.5 kHz 频段内细化至 2 000 谱线的频谱。谱中包含前三阶啮合频率的谐频,但不包含齿轮旋转频率的低阶谱波。由于分辨率较高(5 Hz),可以看到很多边频成分,但仍很难分辨出它们的周期。将图 4-37(b)中 7.5～9.5 kHz频率展开作横向放大,可得到图 4-37(c),可以看到以旋转频率为间隔的边频带。图 4-37(d)是由图 4-37(b)而得到的倒频谱。倒频谱上清楚地表明了对应于两个齿轮旋转频率(85 Hz 和 50 Hz)的两个倒频分量 A_1(11.8 ms)和 B_1(20.0 ms),而在功率谱上却难以分辨出来。

倒频谱的另一个主要优点是受信号传递路径影响较小,这一点对于故障识别极为有用。

图 4-38 所示为两个传感器在齿轮箱上不同测点的分析结果。可以看到,由于传递路径不同,二者的功率谱也不相同。但在倒频谱上,由于信号源的振动效应和传递途径的效应分离开来,代表齿轮振动特征的倒频率分量几乎完全相同,只是低倒频率段存在由传递函数差异而产生的影响。由此可见,在进行倒频谱分析时,可以不必考虑信号测取时的衰减和标定系数所带来的影响。

如前所述,在齿轮箱的振动中,调频和调幅同时存在且两种调制在相位上的变化使边频具有不稳定性,这种不稳定性给在功率谱上识别边频造成不利影响。而在倒频谱上,代表齿轮调制程度的幅值不受相位变化的影响,这也是倒频谱分析的优点之一。

3. 瀑布图分析法

除了倒频谱分析方法外,前述瀑布图分析方法也可在齿轮箱故障诊断中应用。改变齿轮箱输入轴的转速并作出相应的振动功率谱,就可以得到瀑布图。在瀑布图上,可以清楚地观察到,有些谱峰的位置随输入轴转速的变化而偏移,它们一般属于齿轮强迫振动的频率;而有些谱峰的位置始终不变,不随输入轴转速的变化而改变,这种谱峰就属于由共振所引起的,这种共振可能是齿轮传动系统共振,也可能是箱体共振,绘制瀑布图一般需要有 20%以上的转速变化。

4. 时域同步平均法

从齿轮振动中取出啮合频率成分,将它同齿轮轴的旋转频率同步相加、平均,这种方法叫时域同步平均法。它对诊断齿轮局部异常并确定其位置非常有效。因为异常齿啮合时,冲击

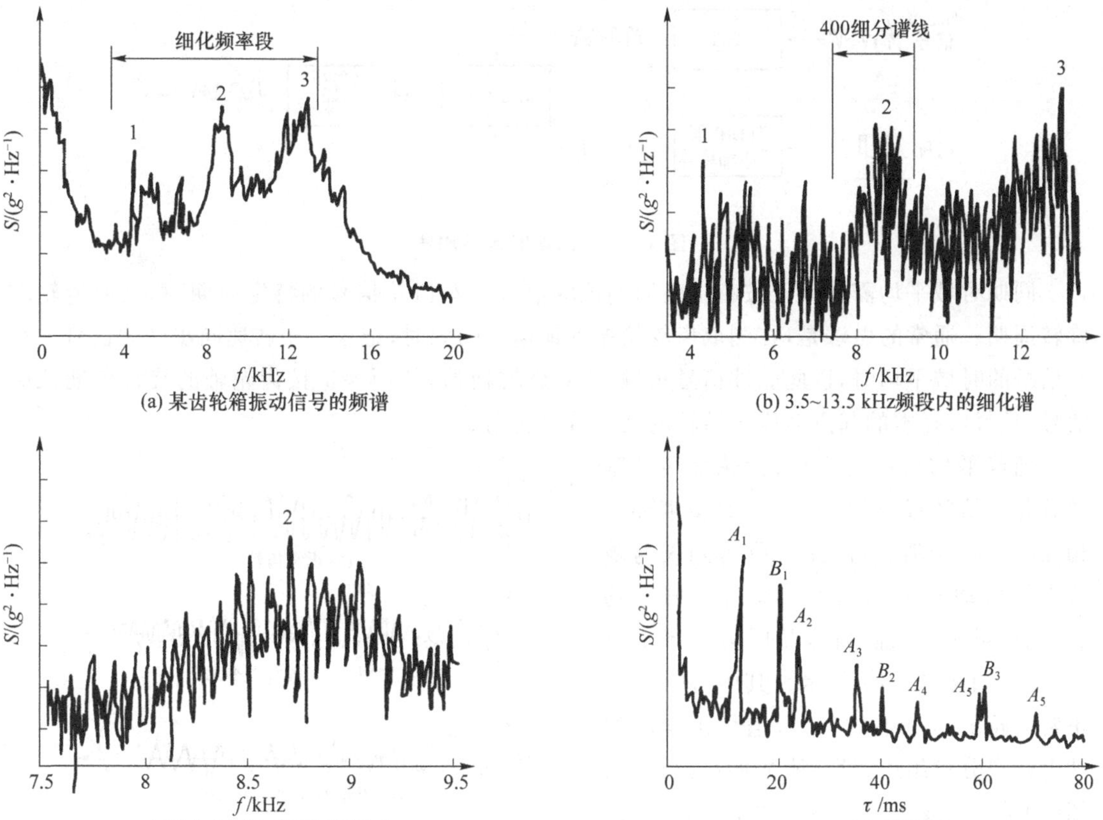

细化频率段

(a) 某齿轮箱振动信号的频谱

400细分谱线

(b) 3.5~13.5 kHz频段内的细化谱

(c) 7.5~9.5 kHz频率区间放大

(d) 倒频谱

1—啮合频率；2,3—高次谐波；A_1~A_5—周期为11.8 ms谐波；B_1~B_3—周期为20 ms谐波

图 4-37　用倒频谱分析齿轮箱振动信号中的边频带

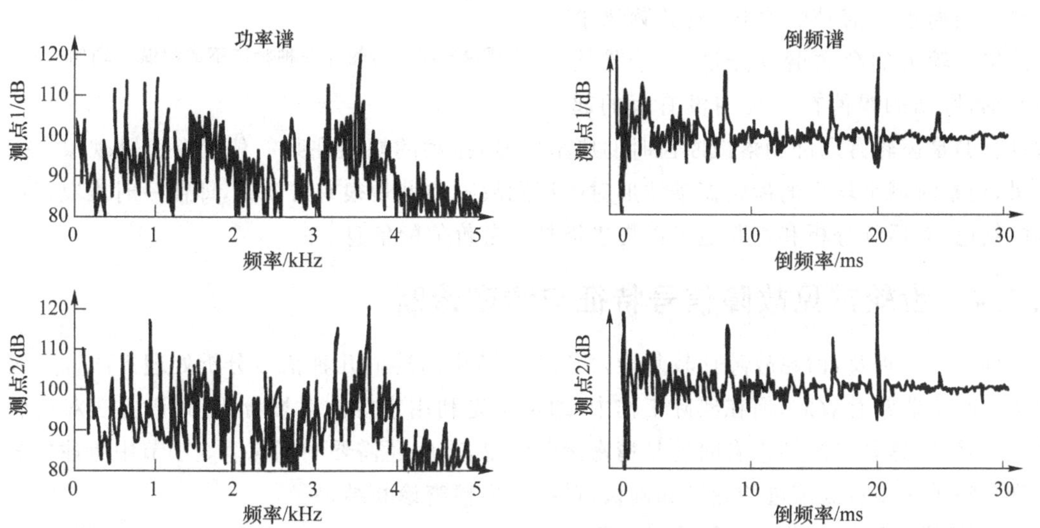

图 4-38　故障信息在功率谱和倒频谱中明显性比较

振动的振幅要比其他齿的大，所以曲线上幅值最大的峰值位置即是异常齿的位置。其分析原理如图 4-39 所示。

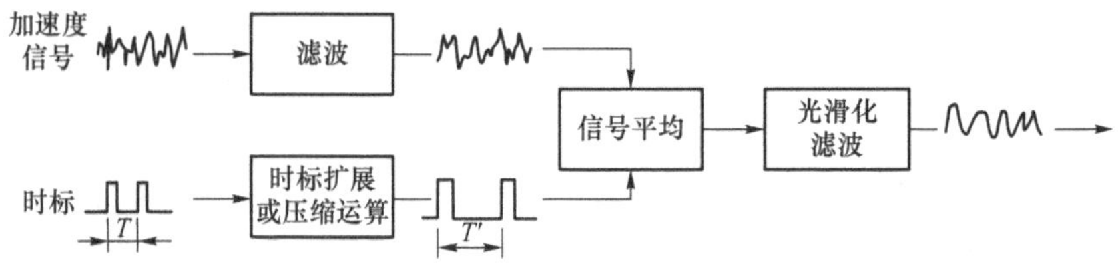

图 4-39 同期时域平均法

同期时域平均需要保证按特定整周期截取信号。对齿轮信号的特定周期,总是取齿轮的旋转周期。通常的做法是,在测取齿轮箱振动加速度的同时,记录一个转速同步脉冲信号。在作信号的时域平均时,以此脉冲信号来触发 A/D 转换器,从而保证按齿轮轴的旋转周期截取信号,且每段样本的起点对应于转轴的某一特定转角。

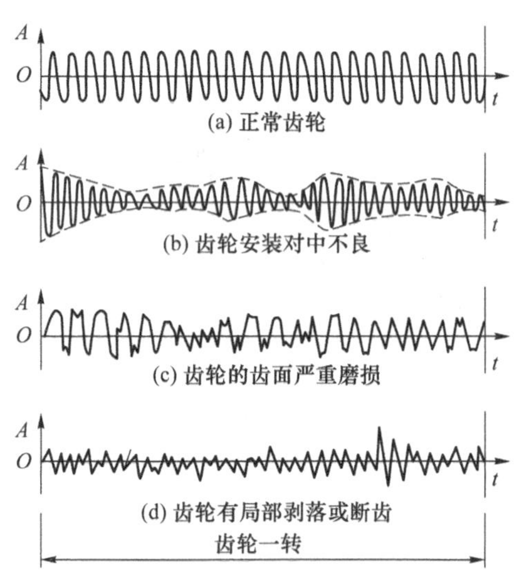

图 4-40 齿轮在各种状态下的时域平均信号

随着平均次数的增加,齿轮旋转频率及其各阶倍频成分保留,而其他噪声部分相互抵消趋于消失,由此可以得到仅与被检齿轮振动有关的信号。经过时域平均后,比较明显的故障可以从时域波形上反映出来,如图 4-40 所示。其中,图(a)是正常齿轮的时域平均信号,信号由均匀的啮合频率分量组成,没有明显的高次谐波;图(b)是齿轮安装对中不良的情形,信号的啮合频率分量受到幅值调制,但调制频率较低,只包含转频及其低阶谐频;图(c)是齿轮的齿面严重磨损的情况,啮合频率分量严重偏离正弦信号的形状,故其频谱上必然出现较大的高次谐波分量,由于是均匀磨损,振动的幅值在一转内没有大的起伏;图(d)是齿轮有局部剥落或断齿时的典型信号,振动的幅值在某一位置有突跳现象。一般来讲,观察时域平均后的齿轮振动波形对于识别故障类型是很有帮助的,即使一时难以得出明确的结论,对后续分析和判断也可以提供极具参考价值的信息。

4.7.4 齿轮常见故障信号特征与精密诊断

前面已经提及,齿轮故障比较复杂,4.7.3 小节中所述的几种信号分析处理方法针对齿轮故障诊断是非常有效的,但在实际工作中,通常是先利用常规的时域分析、频谱方法对齿轮故障进行诊断,这种诊断结果有时就是精密诊断结果,有时还需要利用 4.7.3 小节中所述的分析处理方法进一步对故障进行甄别和确认,最终得出精密诊断结果。

1. 正常齿轮的时域特征和频域特征

没有缺陷的正常齿轮,其振动主要是由齿轮自身的刚度等引起的。

(1) 时域特征

正常齿轮由于刚度的影响,其波形为周期性的衰减波形。其低频信号具有近似正弦波的啮合波形，如图 4－41 所示。

(2) 频域特征

正常齿轮的信号反映在功率上，有啮合频率及其谐波分量，即有 $nf_c(n=1,2,\cdots)$，且以啮合频率成分为主，其高次谐波依次减小；同时，在低频处有齿轮轴旋转频率及其高次谐波 mf_r $(m=1,2,\cdots)$，其频谱如图 4－42 所示。

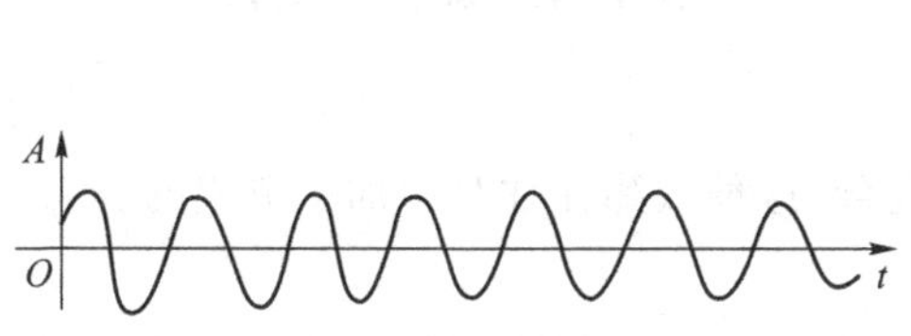

图 4－41　正常齿轮地低频振动波形

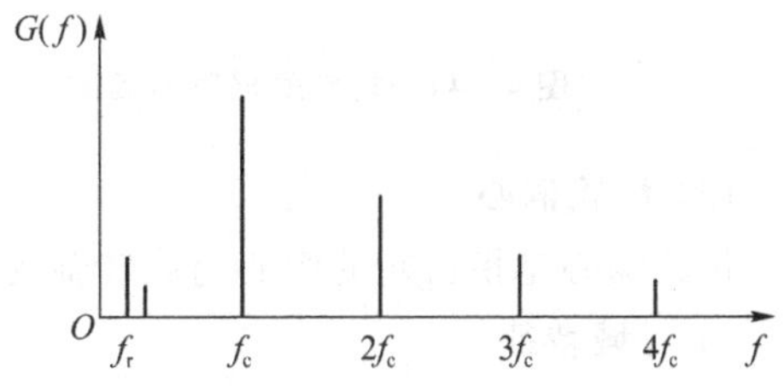

图 4－42　正常齿轮的频波

2. 故障情况下振动信号的时域特征和频域特征

(1) 均匀磨损

齿轮均匀磨损是指由齿轮的材料、润滑等方面的原因或者长期在高负荷下工作造成大部分齿面磨损。

1) 时域特征

当齿轮发生均匀磨损时，导致齿侧间隙增大，通常会使其正弦波式的啮合波形遭到破坏。图 4－43所示为齿轮发生磨损后引起的高频及低频振动。

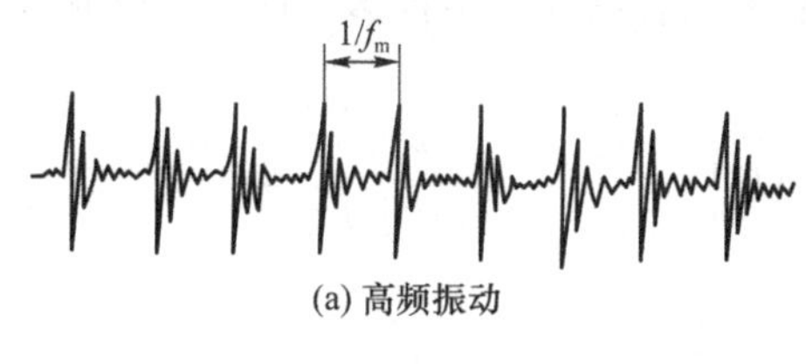

(a) 高频振动

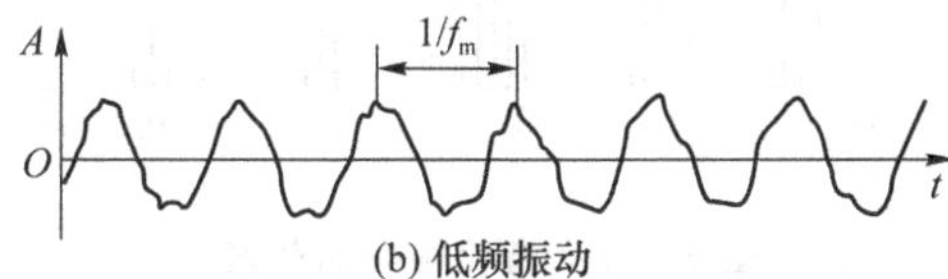

(b) 低频振动

图 4－43　磨损齿轮的高频振动和低频振动

2) 频域特征

当齿面均匀磨损时，啮合频率及其谐波分量 $nf_c(n=1,2,\cdots)$ 在频谱图上的位置保持不变，但其幅值大小发生改变，而且高次谐波幅值相对增大较多。分析时，要分析 3 个以上谐波的幅值变化才能从频谱上检测出这种特征。图 4－44 所示反映了磨损后齿轮的啮合频率及谐波值的变化。

随着磨损的加剧，还有可能产生 $1/K(K=2,3,4,\cdots)$ 的分数谐波，有时在升降速时还会出现如图 4－45 所示的呈非线性振动的跳跃现象。

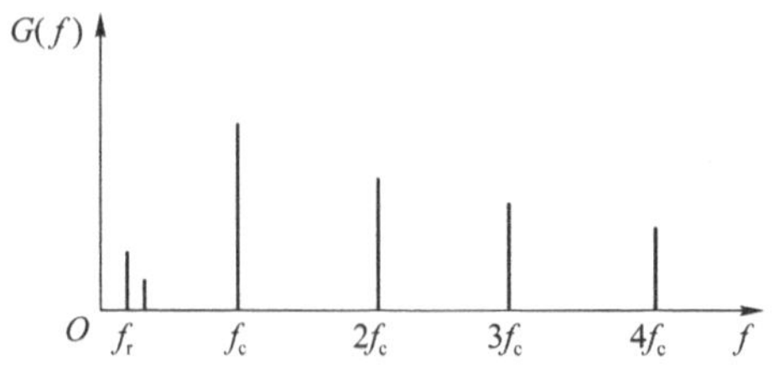

图 4-44　均匀磨损时的频谱

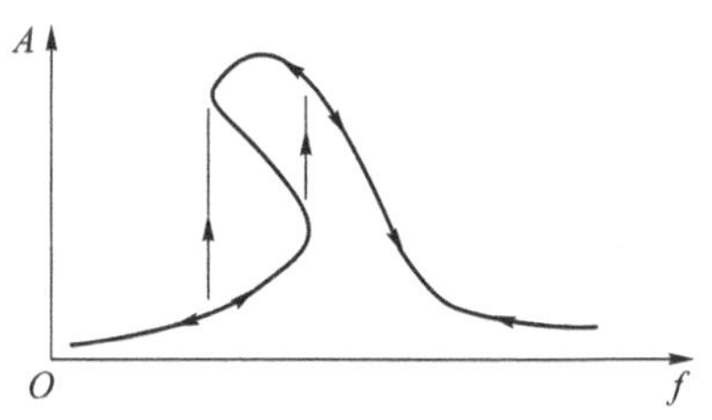

图 4-45　振幅跳跃现象

(2) 齿轮偏心

齿轮偏心是指齿轮的中心与旋转轴的中心不重合,这种故障往往是由加工造成的。

1) 时域特征

当一对互相啮合的齿轮中有一个齿轮存在偏心时,其振动波形由于偏心的影响被调制,产生调幅振动。图 4-46 所示为齿轮有偏心时的振动波形。

图 4-46　偏心齿轮的振动时域波形

2) 频域特征

当齿轮存在偏心时,其频谱结构将在两个方面有所反映:一是以齿轮的旋转频率为特征的附加脉冲幅值增大;二是以齿轮一转为周期的载荷波动,从而导致调幅现象,这时的调制频率为齿轮的回转频率,比所调制的啮合频率要小得多。图 4-47 所示为具有偏心的齿轮的典型频谱特征。

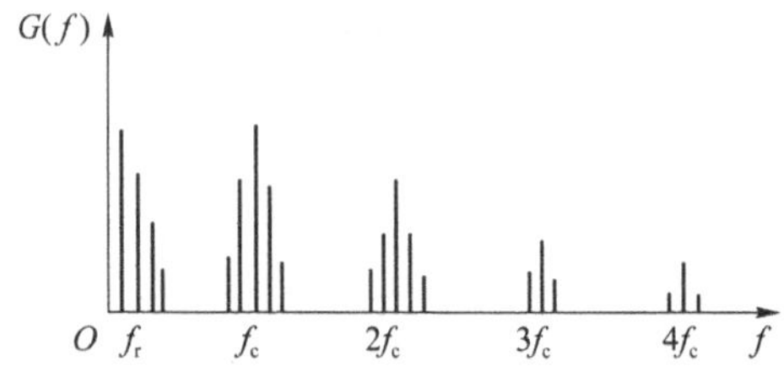

图 4-47　齿轮偏心的频谱

(3) 齿轮不同轴

齿轮不同轴故障是指由于齿轮和轴装配不当所造成的齿轮与轴不同轴。不同轴故障会使齿轮产生局部接触,导致部分轮齿承受较大的负荷。

1) 时域特征

当齿轮出现不同轴或不对中时,其振动的时域信号具有明显的调幅现象。如图 4-48 所示为其低频振动信号呈现明显的调幅现象。

2) 频域特征

具有不同轴故障的齿轮,由于其振幅调制作用,会在频谱上产生以各阶啮合频率 nf_c($n=1,2,\cdots$)为中心、故障齿轮的旋转频率 f_r 为间隔的一阶边频族,即 $nf_c \pm f_r$($n=1,2,\cdots$)。同时,故障齿轮的旋转特征频率 mf_r($m=1,2,\cdots$)在频谱上有一定反映。图 4-49 所示为典型的具有不同轴故障齿轮的特征频谱。

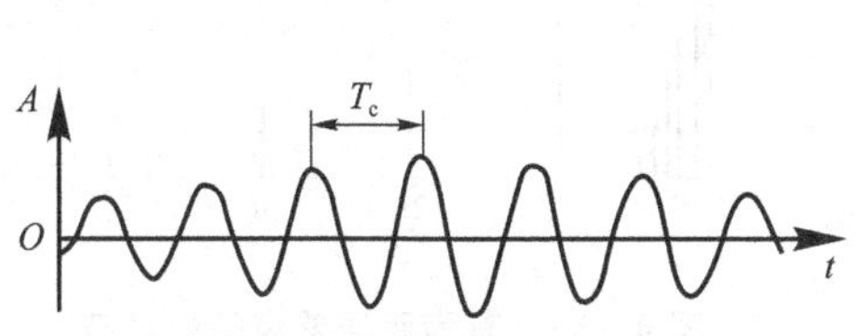

图 4-48 不同轴齿轮波形

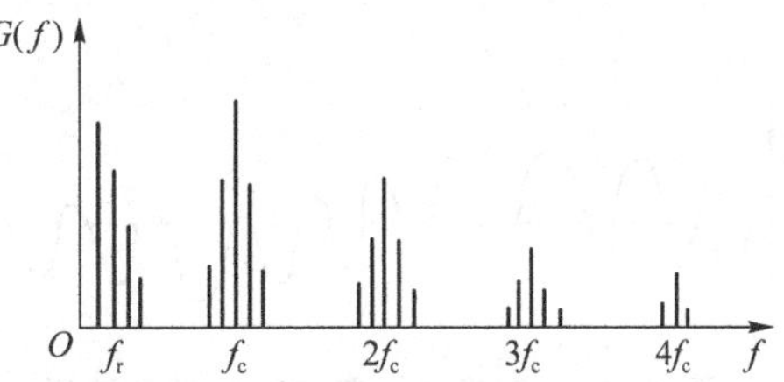

图 4-49 不同轴齿轮的频谱

(4) 齿轮局部异常

齿轮的局部异常包括齿根部有较大裂纹、局部齿面磨损、轮齿折断、局部齿形误差等，图 4-50所示为几种常见的异常情况。

局部异常齿轮的振动波形是典型的以齿轮旋转频率为周期的冲击脉冲，如图 4-51 所示。

具有局部异常故障的齿轮，由于裂纹、断齿或齿形误差的影响，将以旋转频率为主要频域特征，即 $mf_r(m=1,2,\cdots)$，如图 4-52 所示。

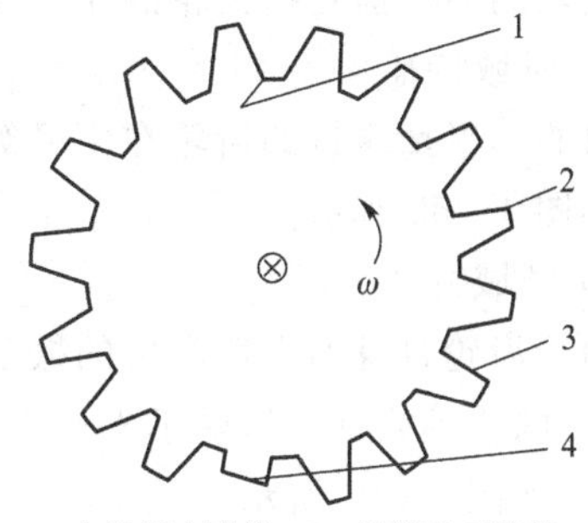

1—齿根部有裂纹；2—局部齿面磨损；
3—局部齿形误差；4—断齿

图 4-50 齿轮的局部异常

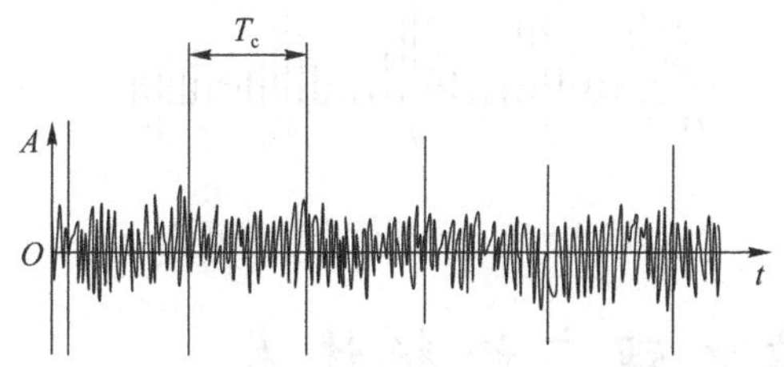

图 4-51 局部异常齿轮的振动波形

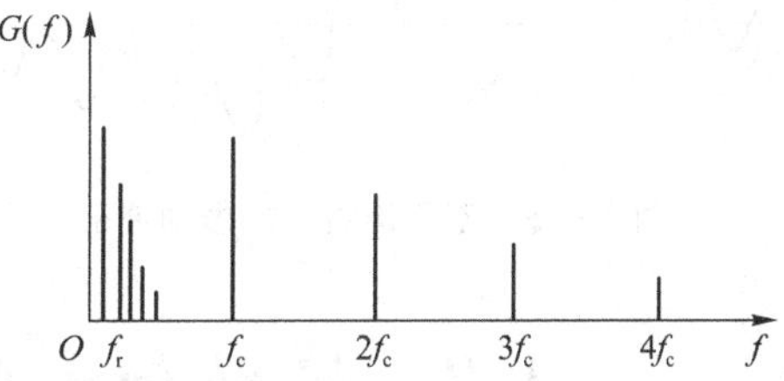

图 4-52 局部异常的齿轮频谱

(5) 齿距误差

齿距误差是指一个齿轮的各个齿距不相等，存在有误差。齿距误差是由齿形误差造成的。几乎所有的齿轮都有微小的齿距误差。

1) 时域特征

具有齿距误差的齿轮，其振动波形理论上应具有调频特性，但由于齿距误差一般在整个齿轮上以谐波形式分布，故在低频下也可以观察到明显的调幅特征，如图 4-53 所示。

2) 频域特征

有齿距误差的齿轮，由于齿距的误差影响到齿轮旋转角度的变化，在频率域表现为包含旋转频率的各次谐波 $mf_r(m=1,2,\cdots)$、各阶啮合频率 $nf_c(n=1,2,\cdots)$以及以故障齿轮的旋转频率为间隔的边频 $nf_c \pm mf_r(n,m=1,2,\cdots)$等，图 4-54 所示为具有齿距误差的齿轮的频谱特征。

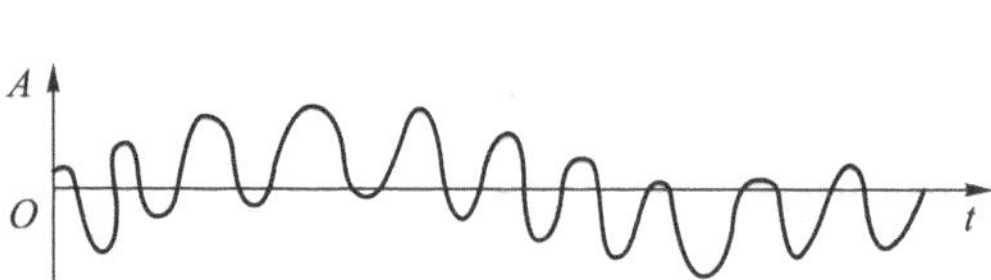

图 4-53 有齿距误差齿轮的振动波形

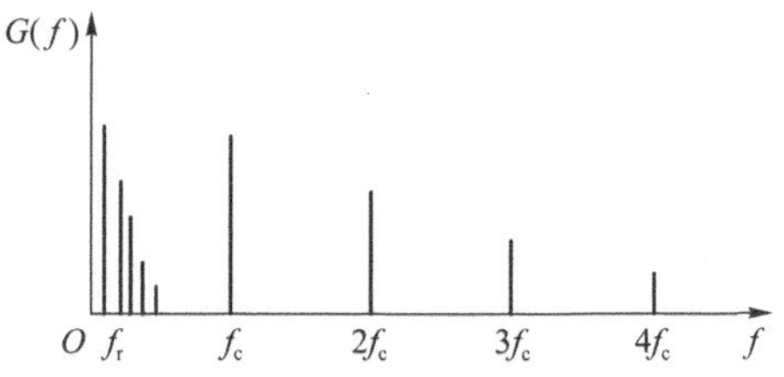

图 4-54 有齿距误差齿轮的频谱

(6) 不平衡齿轮的时域特征与频域特征

齿轮的不平衡是指齿轮的质心和回转中心不重合,从而导致齿轮副的不稳定运行和振动。

1) 时域特征

具有不平衡质量的齿轮在不平衡力的激励下会产生以调幅为主、调频为辅的振动,其振动波形如图 4-55 所示。

2) 频域特征

由于齿轮自身不平衡产生的振动,将在啮合频率 f_c 及其谐波两侧产生 $nf_c \pm mf_r$($n,m=1,2,\cdots$)的边频族;同时,受不平衡力的激励,齿轮轴的旋转频率及其谐波 nf_r 的能量也有相应的增加,如图 4-56 所示。

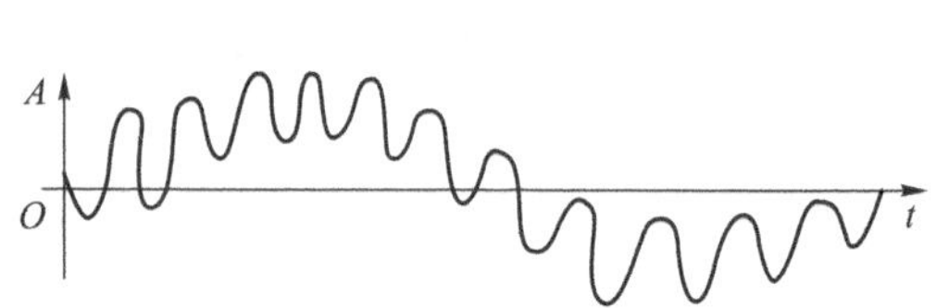

图 4-55 不平衡齿轮的振动波形

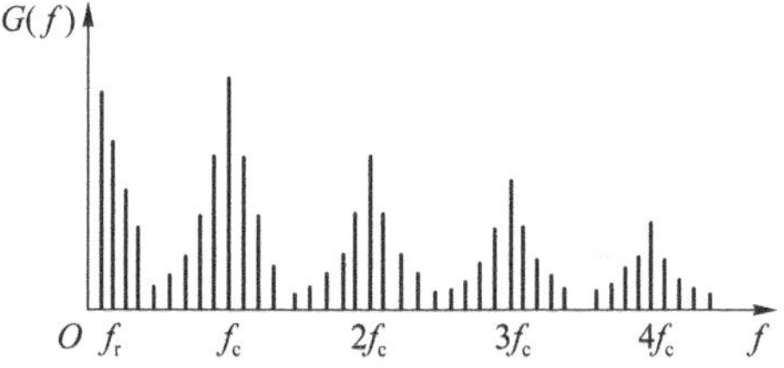

图 4-56 不平衡齿轮的频谱

4.8 滚动轴承的故障机理与诊断技术

4.8.1 概 述

滚动轴承是航空发动机支承系统的关键部件,其工作条件非常恶劣、复杂,往往工作在高速、高温以及高载荷的工况下,且工作中工况变化剧烈,因此在工作过程中极易发生故障。一旦轴承发生故障,将直接影响设备的使用安全,轻则会使转子系统振动增大、转静子碰摩,严重时甚至会导致灾难性事故。目前,主轴承失效是公认的造成航空发动机空中停车、非计划换发的主导原因之一,其中,表面起始的剥落是主轴承失效的主要形式。据统计,2005—2013 年我空军某型新机列装后累计发生数十起主轴承损伤导致的发动机严重故障并报废,多次空中停车和数起二等重大飞行事故或飞机迫降,直接经济损失数十亿元。

然而,由于滚动轴承的实际运行工况远比设计工况复杂,轴承的实际使用寿命差异性很大,传统的定时维修策略的弊端日益突出。相关试验和研究均表明,滚动轴承剥落存在稳定的扩展增殖阶段,剥落扩展增殖具有可重复性和预测性,这为开展滚动轴承剥落的健康监测和寿命预测研究奠定了基础,也为有效实施基于健康监测的滚动轴承视情维修技术提供了理论依据。

最初的轴承故障诊断是利用听棒，靠听觉来判断。这种方法至今仍在沿用，其中的一部分已改进为电子听诊器，例如用电子听诊器来检查、判断轴承的疲劳损伤。训练有素的人员凭经验就能诊断出刚刚发生的疲劳剥落，有时甚至能辨别出损伤的位置，但毕竟影响因素较多，可靠性较差。

继听棒、电子听诊器之后，在滚动轴承的状态监测与故障诊断工作中又引入了各种测振仪，根据振动位移、速度和加速度的均方根值或峰值来判断轴承有无故障，这样减少了监测人员对经验的依赖性，提高了监测诊断的准确性，但仍很难在故障初期及时做出诊断。

1966 年，全球主要滚动轴承生产商之一——瑞典 SKF 公司在多年对轴承故障机理研究的基础上发明了用冲击脉冲仪(Shock Pulse Meter)检测轴承损伤，将滚动轴承的故障诊断水平提高了一个档次。之后，几十家公司相继安装了大批传感器用于长期监测轴承的运转情况，在飞机上也安装了类似的检测仪器。

1976 年，日本新日铁株式会社研制了 MCV 系列机器检测仪(Machine Checker)，可分别在低频、中频和高频段检测轴承的异常信号，同时推出的还有油膜检查仪，利用超声波或高频电流对轴承的润滑状态进行监测，探测油膜是否破裂，发生金属间直接接触。1976—1983 年，日本精工公司(NSK)相继研制出了 NB 系列轴承监测仪，利用 1～15 kHz 范围内的轴承振动信号测量其 RMS 值和峰值来检测轴承故障。由于滤除了低频干扰，灵敏度有所提高，其中有些型号的仪器仪表还具有报警、自动停机功能。

随着对滚动轴承的运动学、动力学的深入研究，对于轴承振动信号中的频率成分和轴承零件的几何尺寸及缺陷类型的关系有了比较清楚的了解，加之快速傅里叶变换技术的发展，开创了用频域分析方法来检测和诊断轴承故障的新领域。其中，最具代表性的有对钢球共振频率的研究，对轴承圈自由共振频率的研究，对滚动轴承振动和缺陷、尺寸不均匀及磨损之间关系的研究。1969 年，H. L. Balderston 根据滚动轴承的运动分析，得出了滚动轴承的滚动体在内外滚道上的通过频率和滚动体及保持架的旋转频率的计算公式，以上研究奠定了这方面的理论基础。目前已有多种信号分析仪可供滚动轴承的故障诊断，美国恩泰克公司根据滚动轴承振动时域波形的冲击情况推出的“波尖能量”法及相应仪器，对滚动轴承的故障诊断非常有效。还有多种信号分析处理技术用于滚动轴承的状态监测与故障诊断，如频率细化技术、倒频谱、包络线分析等。在信号预处理上也采用了各种滤波技术，如相干滤波、自适应滤波等，提高了诊断灵敏度。

除了利用振动信号对轴承运行状态进行诊断监测外，还发展了其他一些技术，如光纤维监测技术、油污染分析法(光谱测定法、磁性磁屑探测法和铁谱分析法等)、声发射法、电阻法等，在其他章节将分别介绍这些内容。

4.8.2　滚动轴承故障的不同发展阶段及其频率特征

滚动轴承的故障频率分布有一个明显的特点，往往在低频段(1 kHz 以下)、中频段(1～20 kHz)和高频段(20 kHz 以上)都有表现。

① 低频段的频率范围为 0～1 000 Hz，覆盖了轴承的通过频率，但是这一频段易受机械中其他零件及结构的影响，并且在故障初期反映损伤类故障冲击的特征频率成分信息的能量很小，信噪比较低，故难以将滚动轴承初期微小的故障诊断出来；② 中频段的频率范围为 1～20 kHz，主要是轴承固有频率及其倍频。所以如果轴承元件表面有损伤则其将引起轴承元件

的共振，通过分析此频段内的振动信号，可以比较准确地诊断出轴承的损伤类故障。共振解调法就是利用该频段的信号。③高频段(20 kHz 以上)，如果测量用的压电加速度计的谐振频率较高(40 kHz 以上)，那么由于轴承故障引起的冲击在 20 kHz 以上的高频也有能量分布，所以测取的信号中就含有 20 kHz 以上的高频成分。瑞典的 SPM 计的谐振频率大于 20 kHz，利用的就是这个频带，不过，当加速度计的谐振频率较低，且安装不牢固时，很难测得这一频带的信号。

图 4-57 所示为滚动轴承故障发展的 4 个典型阶段。

第 1 阶段：早期故障冲击产生压缩波，其频率在 20 kHz 以上，利用冲击脉冲方法 SPM 可以检测该频率信号。瑞典的 SPM 计就是利用该频段信号进行滚动轴承故障诊断的。

第 2 阶段：轻微的轴承故障开始“敲击”出轴承元件的固有频率，引起轴承元件的共振，其频率范围一般在 1～20 kHz 范围内，同时，轴承元件的固有频率振动受到轴承故障特征频率调制，因此在频谱上表现为，在固有频率附近出现以滚动轴承特征频率为宽度的调制边频带。通过对共振频带的信号进行包络检波和频谱分析即可得到信号的特征频率。共振解调法和基于小波分析的振动方法均是基于该频段信号进行分析的。

第 3 阶段：频谱在低频段(1 kHz 以下)出现了轴承故障特征频率及其谐波，磨损发展时出现更多故障频率及其谐波，并且边频带数目增多。频谱分析往往是基于该频段信号。

第 4 阶段：随着故障的继续发展，磨损加剧，滚动轴承将出现很大的间隙，导致轴承偏心，等周旋转时，内圈重心(轴心)将绕外圈重心摆动，此时轴承间隙松动故障起主导作用，这一阶段甚至影响 1× 分量，并引起其他倍频分量 2×、3× 等的增大。轴承故障频率和固有频率开始“消失”被随机振动或噪声代替。

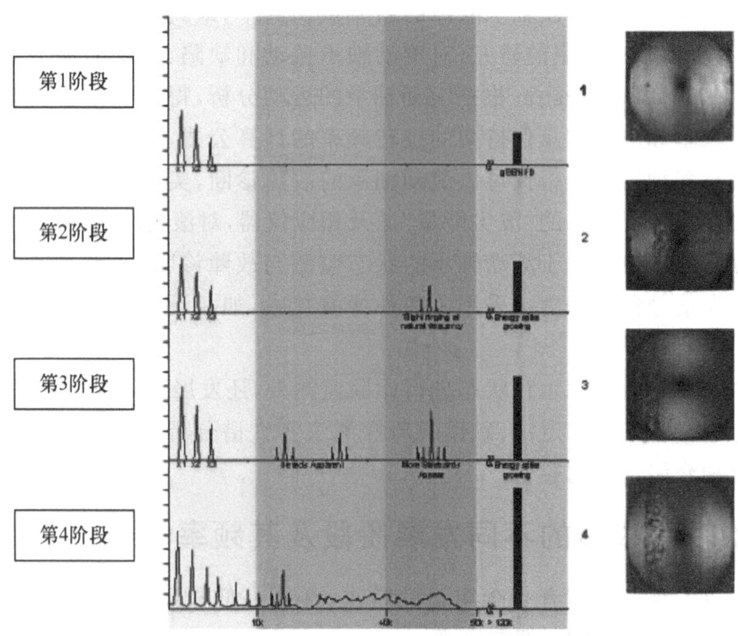

图 4-57 滚动轴承故障发展的 4 个阶段

4.8.3 滚动轴承故障的主要形式及其原因

滚动轴承在运转过程中可能会由于各种原因引起损坏，如装配不当、润滑不良、水分和异物侵入、腐蚀和过载等都可能会导致轴承过早损坏。即使在安装、润滑和使用维护都正常的情况下，经过一段时间运转，轴承也会出现疲劳剥落和磨损而不能正常工作。总之，滚动轴承的故障原因是十分复杂的。滚动轴承的主要故障形式及其原因如下：

1. 疲劳剥落

滚动轴承的内外滚道和滚动体表面既承受载荷又相对滚动，由于交变载荷的作用，首先在表面下一定深度处（最大剪应力处）形成裂纹，继而扩展到接触表面使表层发生剥落坑，最后发展到大片剥落，这种现象就是疲劳剥落。疲劳剥落会造成运转时的冲击载荷、振动和噪声加剧。通常情况下，疲劳剥落往往是滚动轴承失效的主要原因，一般所说的轴承寿命就是指轴承的疲劳寿命，轴承的寿命试验就是疲劳试验。试验规程规定，在滚道或滚动体上出现面积为 $0.5\ mm^2$ 的疲劳剥落坑就认为轴承寿命终结。滚动轴承的疲劳寿命分散性很大，同一批轴承中，其最高寿命与最低寿命可以相差几十倍乃至上百倍，这从另一角度说明了滚动轴承故障监测的重要性。

2. 磨 损

由于尘埃、异物的侵入，滚道和滚动体相对运动时会引起表面磨损，润滑不良也会加剧磨损，磨损的结果使轴承游隙增大，表面粗糙度增加，降低了轴承运转精度，因而也降低了机器的运动精度，振动及噪声也随之增大。对于精密机械轴承，往往是磨损量限制了轴承的寿命。

此外，还有一种微振磨损。在轴承不旋转的情况下，由于振动的作用，滚动体和滚道接触面间有微小的、反复的相对滑动而产生磨损，在滚道表面上形成振纹状的磨痕。

3. 塑性变形

当轴承受到过大的冲击载荷或静载荷时，或因热变形引起额外的载荷，或有硬度很高的异物侵入时，都会在滚道表面上形成凹痕或划痕。这将使轴承在运转过程中产生剧烈的振动和噪声。而且，一旦有了压痕，其所引起的冲击载荷会进一步导致附近表面的剥落。

4. 锈 蚀

锈蚀是滚动轴承最严重的问题之一，高精度轴承可能会由于表面锈蚀导致精度丧失而不能继续工作。水分或酸、碱性物质直接侵入会引起轴承锈蚀。当轴承停止工作后，轴承温度下降到零点时，空气中的水分凝结成水滴附在轴承表面上也会引起锈蚀。此外，当轴承内部有电流通过时，电流有可能通过滚道与滚动体上的接触点处，使很薄的油膜引起电火花而产生电蚀，在表面上形成搓板状的凹凸不平。

5. 断 裂

过高的载荷可能会引起轴承零件断裂。磨削、热处理和装配不当都会引起残余应力，工作时热应力过大也会引起轴承零件断裂。另外，装配方法和装配工艺不当，也可能造成轴承套圈挡边和滚子倒角处掉块。

6. 胶 合

在润滑不良、高速重载情况下工作时，由于摩擦发热，轴承零件可以在极短时间内达到很高的温度，导致表面烧伤及胶合。所谓胶合是指一个零部件表面上的金属粘附到另一个零部件表面上的现象。

7. 保持架损坏

由于装配或使用不当可能会引起保持架发生变形，增加它与滚动体之间的摩擦，甚至使某些滚动体卡死不能滚动，也有可能造成保持架与内外圈发生摩擦等。这一损伤会进一步使振动、噪声与发热加剧，导致轴承损坏。

4.8.4 滚动轴承的振动机理与信号特征

滚动轴承的振动可由外部振源引起,也可由轴承本身的结构特点及缺陷引起。此外,润滑剂在轴承运转时产生的流体动力也可以是振动(噪声)源。上述振源施加于轴承零件及附近的结构件上时都会激励起振动。

1. 滚动轴承振动的基本参数

(1) 滚动轴承的典型结构

滚动轴承的典型结构如图4-58所示,它由内圈、外圈、滚动体和保持架四部分组成。图示滚动轴承的几何参数主要有:

①轴承节径D,轴承滚动体中心所在的圆的直径;②滚动体直径d,滚动体的平均直径;③内圈滚道半径r_1,内圈滚道的平均半径;④外圈滚道半径r_2,外圈滚道的平均半径;⑤接触角α,滚动体受力方向与内外滚道垂直线的夹角;⑥滚动体个数Z,滚柱或滚珠的数目。

(2) 滚动轴承的特征频率

为分析轴承各部运动参数,先做如下假设:①滚道与滚动体之间无相对滑动;②承受径向、轴向载荷时各部分无变形;③内圈滚道回转频率为f_i;④外圈滚道回转频率为f_o;⑤保持架回转频率(即滚动体公转频率为f_c)。

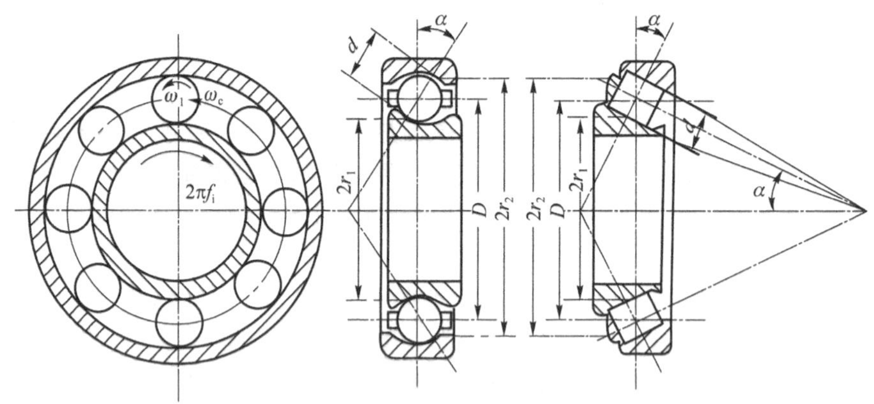

图4-58 滚动轴承的典型结构

参见图4-58,则滚动轴承工作时各点的转动速度如下:

内滑道上一点的速度为

$$V_i=2\pi r_1 f_i=\pi f_i(D-d\cos\alpha) \tag{4-16}$$

外滑道上一点的速度为

$$V_o=2\pi r_2 f_o=\pi f_o(D+d\cos\alpha) \tag{4-17}$$

保持架上一点的速度为

$$V_c=\frac{1}{2}(V_i+V_o)=\pi f_c D \tag{4-18}$$

由此可得保持架的旋转频率(即滚动体的公转频率)为

$$f_c=\frac{V_i+V_o}{2\pi D}=\frac{1}{2}\left[\left(1-\frac{d}{D}\cos\alpha\right)f_i+\left(1+\frac{d}{D}\cos\alpha\right)f_o\right] \tag{4-19}$$

单个滚动体在外滚道上的通过频率,即保持架相对外圈的回转频率为

$$f_{oc}=f_o-f_c=\frac{1}{2}(f_o-f_i)\left(1-\frac{d}{D}\cos\alpha\right) \tag{4-20}$$

单个滚动体在内滚道上的通过频率，即保持架相对内圈的回转频率为

$$f_{ic}=f_i-f_c=\frac{1}{2}(f_i-f_o)\left(1+\frac{d}{D}\cos\alpha\right) \tag{4-21}$$

从固定在保持架上的动坐标系来看，滚动体与内圈做无滑动滚动，滚动体相对于保持架的回转频率，即滚动体的自转频率（滚动体通过内滚道或外滚道的频率）为 f_{bc}，有 $f_{bc}\cdot\frac{d}{2}=f_{ic}\cdot r_1$，则

$$\frac{f_{bc}}{f_{ic}}=\frac{2r_1}{d}=\frac{D-d\cos\alpha}{d}=\frac{D}{d}\left(1-\frac{d}{D}\cos\alpha\right) \tag{4-22}$$

$$f_{bc}=\frac{1}{2}\times\frac{D}{d}(f_i-f_o)\left[1-\left(\frac{d}{D}\right)^2\cos^2\alpha\right] \tag{4-23}$$

根据滚动轴承的实际工作情况，定义滚动轴承内、外圈的相对转动频率为 $f_r=f_i-f_o$。

一般情况下，滚动轴承外圈固定，内圈旋转，即 $f_o=0$，$f_r=f_i-f_o=f_i$。

同时，考虑到滚动轴承有 Z 个滚动体，则滚动轴承的特征频率如下：

滚动体在外圈滚道上的通过频率 Zf_{oc} 为

$$Zf_{oc}=\frac{1}{2}Z\left(1-\frac{d}{D}\cos\alpha\right)f_r \tag{4-24}$$

滚动体在内圈滚道上的通过频率 Zf_{ic} 为

$$Zf_{ic}=\frac{1}{2}Z\left(1+\frac{d}{D}\cos\alpha\right)f_r \tag{4-25}$$

滚动体在保持架上的通过频率（即滚动体自转频率 f_{bc}）为

$$Zf_{bc}=\frac{D}{2d}Z\left[1-\left(\frac{d}{D}\right)^2\cos^2\alpha\right]f_r \tag{4-26}$$

(3) 止推轴承的特征频率

止推轴承可以看作上述滚动轴承的一个特例，即 $\alpha=90°$，同时内、外环相对转动频率 $f_r=f_i-f_o$ 为轴的转动频率 f_r，此时滚动体在止推环滚道上的频率为

$$Zf_{oc}=\frac{1}{2}Zf_r \tag{4-27}$$

滚动体相对于保持架的回转频率为

$$f_{bc}=\frac{1}{2}\times\frac{D}{d}f_r \tag{4-28}$$

以上各特征频率是利用振动信号诊断滚动轴承故障的基础，对故障诊断非常重要。

(4) 滚动轴承的固有振动频率

滚动轴承在运行过程中，由于滚动体与内圈或外圈冲击而产生振动，这时的振动频率为轴承各部分的固有频率。固有振动中，内、外圈的振动表现最明显，如图 4-59 所示。

轴承圈在自由状态下的径向弯曲振动的固有频率为

$$f_n=\frac{n(n^2-1)}{2\pi\sqrt{n^2+1}}\times\frac{4}{D^2}\sqrt{\frac{EIg}{\gamma A}} \tag{4-29}$$

式中：n 为振动阶数（变形波数），$n=2,3,\cdots$；E 为弹性模量，钢材为 210 GPa；I 为套圈横截面的惯性矩，mm^4；γ 为密度，钢材为 $7.86\times10^{-6}\ \text{kg/mm}^3$；$A$ 为套圈横截面积，$A\approx bh$，mm^2；D 为

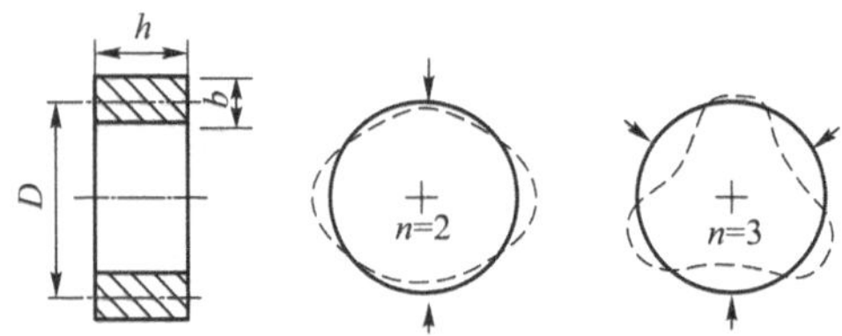

图 4-59 滚动轴承套圈横截面简化图与径向弯曲振动振型示意图

套圈横截面中性轴直径,mm;g 为重力加速度,$g=9\ 800\ \mathrm{mm/s^2}$。

对钢材,将各常数代入式(4-29)得

$$f_{\mathrm{n}}=9.4\times10^5\times\frac{h}{b^2}\times\frac{n(n^2-1)}{\sqrt{n^2+1}} \tag{4-30}$$

有时钢球也会产生振动,钢球振动的固有频率为

$$f_{\mathrm{bn}}=0.212\frac{Eg}{R\gamma} \tag{4-31}$$

式中:R 为钢球半径;E、g、γ 的意义和式(4-29)相同。

4.8.5 正常轴承的振动信号特征

正常的轴承也有相当复杂的振动和噪声,有些是由轴承本身结构特点引起的;有些与制造装配有关,如滚动体和滚道的表面波纹、表面粗糙度以及几何精度不够高,在运转中都会引起振动和噪声。

滚动轴承在承载时,如图 4-60 所示,由于在不同位置承载的滚子数目不同,因而承载刚度会有所变化,引起轴心的起伏波动,显然,承载刚度的变化频率为滚动体通过外圈的频率,即 Zf_{oc}。要减小这种振动的振幅可以采用游隙较小的轴承或加预紧力去除游隙。

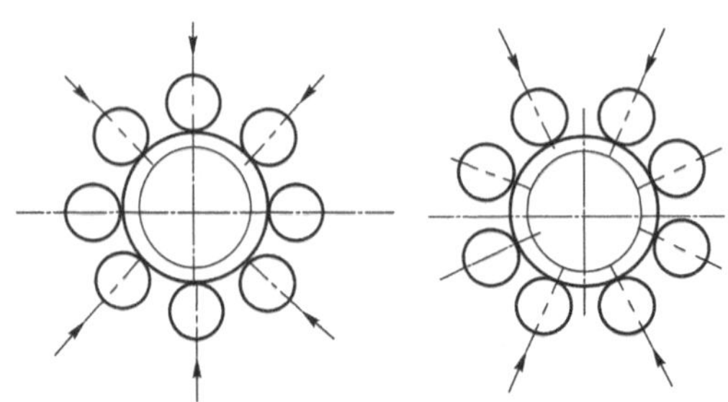

图 4-60 滚动轴承的承载刚度和滚子位置的关系

4.8.6 故障轴承振动信号特点

1. 疲劳剥落损伤故障特征

当轴承零件上产生了疲劳剥落坑后(图 4-61 中以夸大的方式画出了疲劳剥落坑),在轴承运转中会因为碰撞而产生冲击脉冲。图 4-62 所示为钢球落下产生的冲击过程的示意图。在冲击的第一阶段,在碰撞点产生很大的冲击加速度,如图 4-62(a)和(b)所示,它的大小和冲击速度 v 成正比(在轴承中与疲劳损伤的大小成正比)。第二阶段,构件变形产生衰减自由振动,如图 4-62(c)所示,振动频率取决于系统的结构,为其固有频率,如图 4-62(d)所示。

振幅的增加量 A 也与冲击速度 v 成正比，如图 4－62(e)所示。

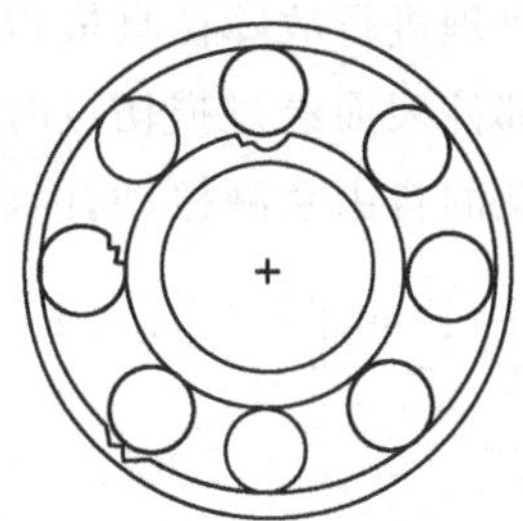

图 4－61 轴承零件的疲劳剥落坑

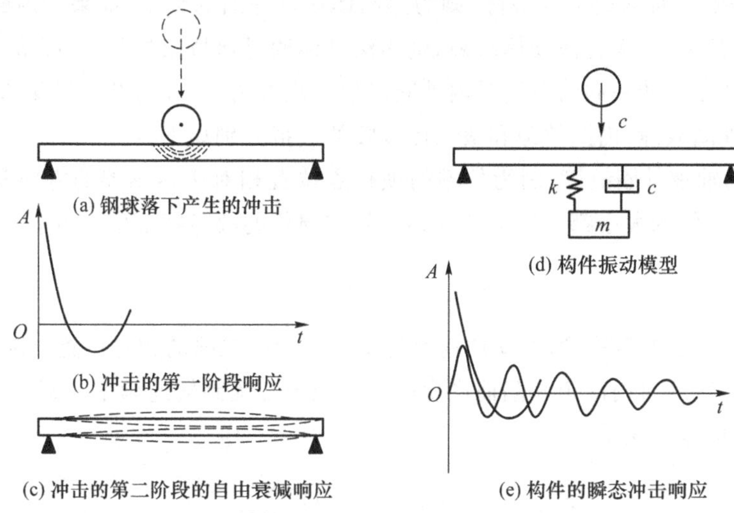

图 4－62 冲击过程示意图

在滚动轴承剥落坑处碰撞产生的冲击力的脉冲宽度一般都很小，大致为微秒级。因力的频谱宽度与脉冲持续时间成反比，所以其频谱可从直流延展到 100～500 kHz。疲劳剥落损伤可以在很宽的频率范围内激起轴承-传感器系统的固有振动。由于从冲击发生处到测量点的传递特性对此有很大影响，因此测点位置选择非常关键，测点应尽量接近承载区，振动传递界面越少越好。

有疲劳剥落故障轴承的振动信号如图 4－63 所示，图 4－64 所示为其简化的波形。T 取决于碰撞的频率，$T=1/f_{碰}$。在简单情况下，碰撞频率就等于滚动体在滚道上的通过频率 Zf_{ic} 或 Zf_{oc}，或滚动体的自转频率 f_{bc}。

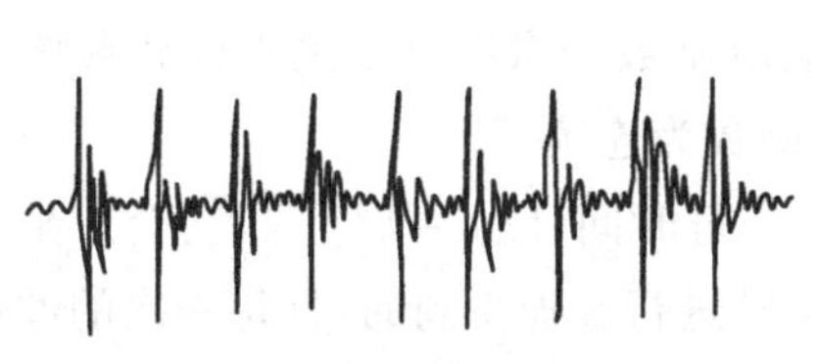

图 4－63 疲劳剥落故障轴承的振动信号

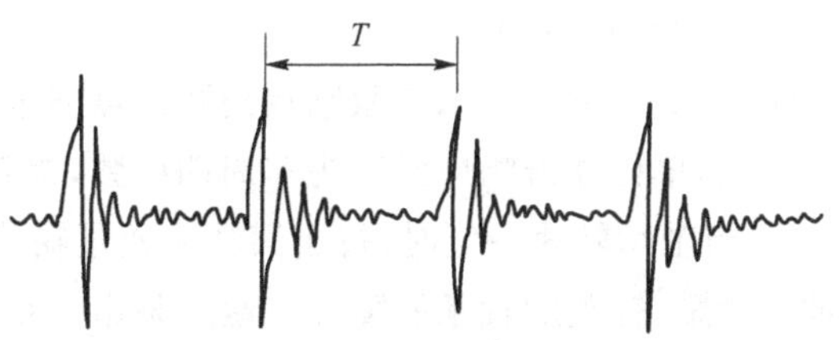

图 4－64 振动信号的局部放大

2. 疲劳剥落损伤故障模拟及特征分析

根据滚动轴承疲劳剥落故障的机理进行故障仿真模拟。假设滚动轴承存在表面损伤类故障,滚动轴承在运行过程中,每当零部件表面经过损伤点时,就会产生一次冲击,并引发轴承共振。冲击响应为幅值呈指数规律衰减的自由衰减振动,因此,单次冲击信号可以由下式得到:

$$g_i(t)=\begin{cases} c\cdot\exp\left[-2\pi\xi f_n\left(t-\dfrac{i}{f_{\mathrm{fault}}}\right)\right]\sin\left[-2\pi f_n\sqrt{1-\xi^2}\left(t-\dfrac{i}{f_{\mathrm{fault}}}\right)\right], & t\geqslant\dfrac{i}{f_{\mathrm{fault}}},i\in\mathbf{N} \\ 0, & \text{其他} \end{cases} \tag{4-32}$$

式中:c为归一化系数。ξ为阻尼比,反映了冲击衰减的快慢。f_n为轴承共振的固有频率。f_{fault}为故障特征频率,如果是外圈故障,则为滚动体通过外圈的频率;如果为内圈故障,则为滚动体通过内圈的频率;如果为滚动体故障,则为滚动体通过保持架的频率(即滚动体自转频率)的2倍,因为滚动体自转一周将分别对内外圈产生一次冲击。i/f_{fault}代表了第i次冲击发生的时刻。因此,对外圈故障、内圈故障和滚动体故障的模拟分别如下:

① 对于滚动轴承外圈故障,因为外圈的损伤点位置相对于传感器的方向是固定的,理想情况下每次冲击幅值的大小都是固定的,因此,外圈损伤的故障特征信号可表示为

$$S_{\mathrm{fault}}(t)=\sum_{i=0}^{N}g_i(t) \tag{4-33}$$

② 对于滚动轴承内圈故障,振动加速度传感器与内圈缺陷的相对位置会随转速变化而变化。因此,滚珠每次通过内滚道缺陷而产生的冲击幅值会受到转速频率的调制。相应地,内圈损伤的故障特征信号可表示为

$$S_{\mathrm{fault}}=[2+\cos(2\pi f_r t)]\sum_{i=0}^{N}g_i(t) \tag{4-34}$$

③ 对于滚动轴承滚珠故障,传感器与缺陷的相对位置会随保持架的旋转而变化。因此,滚珠上的缺陷每次与内滚道或外滚道接触而产生的冲击幅值会受到保持架频率f_c(即滚珠的公转频率)的调制。相应地,滚珠损伤的故障特征信号可表示为

$$S_{\mathrm{fault}}=A_1[2+\cos(2\pi f_c t)]\sum_{i=0}^{N}g_i(t)+A_2[2+\cos(2\pi f_c t)]\sum_{i=0}^{N}g_i\left(t-\frac{i}{2f_b}\right) \tag{4-35}$$

式中:A_1和A_2是幅值参数,分别表征滚珠缺陷与外、内滚道接触而产生的冲击幅值大小。一般情况下,滚动轴承外圈与传感器距离较近,故应取$A_1>A_2$。

以外圈故障为例,分析滚动轴承故障信号的形成机理和频谱特征。设定参数,系统阻尼比为$\xi=0.15$,固有频率为$f_n=1\ 500$ Hz,转速频率为$f_r=50$ Hz,故障特征频率为$f_{\mathrm{fault}}=175$ Hz,$n\in\mathbf{N}$,$T_{\mathrm{fault}}=(1/175)$s。

① 图4-65(a)所示为激励点到测试点的单位冲击响应函数和激励点到测点的幅频响函数。显然,单位冲击响应函数为非周期函数,幅频率响应函数为连续谱。

② 当轴承转速一定时,每当滚动体通过缺陷时,即每经过时间$T_{\mathrm{fault}}=1/f_{\mathrm{fault}}$,均会产生一次冲击激励,完整的轴承故障冲击激励是由一系列脉冲激励进行叠加得到的,且每一次的冲击激励均间隔均为T_{fault},$T_{\mathrm{fault}}=1/f_{\mathrm{fault}}$,如图4-65(b)所示,显然,周期脉冲激励函数的频谱也为周期脉冲函数,其频谱为离散谱,频谱间隔为$1/T_{\mathrm{fault}}=f_{\mathrm{fault}}$。对于外圈故障,由于外圈缺陷位置固定,每次冲击强度都相同,因此,图4-65(b)可以认为是周期脉冲函数;如果是内圈故障,由

于缺陷位置随内圈旋转而变化，冲击强度受转速频率调制，其频谱也为离散谱，频谱间隔为 $1/T_{fault}=f_{fault}$，但是在谱线两侧将出现以转速频率 f_r 为间隔的边频；同理，如果是滚动体故障，由于冲击位置随保持架旋转而变化，冲击强度受保持架的旋转频率调制，其频谱也为离散谱，频谱间隔为 $1/T_{fault}=f_{fault}$，但是在谱线两侧将出现以保持架频率 f_c 为间隔的边频。显然，图 4-65(b)是针对外圈故障所产生的周期冲击激励。

③ 根据线性系统的响应求解原理，系统响应为激励信号与单位脉冲响应函数的卷积，即转子-轴承系统在轴承故障的激励下，产生的故障信号(振动响应)为系统单位脉冲响应函数与轴承故障产生的周期冲击激励函数的卷积，图 4-65(c)所示为最终得到的轴承故障信号的时域波形和频谱，即图 4-65(c)为图 4-65(a)和(b)的卷积。根据傅里叶变换的时域卷积定理，即两个信号在时域卷积的频谱等于两个信号的频谱的乘积，因此，故障信号的频谱由系统频率响应函数与轴承故障产生的周期激励信号的频谱相乘得到。所以，故障信号的频谱呈现出间隔均为 $f_{fault}=175$ Hz 的谱线，且在 $f_n=1\ 500$ Hz 附近存在共振峰。

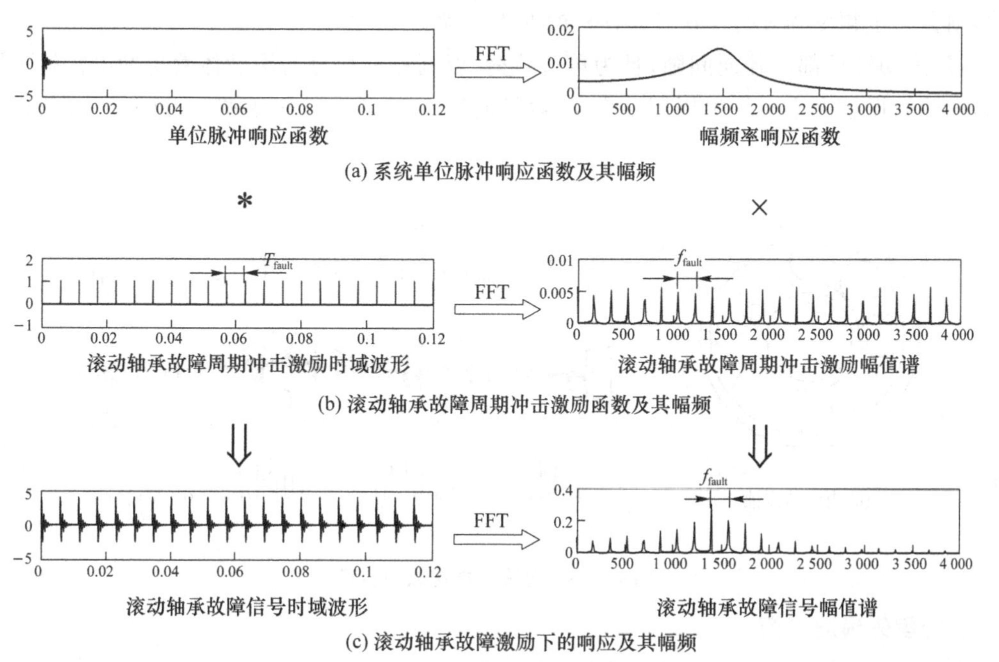

图 4-65　滚动轴承故障冲击信号的产生机理

综上所述，通过分析可以发现，滚动轴承疲劳剥落故障将对滚动轴承系统产生周期冲击，引起系统共振，其信号特征本质上是故障产生的周期冲击激励力与系统单位脉冲响应函数的自由衰减信号的卷积，频谱特征表现为离散谱，谱线间距为故障特征频率，在内圈和滚动体故障时，在特征频率两侧还将产生以转速频率和保持架频率为间隔的边频。因此，在对滚动轴承进行故障诊断时，其关键是首先提取有效的共振频带(例如小波分析等)，然后对共振频带的信号进行降噪处理(例如自相关降噪、最小熵解卷积、包络分析等)，从中提取如图 4-65(b)所示的周期冲击信号。由于图 4-65(b)所示的周期冲击信号可以看作是图 4-65(c)所示的故障信号的包络信号，因此，包络分析被广泛应用于滚动轴承的故障特征提取。其中，经典的方法有共振解调和小波包络分析。小波包络分析克服了共振解调分析的共振频带选择困难的问题，利用小波分析的带通滤波特性，可通过选择合适的小波对信号进行分解得到一系列共振频带，进而得到每一频带内振动信号进行包络分析，然后对包络信号进行频谱分析得到小波包络谱，最后从小波包络谱中提取出轴承的故障特征频率。

4.8.7 滚动轴承的精密诊断方法

所谓滚动轴承的精密诊断方法，就是在利用简易诊断法确定轴承已经发生故障之后，进一步判定故障的类别和发生部位，以便采取相应对策。

滚动轴承的精密诊断与旋转机械、往复机械等精密诊断一样，主要采用频谱分析法。由于滚动轴承的振动频率成分十分丰富，既含有低频成分，又含有高频成分，而且每一种特定的故障都对应特定的频率成分。在进行频谱分析之前需要通过适当的信号处理方法将特定的频率成分分离出来，然后进行频率分析，找出信号的特征频率，确定故障的部位和类别。

1. 轴承内滚道损伤

当轴承内滚道产生损伤时，如剥落、裂纹、点蚀等，如图4-66(a)所示，若滚动轴承无径向间隙，则会产生频率为$nZf_i(n=1,2,\cdots)$的冲击振动。

通常滚动轴承都有径向间隙，且为单边载荷，根据点蚀部分与滚动体发生冲击接触位置的不同，振动的振幅大小会发生周期性变化，以轴旋转频率f_r进行振幅调制，这时的振动频率为$nZf_i \pm f_r(n=1,2,\cdots)$。

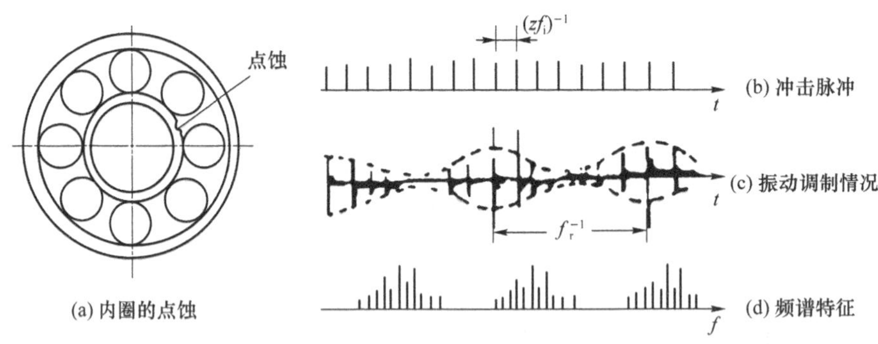

图4-66 内滚道损伤振动特征

2. 轴承外滚道损伤

当轴承外滚道产生损伤时，如剥落、裂纹、点蚀等，如图4-67(a)所示，在滚动体通过时也会产生冲击振动。由于点蚀的位置与载荷方向的相对位置关系是一定的，所以，这时不存在振幅调制的情况，振动频率为$nZf_o(n=1,2,\cdots)$，振动波形如图4-67所示。

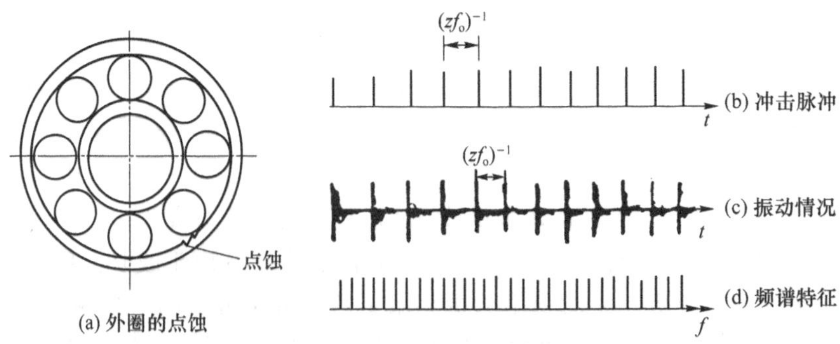

图4-67 外滚道损伤振动特征

3. 滚动体损伤

当轴承滚动体产生损伤时，如剥落、裂纹、点蚀等，缺陷部位通过内圈或外圈滚道表面时会产生冲击振动。在滚动轴承无径向间隙时，会产生频率为 $nf_b(n=1,2,\cdots)$ 的冲击振动。

通常滚动轴承都有径向间隙，因此，同内圈存在点蚀时的情况一样，根据点蚀部位与内圈或外圈发生冲击接触的位置不同，也会发生振幅调制的情况，但此时是以滚动体的公转频率 f_c 进行振幅调制的。这时的振动频率为 $nf_b \pm f_c$，如图 4-68 所示。

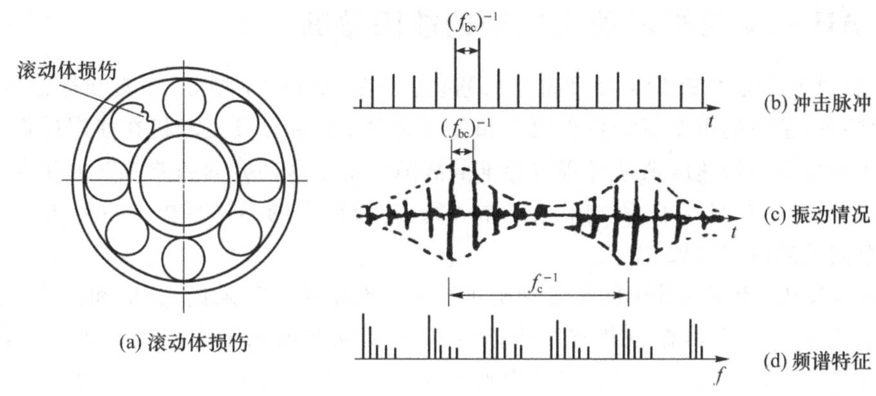

图 4-68　滚动体损伤振动情况

4. 轴承偏心

当滚动轴承的内圈出现严重磨损等情况时，轴承会出现偏心现象，当轴旋转时，轴心(内圈中心)便会绕外圈中心摆动，如图 4-69 示，此时的振动频率为 $nf_r(n=1,2,\cdots)$。

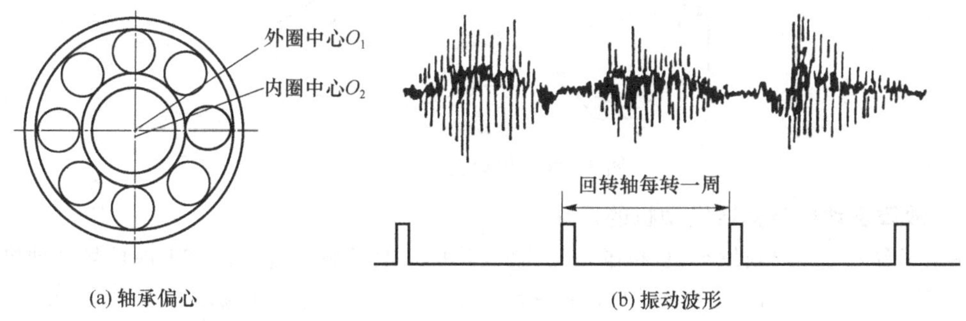

图 4-69　滚动轴承偏心振动特征

4.9　航空发动机故障诊断实例

航空燃气涡轮发动机属于典型的高速旋转机械，振动问题更加突出。燃气涡轮发动机的常见故障有：不平衡引起的转子振动，临界转速问题，高转速下由转子不对中、轴弯、裂纹、篦齿密封气弹力、支承非线性刚性、支承刚性非轴对称、叶尖间隙沿轴向分布不均等原因引起的自激振动；叶片振动，包括尾流激振、旋转失速、喘振等原因造成的强迫振动，在高速气流作用下发生的非失速自激振动和失速自激振动引起的激振力(基础激振)。另外，还有由气体激振力引起的，因为发动机的壳体一般是高温、高压燃气的气流通道；导管、附件振动，紧固件松动；轴承振动、轴承缺陷，如内、外环损伤，内、外环不圆或刚度不均匀，保持架缺陷，轴承间隙过大等，在高速条件下都可能引起转子的振动问题;还有附件传动系统的齿轮缺陷、传力不均匀等。这些故障在机械的运转中将产生各种振动信号,而某一振动信号将对应某一故障或几种故障的综合,从而为利用振动诊断方法诊断机械的各种故障提供了可能。

振动诊断可以在频域内进行,也可以在时域内进行。主要是利用振动信号(如振幅)的变化,振动特征(如频率结构、振动响应)的变化反映其故障的类别和程度。对于疑难故障,可能判别故障的类型,查找故障的原因。

4.9.1 АИ-24飞机发动机振动的故障诊断

АИ-24飞机的涡轮螺旋桨发动机是从苏联引进的АИ-24型50座支线运输机(运7前身)的动力装置,是我国小型机场短程服务和公务的主要机种。该发动机在使用过程中和在试车台上多次发生振动加速度值超过规定标准的故障。由于这种振动超差常常迫使发动机提前更换维修,甚至空中顺桨停车,影响航线正常飞行,造成严重的经济损失并危及飞行安全。下面是对这个问题的研究结果。

对6台发动机,特别是其中的某发动机进行了9次振动信号采集、分析和排故。图4-70所示为振动测点布置图,测振点共有7个,其中1#为减速器水平方向,2#为减速器垂直方向,3#为进气机匣,4#为压气机后安装边水平方向,5#为燃烧室(外壳体)垂直方向,6#为燃烧室水平方向,7#为涡轮匣水平。使用加速度传感器测振,经过电荷放大器增益后由磁带记录仪记录振动信号,再由双通道FFT分析仪进行分析。

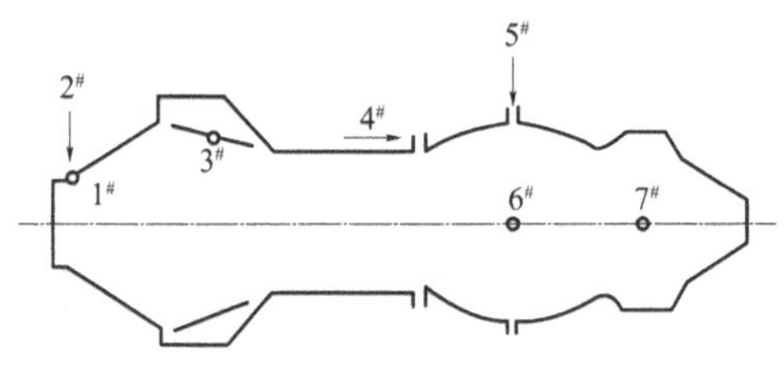

图4-70 振动测点布置图

(1) 故障发动机与标准发动机的振动比较

在试车台上先后对新发动机(标准发动机)故障机录取了振动信号,在7T08信号处理机上进行分析,图4-71表示油门角在18°工况下,3#测点和6#测点的振动频谱。注意,48.9 Hz为市电频率。

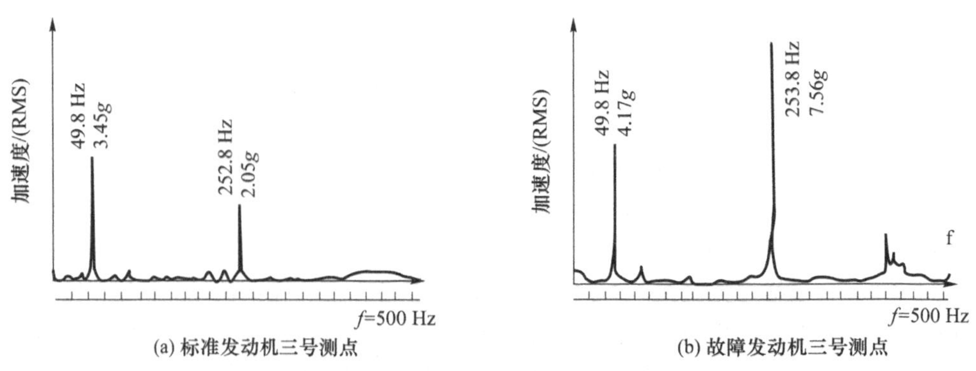

图4-71 标准发动机和故障发动机的功率谱比较

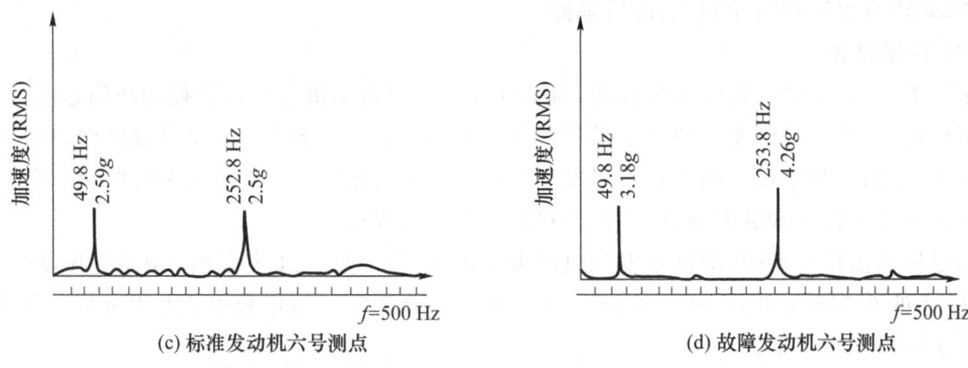

(c) 标准发动机六号测点　　(d) 故障发动机六号测点

图 4-71　标准发动机和故障发动机的功率谱比较(续)

根据故障机的振动频谱，在转子转速频率 253.8 Hz 处有一突出峰值，说明振动信号的主要成分是与发动机转子转速相一致的振动，一般情况下，转子不平衡是主要原因。因此，初步确认转子不平衡是主要原因，首先应着眼于转子平衡问题。

(2) 提高转子平衡精度

轴向安装的 АИ-24 发动机涡轮转子，经动平衡后要拆开，再逐级装配到发动机上，这样，原来平衡好的转子在装配时可能使平衡遭到破坏。为此，提出对发动机进行整机平衡。利用三圆平衡法对某两台发动机在试车台上进行整机平衡，结果前者的振幅由 2.6g 下降到 0.6g，后者的振幅由 4.4g 下降到 0.6g，表示平衡效果良好(均以 6＃测点为准)。

某工厂利用三圆平衡法先后对一批发动机在试车台上进行整机平衡。但从记录观察，这批发动机中大部分在开车后不久振动量就很快增大，造成再次提前返厂维修。这说明造成振动超差的原因不是那么简单。

(3) 进一步试验研究

在台架上用锤击法对发动机进行激振试验，在 7T08 信号处理机上做传递函数分析，并没有发现与发动机转速频率明显不合拍的结构固有频率分量。问题的焦点还是在转子不平衡问题上。对经过三圆法平衡后的 4322073 号发动机从台架上吊下，拆出涡轮转子做动平衡试验，发现涡轮转子不平衡量竟达 397.7 g · cm，远远超过 10 g · cm 的标准。7＃测点(发动机内部涡轮轴承附近)耐高温。传感器测得的振动值很大，高达 7.5g。在发动机分解时发现涡轮轴处的石墨封严环脱落并磨出很深的槽，进而分析 6＃、7＃测点的振动信号，得到以下结果：

① 6＃测点振动比台架试车时大，其原因是试车时石墨封严损坏并与封严篦齿相摩擦，造成一个不平衡激振力，但在台架上进行整机平衡时被平衡掉，是一种不正常的“平衡”。

② 7＃测点振动过大，说明涡轮转子在台架上进行整机平衡时所加配重过大，实际上是增加转子的不平衡来抵消转子故障导致的不平衡量。所以过多配重是不合理的。

③ 7＃、6＃测点的振动频谱结构基本相同，主频处都有明显峰值，说明两测点的振动都是由转子的振动引起的。

④ 互相关分析表明，7＃测点信号超前 6＃测点信号，进一步证明振源就是转子。

(4) 跟踪监测

对 4322073 号发动机分解，发现内锥筒破坏，更换后对发动机进行严格动平衡，安装到某飞机上，作了 500 h 振动信号跟踪测试。在 0 h、350 h 和 500 h 分别作了振动频谱分析和瀑布图分析，看到发动机振动值在(1.17～1.70)g 之间，主频率 254 Hz 分量均在(1.04～1.21)g

范围内,均没有再出现振动超差,故障消除。

(5) 诊断结论

采用FFT为基础的频谱分析方法,对АИ-24航空发动机的振动监控和故障诊断可以得出以下结论:一是振动超差一般与发动机转子平衡有关;二是分析振动超差故障时,应仔细分析不平衡原因;三是采用三圆平衡法对发动机作整机平衡时,应避免加过多的配重,应着重提高各部件的平衡精度和装配精度,并严格执行装配工艺规程。

通过振动监控与诊断,降低了发动机的振动故障,使АИ-24发动机1 000 h振动故障率由1982年的0.115降低到1986年的0.017,1987年降为零。每年获得129万元的经济效益,并保证了航线飞机安全。

4.9.2 某型无人飞行器用小型发动机整机振动故障分析

图4-72和图4-73所示分别为某型无人飞行器用小型发动机转子组装图及模型示意图。图4-73中,P_1为风扇盘,P_2为发电机旋转部件(磁钢),P_3~P_8为6个压气机盘,P_9为涡轮盘1,P_{10}为涡轮盘2;C_1为机匣;G_1为风扇轴与传动轴套齿联轴器,G_2为传动轴与压气机轴套齿联轴器,G_3为压气机轴与涡轮轴套齿联轴器;S_1为风扇支点,S_2为压气机前支点,S_3为压气机后支点,S_4为涡轮支点;I_1为前安装节,I_2为后安装节;k_g为齿轮泵啮合刚度,k_{f1}、k_{f2}、k_{f3}、k_{f4}为转子-机匣支承刚度,k_c为机匣-基础连接刚度。该发动机为单转子,多段轴采用花键连接等特点,支撑类型为0—2—2—0。

发动机仅仅在压气机前支点S_2对应的中介机匣上水平和垂直方向各布置了一个测点。采样频率为12.8 kHz,采样时间间隔为7.812 500E−005 s,加速度为g。

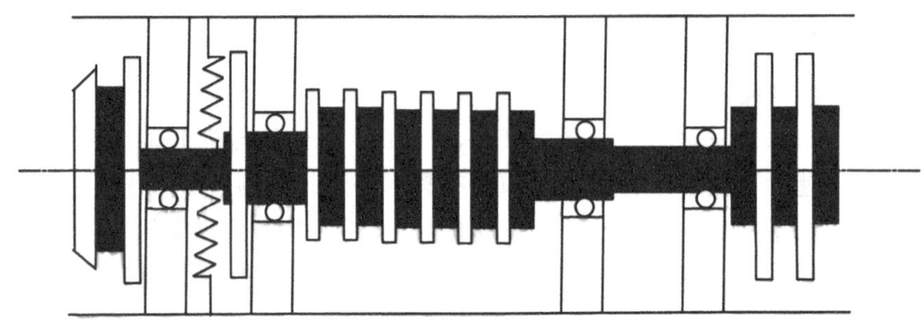

图4-72 某型无人飞行器用小型发动机转子组装图

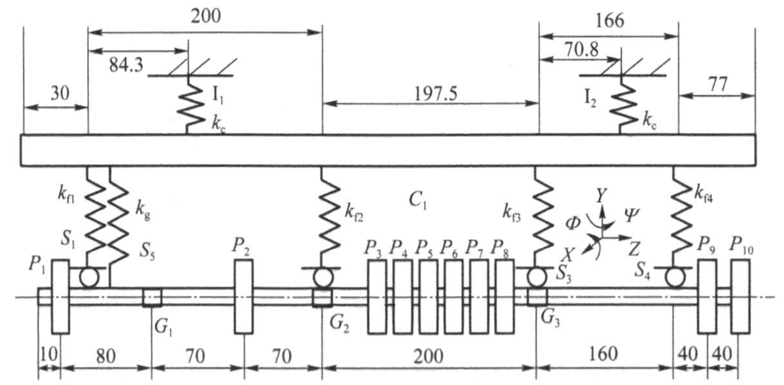

图4-73 某型无人飞行器用小型发动机的转子—支承—机匣模型示意图(单位:mm)

1. 编号 Z08187 发动机故障分析

(1) 原始数据

图 4－74 所示为原始数据时间历程，选择 70 s 时间区间进行分析。

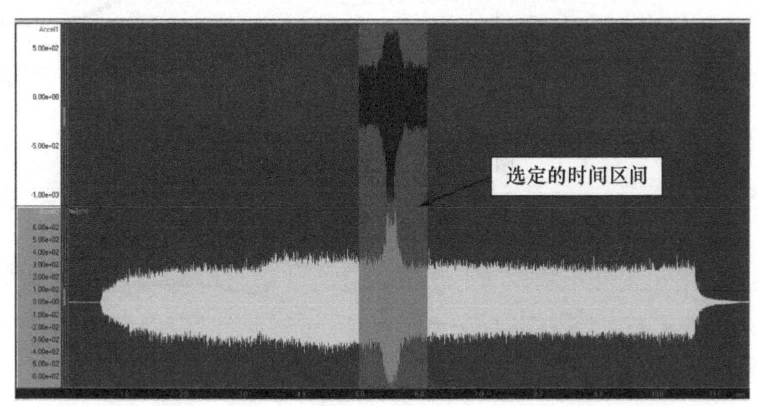

图 4－74　编号 Z08187 发动机整机振动原始数据

(2) 发动机振动随转速变化趋势分析

图 4－75、图 4－76 所示分别为水平和垂直测点振动加速度随时间的变化曲线，图中表现出了加速度 1×、2×、3×、4×分量以及 5 kHz 以内的综合有效值随转速的变化关系曲线，图 4－77所示为转速随时间变化曲线，图 4－78 所示为测点振动加速度 1 倍频随转速的变化曲线。从图中可以看出：①转速从 24 000～30 000 r/min 变化过程中，振动值逐渐增大，在 30 000 r/min附近振动出现异常；②1×分量的上升趋势与振动有效值基本相同，1×分量均远大于 2×、3×、4×分量，在 30 000 r/min 附近，1 倍频分量达到 30g，说明振动异常来源于转子不平衡。

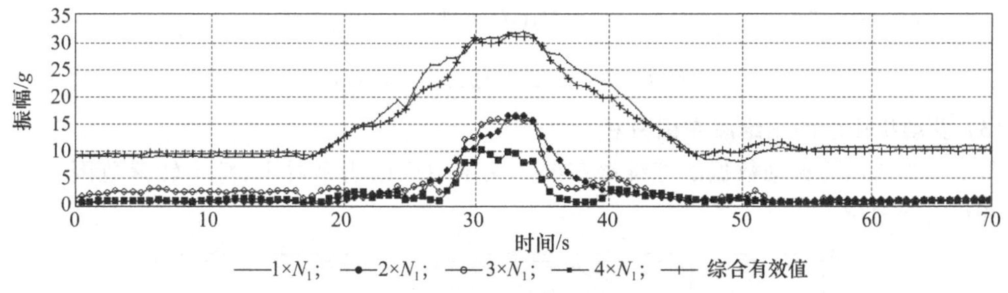

图 4－75　水平振动加速度-时间曲线

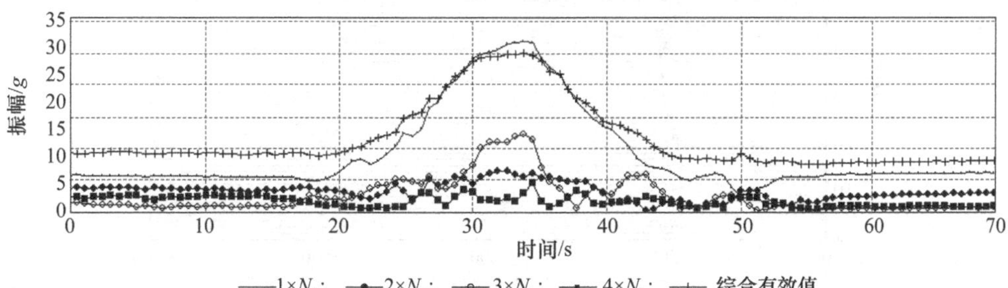

图 4－76　垂直振动加速度-时间曲线

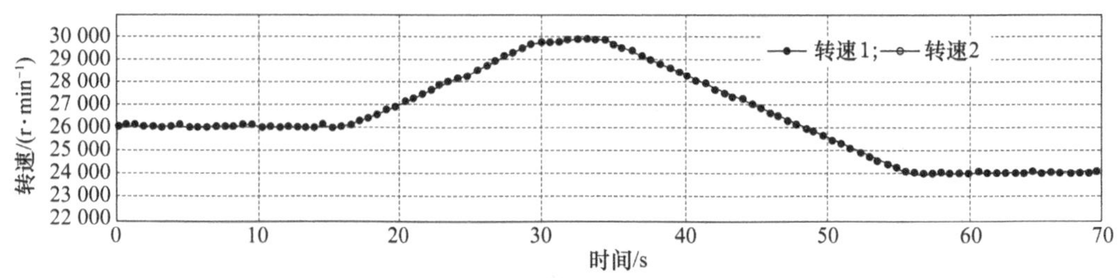

图 4-77 转速-时间曲线

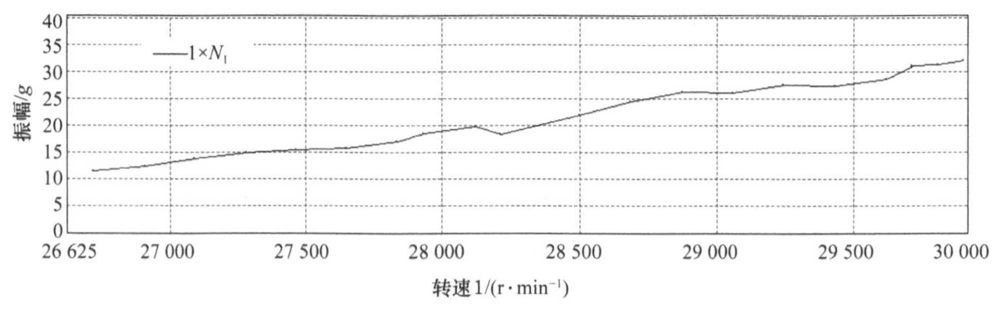

(a) 水平方向振动

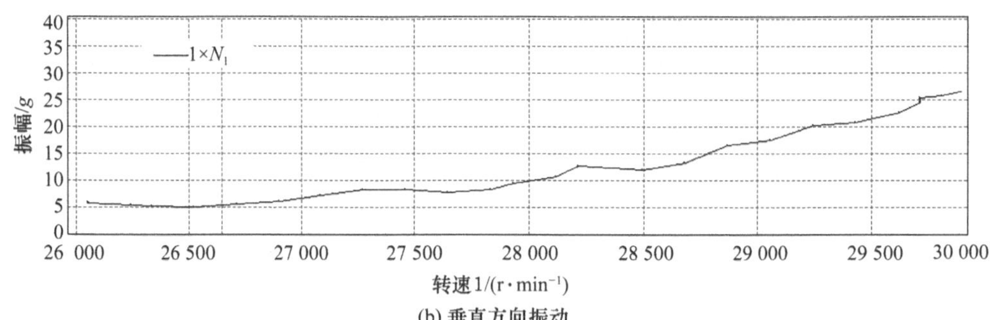

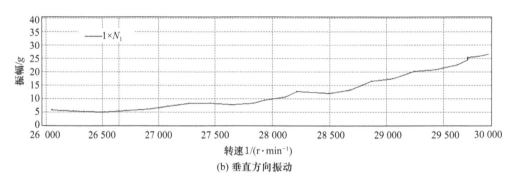

(b) 垂直方向振动

图 4-78 振幅-转速曲线(1倍频)

(3) 发动机振动的三维瀑布图分析

图 4-79 所示为振动数据的三维瀑布图。从图中可以明显看出,整个转速范围内1倍频分量占有主导地位。

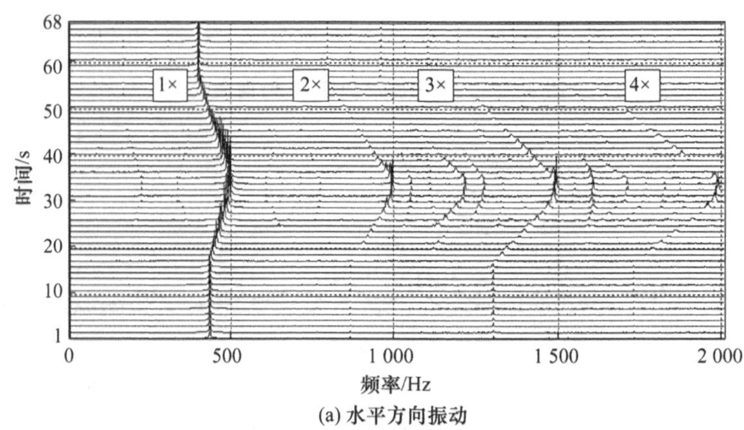

(a) 水平方向振动

图 4-79 三维瀑布图

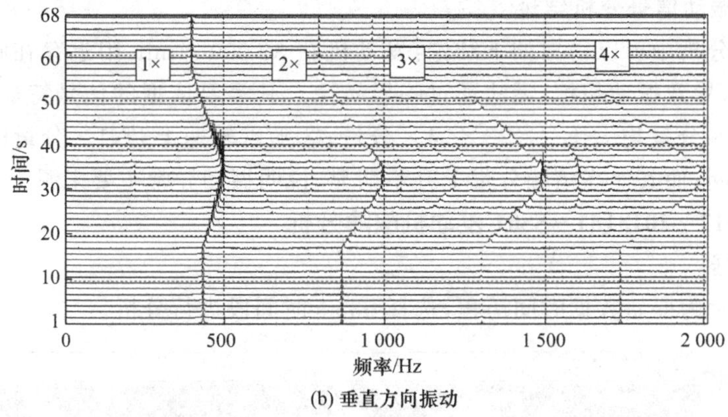

(b) 垂直方向振动

图 4-79　三维瀑布图(续)

(4) 典型转速下的发动机振动的频谱分析

图 4-80 所示为转速 29 625 r/min 下水平和垂直方向的振动时间波形和频谱。从图中可以看出,1 倍频分量异常突出,表明振动超标来源于转子不平衡。

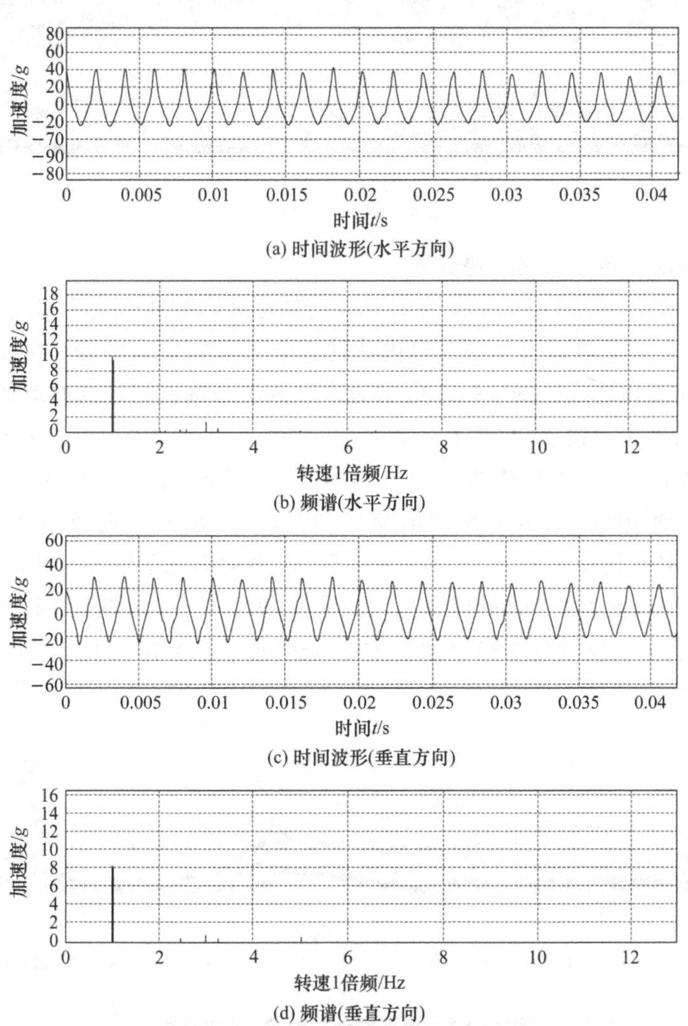

图 4-80　振动加速度时间波形及频谱(29 625 r/min)

(5) 发动机振动信号分析结论

从振动信号分析中可以得出如下结论：发动机在30 000 r/min附近存在临界转速。由于过大的不平衡量，导致振动超标，无法通过临界转速。其需要依据的信号特征体现在：①在所有转速范围内，1×分量均大于2×、3×、4×分量；②随着转速上升，1×分量的上升趋势与振动有效值基本相同，而其他高倍频分量上升不明显，说明振动异常主要来源于1×分量。

2. 编号6C017-2013151-SS01发动机故障分析

(1) 原始数据

图4-81所示为原始数据时间历程，选择535 s时间段进行分析。

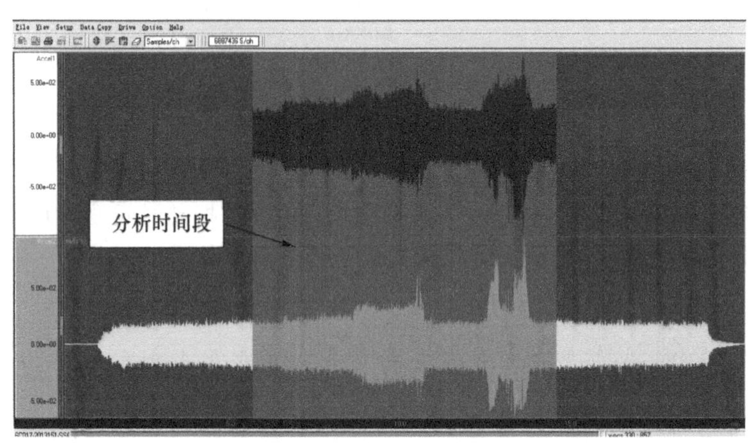

图4-81　原始数据

(2) 发动机振动随转速变化趋势分析

图4-82、图4-83所示为水平、垂直测点振动加速度随时间的变化曲线，图中表现出了加速度1×、2×、3×、4×分量以及5 kHz以内的综合有效值随转速的变化关系曲线。图4-84所示为转速随时间变化曲线。图4-85所示为水平测点和垂直测点的振动加速度1倍频随转速的变化曲线。从图中可以看出：①在300 s附近，转速从28 000 r/min上升到29 000 r/min时，振动值突然增大，其中主要表现为2×分量迅速上升。②在400～420 s期间，转速从24 000 r/min上升到30 000 r/min，振动值突然增大，其中也主要表现为2×分量迅速上升。③在420～480 s期间，转速上升到3 000 r/min附近，振动出现了较大的波动，最后在480 s附近突然增大，也主要表现为2×分量迅速上升。④在29 000 r/min附近，水平方向振动的1倍频达到15g；而垂直方向振动的1倍频达到10g，表明转子系统存在不平衡较大。

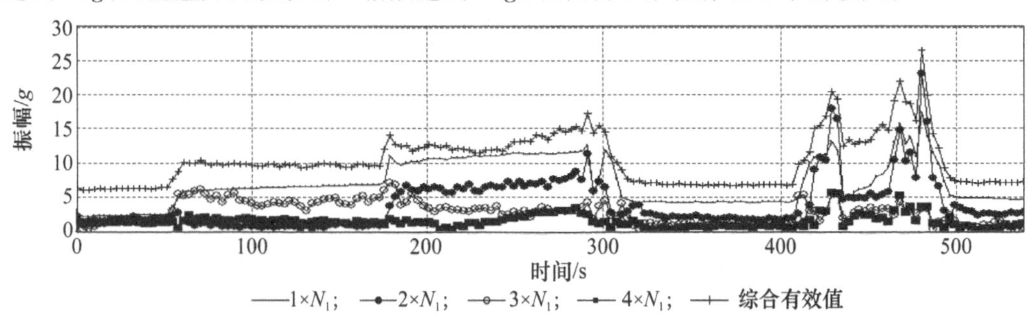

图4-82　水平振动加速度-时间曲线

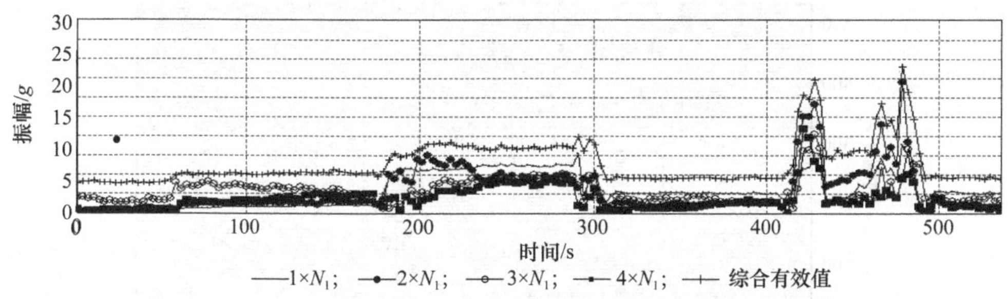

图 4－83　垂直振动加速度-时间曲线

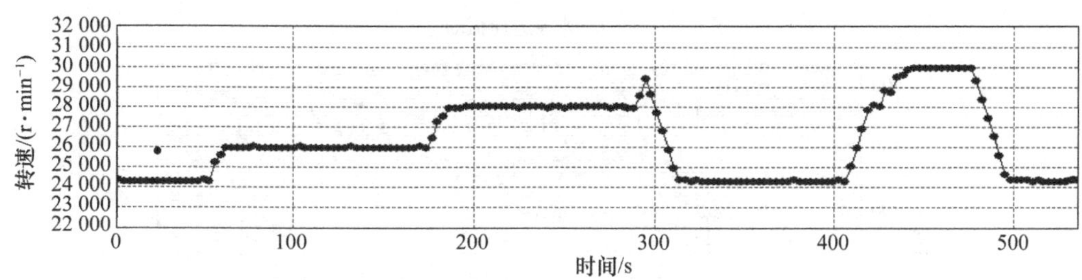

图 4－84　转速-时间曲线

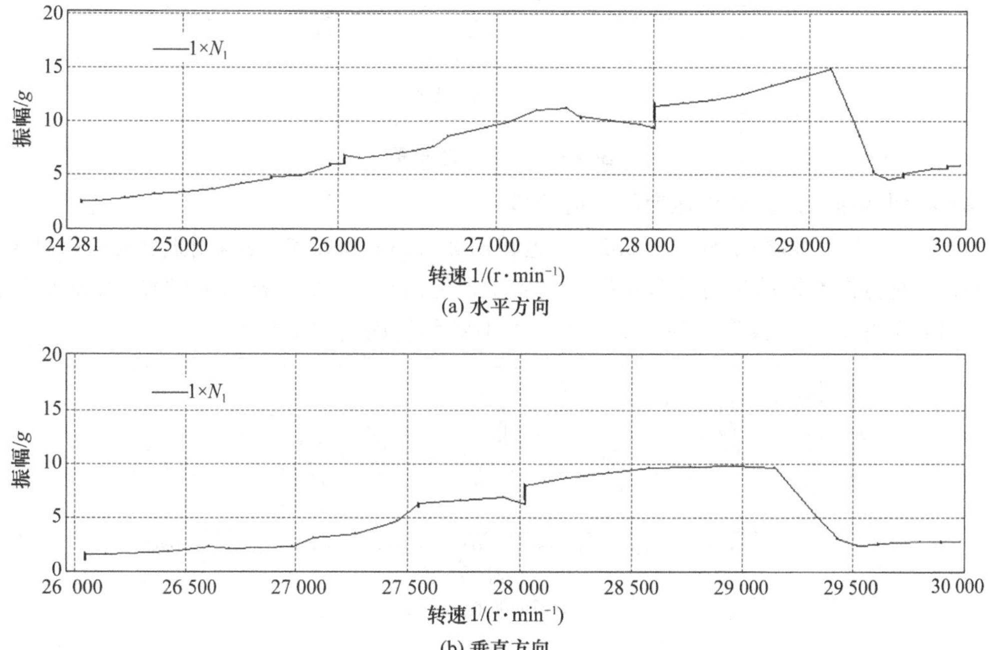

图 4－85　振幅-转速曲线(1 倍频)

(3) 发动机振动的三维瀑布图分析

图 4－86 所示为振动数据的三维瀑布图。从图中可以明显看出，在 200～300 s 期间和 400～500 s 期间，2 倍频分量增大很多，基本上达到或超过了 1 倍频分量。

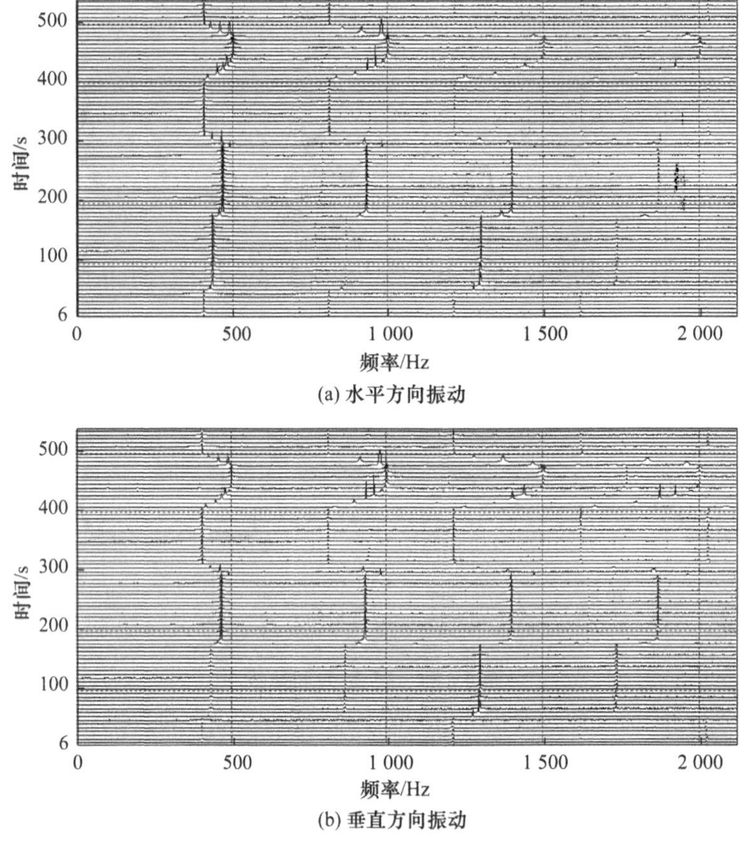

(a) 水平方向振动

(b) 垂直方向振动

图 4-86　三维瀑布图

(4) 典型转速下的发动机振动的频谱分析

图 4-87、图 4-88 所示分别为 292 s 附近转速 29 156 r/min 和 480 s 附近转速 28 968 r/min 下水平和垂直方向的振动时间波形和频谱。从图中可以看出,在该转速下,振动均表现出了明显的 2 倍频分量。时域波形表现出明显的上下不对称的周期冲击特征。

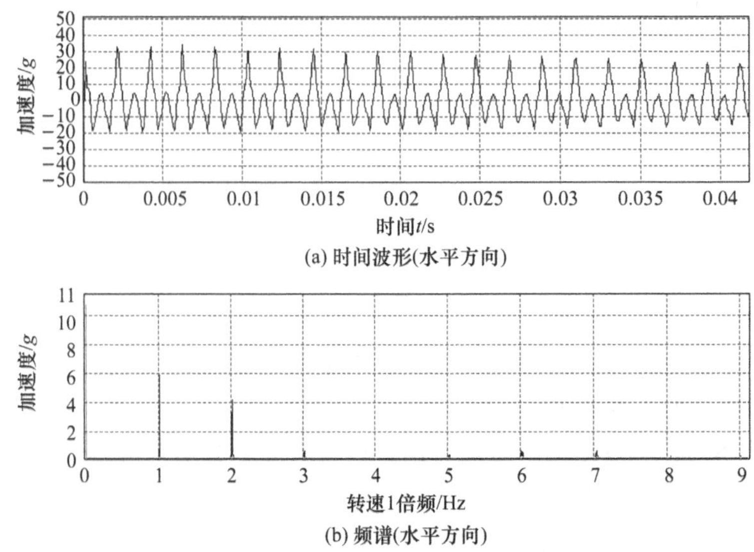

(a) 时间波形(水平方向)

(b) 频谱(水平方向)

图 4-87　振动加速度-时间波形及频谱(28 156 r/min)

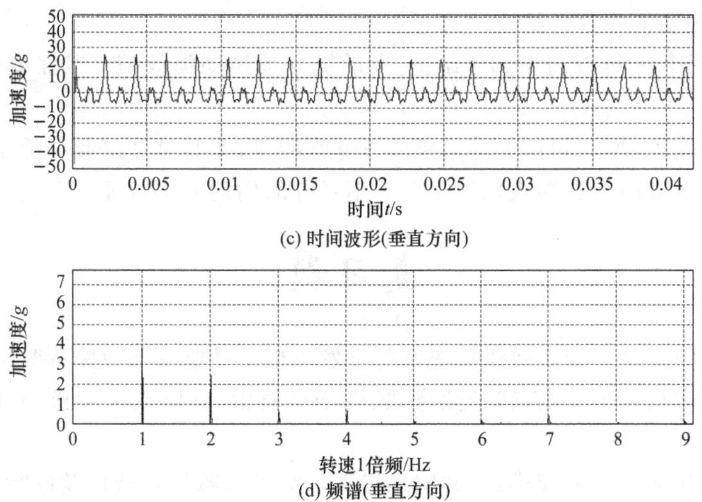

(c) 时间波形(垂直方向)

(d) 频谱(垂直方向)

图 4-87　振动加速度-时间波形及频谱(29 156 r/min)

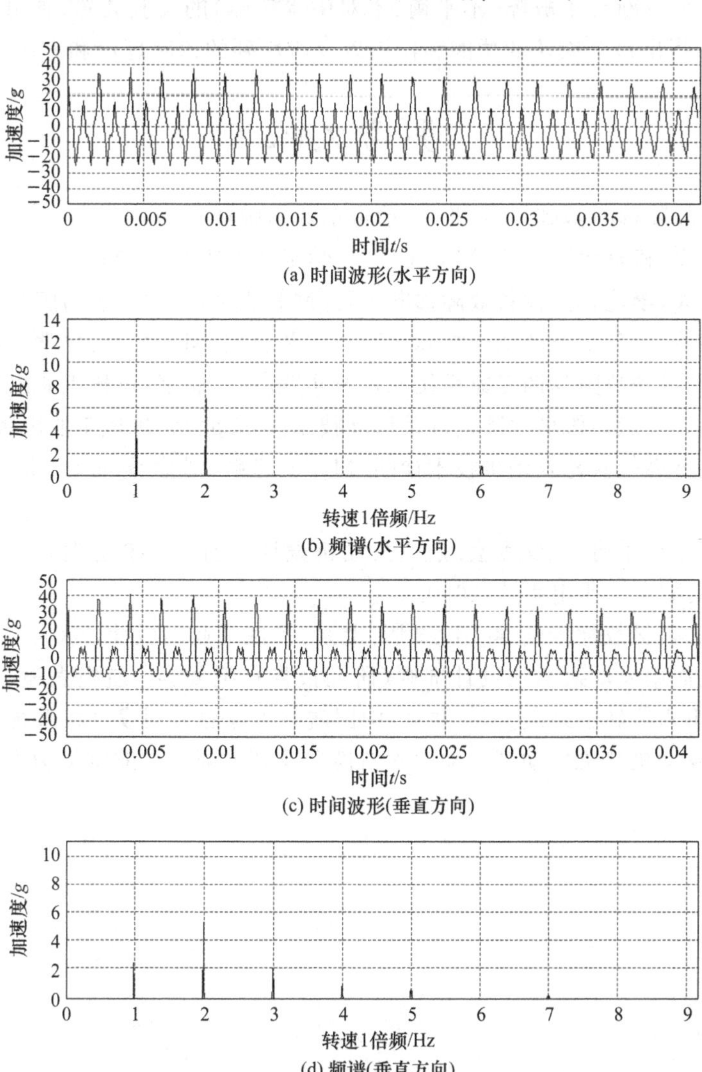

(a) 时间波形(水平方向)

(b) 频谱(水平方向)

(c) 时间波形(垂直方向)

(d) 频谱(垂直方向)

图 4-88　振动加速度-时间波形及频谱(28 968 r/min)

(5) 发动机振动信号分析结论

从振动信号分析中可以得出如下结论:发动机支承松动类故障。其需要依据的信号特征体现在:

① 在所有转速下,振动频谱上的倍频分量非常明显,尤其是2倍频分量尤其突出;

② 异常振动下的时间波形表现出了上下不对称的周期冲击特征。

复习题

1. 请简述航空发动机的主要激振源及航空发动机振动监测与故障诊断系统的组成。

2. 请分析旋转机械不平衡、转子热弯曲、转子不对中、基座或装配松动、碰摩及转轴裂纹的故障特征。

3. 请简述齿轮的常见故障模式,并阐述齿轮的常见故障信号特征及诊断方法。

4. 请简述轴承的常见故障,并阐述轴承常见故障特点及诊断方法。

5. 请构建一个诊断转子故障(不平衡、不对中等故障)的实验装置,画出实验装置和功能模块的示意图,并指出每个模块的功能和作用以及所用到的诊断理论和方法。

参考文献

[1] 廖伯瑜. 机械故障诊断基础[M]. 北京:冶金工业出版社,2000.

[2] 李国华,张永忠. 机械故障诊断[M]. 北京:化学工业出版社,1999.

[3] 虞和济,韩庆大,李沈,等. 设备故障诊断工程[M]. 北京:冶金工业出版社,2001.

[4] 盛兆顺,尹琪岭. 设备状态监测与故障诊断技术及应用[M]. 北京:化学工业出版社,2003.

[5] 关惠玲,韩捷. 设备故障诊断专家系统原理及实践[M]. 北京:机械工业出版社,2000.

[6] 韩捷,张瑞林,等. 旋转机械故障机理及诊断技术[M]. 北京:机械工业出版社,1997.

[7] (苏)凯巴. 航空燃气涡轮发动机技术诊断[M]. 王起鹏,刘德馨,等译. 北京:航空工业出版社,1990.

[8]《航空发动机设计手册》总编委会. 航空发动机设计手册:第19分册转子动力学及整机振动[M]. 北京:航空工业出版社,2000.

[9] 钟秉林,黄仁. 机械故障诊断学[M]. 3版. 北京:机械工业出版社,2007.

[10]《航空涡喷、涡扇发动机结构设计准则(研究报告)》编委会. 航空涡喷、涡扇发动机结构设计准则:第六册转子系统[M]. 北京:中国航空工业总公司发动机系统工程局,1997.

[11] 陈果. 航空发动机整机振动耦合动力学新模型及其验证[J]. 航空动力学报,2012,27(2):241-254.

第 5 章　航空发动机磨损状态监测与诊断

5.1　概　述

通过油样分析来了解机器的工作状态已经有很长的历史了，最初是通过油液自身的理化性能如粘度、酸度、水分等的变化来判断机器的工作状态。这种方法为一种广泛采用的常规分析方法。油液在机器的润滑系统或液压系统中，作为润滑剂或工作介质是循环流动的，其中包含着大量由各种摩擦副产生的磨损残物，称为磨屑或磨粒。人们在实践中认识到这种磨损残余物携带的关于机器状态的信息远比油液本身理化性能变化的信息要丰富得多。例如通过各种现代化方法已能对磨粒的成分、数量、形态、尺寸和颜色等进行精密的观察和分析，因而能够比较准确地判断故障的程度、部位、类型和原因。因此，目前在机械故障诊断领域，油样分析方法的概念实际上已无形中转变为对油样磨损残余物的分析了。我们知道，磨损、疲劳和腐蚀是机械零件失效的三种主要形式和原因，而其中磨损失效占 80%左右，由于油样分析方法对磨损监测的灵敏性和有效性，使这种方法在机械故障诊断中日益显示出其重要地位。

随着机械工业和航空技术的不断发展，现代化航空器(包括民用或军用)的关键部件——航空发动机的结构日益复杂，在追求高性能、低成本发动机的同时，其滑油系统中各摩擦副零组件更趋于高载荷、高温、高速及轻质量，因此容易发生各种磨损故障，从而严重影响发动机的安全性和可靠性。据资料统计，海湾战争期间，美国动用了 2 000 多架飞机、数万艘舰艇、成千辆坦克和装甲车等，美国军方在战地安排了近 60 余台 MOA 油料光谱仪，累计测定飞机油样 20 566 个，地面装备油样 12 474 个，油样分析技术在发动机状态监测中显示了特别有效的作用。由此可见，对现代化重要武器装备军用飞机的关键部件——航空发动机的磨损状态监测与故障诊断具有极其重要的意义和价值。

本章将对油样分析常用方法的基本原理及其在航空发动机磨损状态监测与诊断中的应用概况进行介绍。

5.2　油样理化分析

油液在使用过程中的变质和油品质量劣化，主要包括两方面：一是由于氧化、凝聚、水解、分解作用使油品产生永久性变质；二是润滑油中添加剂的消耗和变质。表 5-1 列出了油液降解和污染的主要途径及其重要表征参数，表 5-2 列出了以设备状态监测为目的的油液性质的测试方法、技术及其能够测试的油液性质参数。

表 5-1　油液变质途径及其表征参数

油液变质途径		表征参数
油液降解途径	氧化/硝化/磺化 添加剂损耗	粘度、总酸值、总碱值、氧化深度、硝化 深度、硫酸盐、抗氧剂水平、抗磨剂水平

续表 5-1

油液变质途径		表征参数
油液污染途径	燃料稀释、水分、冷却剂、积炭/固体杂质	闪点、粘度、燃料水平 水含量、水水平 冷却剂水平 不溶物含量、积炭水平

表 5-2　油液性质测试的方法、技术

方法与技术	油液性质测试内容
戊烷不溶性实验	不溶物含量、积炭水平
粘度实验	粘度
Karl-Fischer 试剂实验	水含量
总酸/碱实验	总酸值、总碱值
相对密度实验、闪点实验	燃料水平
红外分析实验	氧化深度、硝化深度、硫酸盐、抗氧剂水平、抗磨剂水平、水水平、冷却剂水平

5.2.1　油液理化性能变化原因及其影响

1. 粘度变化

运动粘度变高的原因主要有:①不溶物;②冷却剂/水;③氧化;④润滑油错或混掺用;⑤润滑油输送过程污染。

润滑油粘度过高将导致:①润滑油流动阻力增加;②润滑油散热速度降低;③设备低温运行性能变坏。

粘度变低的原因主要有:①燃油稀释;②增稠剂剪切破坏;③润滑油用错或混掺;④润滑油输送过程中受到污染。

润滑油粘度过低将导致:①油膜强度降低;②磨损增加;③分散剂性能降低;④密封能力下降。

通常,润滑油粘度增加不得超过35%,粘度降低不得超过25%。

2. 水分稀释

润滑系统中混入水分和冷却剂溶液将带来严重破坏作用。水分/冷却剂以小液滴形态悬浮于润滑剂中,当通过轴承/轴颈或其他机器零件的紧密接触区域时,小液滴形成热点,产生“焊接”作用,导致相对运动零件表面的异常新结磨损。水分/冷却剂小液滴还会吸引水溶性的燃烧和氧化副产物形成腐蚀性酸类化合物和沉积物。

水/冷却剂污染将导致:①设备发生腐蚀和锈蚀;②磨损增加;③添加剂的保护能力降低;④过滤器堵塞(与污染物形成油泥)。

通常,润滑油中的水含量不得超过0.25%。

3. 燃料稀释

润滑油被未燃烧的汽油或柴油稀释后,由于油膜强度、密封能力和清洁能力降低,因此润滑油的效能也随之降低。

燃料稀释将导致：①油膜强度降低；②磨损增加；③分散剂性能降低；④密封能力低下。

通常，润滑油的燃料稀释度不得超过 5%。

4. 固体或不溶物

固体或不溶物的存在不仅引起润滑油温度过高，而且增加磨料磨损。

固体或不溶物将导致：①润滑油变稠；②磨料磨损增加；③产生沉积物；④过滤器堵塞。

燃料积炭还将导致：①吸附抗磨剂；②燃料利用效率降低。

5. 氧　化

在一定条件下，润滑油氧化会生成一系列氧化产物。氧化过程一旦被引发，随之而来的链反应过程将迅速破坏润滑油的功效。润滑油氧化产物还导致产生漆膜状沉积物，腐蚀金属零件，增大润滑油粘度，使之丧失润滑能力。

润滑油氧化将导致：①设备发生腐蚀；②磨损增加；③润滑油变稠；④产生沉积物。

6. 硝　化

硝化产物是燃料在内燃机燃烧过程中产生的。大多数硝化产物的形成需要有过量氧存在。硝化产物具有极强的酸性，能够在燃烧室内形成沉积物并迅速加速氧化。

润滑油硝化将导致：①润滑油氧化加速；②设备发生腐蚀；③形成油泥；④形成漆膜。

7. 总酸值

润滑油的酸性标志着它的使用能力。润滑油的酸性随氧化和燃烧副产物的引入而增加。

总酸值代表润滑油中可被碱性物质中和的酸或类酸类物质的数量。润滑油总酸值过高与其被氧化有关（它们的起因相同）。

总酸值过高将导致：①润滑油变稠；②磨损增加。

8. 总碱值

润滑油的总碱值是其抵御酸类物质破坏作用的度量指标。

总碱值过低将导致：设备发生腐蚀性磨损。

5.2.2　理化分析仪器

1. 美国超谱 PAI“油料测试仪器工具箱”

在众多的油料分析仪器中，便于现场监测分析在用油品综合性能的“仪器箱”，首推美国超谱公司提供的 PAI“油料测试仪器工具箱”（见图 5-1）。可以监测的项目也较多，包括：油粘度、总碱值、总酸值、污染度、含水量、氧化度、积炭、硅含量及金属磨粒含量以及燃油的稀释度等。

2. 振荡球粘度计

振荡球粘度计（见图 5-2）的关键零件是一个具有固定振幅的振动探头（球形或圆柱形）。当探头浸入油样中时，借助一个灵敏的电子线路可测量出需要多少额外的电流来克服油液黏滞阻力，以保持探头原来设定的固定振幅振荡。仪器的微处理机将电流信号转换为粘度读数。振荡粘度计有一内置的温度传感器。测量可以在设定的两个不同温度下进行。

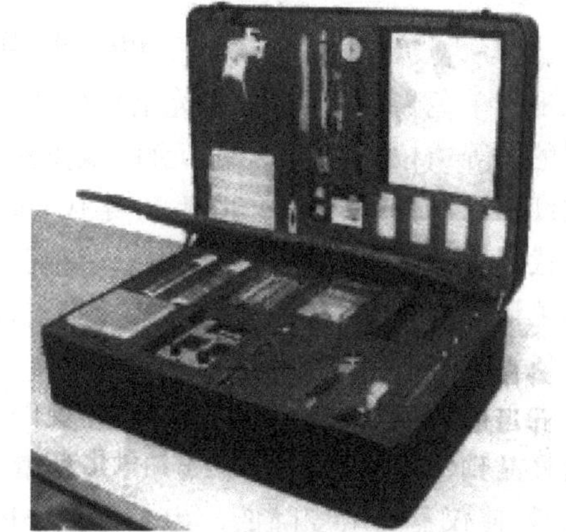

图 5-1　油料测试仪器工具箱

振荡球粘度计操作简单,检测速度快,每分钟可测两个样品。它具有以下特点:①仪器在制造时按NIST标准进行了标定;②可瞬时显示;③无移动部件;④传感器清洗方便;⑤备有各式传感器;⑥拥有基于微机处理的全自动控制器。

3. 润滑油抗氧化测定仪 RULER

RULER是一种便携式状态检测仪器(见图5-3),可检测润滑油的品质,并准确预报润滑油的剩余有用寿命。RULER用于现场状态检测,与实验室分析配合,对购进和储备的油品进行质量检测;通过趋势分析进行设备故障预报,降低维修费用,减少实验室分析工作,缩短停机时间,通过延长换油期节省用油费用。

图5-2 振荡球粘度计

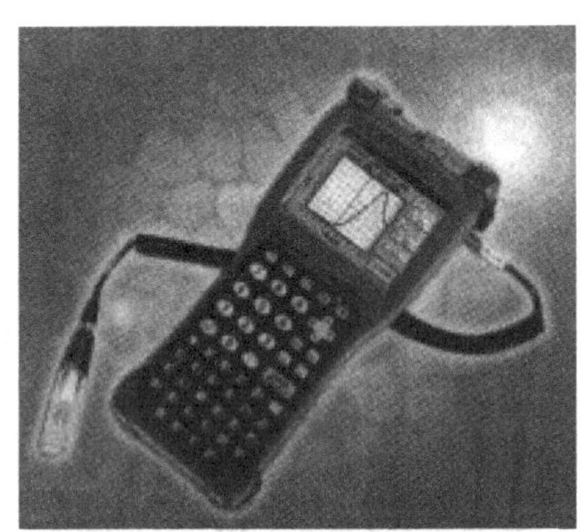

图5-3 抗氧化剂测定仪

根据在用油及相同牌号和配方的新油的RUL(Remaining Useful Life)值,求出被测润滑油的剩余有用寿命。

4. 傅里叶红外线光谱仪

就一般构造而言,红外光谱仪由红外光源、单色器(分光元件或分束器)、检测器和数据处理系统组成,其中单色器是关键元件,如图5-4所示。

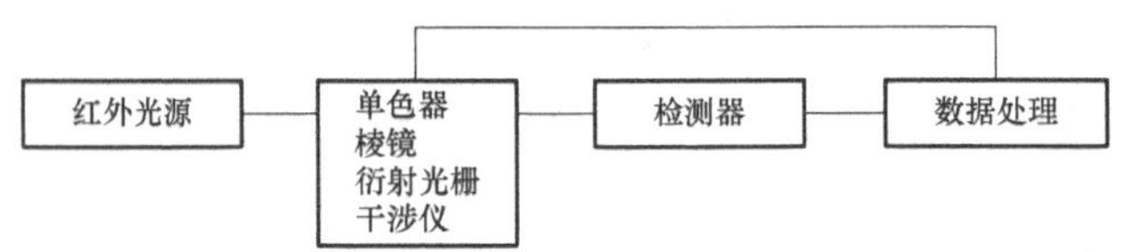

图5-4 红外光谱仪的基本构成

根据单色器的变化,红外光谱仪经历了三代的发展变化:第一代红外光谱仪采用棱镜(最常用的是等边棱镜)作为分光元件;缺点是制造困难,分辨率低,使用时需严格地恒温降湿。第二代红外光谱仪(始于20世纪60年代)采用衍射光栅(多用反射式平面光栅)作为分光元件。第三代红外光谱仪(始于20世纪60年代)采用干涉仪作为分光元件。第一、二代红外光谱仪统称色散型红外光谱仪,第三代红外光谱仪亦称FT-IR光谱仪。

(1) 色散型红外光谱仪

在色散型红外光谱仪中,通过棱镜或衍射光栅将光分成各个波长的光束,它们通过狭缝后经由样品到达检测器。要求的分辨率越高,狭缝必须越窄。狭缝对光的物理阻塞限制了能量通过量,使仪器灵敏度降低。为了得到全谱,必须缓慢移动棱镜或光栅。欲获得一张高质量的样品图谱,棱镜或光栅的扫描越慢越好,如图5-5所示。

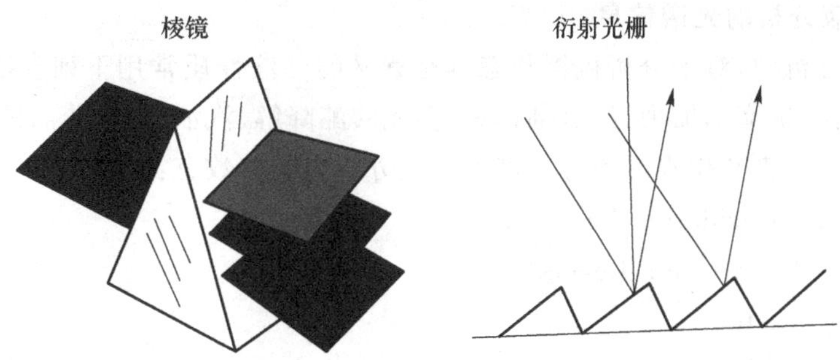

图 5-5　色散型红外光谱仪中光(按波长)的分离

(2) 傅里叶变换红外光谱仪

FT-IR 光谱仪中采用的干涉仪的构造，其原理图和实物图分别如图 5-6 和图 5-7 所示。来自红外光源的宽带红外光束直射到分束器上后被分成两束能量大致相等的光束：一束光由固定镜面反射，另一束光则由移动镜面反射。两束反射光在分束器处重新合成。根据移动镜和固定镜的相对位置关系，合成光发生相长干涉或相消干涉。由单色光源(单一波长)产生的输出呈余弦波形式，移动镜相对于固定镜的任何位移都将产生具有相消干涉状态的红外光，计算机系统应用傅里叶变换函数将干涉图转化为常见的红外光谱图以便于实用分析和计算。

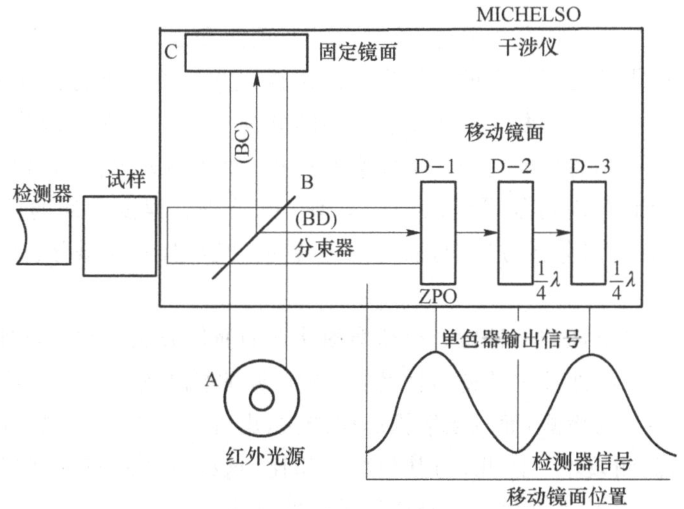

图 5-6　干涉仪

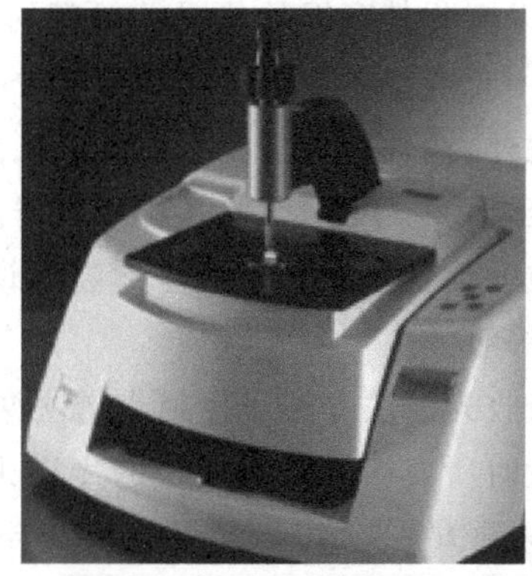

图 5-7　Nicolet 6700 FT-IR 傅里叶红外光谱仪

(3) 红外油液分析的光谱信息

在红外油液分析中,对于分析机器状态具有意义的油液性质常用下列参数表征:氧化、硝化、硫酸盐、核酸盐、抗磨剂损失、抗氧剂损失、多元酸酯降解、汽油稀释、柴油稀释、喷气燃料稀释、水污染、乙二醇污染和积炭污染等。红外油液分析表征参数有:

- 氧化深度(OL:Oxidation Levels);
- 硝化深度(NL:Nitration Levels);
- 硫酸盐(S:Sulfate);
- 抗氧化剂水平(AL:Anti-Oxidant Levels);
- 抗磨剂水平(AAL:Anti-Wear Additive Levels);
- 燃料水平(FL:Fuel Levels);
- 水(羟基)水平(HL:Hydroxy Levels);
- 冷却剂水平(CL:Coolant Levels);
- 积炭水平(SL:Soot Levels)。

5.3 油样磨屑分析

油样分析的整个分析工作分为采样、检测、诊断、预测和处理5个步骤。①采样。必须采集能反映当前机器中零件运行状态的有代表性的油样。②检测。进行油样分析,测定油样中磨屑的数量和粒度分布。③诊断。初步回答机器的磨损状态是正常还是异常,对异常磨损还要确定哪些零部件磨损和磨损的类型。例如磨料磨损、疲劳剥离等。④预测。估计异常磨损的零部件的剩余寿命和今后可能发生的磨损类型。⑤处理。根据预测的情况确定维修的方式、时间和部位。油样磨屑分析方法中,以磁塞法、颗粒计数器法、光谱分析法和铁谱分析法最常用。

磁塞检查法是最早出现的一种检查机器磨损状态的简便方法。它在机器的油路系统中插入磁性探头(磁塞)来收集油液中的铁磁性磨粒,并定期观察以判断机器的磨损状态。这种方法只能用于铁磁性磨粒的检测,而且当磨损趋向严重,出现大于50 μm以上的大尺寸磨粒时,才能显示出较高的监测效率。因此,与其他方法相比,这种方法对早期磨损故障的灵敏度较差。但由于其简便易行,故目前仍为一种广泛采用的方法。

颗粒计数器法是对油样中的颗粒进行粒度测量,并按预选的粒度范围进行计数,从而得到有关磨粒粒度分布方面的信息,以判断其磨损的状况。粒度的测量和计数过去是利用光学显微镜来进行的,现在已发展为采用光电技术进行自动计数和分析。

由于油液中除含有金属磨粒外,还含有大量因污染而混入的非金属颗粒(尘埃、杂质等)及因油质腐变而产生的半透明状聚合物粒子等,因此颗粒计数器法所提供的数据(一般是每百毫升油样中五挡粒径各自所含微粒的数目),对磨损状态诊断来说过于笼统,它只能作为一种辅助方法,主要用于检定油液污染等级。

油样光谱分析法分为原子吸收光谱法和原子发射光谱法两种。它主要是根据油样中各种金属磨粒在离子状态下受到激发时所发射的特定波长的光谱来检测金属类型和含量的,一般用10^{-6}(百万分之一)来表示。这种方法起源于20世纪40年代,应用历史较长,因而比较成熟。它提供的金属类型和浓度值为判定机器磨损的部位及超高浓度提供了科学依据,但不能提供磨粒的形态、尺寸、颜色等直观形象，因而不能进一步判定磨损类型及原因。此外，这种方法分析的磨粒最大尺寸不超过 10 μm，一般当 2 μm 时检测效果达到最好。最新的研究结果表明，大多数机器失效期的磨粒特征尺寸在 20～200 μm 之间。这一尺寸范围对于磨损状态的识别和故障原因的诊断具有特殊的意义。但这一尺寸范围大大超过光谱分析法分析尺寸的范围，因而不可避免地导致许多重要信息的遗漏，这是光谱法的不足之处。目前它主要用于有色金属磨粒的检测和识别。

基于上述各种方法存在着不同程度的不足之处，不能满足机械故障诊断技术发展的需要，20 世纪 70 年代初期出现了一种新的磨损分析技术，即铁谱分析技术。其基本的方法和原理是把铁制磨粒用磁性方法从油样中分离出来，在显微镜下或用肉眼直接观察，以进行定性及定量分析。这种方法不仅可以提供磨粒的类别和数量的信息，而且还可进一步提供其形态、颜色和尺寸等直观特征。摩擦学的研究表明，磨粒的类别和数量的多少及增加的速度与摩擦面材料的磨损程度及磨损速度有直接关系，而磨粒的形态、颜色及尺寸等则与磨损类型、磨损进程有密切关系。因此这种方法判别磨损故障的部位、严重程度、发展趋势及产生的原因等方面都能发挥作用。近几年来，研究和实践的结果更进一步表明，铁谱分析法比其他诊断方法，如振动、性能参数法等能更早地预报机器的异常状态，证明了这种方法在应用上的优越性，因此尽管这种方法出现较晚，但发展非常迅速，应用范围日益扩大，目前已成为机械故障诊断技术中举足轻重的方法了。

图 5－8 所示为各种油样分析法对磨粒尺寸敏感范围的比较。从图中可以看出，磨粒尺寸的敏感范围：光谱分析在 10 μm 以下；磁塞在 50 μm 以上；颗粒计数在 100 μm 以下；铁谱分析为 0.1～1 000 μm，它包含了对故障诊断具有特殊意义的 20～200 μm 尺寸范围。

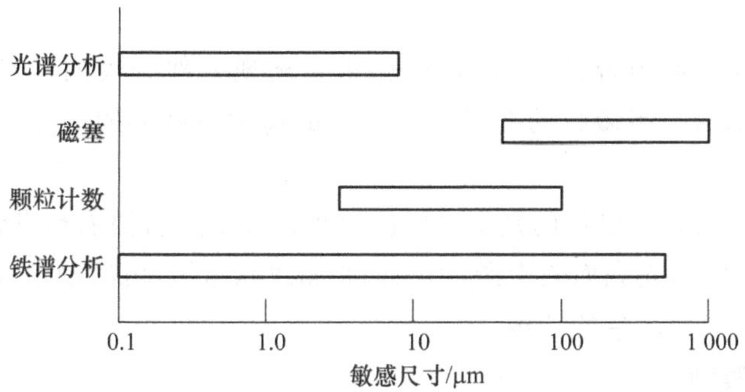

图 5－8　各种油样分析法对磨屑的敏感范围

5.3.1　磁性塞子检测法

磁性探测中用得最多的探测器是磁性塞子，简称磁塞，有柱形也有探针形的。这种方法是用磁铁将悬浮在润滑油中的磨屑与油分开，对这些磨屑进行测量和分析，判别油中含磨屑的浓度，还可以对磨屑的形状和尺寸进行观察，推断零部件磨损程度和磨屑的来源和成因。

1. 磁　塞

磁塞由一个永久安装在润滑系统中的主体和一个磁性探头组成，探头插入主体后磁铁暴露在循环着的润滑油中，当把磁性探头取下时，主体内的封油阀自动封闭油出口，防止漏油，其结构如图 5－9(b)所示。图 5－9(a)所示为在燃气轮机的润滑系统中监控 4 个主轴承和增速箱关键部件磨损的磁塞应用示意图,当磁塞中磨屑过多时,控制线路动作,停止主机的运行。磁塞应该安装在润滑系统中能得到最大捕获磨屑机会的地方,较合适的是装在管子弯曲部位。

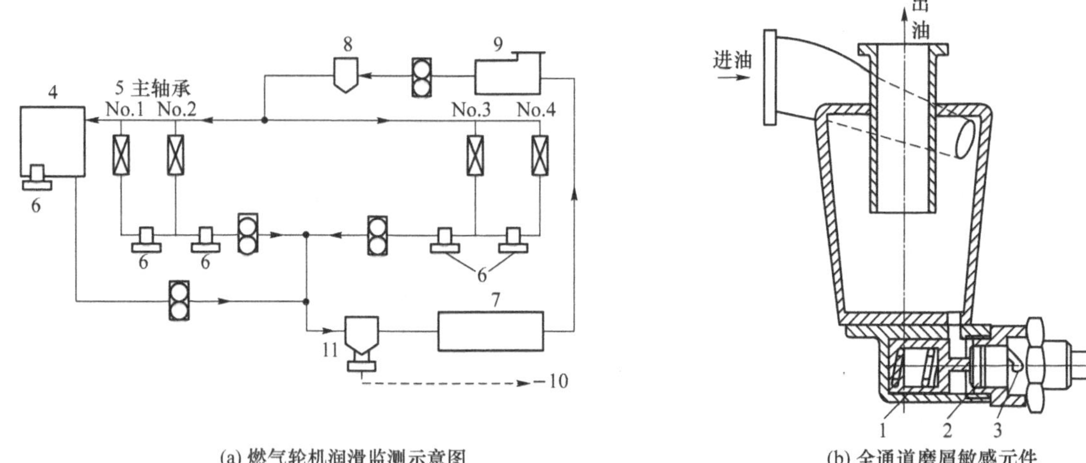

(a) 燃气轮机润滑监测示意图

(b) 全通道磨屑敏感元件

1—封油阀;2—磁性探头;3—凹轮槽;4—增速齿轮箱;5—主轴承;6—磁塞;7—冷却器;8—过滤器;9—油箱;10—控制线路;11—全流磨屑敏感元件

图 5-9 磁塞的应用及构造

2. 磁性磨屑的估算

在估算磨屑时,根据经验,在机器跑合期和正常运转期间,碎片是细而短和有着不规则的断面,并混有一些金属粉末。大部分碎片是在跑合期收集到的,而在进入正常运转后碎片数量就显著减少。

在新的发动机或机器跑合期的最初阶段,将会出现一部分大的微粒,这主要是装配时留下的外界杂物和微屑。当微粒的数量如同微粒的尺寸一样同时开始增加时,就表明故障即将发生。

低放大率(10~40倍)可以帮助判定这样的碎片。对于滚动轴承和齿轮,当原始表面破碎时,碎片的一面呈鳞片状,光亮而较平滑,另一面是布纹状组织;由滚动轴承形成的鳞片比由齿轮形成的鳞片有较细而较灰色的结构。

3. 磁性磨屑的鉴别

我们将根据英国航空公司欧洲部丰富的资料而编写的用于磁塞法分析的磁性磨屑碎片式样的特性列于表5-3中。

油样分析方法中的总失效指示效率

$$e=e_1e_2e_3 \tag{5-1}$$

式中:e_1 为传输效率,它等于传输磁塞安装处的磨屑数量与零件磨损产生的磨屑数量之比;

e_2 为被磁塞捕捉到的磨屑数量与达到磁塞安装处的磨屑总数量之比;

e_3 为有指示效力的磨屑数量与被磁塞捕捉到的磨屑数量之比。

由公式(5-1)可见,为提高效率,磁塞应装在主通道上,磁铁头应尽量靠近主通道中心线,不要过滤网、油泵或其他液压件的阻隔,同时应加大磁塞的磁场强度等。

表 5－3　磁性磨屑中碎片的特性

来　源	碎片的特性
滚珠轴承	保持架的碎片： (1) 圆形的、“玫瑰花瓣”式的、径向分开的形式； (2) 高度光亮的表面组织，带有暗淡的十字线和斑点痕迹； (3) 细粒状、淡灰色、闪烁发光。 钢球的碎片： (1) 开始时鳞片的形状大致是圆的，并且由于钢球和滚道的点与点接触而产生径向分开和印痕，有时在钢球的表面上出现细的十字形表面疲劳线； (2) 微粒在放大 10～20 倍下，表面上有很小的斑点痕迹，这是由于具有研磨突出部分的金属的细粒状结构，这些突出部分会有闪光作用，这对于优质钢是易于识别的，鳞片往往是中心较厚的“体形”，通常一面是高度磨光的表面，而另一面是均匀的灰色粒状组织； (3) 在重的初负荷下，微粒呈较暗黑色，但移向光源时却闪烁发光； (4) 其后产生的下层材料是较黑色的、有更不规则形状，并具有较粗糙的结构。 滚道的碎片： 表面破碎的碎片，通常一面是很光亮的，并像钢球的材料一样，带有暗淡的十字划痕；同时与滚柱轴承的滚道材料有相似的特性，形状大致是圆的
滚柱轴承	滚道的碎片： (1) 不规则的长方形； (2) 高度光亮的表面组织，沿运行纵向带有划痕； (3) 细粒状、浅灰色、闪烁发光； (4) 由于表面实质上是平的滚动接触，因而划痕是沿滚道走的； (5) 滚道和滚柱两者的外侧往往首先破碎，一般是先出现矩形鳞片，而后逐渐恶化，变成很不规则的“块状”； (6) 内滚道首先恶化，继而是滚柱，最后是外滚道
滚珠和滚柱轴承	绕转和打滑碎片： (1) 形状通常是粒状的； (2) 碎片是黑色灰尘。 保持架的碎片： (1) 形状是大而薄的花瓣形鳞片； (2) 有光亮的表面组织； (3) 呈铜色； (4) 开始时的碎片是细的青铜末，继而是大的铜色花瓣形鳞片，这种鳞片除非出现了分散的钢的微粒，或钢的微粒嵌在鳞片中，或是有较厚的块状青铜微粒时，才意味着有严重的故障
滚针轴承	(1) 尖锐的针形，与刺类似； (2) 粗的表面组织； (3) 深灰色闪烁发光
巴氏合金轴承	(1) 平的或球形的一般形状。 (2) 平滑的表面组织。 (3) 外表有类似焊锡飞溅物或银。 (4) 在正常磨损的情况下，对把材料扩散到轴承表面的微小空腔中的轴承，在回油中是很少有碎片的。 (5) 当轴承开始发生故障时，微细如发丝的裂纹在任意方向出现，在轴承的表面上造成一般的开裂作用。作用在轴承上的局部油压常常在 13.8 kPa～20.7 MPa 范围内，使油进入微细如发丝的裂纹中并终于使微粒松动，微粒在受热时便散落而变成平的。这些碎片常常或是沉积在轴承的另一面，或是沉积在回油路中。当进入油流时，由于它们的可熔条件，常常形成类似焊锡的细小球体

续表 5-3

来　源	碎片的特性
铝和20%锡轴承	(1) 不规则形状; (2) 平滑表面组织,并有细的平行线纹; (3) 外表像焊锡状,银色带有黑线纹; (4) 这些轴承有良好的耐疲劳性,并且在微粒实际上分离开和进入回油油流以前,一般先有一定的故障进展状态
齿轮	咬接的碎片: (1) 不规则形状; (2) 光泽的表面组织,带有许多小的凹痕; (3) 呈灰色,类似焊锡的飞溅物; (4) 由于在齿轮与齿轮之间研磨成碎片,有时可见到轮齿的压印伴有刻痕,或者只能看见刻痕。 正常的磨损碎片: (1) 不规则断面的微细如发丝的织纹物,很短并混有金属粉末; (2) 粗糙的表面组织; (3) 呈深灰色; (4) 小的细发丝状织纹物通常是团在一起,当在磁性探头上时,呈现较厚实的状态。 故障碎片: (1) 不规则形状。 (2) 表面组织研擦成带有刻痕。 (3) 外表粗糙,暗灰色而带有亮点。 (4) 这些微粒都是在研磨不规则形状、呈黑色的高亮点而产生的。鳞片有时呈现着轮齿的外形。一般外侧磨得更光,并有明显刻痕,有时还伴有热变色。材料没有光泽,而且比由轴承产生的碎片较粗糙一些。 (5) 由于齿轮的滚动接触特性,在齿尖产生逐点接触,其斑点与滚珠轴承相似,齿的侧面是滑动接触,生成的平行划痕与轴承中滚子的碎片类似。 (6) 下层碎片是很不规则的,长而撕裂,这一状况由于齿轮的进一步研磨作用而加重。收集在磁性探头上的碎片,当作为分散的微粒来观察时,似乎是一些金属的织纹物,呈碎条状、长而细薄的不规则外形,可以把它比作粗糙的细丝

5.3.2 污染分析法

实践表明,控制油品的污染度,及时净化在用油中的污染物是机械设备润滑和液压系统状态监测的重要内容之一。油样污染度监测的目的是控制和保持零件摩擦副表面对污染度的承受能力。目前,污染度检测主要采用颗粒计数及颗粒称重的定量分析以及简易的半定量或定性分析,如图 5-10 所示。

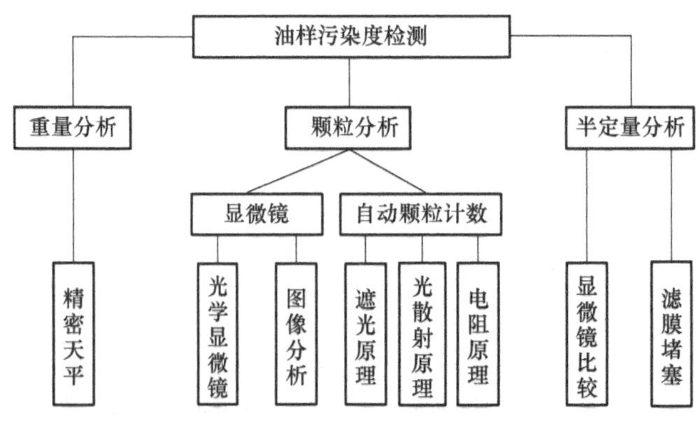

图 5-10　油液污染检测方法

颗粒计数器法是对油样中的颗粒进行粒度测量，并按预选的粒度范围进行计数，从而得到有关磨粒粒度分布方面的信息。粒度的测量和计数过去是利用光学显微镜来进行的，现在已发展为采用光电技术进行自动计数和分析。表 5－4 所列为常见的颗粒计数法及其测量范围。表 5－5 和表 5－6 所列分别为美国标准 NAS1638 及我国标准 GJB 420A。

表 5－4 颗粒计数法

方 法	原 理	仪 器	测量范围/μm
视场	目测	光学显微镜	＞5
	自动扫描	图像分析仪	＞1
		扫描电子显微镜	0.12～50
液流	遮光	遮光型自动颗粒计数器	1～9 000
	光漫射	激光型自动颗粒计数器	0.5～25
	电阻变化	电阻型自动颗粒计数器	1～100
	微孔阻尼	dCA 便携式微孔阻尼颗粒计数器	5～15

表 5－5 NAS1638 固体颗粒污染度分级(100 mL 油样中的颗粒数)

等 级	5～15 μm	15～25 μm	25～50 μm	50～100 μm	＞100 μm
00	125	22	4	1	0
0	250	44	8	2	0
1	500	89	16	3	1
2	1 000	178	32	6	1
3	2 000	356	63	11	2
4	4 000	712	126	22	4
5	8 000	1 425	253	45	8
6	16 000	2 850	506	90	16
7	32 000	5 700	1 012	180	32
8	64 000	11 400	2 025	360	64
9	128 000	22 800	4 050	720	128
10	256 000	45 600	8 100	1 440	256
11	512 000	91 200	16 200	2 880	512
12	1 024 000	182 400	32 400	5 760	1 024

表 5－6 GJB 420A 固体颗粒污染度分级(100 mL 油样中的颗粒数)

等 级	＞5 μm	＞15 μm	＞25 μm	＞50 μm
000	76	14	3	1
00	152	27	5	1
0	304	54	10	2
1	609	109	20	4
2	1 220	217	39	7
3	2 430	432	76	13

续表 5-6

等 级	>5 μm	>15 μm	>25 μm	>50 μm
4	4 860	864	152	26
5	9 730	1 730	306	53
6	19 500	3 460	612	106
7	38 900	6 920	1 220	212
8	77 900	13 900	2 450	424
9	156 000	27 700	4 900	848
10	311 000	55 400	9 800	1 700
11	623 000	111 000	19 600	3 390
12	1 250 000	222 000	39 200	6 780

下面简单介绍几种颗粒计数仪器。

(1) PAMAS 便携式油样颗粒计数仪

德国帕玛斯(PAMAS)仪器公司生产的便携式颗粒计数器(见图 5-11)可以方便地用于现场,连续检测记录油液污染和过滤器的效率,从而保持润滑系统的清洁度。该仪器配置膜式键盘和内置式打印机。内置式传感器 HCB-LD-50/50 允许在流速为 25 mL/min 时测量的颗粒浓度高达 24 000 mL^{-1},灵敏度为 1 μm(ISO 4402)和 4 μm(ISO 11171)。对于无压力样品和压力高达 42 MPa 的加压系统,内置式活塞泵可以向传感器输送恒定流速的样品。采用可编程处理器控制的分析能够进行多样品自动采样和报告数据。

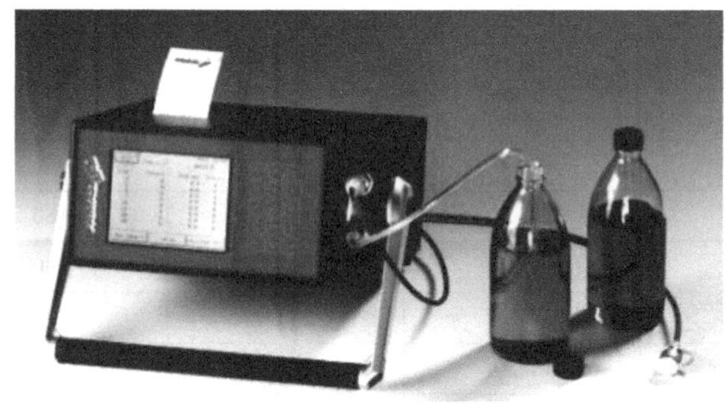

图 5-11 PAMAS 便携式油样颗粒计数仪(S2 型)

(2) LaserNet Fines-C 自动颗粒分析仪

LaserNet Fines-C 自动颗粒分析仪(见图 5-12)是将形貌识别和颗粒计数两种常用的油料分析技术合二为一的分析仪器。采用激光图像技术和先进的图像处理软件自动识别颗粒形貌分布。该分析仪器特点如下:①体积小,操作方便;②对大于 5 μm 的颗粒进行计数,大于 20 μm的颗粒由神经网络技术分成切削磨损颗粒、疲劳磨损颗粒、滑动磨损颗粒和氧化物四类;③按 ISO 4406、NAS 1638 标准显示污染度等级;④内置设备运转状态磨损趋势分析数据库软件;⑤数据输出包括颗粒类型识别、图像映射、颗粒尺寸趋势以及污染度清洁级别代码。

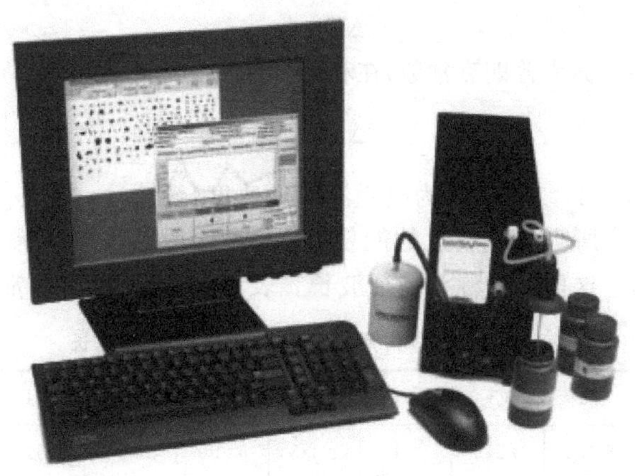

图 5-12　LaserNet Fines-C 自动颗粒分析仪

(3) dCA 便携式污染检测仪

美国 DIAGNETICS 公司推出了一种用于机电设备预知性维修的在线监测油品污染度的仪器——dCA 便携式污染监测仪(见图 5-13)。该仪器既可在现场使用也可在实验室使用,对润滑油的污染程度进行监测,可分别按 NAS 标准、ISO 标准和在线颗粒数显示污染程度。其特点如下:①有照明装置以供晚上使用;②完备的字母数码键盘;③高压取样器可使仪器方便地用于压力达 2 000 N/m 的系统之中;④可选择数据格式或数据的图形表示;⑤可自动趋势分析。

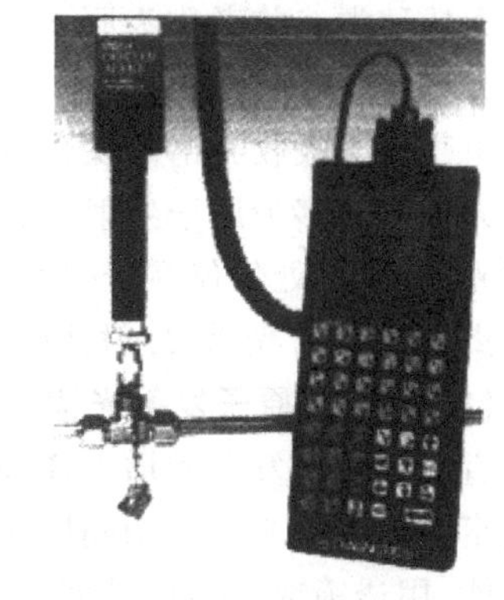

图 5-13　便携式污染检测仪

该仪器利用一种微孔阻尼来计算颗粒数,液体油样流经一个精确标定过的滤网,大于网眼的颗粒沉积下来,由于微孔(直径 5～15 μm)的阻挡作用,流量便会降低,最后颗粒填充在大颗粒的周围,从而进一步阻滞了液流,结果形成一条流降与时间的关系曲线。利用数学程序把该曲线转换为颗粒大小分布曲线。

该仪器携带、操作极为方便。操作者根据需要按下仪器键盘上的相应按钮,即可在 3 min 内得到监测结果。该仪器特别适用于液压系统、轴承及齿轮减速器系统,以及发动机润滑系统的污染监控。

5.3.3　油样光谱分析法

1. 光谱分析法的物理原理

由原子物理学已知,组成物质结构的原子是由原子核和绕一定轨道旋转的一些核外电子所组成。核外电子所处的轨道与各层电子所含的能量级有关。在稳定态下,各层电子所含的能量级最低,这时的原子状态成为基态。当物质处于离子状态下,其原子受到外来能量的作用时,如热辐射、光子照射、电弧冲击、粒子碰撞等,其核外电子就会吸收一定的能量从低能级跃迁到高能级的轨道上去,这时的原子称为激发态。激发态的原子是一种不稳定状态,有很强的返回基态的趋势。因此其存在的时间很短,约为10^{-8} s。原子由激发态返回基态的同时,将所吸收的能量以一定频率的电磁波形式辐射出去。原子吸收或释放的能量 ΔE(单位为 J)与激发的光辐射或发射的电磁波辐射的频率 ν 之间有以下关系:

$$\Delta E = h\nu \tag{5-2}$$

式中:$h=6.24\times10^{-34}$ J·s 称为普朗克常数,在利用 $\lambda\nu=c$ 的关系,式(5-2)可改写为另一种形式:

$$\Delta E = \frac{hc}{\lambda} \tag{5-3}$$

式中:λ 为辐射波长,m;$c=3\times10^{8}$ m/s 为电磁波传递速度(光速)。式(5-3)说明,每种元素的原子在激发或跃迁的过程中所吸收或发射的能量 ΔE 与其吸收或发射的辐射线(电磁波)的波长 λ 之间是服从固定关系的。这里 λ 又称为特征波长。表5-7所列为一些常用元素的特征波长。

表5-7 一些常用元素光谱辐射的特征波长

元素名称	Cu	Fe	Cr	Ni	Pb	Sn	Na	Al	Si	Mg	Ag
特征波长 λ/m	3 247	3 270	3 579	3 415	2 833	5 890	2 354	2 516	3 092	2 852	3 281

根据式(5-2)的关系,若能用仪器检测出用特征波长射线激发原子后辐射强度的变化(由于一部分能量被吸收),则可知道所对应元素的含量(浓度)。同理,用一定方法(如电弧冲击)将含数种金属元素的原子激发后,若能测得其发射的辐射线的特征波长,则可以知道油样中所含元素的种类。前者称为原子吸收光谱分析法,后者称为原子发射光谱分析法。

2. 光谱分析仪器

由于原子吸收光谱的操作麻烦,分析速度慢,因此,在机械设备状态监测油液分析中所采用的光谱仪器多为原子发射光谱仪,其激发源多为转盘型或电感耦合等离子体型,以及X射线荧光,不同之处仅仅在于采用不同的方式激发油样,从而构成直读式原子发射光谱、电感耦合等离子体ICP光谱、X射线荧光光谱。

(1) 直读式原子发射光谱

直读式原子发射光谱工作原理如图5-14所示。将样品不断地送入一个旋转的电极与一个固定状炭电极所形成的间隙中,然后用高压电弧闪击样品,使样品中的各个元素均发出光或辐射能,用透镜或光导纤维使激发源的辐射能聚集到光学系统上。通过光学系统的光,照射到一个凹面光栅上,光栅使光色散为因元素而异的各种波长的谱线。用光电倍增管来检测辐射能,并将其转换为倍增的电信号,一个光电倍增管对应某一元素的特定波长光线。电子处理转换器将电信号转换成待测元素的浓度值,最后由打印机输出结果。

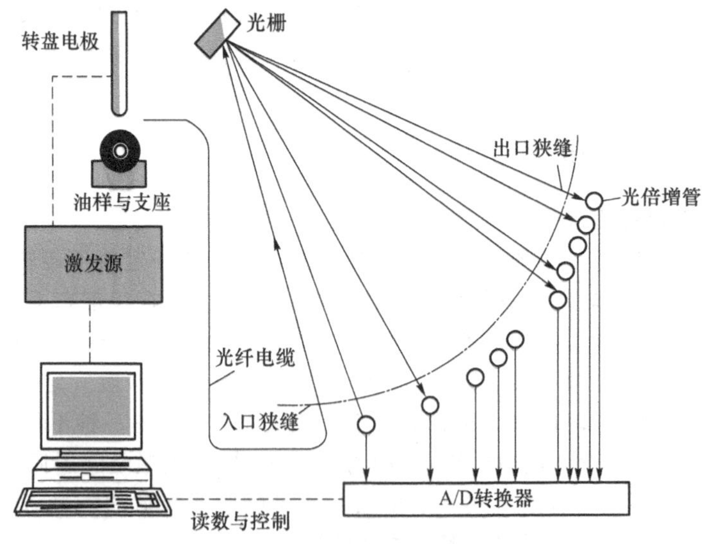

图5-14 直读式原子发射光谱工作原理

(2) ICP 原子发射光谱

ICP 等离子发射光谱工作原理如图 5-15 所示。在 ICP 原子发射光谱技术中，激发技术是由惰性气体氮气产生无电极等离子体。氮气不断地通过一匝或三匝射频圈内的等离子体炬管，该线圈与射频交流电发生器相连接。氮气的作用犹如变压器的次级线圈，因此，氮气可以加热到极高温度。油样被吸入炬管中心，并进入等离子体，样品中的元素被激发，发出辐射能。通过光学系统的光，照射到一个凹面光栅上，光栅使光色散为因元素而异的各种波长的谱线。用光电倍增管来检测辐射能，并将其转换为倍增的电信号，一个光电倍增管对应某一元素的特定波长光线。电子处理转换器将电信号转换成待测元素的浓度值，最后由打印机输出结果。图 5-16 所示为 Optima 5300V 等离子发射光谱仪。

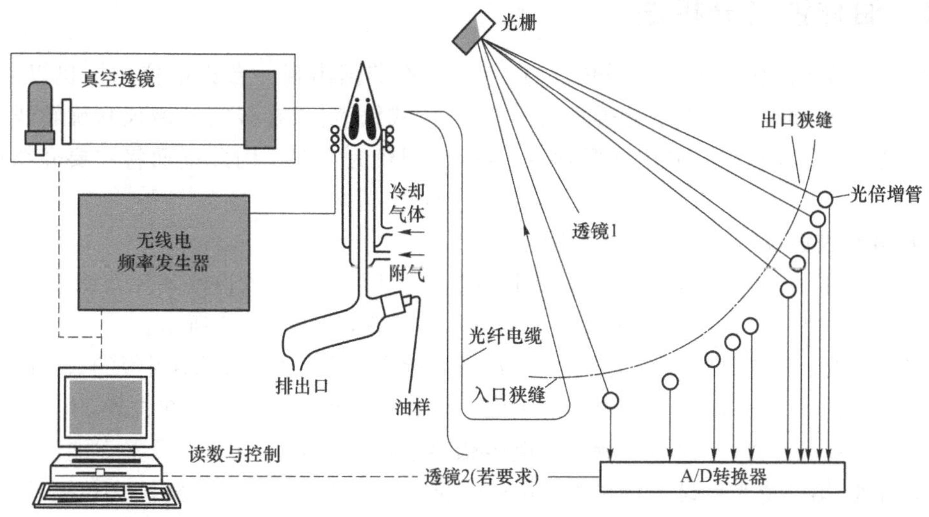

图 5-15　ICP 等离子发射光谱工作原理

图 5-16　Optima 5300V 等离子发射光谱仪

(3) X 射线荧光光谱

X 射线荧光光谱(XRF)技术基本原理：当油样被辐射源射出的射线轰击时，油液中被分析元素的电子从各个能级上逐出，于是原子以电子处于激发态的离子的形式存在。当外层电子进入被逐出电子留下的内层空穴时，离子返回到基态，与此同时，外层电子以荧光形式释放能量(即辐射出 X 射线)。借助于检测器检测荧光光谱的信息，由于每个元素均具有各自的特征电子排布，因此其二次 X 射线谱也具有特征性(元素定性)，且谱线强度与油样中元素的浓度成正比(元素定量)，从而检测油液所含元素成分，如浓度。X 射线荧光光谱(XRF)的工作原理及其分析系统的主要构成单元如图 5-17 所示。

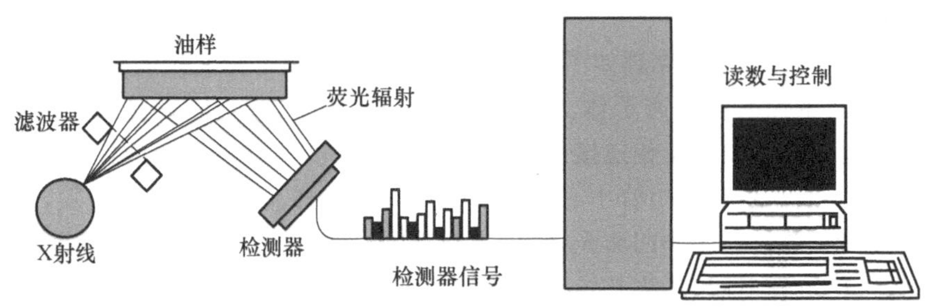

图 5-17 X射线荧光光谱工作原理

5.3.4 油样铁谱分析法

油样铁谱分析的仪器称为铁谱仪。自1971年在美国出现一台铁谱仪的样机以来，经过二十几年的发展，至今已形成了分析式铁谱仪、直读式铁谱仪、在线式铁谱仪和旋转式铁谱仪等四种各具特点的铁谱仪。其中前两种较成熟，应用较为普遍。因此下面将主要介绍这两种铁谱仪。

1. 直读式铁谱仪的组成及工作原理

直读式铁谱仪的基本结构与分析式铁谱仪类似，只是不需要铁谱仪基片和铁谱仪显微镜。它是用斜置于磁铁上方的沉淀管来代替铁谱基片的位置，如图 5-18 所示。

当配置好的油样被虹吸穿过沉积管时，在高梯度磁场力作用下，油样中大于 5 μm 的大磨粒首先沉淀，而 1～2 μm 的小颗粒则相继沉淀在较远处。在大小颗粒沉淀位置，由光导纤维引导两个光束穿过沉淀管，并被另一侧的光电传感器所接受。第一道光束设置在能沉淀大颗粒的管的进口处，第二道光束设置在相距 5 mm 处的较小磨粒沉淀位置。随着磨粒颗粒的沉淀，光电传感器所接受的光强度将逐渐减弱。因此，数字显示器所显示的光密度读数将与该位置沉淀的磨粒数量成正比。磨粒在沉积管中排列状况如图 5-19 所示。

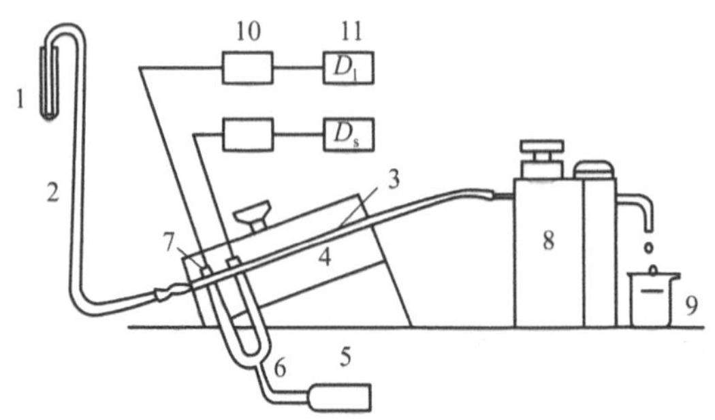

1—油样；2—毛细管；3—沉积管；4—磁铁；5—灯；
6—光导纤维；7—光电探头；8—虹吸泵；9—废油；
10—电子线路；11—数显屏

图 5-18 直读式铁谱仪的组成及工作原理

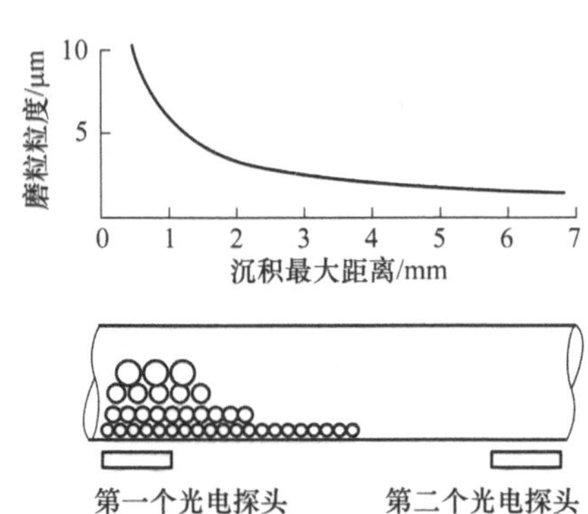

图 5-19 沉积管内的磨粒排列

设 D_l 表示第一道光束处，大磨粒的沉淀覆盖面积百分数；D_s 表示第二道光束处，小磨粒的沉淀覆盖面积百分数，则可按前述方法定义磨损烈度指数为

$$I_s=(D_l+D_s)(D_l-D_s)=D_l^2-D_s^2 \tag{5-4}$$

直读式铁谱仪具有测试速度快，数据重复性好，操作方便等优点，但不能进一步观察和分

析磨粒的形貌。因此，它用于状态监测工作，一旦发现磨损异常时，再采用分析式铁谱仪进行进一步的观察和分析。两种仪器经常相互配合使用。图 5－20 所示为北京优文公司 ZTP－X1 直读式铁谱仪。

2. 分析式铁谱仪的组成及工作原理

分析式铁谱仪实际上是一个分析系统，主要由铁谱仪和铁谱显微镜两大部分组成。图 5－21 所示为美国 SPECTAL 公司 T2FM 型分析式铁谱仪。

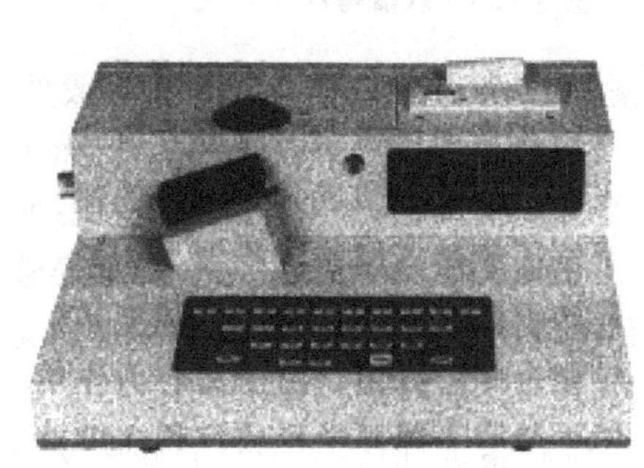

图 5－20　ZTP－X1 直读式铁谱仪

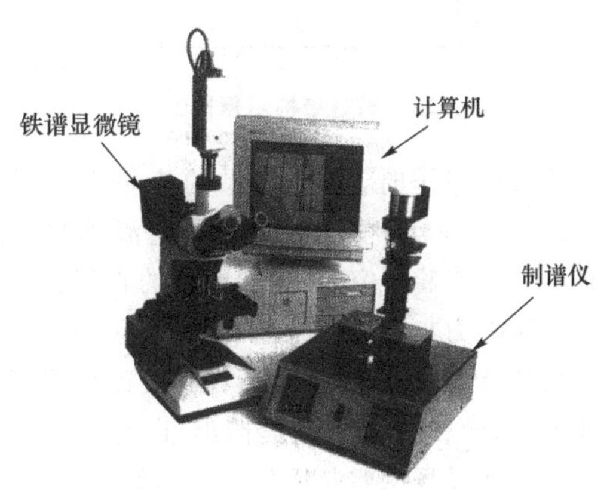

图 5－21　T2FM 型分析式铁谱仪

(1) 铁谱仪

铁谱仪是制备铁谱基片的装置，如图 5－22 所示。它由磁铁装置、微量泵、铁谱基片及胶管支架等组成。磁铁装置是铁谱仪的核心装置，如图 5－23 所示。磁源采用铝镍钴合金磁铁，尖劈状极头使 U 形回路的磁场高度集中在两极头相对的细长狭缝中。最大磁通密度可大于 15×10^{7} T(特斯拉)。磁场上方空间为发散磁场，其最大磁场梯度大于 5×10^{8} T/cm。铁谱基片用以沉积和固定油样磨粒以便在显微镜下进行观察。它是由 60 mm×25 mm×0.17 mm 的盖玻璃制成，如图 5－24 所示。其一侧有刻度，中央沿长度方向有一 6 mm 宽的 U 形壁垒，由聚四氟乙烯塑料制成。利用油对它的不可浸润性以限制油流的方向。基片沿 U 形壁垒的中线方向斜置于磁铁尖劈气缝的中央，与水平面成一微小的角度(1°～2°)，使得基片表面顺油流动方向形成一个逐渐增强的梯度磁场。

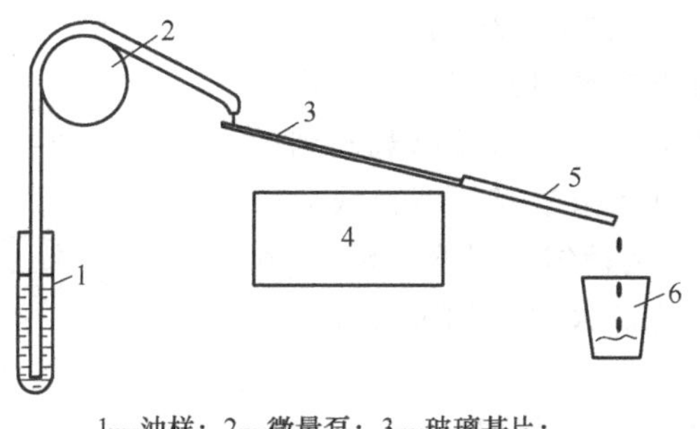

1—油样；2—微量泵；3—玻璃基片；
4—磁铁；5—导流管；6—储油杯

图 5－22　铁谱仪的组成及工作原理

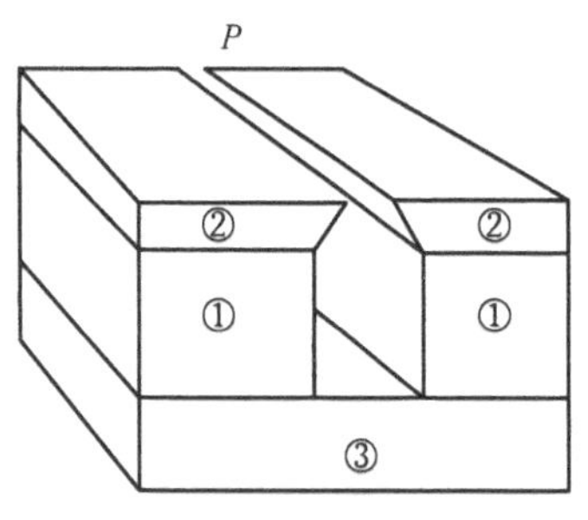

图 5-23 磁铁结构示意图

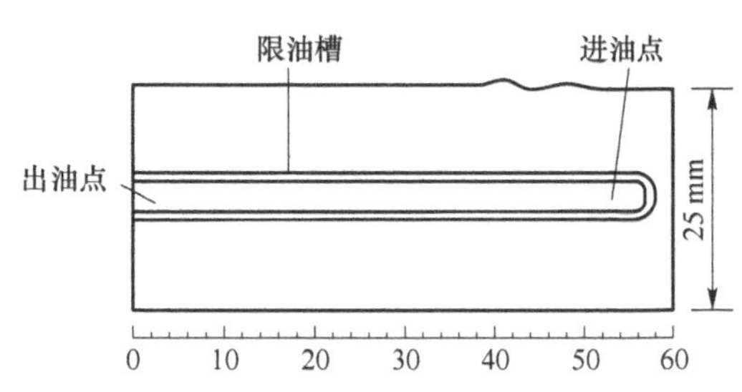

图 5-24 铁谱基片

铁谱仪工作时，将微量泵的流量调至使油液沿基片连续稳定流动为适宜(一般约为15 mL/h)。油样中的磨粒在基片上流动时受到磁场力及油的黏滞阻力的共同作用下而沉积在基片上。实验研究表明，若磨粒的直径为 D，则磨粒受到的磁场吸引力与 D^3 成正比；而受到的黏滞阻力与 D^2 成正比，因此可近似的认为，磨粒沉淀所受的合力与 D 成正比。这导致较大的颗粒首先沉淀下来，然后在梯变磁场作用下，较小的磨粒在越来越强的磁力作用下亦先后沉淀下来，而废油则由U形槽出口处排出。

磨粒在磁场中磁化后相互吸引而沿磁力线方向形成链状条带，而各条带之间磁极又相互排斥，形成均匀的间距而不会产生堆积叠置现象。铁谱基片在经清洗和固定处理后备制工作即告完成。

(2) 铁谱显微镜

铁谱显微镜是一种双色光学显微镜。它是观测和分析铁谱基片最基本的工具。铁谱基片上沉积的颗粒，除金属磨粒以外，还有化合物、聚合物以及外来的污染颗粒。为了能够很好地区分这些不同的颗粒并对金属颗粒的形貌进行有效的观测，普通的光学显微镜是很难胜任的。铁谱显微镜的特点是，具有两个独立的反射和透射的双色(红、绿)光源，故称为双色显微镜。两个光源可以单独使用，也可以同时使用，这可使其分析鉴别功能大为加强。其另一个特点是，若在显微镜上加装一个光密度式的铁谱读数器，则可对铁谱基片同时完成定量分析。铁谱显微镜的光路原理如图5-25所示。图中，反射光源透过红色反光镜下方照射到基片上。这种显微镜的最高放大倍数约为1 000×，可以观测到微米级磨粒的形态。若需要对亚微米级的磨粒或对微米级的磨粒的形态细节进行更精细的观察分析时，则需改用电子扫描显微镜，其最大倍数可达3 000×以上。

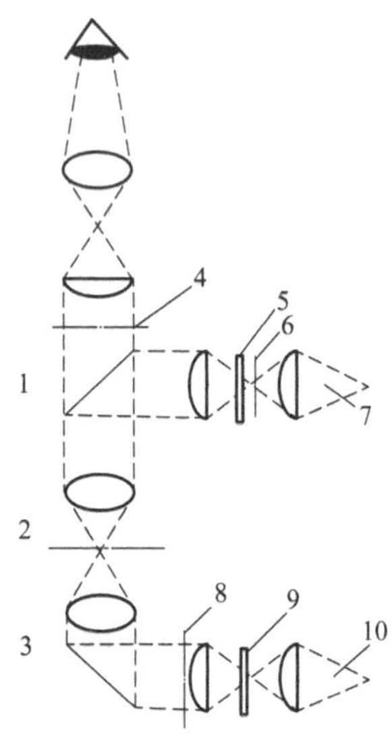

1—半透明反光镜；2—载物台；3—反射镜；4—偏振器；5—红色滤光片；6—起偏器；7—反射光光源；8—起偏器；9—绿色滤光片；10—透射光源

图 5-25 双色显微镜的光路原理

3. 分析式铁谱仪的定性及定量分析

(1) 定性分析

所谓定性分析主要是指对磨粒的形貌(包括形态特征、颜色特征、尺寸大小及其差异等)及成分进行检测和分析，以便确定磨粒故障的部位，识别磨损的类型、磨损的严重程度和失效机理等。以下介绍利用铁谱显微镜光源不同照明方式进行分析的方法。

白色反射光可用来观测磨粒的大小、形态和颜色。例如铜基合金呈黄色或红褐色，而其他金属粒子多呈银白色。钢质磨粒由于形成过程一般受到热效应而处于回火状态，其颜色处于黄蓝之间。由此可判断磨损的严重程度。

白色透射光是用来观察磨粒的透明程度以识别磨粒的类型的。例如游离金属由于消光率极大而呈黑色，一部分元素和所有化合物的磨粒都是透明的或半透明的。

红色反射光和绿色透射光同时照射，比单色照明可以有更强的识别能力。例如金属磨粒由于不透明，只能反射红光而呈现红色，化合物如氧化物、氯化物、硫化物等均为透明或半透明而呈现绿色。有的是部分吸收绿光和部分反射红光而呈黄色或粉红色。这样通过颜色的检验可以初步识别磨粒的类型、成分或来源。

除以上照明方式外，还可以进一步采用偏振光照明，斜照明灯方式进行更深入的观察。同时，根据基片上磨粒沉积的排列位置和方式，也可以初步识别铁磁性（铁、钴、镍等）和非铁磁性磨粒，一般铁磁性磨粒按大小顺序呈现链状排列，而非磁性磨粒则无规则地沉积在铁磁性磨粒行列之间。

定性分析还可以用电子扫描显微镜 X 射线以及对基片进行加热回火处理等方法，这里就不再赘述了。

(2) 定量分析

定量分析的目的是确定磨损故障进展的速度。这对进行设备诊断决策十分重要。定量分析主要是指对铁谱基片上大、小磨粒的相对含量进行定量检测。其方法是检测基片不同位置上大、小磨粒的覆盖面积所占的百分数。检测的设备是利用联装在铁谱显微镜上的铁谱读数器来完成的。铁谱读数器由光密度计和数字显示部分所组成。具体方法和判别指标如下：

设基片上无磨粒覆盖处的覆盖面积为 0%（全透光），而磨粒覆盖至不透光时为 100%。读数器的显示器可根据基片透光的程度直接换算成磨粒覆盖面积百分数。一般规定用 10× 物镜和反射光在铁谱基片入口进行横向扫描，找出最大的读数值 A_l，它代表油样中大磨粒（$>5\ \mu m$）的密度，即大磨粒的覆盖面积百分数。再在 50 mm 处进行横向扫描，读出该处的最大读数 A_s，它代表油样中小磨粒（$1\sim2\ \mu m$）的密度。由此可以定义一个判别磨粒发展进程的指标，称为磨损烈度指数 I_s 为

$$I_s=(A_l+A_s)(A_l-A_s)=A_l^2-A_s^2 \tag{5-5}$$

式中：A_l+A_s 是大、小磨粒覆盖面积所占百分比之和，称为磨粒浓度，其值越大表示磨损的速度越快；A_l-A_s 代表大于 50 μm 以上磨粒在磨损进程中所起的作用，称为磨损烈度，它是磨损严重程度的反映；而磨损烈度指数 I_s 则是以上两者的组合，因而综合反映磨损的进程和严重程度，即全面地反映了磨损的状态。但这一指标并不是唯一的，目前还在不断定义一些新的指标。

4. 磨粒的分类和识别

(1) 磨粒图谱

分析式铁谱仪的主要优点之一是，它不仅能提供磨粒的数量和成分（铁磁或非铁磁磨粒的形状）的信息（定量分析），而且还进一步提供了磨粒的形貌特征的信息（定性分析），通过对磨

粒的形态、尺寸、颜色等形貌特征的观察可以对磨损故障的类型、原因、程度、进程等做出比较可靠的判断。观察磨粒形貌特征的显微照片称为铁谱图，它是进行定性分析的主要依据。下面将介绍根据不同的磨损原因所产生的磨粒的特征及用以识别的典型铁谱图。

美国 Foxboro 公司的 Dianel. P. Anderson 编著的《磨粒图谱》(*Wear Particle Atlas*)和英国国家煤炭局科技发展总部(HQTD)编撰的类似的资料，都是大量实验成果的总结，对铁谱技术的定性分析研究起了很好的指导作用，目前国内几乎还都是基于上述两本图谱进行铁谱定性分析的。它们综合实际机器的不同磨损状况所产生的磨粒类型方面的知识，将铁谱片上获取的金属磨粒按磨损形式基本上分为8类，即正常滑动磨粒、严重滑动磨粒、切削磨粒、疲劳剥块、球状磨粒、层状磨粒、红色氧化物以及黑色氧化物，如图5-26所示。

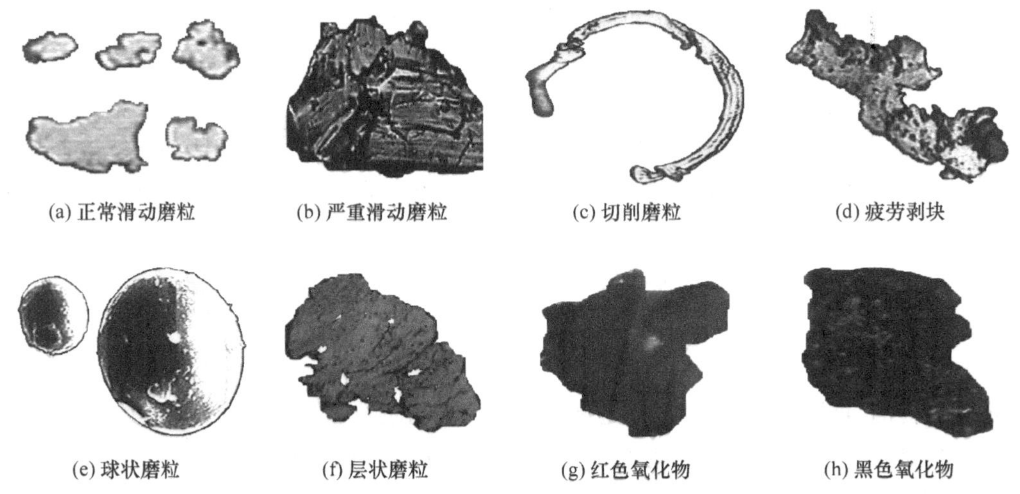

(a) 正常滑动磨粒　(b) 严重滑动磨粒　(c) 切削磨粒　(d) 疲劳剥块

(e) 球状磨粒　(f) 层状磨粒　(g) 红色氧化物　(h) 黑色氧化物

图5-26　8类金属磨粒

① 正常滑动磨粒：指机器的摩擦面经跑合后进入稳定磨合阶段时产生的磨粒，其形态特性具有光滑表面的鳞片状，其尺寸特征是厚度为0.15～1 μm，长度为0.5～15 μm，如图5-26(a)所示。

② 严重滑动磨粒：摩擦副在高速重载下，接触应力超过极限时，剪切层被完全破坏而出现大颗粒脱落，一般为块状或片状，表面带有滑动的条痕并具有整齐的刃口，其尺寸在20 μm以上，长厚比在10∶1左右。出现这种磨粒表明磨损已经进入灾难性阶段了，如图5-26(b)所示。

③ 切削磨粒：当滑动表面具有硬质组成的碎屑或外来硬质磨粒浸入时就会产生切削磨粒。其尺寸宽为2～5 μm，长为25～100 μm，厚约为0.25 μm。当出现这种磨粒时，提示机器已进入非正常的磨损阶段了，若这种磨粒的数量急剧增加，则表明机器中某些摩擦副的失效已迫在眉睫了，如图5-26(c)所示。

④ 疲劳剥块：主要是由滚动轴承的疲劳点蚀或剥落产生的磨粒，是由疲劳表面凹坑剥落的碎屑，为边缘不规则的片状。其尺寸长为10～100 μm，厚为1～10 μm，如图5-26(d)所示。

⑤ 球状磨粒：产生于滚动轴承的疲劳裂纹内部。其粒度为1～5 μm，且呈球状，其直径在1～5 μm，如图5-26(e)所示，这是滚动疲劳磨粒的典型形态。

⑥ 层状磨粒：是磨粒粘附于滚动元件表面后，又通过滚动接触而形成的极薄的游离金属磨粒，其粒度在20～50 μm之间，可见许多空洞，厚约1 μm，如图5-26(f)所示。

⑦ 铁的红色氧化物：是当水进入润滑系统时生成的普通铁锈的形式，如图5-26(g)所示。

⑧ 铁的黑色氧化物：是润滑不良、存在过热的标志，颗粒外观为表面粗糙不平的堆积物，边缘能透过少许光，如图 5-26(h)所示。

(2) 磨粒图像智能识别

铁谱技术是一种重要且常用的机械设备故障诊断和状态监测技术。通过对金属磨粒的识别，可以获得机械系统的磨损程度、部位和类型，从而为正确诊断和监测机械设备磨损状态提供重要依据。传统的磨粒分析通常由人来完成，其主要缺点是工作量大，精度不高，自动化程度低以及对分析人员水平依赖性大等。为此，近十几年来国内外有诸多大学、研究机构和公司的研究人员在研究探索采用磨粒图像处理和识别系统代替人工分析工作，研制了基于计算机图像处理技术的智能化铁谱诊断系统，提出了磨粒识别的特征参数；同时开发了磨粒识别专家系统。图 5-27 所示为南京航空航天大学开发的智能铁谱分析系统 DMAS-II。

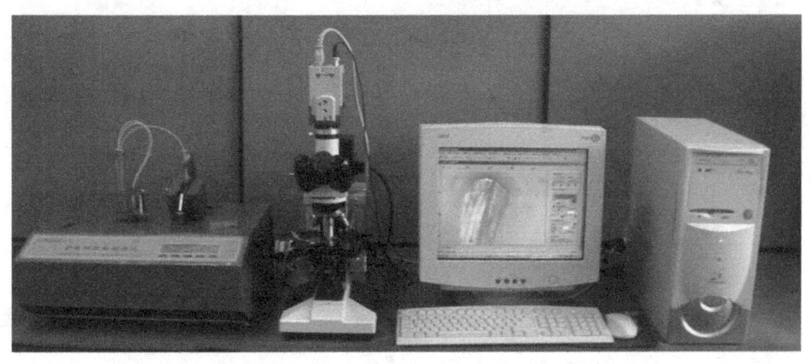

图 5-27 DMAS-II 型智能铁谱分析系统

针对磨粒图像，可以提取 4 类特征参数，即尺寸参数、形状参数、表面参数以及颜色参数。这些参数可以通过图像分析的方法获取，关于图像分析的方法前面已经介绍，在此从略。

1) 尺寸参数

尺寸参数是衡量颗粒粒度大小的量值，是磨粒的重要参数。其大小反映了磨损的严重程度及机器设备运行的状况。可以用等效圆直径、主轴长度、短轴长度以及综合尺寸等来表示磨粒尺寸大小。这些参数所表示的意义均相同，其中主轴长度的量值最大，为了使诊断结果偏于安全，故选择主轴长度为磨粒尺寸参数。图 5-28(a)所示为磨粒主轴尺寸与磨粒类型的关系，可以看到正常滑动磨粒和球状磨粒的尺寸均在 15 μm 以下，其他类型磨粒的尺寸范围分布较广，其中切削磨粒的尺寸大于和小于 15 μm 的均存在，而其他类型的磨粒的尺寸均大于 15 μm。

2) 形状参数

圆度 Rd 体现了磨粒接近圆的程度，反映了磨粒的整体形状。磨粒越接近圆，Rd 越小；反之，若磨粒的形状越复杂，Rd 越大。各种磨粒的圆度如图 5-28(b)所示。从图中不难看出，切削磨粒的 Rd 值远大于其他类型磨粒，一般均大于 5.0。所以，该参数为切削磨粒的突出特征，其他参数如磨粒的长短轴比和凹度与圆度参数均存在很大相关性，故选择圆度作为磨粒整体形状参数。

边界曲折度描述了磨粒边界的曲折和复杂程度，图 5-28(c)描述了磨粒边界曲折度与磨粒类型的关系，可以看到球状磨粒的边界曲折度最低，疲劳剥块的边界曲折度明显比严重滑动磨粒高，这就是疲劳剥块常有不规则的轮廓，而严重滑动磨粒具有直的棱边的缘故。因此，该参数是区分疲劳剥块与严重滑动磨粒的重要特征，同时也是球状磨粒的重要特征。

3) 表面参数

孔隙率定义了磨粒内部的孔区域面积与非孔区域面积之比，各种磨粒的孔隙率如图 5-28(d)

所示。可以看出,除层状磨粒外,其他磨粒的孔隙率均为0,即磨粒内部不存在孔。显然,仅通过孔隙率这个特征便可将层状磨粒与其他类型磨粒区分开。

纹理相关性是灰度共生纹理参数,描述了磨粒表面纹理的方向,如表面有水平方向的纹理,则水平方向的相关性较其他方向要大,因为严重滑动磨粒表面一般有划痕,而疲劳剥块的表面比较光滑,并且存在由更小的磨削碎片而形成的麻点,所以从表面纹理来看,严重滑动磨粒的方向性较强,而疲劳剥块却较弱。因此从图5-28(g)、(h)不难看出,严重滑动磨粒的相关性均方差较疲劳剥块明显要大,而均值则是疲劳剥块比严重滑动磨粒要大。所以,该参数是区分疲劳剥块与严重滑动磨粒的重要特征。

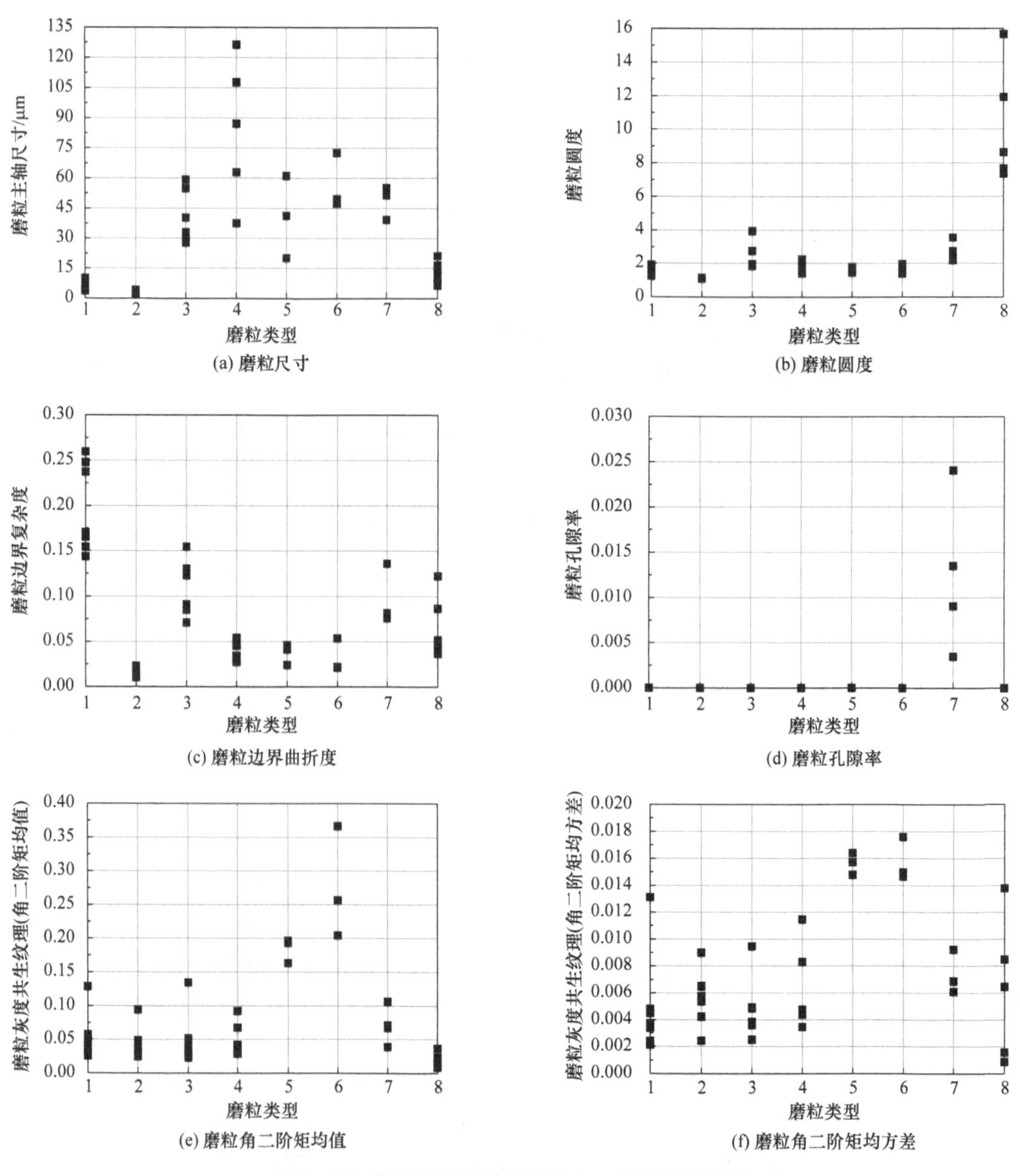

图5-28 磨粒的数字特征参数与8类磨粒的关系

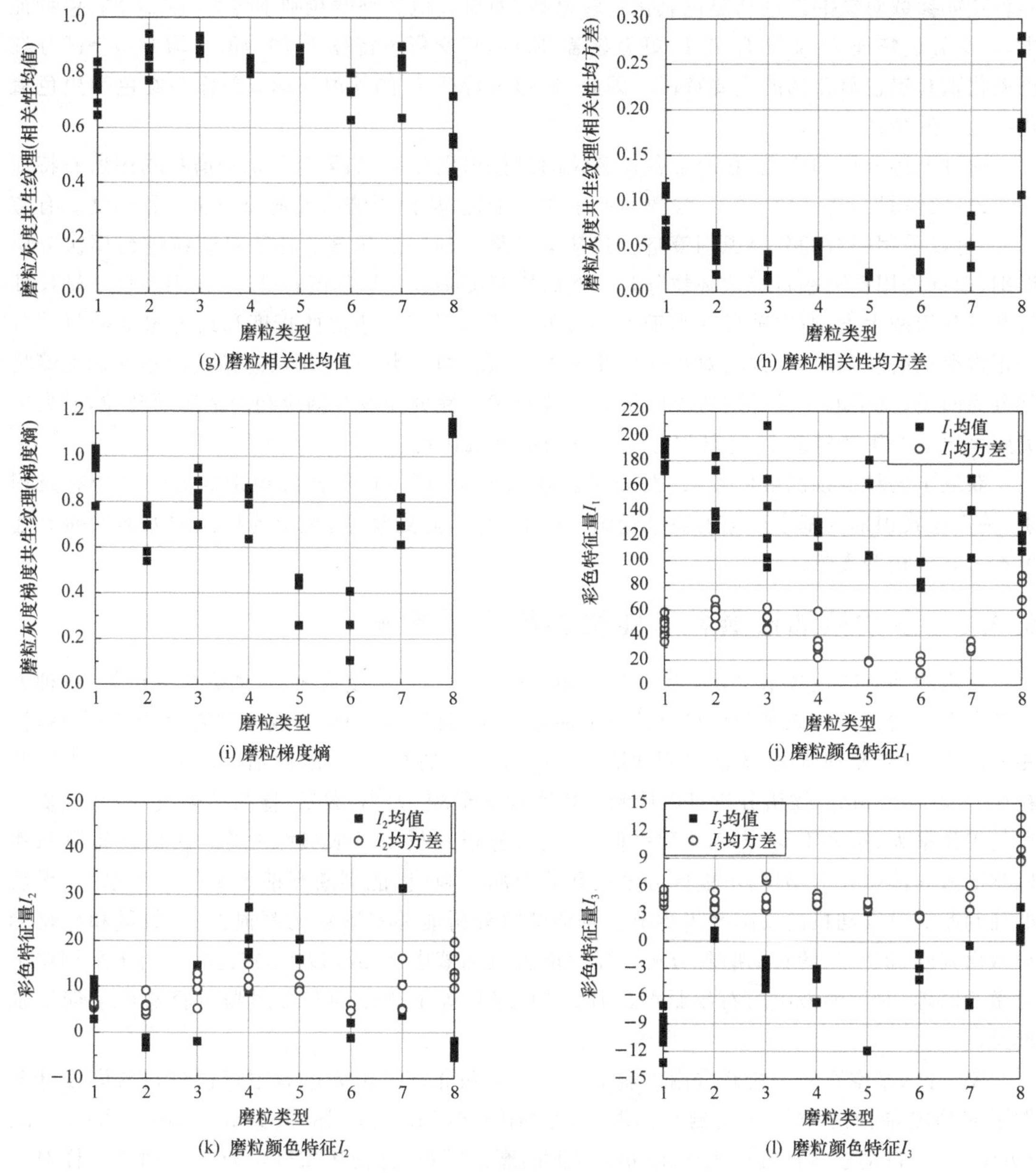

(g) 磨粒相关性均值　(h) 磨粒相关性均方差

(i) 磨粒梯度熵　(j) 磨粒颜色特征I_1

(k) 磨粒颜色特征I_2　(l) 磨粒颜色特征I_3

图 5-28　磨粒的数字特征参数与 8 类磨粒的关系(续)

梯度熵是灰度梯度共生纹理参数，作为磨粒识别参数最为显著。从图 5-28(i)可以看出，除切削磨粒外，梯度熵是区分正常滑动磨粒与球状磨粒的又一重要特征；同时，它也是区分铁的氧化物与其他磨粒的显著参数。

4) 颜色参数

颜色参数主要用于区分红色氧化物和黑色氧化物。磨粒图像的像素颜色为 RGB 表示法，而红色和黑色本身具有模糊性，所以如何用合适的彩色特征去识别红色和黑色是一个关键问题。可以采用正交彩色特征 I_1、I_2、I_3 的均值和均方差共 6 个参数作为磨粒颜色的识别参数。图 5-28(j)～(l)表示了磨粒 I_1、I_2、I_3 的均值和均方差与磨粒类型的关系，从图中不难看出，彩色特征参数对铁的红色和黑色氧化物较显著,而对其他类型磨粒则不显著;在3个彩色特征中,正交彩色特征 I_2 又较 I_1 和 I_3 更为显著,所以,正交彩色特征 I_2 的均值与均方差是区分红色氧化物和黑色氧化物的重要特征。因此,将彩色特征 I_2 的均值与均方差作为红色和黑色氧化物区分的特征参数。

通过上述分析和研究,获取了各类磨粒的最佳识别参数,如果对待识别磨粒均用所有特征参数来进行识别,势必使各特征参数间产生相互干扰,从而影响磨粒的识别速度和精度。有鉴于此,可以采用磨粒的分层识别策略。其基本思路是利用最显著的特征对磨粒进行逐次分层识别,即首先用孔隙率将层状磨粒分开。然后用圆度参数将切削磨粒分开,再用磨粒主轴尺寸将磨粒分为两大类:对主轴尺寸小于15 μm的一类,用圆度、边界曲折度和纹理梯度熵将其分为正常滑动磨粒和球状磨粒;对主轴尺寸大于15 μm的一类,又可用纹理角二阶矩和梯度熵将其分为两类,其中的一类可用边界曲折度和纹理相关性分为疲劳剥块和严重滑动磨粒,而另一类则可用正交彩色特征 I_2 将其划分为红色和黑色氧化物。

获取了磨粒识别的最佳参数,按分层识别的策略,可以运用模式识别的方法进行有效识别,关于模式识别的基本理论前面已经做了详细阐述,此处从略,关于磨粒识别方面的研究还可参考其他相关文献。

5.3.5 多功能油液磨粒智能检测与诊断系统

常用的油液监控技术主要包括光谱分析、铁谱分析、污染度检测、自动磨粒分析等,每种方法都有自己的特点。光谱分析可以检测油液中金属磨损微粒的材料成分和浓度,准确度高,检测速度快,但受原理所限,无法检测油液中10 μm以上的磨粒,而滚动轴承疲劳失效产生的磨粒往往大于10 μm。铁谱分析可以检测分析磨粒的形貌、大小、数量,检测结果直观,其主要缺点是工作量大,精度不高,自动化程度低,以及对分析人员水平依赖性大等。污染度检测只能检测油液固体颗粒污染度,不能区分金属和非金属颗粒,仅能判断当前系统的污染水平,无法准确判断航空发动机的实际磨损情况。自动磨粒分析能够对磨粒的磨损类型、数量和变化趋势做出判断,但常见的自动磨粒分析仪器只能检测油液中20 μm以上的磨粒,且由于采用单透射激光原理,对于油液中的石墨封严碎片、橡胶碎片等不透光的非金属颗粒容易产生误识别现象。

基于此,某空军研究所联合南京航空航天大学和北京大恒光电有限责任公司共同设计开发了多功能油液磨粒智能检测与诊断系统MIDCS(Multiple Intelligent Debris Classifying System),可自动检测油液中大于10 μm以上的磨损颗粒,并使用实际的航空发动机油样对新系统进行了验证,证明了新系统对监控航空发动机滚动轴承故障的有效性。

1. 基本原理

多功能油液磨粒智能检测与诊断系统MIDCS通过硬件自动采集油液中的磨粒图像,再由软件自动对运动颗粒的形貌特征进行识别,得到油液磨损颗粒的尺寸、类型、浓度等信息。MIDCS既能计算油液固体颗粒污染度等级,又能对大于10 μm以上的颗粒进行分析判断,即将颗粒识别为金属和非金属,同时对金属颗粒可进一步识别为切削磨粒、严重滑动磨粒、疲劳磨粒,对非金属颗粒可进一步区分为气泡、纤维、其他非金属磨粒等。油液颗粒的分析结果,可以反映出发动机轴承工作是否正常,从而实现航空发动机润滑系统的磨损故障监控、故障趋势分析和诊断,克服了铁谱分析需要制作铁谱片并依赖人工经验进行分析的缺点。MIDCS具有检测精度高、识别效率高、自动化、无需耗材等特点,其与常见油液分析仪器对比情况如表5-8所列。

表 5-8　常见油液分析仪器对比情况

设备类型	光谱分析	铁谱分析	污染度检测	LNF-C	MIDCS
磨粒检测范围/μm	<10	>1	×	>20	>10
磨粒类型识别	×	√	×	√	√
检测时间/min	0.5	25～30	～3	～3	～3
自动化	√	×	√	√	√
日常耗材	有	有	无	无	无
磨损监控功能	√	√	×	√	√
污染度检测	×	×	√	√	√
是否易于携行	×	×	√	×	√
专家诊断功能	×	×	×	×	√

2. 图像采集

油液颗粒图像采集由系统硬件部分完成。系统硬件主要包括高速摄像机、透射光源、反射光源、光学组件、精密样品池、蠕动泵、电路控制模块、工控机模块等，系统原理框图见图 5-29。蠕动泵驱动取样瓶中的油液沿管路通过内部的样品池，当油液中的颗粒经过样品池时，在透射光路和反射光路共同照射下形成的颗粒图像，通过光学组件转换进入高速摄像机，由图像采集卡完成图像采集。

考虑到便携性，系统整体体积不宜过大，因此硬件集成了工控机系统，使用触摸屏操作，无须使用外置计算机。硬件外形尺寸为 480 mm×275 mm×275 mm。系统从上至下分为三层，最上层为触摸屏，中间层主要集中了油液管路、精密样品池、光路组件和高速摄像机，最下层为工控机系统。仪器外观见图 5-30。

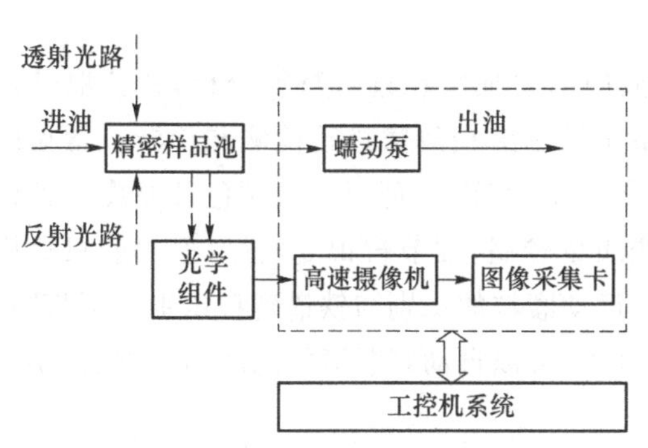

图 5-29　系统原理框图

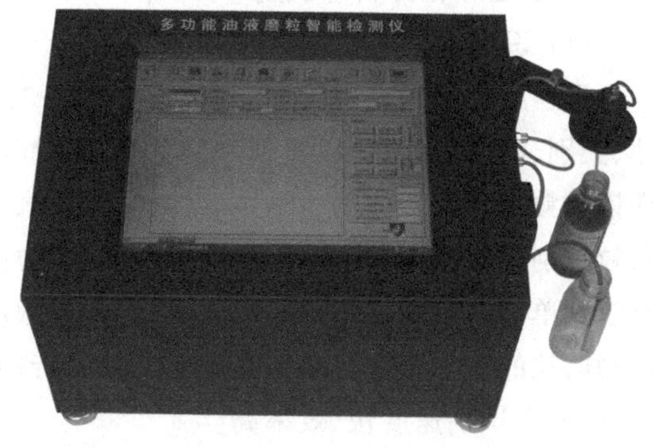

图 5-30　仪器外观

为实现油液快速、自动化检测，直接对油液中的颗粒进行检测，专门设计了精密样品池，其检测窗片处的厚度仅为 0.1 mm。当油液颗粒通过管路流过精密样品池时，在光路的照射下将形成颗粒图像。由于单透射激光光源会使背景出现干涉条纹，增加了磨粒识别的难度；此外，单色光路也存在容易将非金属颗粒识别成金属颗粒的误识别现象，因此为提高颗粒图像识别效率,采用了透射和反射双光路成像系统,见图5-31。

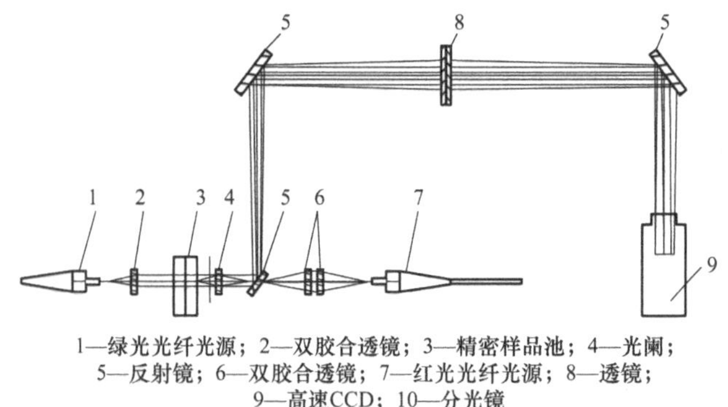

1—绿光光纤光源;2—双胶合透镜;3—精密样品池;4—光阑;
5—反射镜;6—双胶合透镜;7—红光光纤光源;8—透镜;
9—高速CCD;10—分光镜

图5-31 光路成像系统结构图

透射光源使用波长为515~518 nm的绿色LED,反射光源使用波长为620~623 nm的红色LED,合成的背景颜色单纯,丰富了颗粒目标表面的数字化信息。单色激光与双光路磨粒成像见图5-32。使用的数字摄像机为Allied Vision Technologies GmbH公司的MARLIN-F033C,每秒可采集30幅以上的高速动态图像。

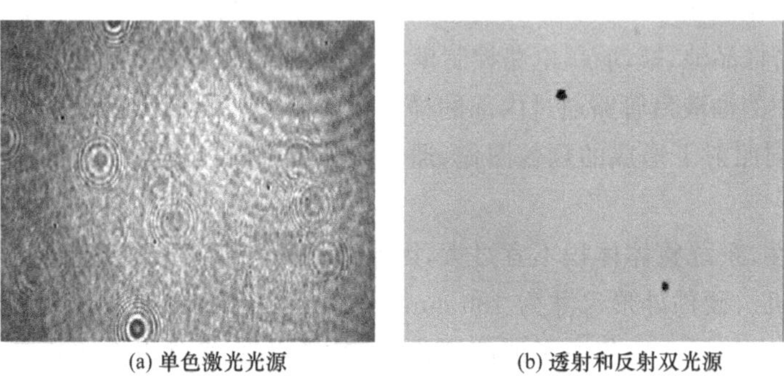

(a) 单色激光光源　　(b) 透射和反射双光源

图5-32 不同光源磨粒成像对比

3. 运动颗粒分析与识别

(1) 识别原理

运动磨粒识别是应用形态学分析方法,对油液中的磨损颗粒进行特征分析,并获取其尺寸、类别、浓度等信息,以实现对航空发动机润滑系统轴承磨损故障进行检测和诊断。常见的铁谱磨粒识别一般依据6个主要特性,即轮廓、边缘细节、表面纹理、尺寸、颜色及厚度。铁谱磨粒识别的对象为铁谱片上的静态磨粒,磨粒图像质量较高,细节辨识度较好,但一般只适用于识别单个磨粒,无法自动计算各类磨粒的浓度。运动磨粒的识别与铁谱磨粒识别并不相同。运动磨粒的识别直接针对油液中的磨粒进行动态分析,可以自动判断磨粒的磨损类别、大小和浓度,要求识别速度快、效率高。

MIDCS首先对采集的图像进行预处理,采用二维最大熵的动态阈值分割技术,对图像上的颗粒目标进行分离和处理,以方便对单个磨粒进行识别。对于运动磨粒特征参数而言,既要考虑磨粒的识别效率,又要考虑航空发动机油液监控的实际需求。对于长轴尺寸大于10 μm的颗粒进行分析识别,将金属磨粒区分为切削磨粒、严重滑动磨粒、疲劳磨粒,对金属以外的其他颗粒区分为气泡、纤维、其他非金属磨粒。MIDCS采集到的长轴尺寸大于10 μm的6类典型磨粒图像如图5-33所示。

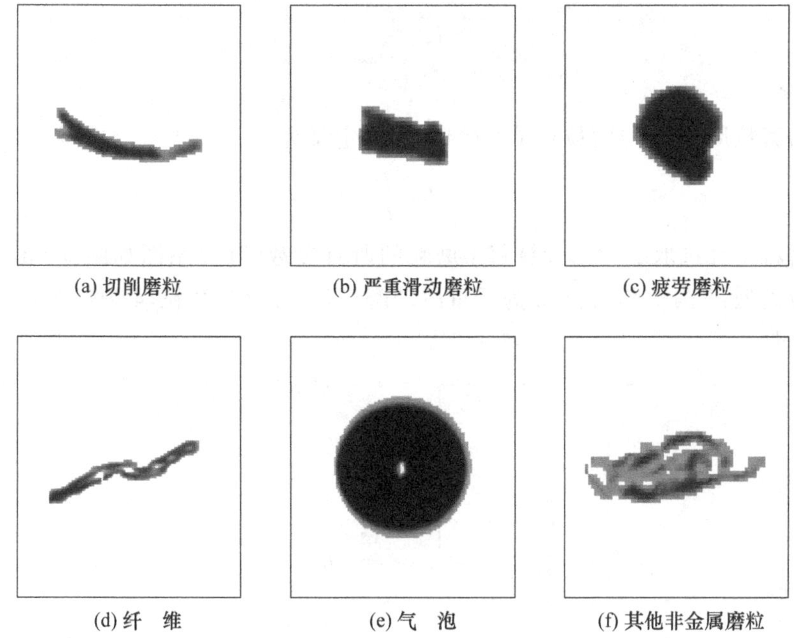

(a) 切削磨粒　(b) 严重滑动磨粒　(c) 疲劳磨粒

(d) 纤　维　(e) 气　泡　(f) 其他非金属磨粒

图 5-33　6 类典型磨粒图像

(2) 特征分析

目前，公开发表的磨粒识别特征参数已经超过了 100 个，其中有大量的参数是重复和冗余的。因此，对运动磨粒的识别特征进行了分析，并引入了自行开发的新参数，最终确定了长短轴、孔隙率、圆度、红色面积比、二次孔隙率、绿色对比度、周短比 7 个参数，用于提取运动磨粒的分类特征。其中，长短轴、孔隙率和圆度为通用的计算方法，红色面积比、二次孔隙率、绿色对比度、周短比的计算方法均为根据 MIDCS 系统产生的磨粒特点而提出的新的计算公式。

1）红色面积比

红色面积比 m 表示磨粒区域上所有满足连续红色分量大于绿色分量的像素点个数 $n_{红}$ 与总像素个数 $n_{总}$ 之比，要求红色像素点是连续的，这是区分金属和非金属颗粒的重要指标，一般红色面积比大的为金属颗粒，红色面积小的为非金属颗粒。红色面积比 m 的表达式为

$$m=\frac{n_{红}}{n_{总}} \tag{5-6}$$

2）二次孔隙率

将所有磨粒内部绿色分量大于给定值的像素点重新定义为空洞，赋值为 0，用于区分红绿颜色分布不均匀的非金属，凡是二次孔隙率大于 0 的也均为非金属颗粒。二次孔隙率 E' 的表达式为

$$E'=\frac{n(0)'}{n(1)} \tag{5-7}$$

式中：$n(0)'$ 为绿色分量大于给定值的像素点被赋值为 0 的像素点个数；$n(1)$ 为所有像素点总个数。

3）绿色对比度

绿色对比度 K 表示寻找磨粒核心区域中的所有像素绿色分量最大值 G_1 与核心区域之外的所有像素绿色分量最小值 G_2 之比。绿色对比度大于 4 的为气泡，这是区分气泡最显著的特征。绿色对比度 K 定义为

$$K=\frac{G_1}{G_2} \tag{5-8}$$

4）周短比

周短比为磨粒周长 P 与磨粒短轴 b 的比值，其定义为

$$J=\frac{P}{b} \tag{5-9}$$

将6类磨粒每种选取20个，计算每个磨粒的所有参数，其关系图如图5-34所示，其中，横轴表示磨粒类型：1为切削磨粒，2为严重滑动磨粒，3为疲劳磨粒，4为纤维，5为气泡，6为其他非金属磨粒。

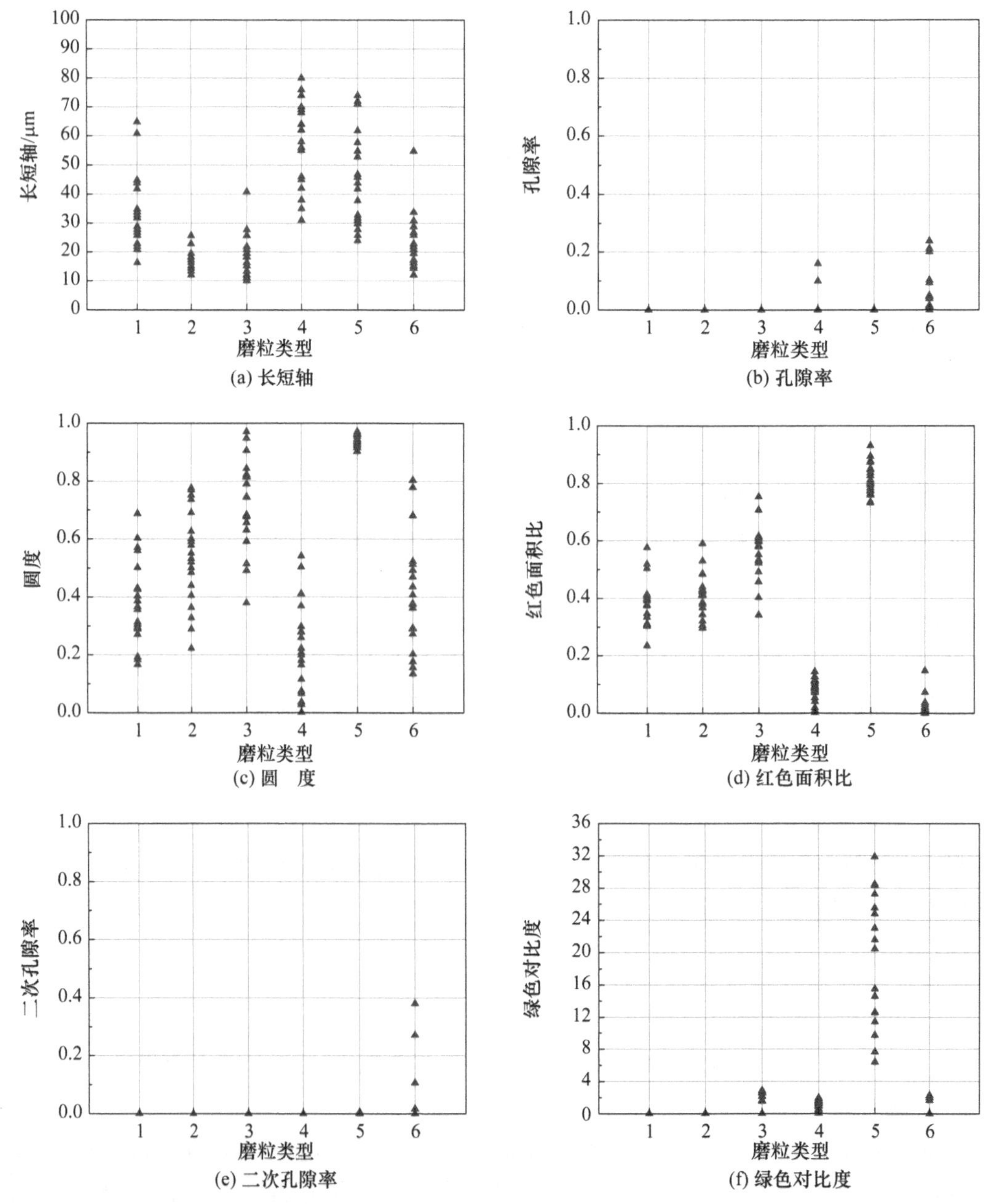

图5-34　磨粒的7个特征参数与6类磨粒的关系

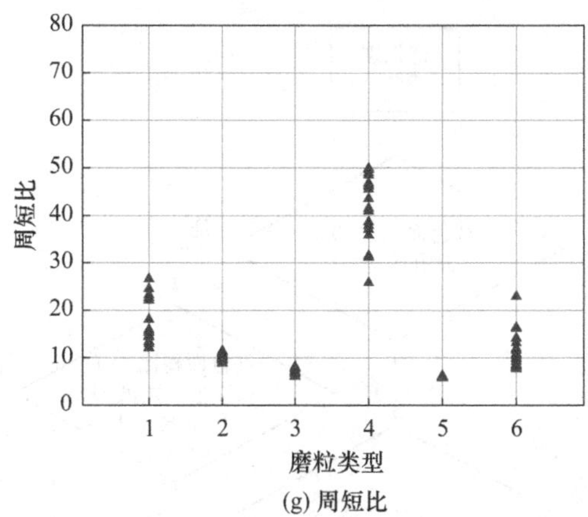

(g) 周短比

图 5-34　磨粒的 7 个特征参数与 6 类磨粒的关系(续)

(3) 磨粒识别策略

在上述研究的基础上,提出了运动磨粒的识别策略,采用最显著的磨粒特征参数或者组合运用识别磨粒。金属颗粒包括切削磨粒、严重滑动磨粒和疲劳磨粒,非金属颗粒包括气泡、纤维和其他非金属磨粒。

经研究分析,各类磨粒识别特征如下:

① 金属磨粒　红色面积比＞0.3,孔隙率为 0,二次孔隙率为 0,绿色对比度＜4。

② 非金属磨粒　红色面积比＜0.3 或孔隙率＞0 或二次孔隙率＞0 或绿色对比度＞4。

③ 切削磨粒　满足金属颗粒特征,且周短比＞12。

④ 疲劳磨粒　满足金属颗粒特征,且周短比＜8。

⑤ 严重滑动磨粒　满足金属颗粒特征,且 8＜周短比＜12。

⑥ 气泡磨粒　红色面积比＞0.7,圆度＞0.9,绿色对比度＞4 或孔隙率＞0。

⑦ 纤维磨粒　红色面积比＜0.3,且周短比＞25。

⑧ 其他非金属磨粒　满足非金属颗粒特征,且剔除气泡和纤维磨粒之后余下的磨粒。

运动磨粒的识别算法流程见图 5-35 所示。在实际计算中,先将所有颗粒按红色面积比和孔隙率分为两类,满足红色面积比＞0.3 且孔隙率为 0 的颗粒为红色实心颗粒,剩下的为绿色颗粒或有孔颗粒。在红色实心颗粒中去掉气泡和其他非金属后按周短比分为切削磨粒、严重滑动磨粒和疲劳磨粒。绿色颗粒或有孔颗粒由纤维、气泡和其他非金属组成。绿色颗粒或有孔颗粒中满足周短比＞25 的为纤维。气泡有两种:一种为红色实心的气泡,另一种为有孔隙率的气泡,分别从红色实心颗粒和有孔颗粒中识别。

4. 实验验证

(1) 磨粒参数识别验证

依据上文中提取的磨粒特征,并按照上文中提出的识别流程,进行典型磨粒的识别实验,分别选取了 771 个切削磨粒、824 个严重滑动磨粒、1 658 个疲劳磨粒、420 个气泡、105 个纤维和 1 873 个其他非金属磨粒,得到了其识别率,如表 5-9 所列。从表中可以看出,磨粒类型的识别精度达到了 99%以上。因此可见,本文所提出的磨粒参数和识别流程对于 MIDCS 系统具有很高的精度,满足了工程使用目标。

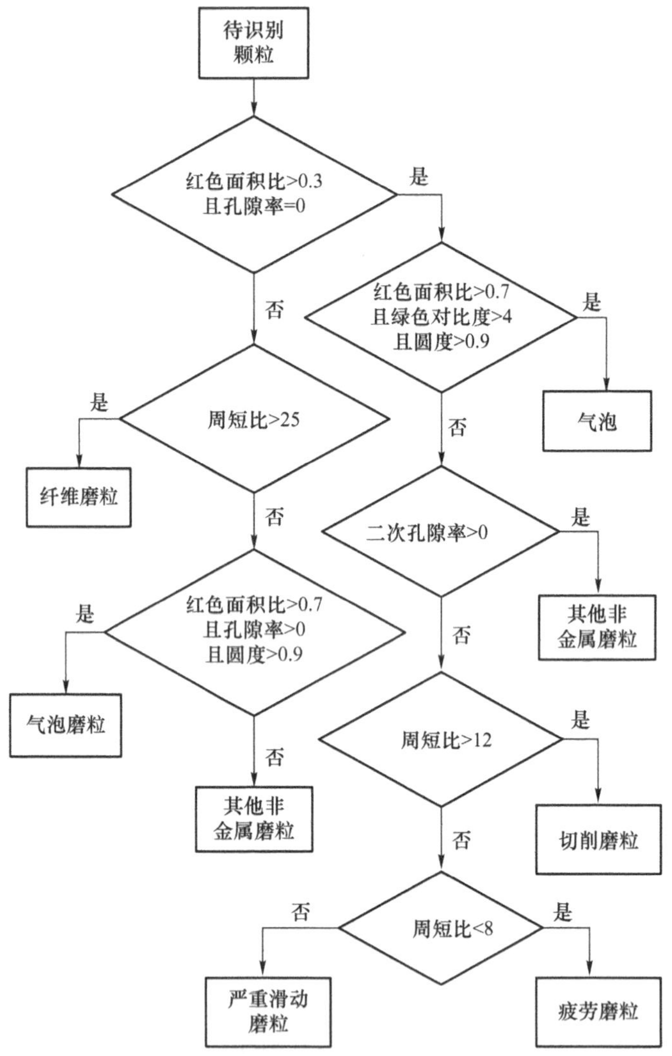

图 5-35　运动磨粒识别流程

表 5-9　磨粒识别结果

磨粒类型	试验磨粒数量	识别数量	识别率/%
切削磨粒	771	764	99.1
严重滑动磨粒	824	817	99.2
疲劳磨粒	1 658	1 651	99.6
气泡磨粒	420	404	96.2
纤维磨粒	105	104	99.0
其他非金属磨粒	1 873	1 842	98.3

(2) 航空发动机磨损趋势验证

某型航空发动机的光谱分析的 Cu 浓度界限值为 5.2×10^{-6}，MIDCS 系统磨粒检测的界限值为 3 000 个/mL。利用光谱分析对该型航空发动机进行检测，某台发动机工作到 1 284 h 时，滑油光谱分析发现 Cu 浓度值偏高达到 5.2×10^{-6}，Fe 浓度正常。经检查滑油滤、磁塞和金属屑信号器油滤，发现大量金属屑。

使用 MIDCS 对发动机工作时间从 1 057 h 到 1 284 h 之间的 15 个滑油样进行了磨粒分析，滑油光谱和 MIDCS 分析数据见表 5－10。

表 5－10　光谱和 MIDCS 磨粒分析数据

序　号	发动机工作时间/h	Cu/10^{-6}	>10 μm/(个·mL^{-1})
1	1 057	1.1	1 378
2	1 088	1.0	1 643
3	1 113	1.2	3 022
4	1 136	1.0	1 829
5	1 150	1.1	1 033
6	1 168	1.5	1 617
7	1 185	1.3	1 590
8	1 202	1.4	1 855
9	1 221	2.0	3 022
10	1 235	2.4	4 506
11	1 241	2.4	5 911
12	1 255	2.4	5 142
13	1 276	4.3	6 733
14	1 280	3.7	4 970
15	1 284	5.2	36 847

可以发现，从发动机工作至 1 221 h 时，油液中磨粒浓度开始明显增长，与光谱分析结果相符。发动机总磨粒浓度和光谱 Cu 浓度随工作时间的变化见图 5－36。特别是工作至 1 284 h 时，磨粒浓度急剧增长近 10 倍，而光谱 Cu 浓度增长不大，表明油液中大尺寸的颗粒较多。该发动机磨损情况严重，故障趋势十分明显。

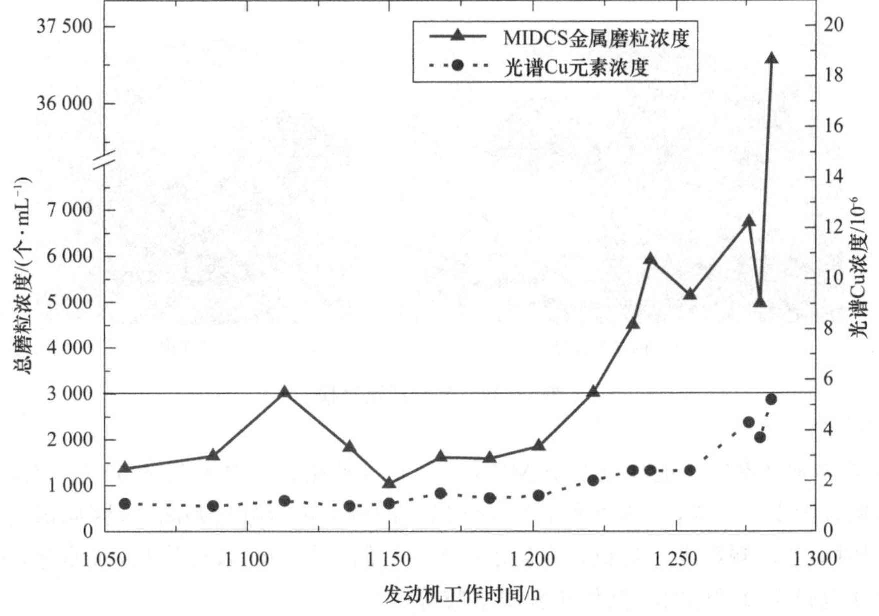

图 5－36　磨粒浓度数据和光谱 Cu 浓度变化

油液中10～15 μm、15～20 μm、20～25 μm以及大于25 μm的磨粒浓度变化情况见图5-37，油液中的磨粒以10～15 μm尺寸段为主，且在该发动机磨损过程中，10～15 μm尺寸段的磨粒增长速度最快。图5-38所示为切削磨粒、严重滑动磨粒、疲劳磨粒随发动机工作时间变化情况，可以看出，发动机工作在1 057～1 239 h之间，油液中疲劳磨粒较多；在1 239～1 284 h，油液中严重滑动磨粒较多，表明此次故障前期失效类型主要以疲劳剥落为主，后期故障趋于严重，以磨损为主。

该发动机经分解检查，发现后附件传动机匣轴承滚珠剥落，保持架严重磨损，内钢套滚道上整圈大面积剥落，见图5-39。检查结果验证了MIDCS磨粒分析的正确性。

从图5-36中可以明显看出，与传统光谱分析相比，MIDCS系统比光谱分析提前预警了50 h。由于MIDCS对10 μm以上的异常磨粒检测力更强，而滚动轴承早期疲劳剥落将产生10 μm以上的异常磨粒，因此，MIDCS对于监控航空发动机滚动轴承疲劳磨损故障更具优势。

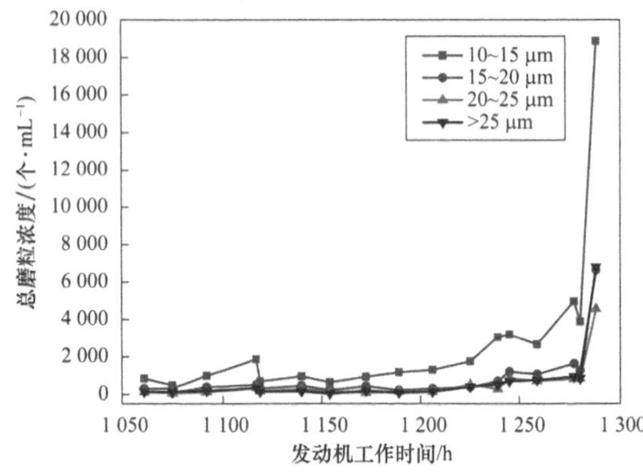

图5-37 不同尺寸的磨粒浓度变化

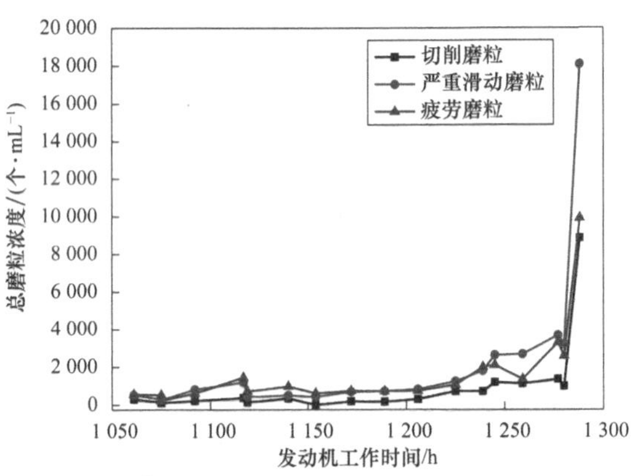

图5-38 不同类型的磨粒浓度变化

(a) 内滚道损伤

(b) 滚珠损伤

图5-39 轴承严重磨损

5. 结 论

① 多功能油液磨粒智能检测系统MIDCS具有自动化、多功能、集成化等优点，既能计算油液固体颗粒污染度等级，又能对大于10 μm以上的颗粒进行分析判断，将颗粒识别为金属和非金属，同时对金属颗粒进一步识别为切削磨粒、严重滑动磨粒、疲劳磨粒，对非金属颗粒进一步区分为气泡磨粒、纤维磨粒、其他非金属磨粒等。

② 提出了油液运动磨粒的7个特征参数及其识别流程，完成了切削磨粒、严重滑动磨粒、疲劳磨粒、气泡磨粒、纤维磨粒和其他非金属磨粒等6类磨粒的识别，经过试验验证，基本上达

到了 99%以上的识别率。

③ 利用 MIDCS 对某型航空发动机滚动轴承磨损趋势进行了分析，并与光谱检测结果进行了对比和试验验证，结果表明，与传统光谱分析相比，MIDCS 系统比光谱分析提前预警了 50 h，由于 MIDCS 对 10 μm 以上的异常磨粒检测力更强，而滚动轴承早期疲劳剥落将产生 10 μm以上的异常磨粒，因此，MIDCS 对于监控航空发动机滚动轴承疲劳磨损故障更具优势。

5.4　航空发动机滑油监控专家系统 EOMES1.0

航空发动机滑油监控专家系统 EOMES1.0(Engine Oil Monitor Expert System1.0)，是南京航空航天大学与某空军研究所联合开发的针对军用航空发动机滑油监控的新型的专家系统。它针对空军基地的滑油光谱分析和自动磨粒检测技术，运用了基于知识规则的专家系统开发策略；采用了基于多源信息的融合诊断技术；根据空军基地的实际使用情况，收集了 10 余种机型的共计 1 500 余条知识规则，利用正反向推理策略实现了航空发动机磨损故障的诊断。

航空发动机滑油监控专家系统 EOMES1.0 采用 Microsoft Visual C++6.0 和 Microsoft Access 2000 数据库进行系统开发，并用动态链接库技术实现了 VC 与 MATLAB 语言的接口；具有界面友好，操作简单，使用方便等优点。目前已在空军基地推广使用，取得了很好的实际使用效果。

5.4.1　知识库

1. 知识的表达

采用广泛使用的 IF-THEN 规则知识表达形式。其表达式为：

IF(条件 1，条件 2，……条件 *N*)THEN (结论 1，结论 2，……结论 *M*)
置信度(CF)，规则状态(中间结果、最终结果)

① 不失一般性，设定条件数 *N* 不大于 20，结论数 *M* 设定为 1。

② 规则置信度 CF 为 0～1 之间的实数。

③ 规则状态：设定为“中间结果”或“最终结果”两种状态。如为“中间结果”，则该规则尚不能得到最终诊断结果，需要补充条件(通常采用提问的方式)继续推理；如为“最终结果”，则根据该规则能得到一个最终诊断结果。

2. 规则条件内容

对于滑油光谱分析，元素的浓度及浓度增长率分为正常、警告、异常三挡；同时，当规则需要补充其他信息方能得到最终结果时，通常以问题回答的方式来获取其他信息。因此，组成规则的条件部分的内容包括：

① 元素浓度正常、元素浓度增长率正常，元素浓度警告、元素浓度增长率警告，元素浓度异常、元素浓度增长率异常。其中，元素包括：Fe、Al、Cu、Cr、Zn、Cd、Si、Ag、Pb、Ti、Sn、Mg、B、Ba、Ca、Mn、Mo、Na、Ni、P、V、C、Au、S、Nb、W。实际选取的元素类型可以在系统设置中进行实现设置。判断元素浓度及浓度增长率的界限值可以在知识维护中进行实现设置和修改。

② 问题的答案为“是”、“否”和“未知”。

软件知识库维护的界面如图 5-40 所示。

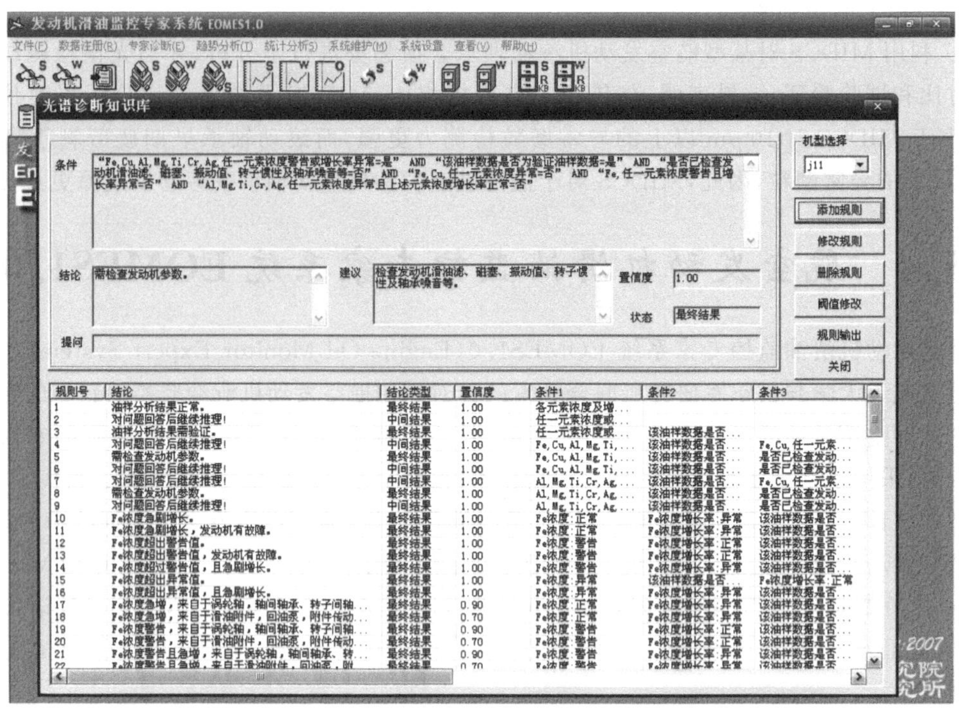

图 5-40　EOMES1.0 中光谱诊断知识库界面

5.4.2　专家诊断

采用正反向混合推理的方式,其推理流程如图 5-41 所示。

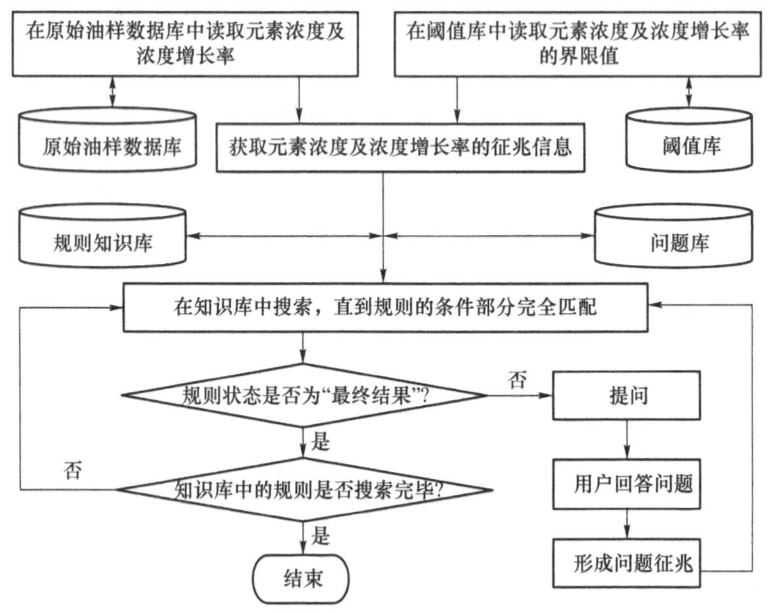

图 5-41　EOMES1.0 系统中专家推理流程

① 在原始油样数据库中读取待诊断油样的元素浓度及浓度增长率,并在阈值库中读取相

应元素浓度及浓度增长率的界限值，进行元素浓度及浓度增长率为“正常”、“警告”和“异常”的判断，从而提取出元素浓度及浓度增长的征兆信息，组成规则条件。

② 根据形成的征兆条件，在规则知识库中搜索，直到与某一规则的条件部分完全匹配，则判断该规则是否为“最终结果”。

③ 如为“最终结果”，则得到一个诊断结果，同时判断知识库中的规则是否已经搜索完毕；如果搜索完毕，则诊断过程结束，否则，将继续进行搜索。

④ 如相匹配的规则为“中间结果”，则需要向用户提出问题，以获取其他信息，通过用户的回答形成问题征兆，继续进行推理。

光谱专家诊断界面如图 5－42 所示。

图 5－42　EOMES1.0 中光谱专家诊断界面

复习题

1. 请简述油样分析方法的分类及应用范围。
2. 请简述磁塞检测法的基本原理。
3. 请简述油样铁谱分析和光谱分析的基本原理及两种方法的优缺点。
4. 请简述图像处理技术应用于铁谱分析的基本原理和方法。

参考文献

[1] 廖伯瑜. 机械故障诊断基础[M]. 北京:冶金工业出版社,2000.

[2] 虞和济,韩庆大,李沈,等. 设备故障诊断工程[M]. 北京:冶金工业出版社,2001.

[3] 陈果,左洪福. 润滑油金属磨粒的分类参数研究[J],航空学报,2002,23(3):279-281.

[4] 吴今培,肖建华. 智能故障诊断与专家系统 [M]. 北京:科学出版社,1997.

[5] 徐章遂,房立清,王希武,等. 故障信息诊断原理及应用[M]. 北京:国防工业出版社,2000.

[6] 王洪伟,陈果,陈立波,等. 一种航空发动机滚动轴承磨损故障监测技术[J],航空动力学报,2014,29(9):2256-2263.

第 6 章 航空发动机的孔探检测技术

随着远距离图像获取设备的发展，远距离可视监测 RVI(Remote Visual Inspection)技术已发展成为一门重要的科学技术，用来检测难以进入的物体内部区域，内窥技术是 RVI 技术的重要分支。现代航空发动机的密封式结构特点决定了内窥技术在其故障诊断中的重要地位。航空发动机的内窥技术又称为孔探技术，本章对二者的叫法不作区分，在此予以说明。

6.1 内窥技术及其发展历程

内窥技术的基本原理是通过光学手段将密封物体内部的状况传导出来，然后对光学图像进行评估、检测和诊断。内窥技术可以延长人类的视距，任意改变视线的方向，准确地观察到物体内表面的状况。另外，在内窥检测过程中，与目标对象不发生接触，不形成任何破坏或损伤，也不需要破解或拆开目标对象，因此它也是工业无损检测 NDT(Nondestructive Testing)技术的重要手段。

内窥镜的发展已有近 200 年的历史。1806 年，德国人 Philipp Bozzini 发明了光导器(Lichtleiter)，用于检查膀胱和尿道，该设备即为内窥镜的雏形。1921 年，美国 West - inghouse 公司在对蒸汽涡轮转子进行裂缝检查时，该公司的以色列人 George S. Crampton 研制出世界上第一台工业硬杆式内窥镜。随后，这种硬杆式内窥镜有了推广性的应用。但是，由于无法弯曲、探测距离短和设备笨重等，硬杆式内窥镜一直难以满足人类的应用需求。图 6 - 1 所示为目前常用硬杆式内窥镜的构造原理图，图 6 - 2 所示为硬杆式内窥镜实物图。现代硬杆式内窥镜中采用了光导纤维导光束，常用于一些距离短、直线型内腔的检测工作中。

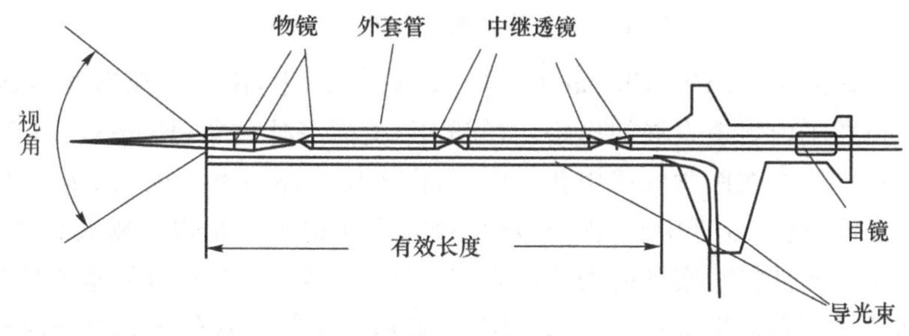

图 6 - 1 现代硬杆式内窥镜构造原理图

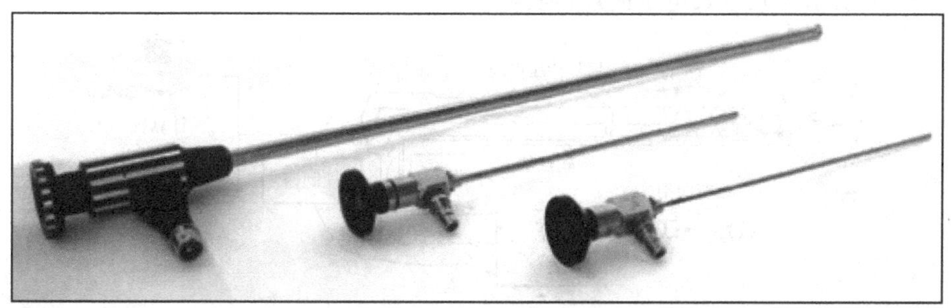

图 6 - 2 现代硬杆式内窥镜实物图

1954年,英国的Hopkins等发明了光导纤维技术,推动了内窥镜设备的发展和飞跃。1957年,Hirschowitz研制出了世界上第一台纤维光学胃十二指肠镜,标志着第二代内窥镜设备的诞生。与第一代硬杆式内窥镜相比,第二代内窥镜以挠性光导纤维作为导光、传像元件,因此第二代内窥镜导光性良好,视野进一步扩大,所以取得了很好的应用推广。但是,光纤镜的导光纤维都是采用上万根光学玻璃纤维束扎成,其最大的缺点是纤维容易折断,从而图像上出现黑点。图6-3所示为第二代光导纤维内窥镜的结构原理图。图6-4所示为软管式光纤内窥镜实物图。

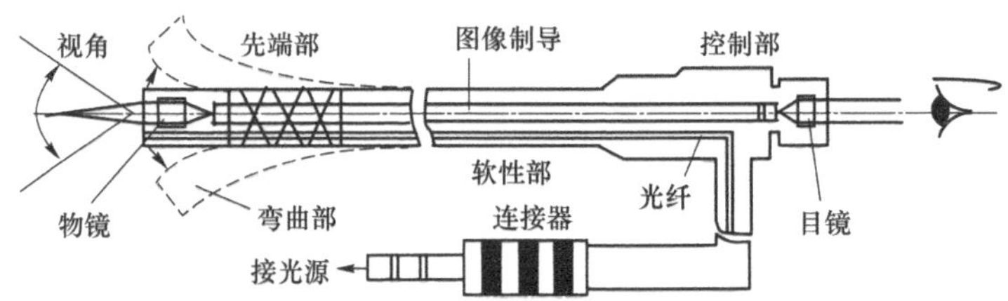

图6-3 软管式光纤内窥镜的结构原理图

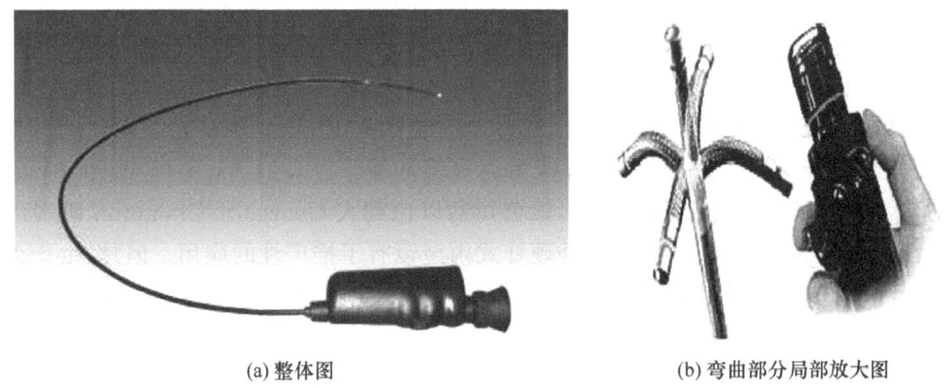

(a) 整体图　　(b) 弯曲部分局部放大图

图6-4 软管式光纤内窥镜实物图

1970年电荷耦合器件CCD(Charge Couple Device)诞生,由于它兼有光电转换和扫描的双重特性,大大拓宽了内窥镜发展的思路。1983年,美国韦林公司(Everest VIT Inc.)推出世界上首台电子内窥镜,并在医学临床中获得应用,内窥镜产品也发展进入了第三代。电子内窥镜主要由内镜、光源、视频处理中心、视频显示系统、图像记录系统以及附属设备组成,其最大的特点是采用CCD元件将观察到的物像由光信号转换成数字信号,再传输到视频处理中心进行处理,最终达到显示和数据提取的目的。图6-5所示为第三代软管式电子内窥镜的结构原理图。图6-6所示为软管式电子内窥镜实物图。

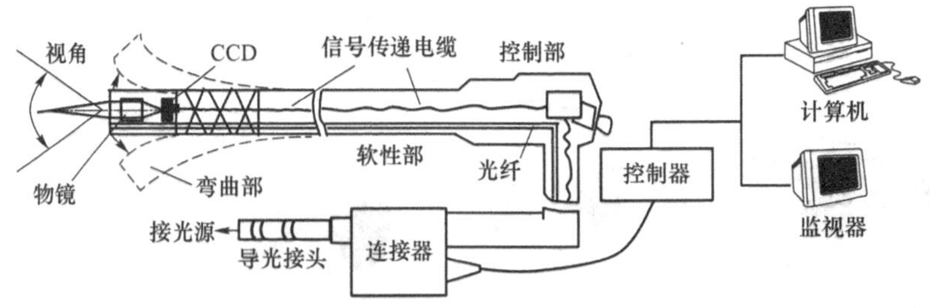

图6-5 软管式电子内窥镜的结构原理图

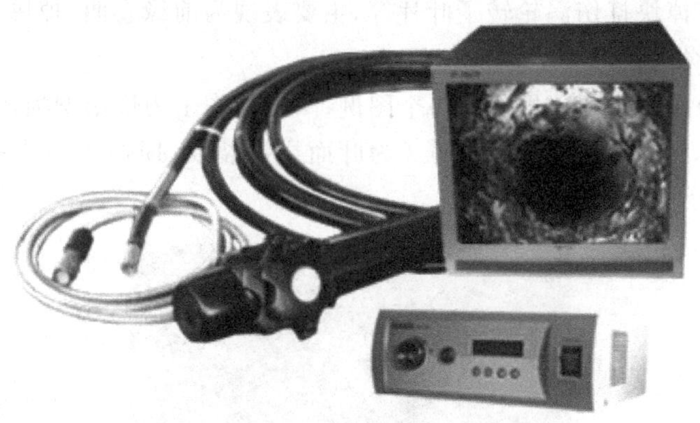

图 6-6　软管式电子内窥镜的实物图

第一代内窥镜只能解决人的直视问题，类似于潜望镜的功能，但不能进行复杂的应用，同时观察结果在很大程度上依赖于观察者的经验和耐心。第二代内窥镜由于光导技术的发展，镜头越来越细，图像质量有了很大的提高。它首先在医学临床中有了广泛的应用；随后在航空、电力、化工、铸造和机械等多个领域的应用都有了长足的发展。第三代内窥镜的研制成功，使得内窥镜的应用范围不断扩大。它不仅仅局限于静态体腔、容器和管道等的视察工作，而且适用于各种人体器官、旋转机械等运动实时成像的观察，并进行记录和显示，对发动机等机械内部损伤监测和故障诊断具有重大的应用价值。

6.2　内窥技术在发动机探伤中的应用

内窥检测具有无损、直观和快速的性能，使得它自产生开始就在航空探伤领域有着重要的应用前景。目前，硬杆式、软管式和电镜在发动机内窥检测中都有着具体的应用范围。我国在20 世纪 70 年代就将工业内窥镜作为 NDT 检测的重要仪器用于民航飞机发动机维修中。

6.2.1　航空发动机多发故障分析

现代飞机大多使用高涵道涡轮风扇发动机，其主要由风扇、压气机、燃烧室、涡轮及附件系统组成。同时，航空发动机工作在高温、高压、高转速的状态下，因此其故障多发部位也多在这三高状态下的高压压气机、燃烧室和高压涡轮中。

(1) 高压压气机

高压压气机主要受到进气道吸进的外来物的冲击、发动机的喘振，导致叶片受损以及疲劳损伤。如果一片叶片断裂，就会打坏后面的几级转子叶片，使发动机空中停车。

(2) 燃烧室

由于在高温状态下工作，燃烧室受到的主要损伤是热损伤，如燃烧室烧裂、烧穿和掉块等。其主要有材料、燃料、燃油喷射不均匀以及停车后积油等方面的原因。同时，燃烧室内积炭过多也会影响发动机正常工作，降低燃烧效率。

(3) 高压涡轮

由于导向器叶片工作区域温度最高，而且会受到燃烧不均匀、喷油不均匀的影响，因此最容易发生前缘烧熔、后缘断裂、变形及掉块等。除此之外，高压涡轮转子还会因高速旋转而带来损伤,如因燃烧室掉块打伤涡轮转子叶片等,主要表现为前缘卷曲、掉块、烧熔、裂纹、散热孔堵塞、后缘裂纹、积炭等。

图6-7所示为压气机叶片损伤的一个图例,图中损伤1为烧熔型损伤,为一洞状表面;损伤2为烧蚀型损伤,叶片表面变形;损伤3为叶面烧伤裂纹;损伤4为热腐蚀损伤,叶面发生剥层。

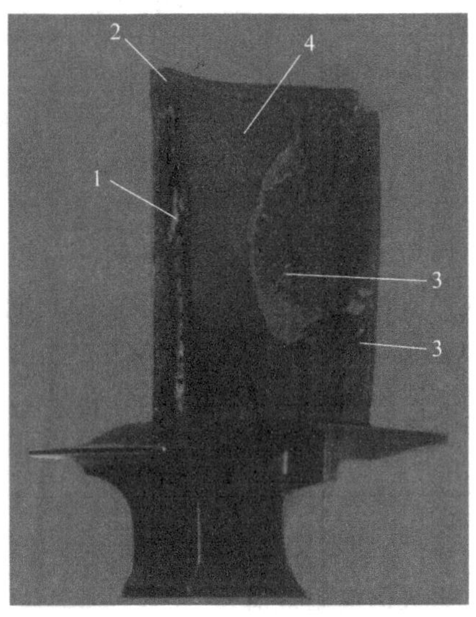

图6-7 发动机叶片损伤图例

了解了以上各部件受损情况及受损原因,在发动机维护工作中就能够有针对性地进行检测工作,完全彻底地检测出各种损伤及缺陷,确保发动机安全正常地运转。

6.2.2 内窥技术在航空发动机维护中的应用现状

目前,飞机的维修方式发生了新的变化,由传统的定时维修方式转变成为视情维修方式。该方式针对性强,但必须有适当的监测手段,因此,从技术方面来讲,采用NDT手段发现飞机损伤、战伤、故障隐患以及判定损伤等级是航空维修的先期工作。图6-8所示为航空发动机的孔探检测现场图。

图6-8 航空发动机孔探检测现场图

发动机的关键部件如主气流通道部件、高压压气机、高低压涡轮的各级轮盘及叶片、燃油喷嘴、燃烧室等都是不易拆卸且检验可达性较差的零部件,对这些零部件的检查与监测工作都是通过内窥技术完成的，因此，内窥技术一直在航空发动机的维护中发挥着重要的作用。内窥镜在发动机维护中具体有以下几方面的应用：

(1) 定期规定的孔探检查

定检通常在无故障飞机上进行，工作开始前应参阅最近一次孔探报告，并了解发动机的技术状况，然后按工单规定逐区域进行检查。

(2) 突发事件后的检查

突发事件是指发动机超稳、喘振、发现异物、外来物打击进气道和参数异常等。内窥检查多针对某一部位进行检查，工作前详细了解故障原因，仔细分析损伤部位，并会同有关技术人员制定工作程序，确保不漏检。

(3) 故障监控

发动机常见缺陷可分为三类：可忽略的缺陷；过渡阶段的缺陷，即缺陷不影响飞行安全，但如缺陷发展就会危及飞行安全；超标需要换发的缺陷。其中，第一类缺陷最常见，但在长期使用的发动机上；第二类缺陷较多，因而在换发前需要定期监控发动机的故障状态，并根据需要控制定检周期长短，直至超标。

结合以上应用，对检查出的损伤必须进行相应的损伤评估，以确定损伤的类型和程度。正确的损伤评估可以降低维修费用和成本，增加循环次数，为确定定检周期提供依据，以保证发动机在检测周期内的正常使用。

6.2.3　损伤评估的传统方法

在发动机内窥检测中必须对所检测到的损伤或缺陷进行评估，这样才能确定下一步发动机维护工作的方向。一般情况下，损伤评估要确定的范围包括：损伤或缺陷类型、损伤具体部位、损伤的数据尺寸，如裂纹长度、烧伤面积、凹坑深度等定性和定量的结果。传统损伤定量评估的基本方法有：

① 比较测量法　利用同类发动机全尺寸剖面作参考，用直尺和照相机拍摄的照片进行比较测量。

② 样品叶片内窥观察法　将转子转到缺陷观察最佳位置，在一片样品叶片上描画出与损伤叶片相似的形状，并将此叶片放在发动机外部安装损伤叶片的相应位置，用内窥镜在同一位置对内外叶片进行观察以确定叶片的损伤程度。

③ 利用视频系统进行比例换算以确定损伤程度的大小和范围，其标准的把握则是依据发动机制造厂家提供的内窥检查手册及有关服务通告。用视频系统将直接观测到的图像转化成视频信号，通过视频显示的图像尺寸与实际损伤尺寸对比，可换算出实际缺陷的尺寸或损伤程度。

④ 利用内窥观察孔到被观察物的实际距离，可用直尺等效换算损伤程度。

在传统的发动机维护工作中，损伤检测(damage testing)与损伤评估(damage evaluating)是两个相对比较独立的步骤，这样就使得维护工作中需要投入较多的人力、物力及财力。如今，着重于检测的 NDT 技术已逐步向以安全综合评价为中心的无损评估 NDE(Nondestructive Evaluating)技术过渡。先进的视频显示技术、光学传感技术、计算机图像处理技术以及计算机视觉技术在内窥技术中的应用，对此有着极大的推动作用。例如，韦林公司研制的 Video Probe PXL 系列工业内窥系统，探头端部采用 1/6 in 彩色 CCD 摄像头，像素达 44 万个以上，具有更长的固定焦深。同时，系统采用视频监视器，使得多个检查人员可以同时观察，可作真实的彩色检查。而OLYMPUS公司最新研制的IV6C6和IV8C6系列工业可测量内窥镜产品,充分利用计算机视觉技术中的双目视觉原理,实现了被测工件的深度测量,极大地促进了面向发动机维护NDE技术的发展。

6.3 基于图像分析的航空发动机孔探监测专家系统

航空发动机内部损伤智能诊断专家系统AIDES(Aeroengine Internal Damage Intelligent Diagnosis Expert System),将航空发动机内部损伤测量与诊断融为一体,总体结构如图6-9所示,主要功能模块包括:规则库模块、案例库模块、测量模块、诊断模块。在损伤评估过程中,首先通过测量模块提取损伤参数,然后在规则库模块内查找,给出维修决策并反馈给用户。如果损伤尺寸在规则的界限值附近,就启动案例推理,寻找与此案例匹配的相似典型案例,用相似案例作辅助决策依据。

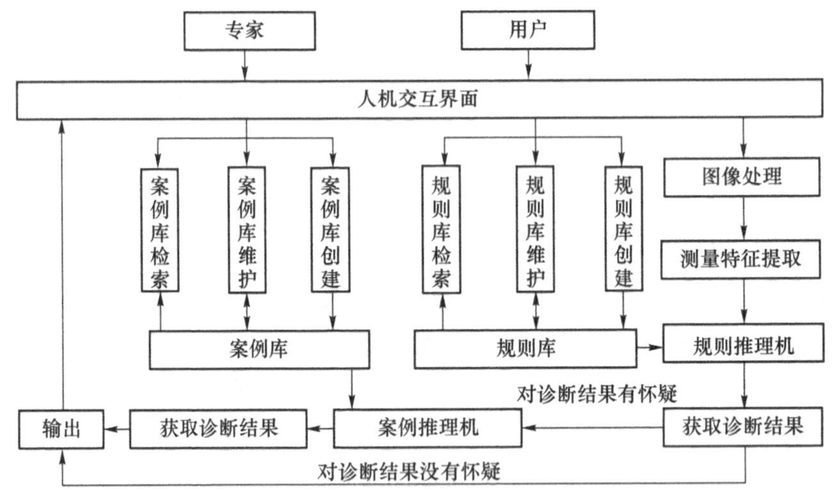

图6-9 专家系统总体结构图

6.3.1 叶片损伤的测量

对发动机部件进行可视检查时一般使用孔探仪。为了评估缺陷的损伤程度,实际孔探检查时,孔探工作人员往往需要测量压气机叶片和涡轮叶片。叶片的损伤一般出现在叶身前缘和后缘处,叶身的前缘和后缘边线可以近似为直线段,而有损伤的叶片轮廓形状往往是不规则的[12]。需要测量的尺寸如图6-10所示,其中图6-10中的L表示缺陷离叶片顶端(或尾端)的距离,l表示缺陷的宽度,h表示缺陷的深度,a和b分别表示弯曲部位的长度和宽度。

6.3.2 航空发动机叶片损伤维修决策知识规则

对发动机的诊断方法有测量式诊断和询问式诊断两类。其中,测量式诊断又分为手动测量、半自动测量和全自动测量。当检测部位为低压压气机或高压压气机时,使用测量式诊断;当检测部位为燃烧室或涡轮时,使用询问式诊断。对应的知识规则分为测量式诊断规则和询问式诊断规则。

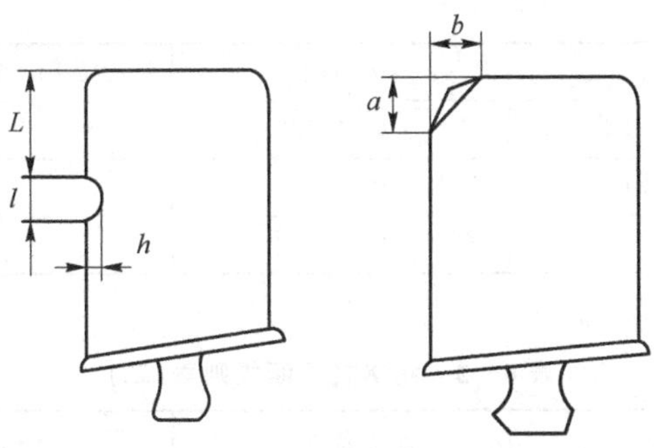

图 6-10　压气机叶片损伤示意图

1. 测量式诊断

测量式诊断的维修决策用 A、B、C、E、F 表示，其中：

A 表示损伤尺寸在规定范围内，允许不打磨，继续使用发动机；

B 表示损伤尺寸在规定范围内，但必须打磨后，方可继续使用发动机；

C 表示损伤尺寸超过损伤容限，叶片报废，需更换叶片后方可继续使用发动机；

E 表示损伤尺寸接近“允许不打磨”极限值；

F 表示损伤尺寸接近“允许磨光”极限值。

当诊断结论是 E 或者 F 时，建议：①紧急任务时，允许不打磨继续使用发动机，但仅限于执行一次飞行任务；②日常训练时，出于安全考虑，需打磨后方可继续使用发动机。

警告内容：该损伤只允许为平滑压痕。不允许有切口、带有尖锐边缘、坚硬棱角的划伤，否则叶片报废，需更换叶片后方可继续使用发动机。

根据多年来发动机内窥检测所总结的经验，将得到叶片损伤的维修知识规则存于知识库中。知识库中的知识表示方法采用应用最为广泛的 IF-THEN 产生式规则法。

当检测部位是低压压气机转子、I 级叶片、后缘时，测量式诊断规则如表 6-1 所列；当检测部位是低压压气机转子、I 级叶片、前缘时，测量式诊断规则如表 6-2 所列。

表 6-1　测量式诊断规则表(一)　　mm

类　别	L 范围	h 范围	$L+l+3h$ 范围	结　论
R1	$0<L<25$	$h\leqslant 1.48$		A
R2	$0<L<25$	$1.48<h<1.52$		E
R3	$0<L<25$	$1.52\leqslant h\leqslant 4.78$		B
R4	$0<L<25$	$4.78<h<4.82$		F
R5	$0<L<25$	$h\geqslant 4.82$		C
R6	$25\leqslant L<210$	$h\leqslant 0.18$		A
R7	$25\leqslant L<210$	$0.18<h<0.22$	$L+l+3h\leqslant 210$	E
R8	$25\leqslant L<210$	$0.18<h<0.22$	$L+l+3h>210$	C
R9	$25\leqslant L<210$	$0.22\leqslant h\leqslant 1.78$	$L+l+3h\leqslant 210$	B
R10	$25\leqslant L<210$	$0.22\leqslant h\leqslant 1.78$	$L+l+3h>210$	C
R11	$25\leqslant L<210$	$1.78<h<1.82$	$L+l+3h\leqslant 210$	F
R12	$25\leqslant L<210$	$1.78<h<1.82$	$L+l+3h>210$	C

续表 6-1

类　别	L 范围	h 范围	$L+l+3h$ 范围	结　论
R13	$25 \leqslant L < 210$	$h \geqslant 1.82$		C
R14	$25 \leqslant L < 210$	$h \leqslant 0.08$		A(警告)
R15	$L \geqslant 210$	$h > 0.08$		C

表 6-2　测量式诊断规则表(二)　　mm

类　别	L 范围	h 范围	$L+l+3h$ 范围	结　论
R1	$0 < L < 15$	$h \leqslant 0.28$		A
R2	$0 < L < 15$	$0.28 < h < 0.32$		E
R3	$0 < L < 15$	$0.32 \leqslant h \leqslant 4.78$		B
R4	$0 < L < 15$	$4.78 < h < 4.82$		F
R5	$0 < L < 15$	$h \geqslant 4.82$		C
R6	$15 \leqslant L < 40$	$h \leqslant 0.18$		A
R7	$15 \leqslant L < 40$	$0.18 < h < 0.22$		E
R8	$15 \leqslant L < 40$	$0.22 \leqslant h \leqslant 4.78$		B
R9	$15 \leqslant L < 40$	$4.78 < h < 4.82$		F
R10	$15 \leqslant L < 40$	$h \geqslant 4.82$		C
R11	$40 \leqslant L < 190$	$h \leqslant 0.18$		A
R12	$40 \leqslant L < 190$	$0.18 < h < 0.22$		E
R13	$40 \leqslant L < 190$	$0.22 \leqslant h \leqslant 2.78$		B
R14	$40 \leqslant L < 190$	$2.78 < h < 2.82$		F
R15	$40 \leqslant L < 190$	$h \geqslant 2.82$		C
R16	$190 \leqslant L < 250$	$h \leqslant 0.18$		A
R17	$190 \leqslant L < 250$	$0.18 < h < 0.22$	$L+l+3h \leqslant 250$	E
R18	$190 \leqslant L < 250$	$0.18 < h < 0.22$	$L+l+3h > 250$	C
R19	$190 \leqslant L < 250$	$0.22 \leqslant h \leqslant 1.78$	$L+l+3h \leqslant 250$	B
R20	$190 \leqslant L < 250$	$0.22 \leqslant h \leqslant 1.78$	$L+l+3h > 250$	C
R21	$190 \leqslant L < 250$	$1.78 < h < 1.82$	$L+l+3h \leqslant 250$	F
R22	$190 \leqslant L < 250$	$1.78 < h < 1.82$	$L+l+3h > 250$	C
R23	$190 \leqslant L < 250$	$h \geqslant 1.82$		C
R24	$190 \leqslant L < 250$	$h \leqslant 0.08$		A(警告)
R25	$190 \leqslant L < 250$	$h > 0.08$		C

2. 询问式诊断

由于燃烧室、涡轮检测部位的多样性和复杂性,其诊断规则不同于压气机叶片。利用专家积累的大量经验，总结并提炼出询问式诊断规则。询问式诊断规则的诊断结论包括：A——损伤超过规定，发动机停止使用；B——损伤未超过规定，发动机可继续使用。当检测部位为燃烧室、火焰筒、头部短管，损伤类型烧蚀时，诊断规则如表 6－3 所列。

表 6－3　询问式诊断规则表

<table>
<tr><td colspan="6">有裂纹和烧蚀的短管的数量大于 10 件吗？</td></tr>
<tr><td>是</td><td colspan="5">该短管上有裂纹和烧蚀的拐角多于 2 处吗？</td></tr>
<tr><td>A</td><td>是</td><td colspan="4">否</td></tr>
<tr><td></td><td>A</td><td colspan="4">该拐角处裂纹长度 $L>5$ mm 吗？</td></tr>
<tr><td></td><td></td><td>是</td><td colspan="3">否</td></tr>
<tr><td></td><td></td><td>A</td><td colspan="3">该拐角处烧蚀面积大于 20 mm×10 mm</td></tr>
<tr><td></td><td></td><td></td><td>是</td><td colspan="2">否</td></tr>
<tr><td></td><td></td><td></td><td>A</td><td colspan="2">是否进入“下一损伤”</td></tr>
<tr><td></td><td></td><td></td><td></td><td>是</td><td>否</td></tr>
<tr><td></td><td></td><td></td><td></td><td>进入下一个损伤的诊断</td><td>结束</td></tr>
</table>

6.3.3　基于案例的航空发动机维修决策诊断

当进行知识规则诊断时，专家系统计算出实际损伤尺寸与允许的界限值之间的接近程度，以此作为此次诊断的置信度。设关键参数的测量值为 A，标准值为 B，且 $|A-B|/B=C$。若 $C\geqslant 20\%$，则置信度＝1；若 $15\%\leqslant C<20\%$，则置信度＝0.9；若 $10\%\leqslant C<15\%$，则置信度＝0.8；若 $5\%\leqslant C<10\%$，则置信度＝0.7；若 $C<5\%$，则置信度＝0.6。

系统将知识规则诊断和案例诊断相互结合，但又不破坏各自推理单元的独立性和完整性。当置信度过低时，用户可以选择启动案例推理，在案例库中搜索出相关案例作为近似决策依据。当置信度较高时，用户可以将此次知识诊断案例加入案例库。

故障案例的知识表示就是特征属性提取的过程，是对故障发生的具体情况所作的尽可能详尽的描述，以便获得完整的故障信息。飞机故障案例由两部分组成：故障描述和故障解决方案。其具体内容包括：案例编号，每个案例的唯一辨识符；飞机型号；飞机编号；发动机型号；发动机编号；发动机出厂时间；探伤时机；损伤部位，具体的孔探探伤的部位；损伤类型，不同部位损伤类型不相同；损伤参数，包括 L,l,h,a,b,S；诊断日期；探伤人员；维修策略与诊断结果，包括 A，B，C，E，F 这 5 个结论。通过一个或者多个故障描述即可检索出相关案例，案例诊断推理流程图如图 6－11 所示。

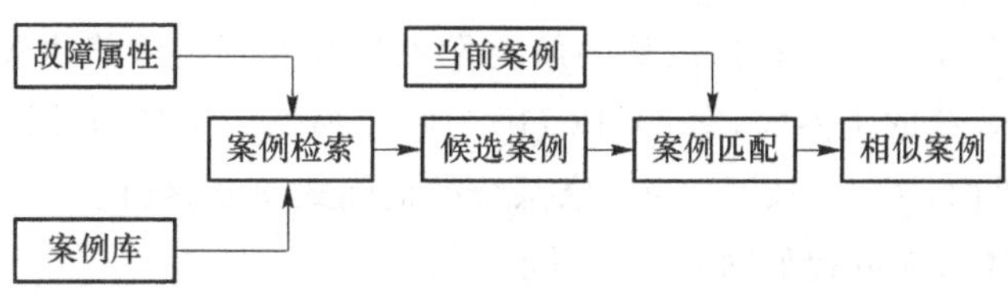

图 6－11　案例诊断推理流程图

通过以上的特征属性,针对获取的飞机典型故障记录,按照表6-4所列建立故障案例库。

表6-4 案例结构列表

<table>
<tr><th>检测部件1</th><th>检测部位2</th><th>检测部位3</th><th>检测部位4</th><th>损伤类型</th></tr>
<tr><td rowspan="4">低压压气机</td><td rowspan="3">静子</td><td>专用涂层</td><td></td><td>涂层脱落</td></tr>
<tr><td rowspan="2">进气导向器</td><td>支柱</td><td rowspan="7">打伤缺口
压痕
裂纹
掉块
卷曲变形</td></tr>
<tr><td>可变弯度叶片</td></tr>
<tr><td>转子</td><td>1~4级叶片</td><td rowspan="5">前缘
后缘</td></tr>
<tr><td rowspan="4">高压压气机</td><td rowspan="3">静子</td><td>进气导向器</td></tr>
<tr><td>1~9级导流叶片</td></tr>
<tr><td>9级整流器</td></tr>
<tr><td>转子</td><td>1~9级叶片</td></tr>
<tr><td rowspan="3">燃烧室</td><td>燃油喷嘴</td><td></td><td></td><td>烧蚀</td></tr>
<tr><td>火焰筒头部短管</td><td></td><td></td><td>裂纹
烧蚀</td></tr>
<tr><td>火焰筒筒体(环带)</td><td></td><td></td><td>裂纹
烧蚀
翘曲变形
涂层脱落</td></tr>
<tr><td rowspan="3">涡轮</td><td rowspan="3">高压涡轮
低压涡轮</td><td rowspan="2">导向器</td><td>叶片组合件</td><td>龟裂
裂纹
烧蚀</td></tr>
<tr><td>进口内外环</td><td>裂纹
翘曲
烧蚀</td></tr>
<tr><td>转子</td><td>工作叶片</td><td>裂纹
掉块
黑痕</td></tr>
</table>

6.3.4 基于孔探图像分析的航空发动机故障诊断专家系统开发

本小节采用Microsoft Visual C++6.0作为前台的开发工具,Microsoft Access 2000作为后台数据库支撑,开发了基于孔探图像的航空发动机叶片损伤维修决策专家系统AIDES。图6-12 (a)为专家系统的主界面,图6-12 (b)为叶片损伤测量界面,图6-12 (c)为专家系统的案例推理诊断界面,图6-12 (d)为专家系统的询问式诊断界面。

AIDES系统具体诊断流程如图6-13所示。

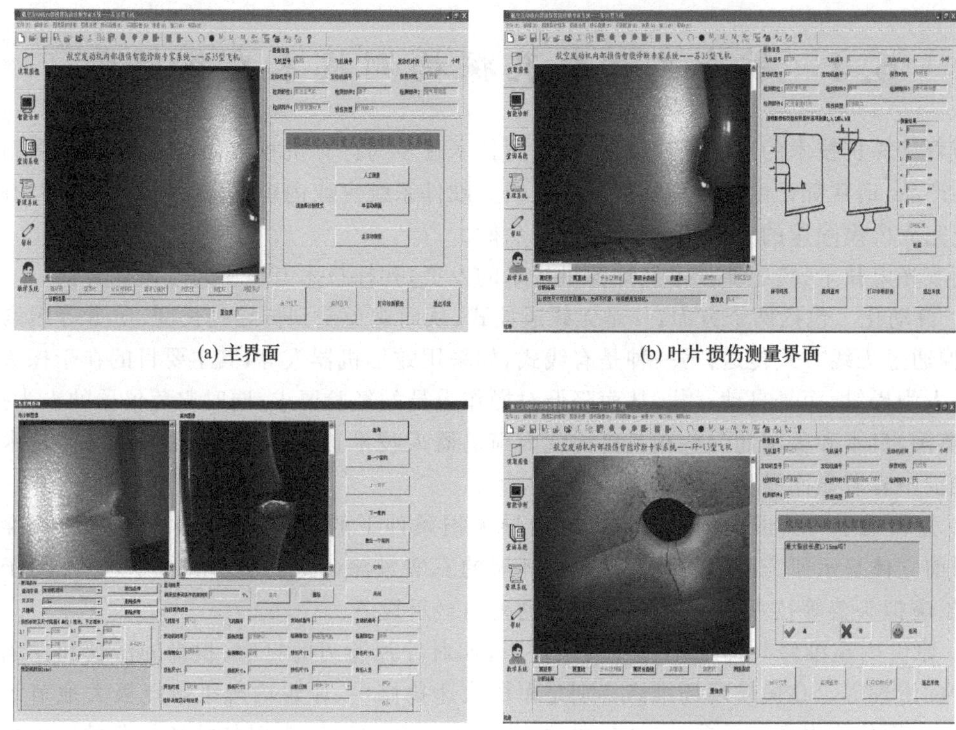

(a) 主界面　　(b) 叶片损伤测量界面

(c) 案例推理诊断界面　　(d) 询问式诊断界面

图 6 - 12　AIDES 专家系统主要诊断界面

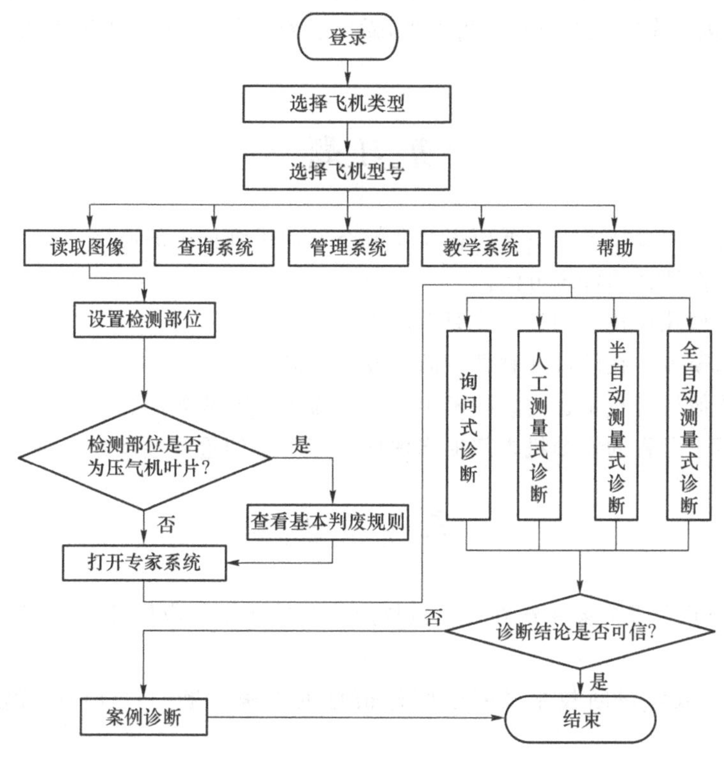

图 6 - 13　系统诊断流程图

6.4 航空发动机孔探检测技术发展趋势

随着计算机技术的发展,传统的孔探检测技术逐步与计算机相结合,开发出的很多新型孔探检测产品,通常都是由硬件和软件系统组成。硬件系统完成内窥图像的采集与观察功能;软件系统完成内窥图像的分析、处理和测量等功能。

随着光电技术、传感器技术及计算机技术的发展,孔探技术有以下几个发展方向:

① 自动化　包括两个方面:一是无线遥控式,从而避免受到传导线长度、质量等因素的限制,图像通过无线方式传送;另一种是有线式,如采用蛇形机器人等,其主要目的在于探头在内部无需人为操纵,而是自动寻找,从而降低对操作人员的经验要求,同时避免仪器的人为损坏。目前,英国、日本和美国的一些相关机构就内窥机器人技术正在进行广泛的研究,该技术在发动机维护中有着显而易见的意义。

② 立体显示　其最大意义在于可以指导无损条件下的维护工作,极大地降低了维修成本。目前立体显示研究的最新技术是美国开展的真实景深(real - depth)技术,它不同于利用偏振光、虚拟头盔等技术,不需要任何视觉的附属显示设备。

③ 原位内窥维修　即在不拆开的条件下,如对叶片卷刃的打磨、积炭的清理和发动机内小碎片的清理等。在民航现场维修特别是军机快速抢修中,原位内窥维修能极大地节约时间和成本,应用价值很高。目前,韦林公司的XL Pro系列内窥镜头部分已经附有微型机械手等设备,能够初步完成碎片抓取等功能。

④ 专家化　即采用模式识别、机器学习、神经网络以及专家系统等计算机手段,对硬件系统采集到的图像进行全方位的自动分析处理,做出有效评估,从而减少因人的参与所带来的误差与过失。

复习题

1. 请简要说明内窥技术的发展历程及在航空发动机维护中的应用。
2. 请简述损伤评估的传统方法。
3. 请简述新型孔探技术的设备及原理。
4. 请简述内窥技术在硬件和软件方面的发展方向。
5. 请简述图像处理技术在内窥技术中的应用表现在哪些方面。
6. 请简述基于远程的发动机内部损伤评估专家系统的重要性及其实施方案。

参考文献

[1] 陈果. 计算机视觉及专家系统在发动机故障诊断技术中的应用[D]. 南京:南京航空航天大学,2002.

[2] 于辉. 发动机故障诊断技术及基于图像信息的故障诊断[D]. 南京:南京航空航天大学,2002.

[3] Chen Guo. 3D Measurement and Stereo Reconstruction for Aeroengine Interior Damage [J]. Chinese Journal of Aeronautics,2004,17(3):149-151.

[4] 于辉,左洪福,陈果. 基于立体视觉的孔探分析系统及其应用[J]. 南京航空航天大学学报,2002,34(3):293-297.

[5] 于辉,左洪福,陈果,等. 发动机孔探图像三维测量与立体重建的实现[J]. 航空计测技术,2002(2):6-12.

[6] 李华,陈果,陈新波,等. 基于规则的航空发动机孔探图像诊断方法研究[J].航空发动机,2015,41(3):97-102.

[7] 李华,陈果,林桐,等. 航空发动机叶片损伤自动测量方法研究[J]. 航空计算技术,2015,45(1):52-55.

[8] 李华,陈果,陈新波,等. 航空发动机内部裂纹自动测量方法研究[J]. 计算机工程与应用,2016,52(11):233-237.

第7章　航空器结构检查的无损检测技术

7.1　航空维修无损检测技术的作用及意义

在飞机使用过程中，无损检测的主要任务是保证飞机的结构完整性。除按无损检测手册规定的内容对指定区域进行检测外，有时还要在特殊情况下对飞机的一些特殊部位和区域进行检测。

7.1.1　老旧飞机的无损检测

外场无损检测目前有几类问题最引人关注，首先是老龄飞机的无损检测。如何改进检测能力，支持老龄飞机延寿（在超过原先设计的使用寿命后仍能安全飞行）是一个十分重要的问题。通常把日历寿命超过20年的飞机都作为老龄飞机来对待，而不少飞机，特别是民用飞机的预期使用寿命可高达40～50年，可见，延寿工作对飞机有多么重要。由于腐蚀损伤和积累疲劳损伤的作用，老龄飞机发生故障的概率明显增加。因此，对老龄飞机应当执行与过去不同的维修和检测方案，着重解决腐蚀控制和腐蚀监测问题。一般使用低频涡流技术检测诸如桁条下方或铆接件下层板的腐蚀，而大多数表面腐蚀可用目视观察。

在老龄飞机无损检测方面，应注意：

① 飞机所有区域都需检测。

② 检测以日历间隔为基础。

③ 检测间隔分为初始和重复检测间隔。

④ 腐蚀分为轻微、严重和最严重三类，确认后应采取不同措施。

虽然上述各项已为航空界广泛接受，但腐蚀检测问题至今并未真正解决，因此，老旧飞机无损检测向我们提出的第一个挑战是发展一种行之有效的腐蚀监控方法。

其次，由于老龄飞机一般都已有探伤工艺，关键在于应对每一机型重新制定一个“附加检测文件”，在原有探伤工艺中补充一些检测项目，以发现一些不可预见的疲劳损伤。这就要求我们能确认每种飞机的主要结构件（其失效会导致灾难性事故），然后再确认其检测方法和步骤。当确认检测方法时，要求能使用最灵敏的检测技术，并能确定探测到容限长度裂纹的可靠性。我国在某些机种上已开展了这方面的工作。

7.1.2　新机新材料的无损检测

各种新型飞机都大量使用新材料，特别是铸钛合金和复合材料。如民用波音B777飞机的尾翼和主梁部分，军用飞机（如美国的F－15）和我国的一些直升机等都大量使用复合材料；苏－27飞机的机尾罩轮孔和起落架轮叉使用钛合金材料。对这两类材料用通常的检测方法，特别是常规的超声波探伤方法都不太合适。对复合材料，基本要求是能大面积检测其脱粘、分层及性能退化等。因此，非接触式检测技术更能发挥作用。目前，空气耦合超声波检测、激光超声和红外热成像等技术在航空工业特别是现（外）场检测中已广泛采用。

随着不少新型飞机的引入，研制出在交货和将来维修时都能有效实施的大面积检测的无损检测方法，是另一个应当重视的任务，这对民用和军用飞机都同样成立。阵列涡流技术或相控超声检测技术对新机的检测都可以发挥重要作用，特别是阵列涡流技术对于检测涡轮叶片根部裂纹具有极佳的应用前景。全波形记录也是一种重要方法，存储的超声波形可以用于扫查后分析，它对飞机重要部件的全寿命检测也可起到重要作用。

7.1.3　无损检测在飞机日历寿命研究中的作用

日历寿命研究是另一个值得重视的课题，问题的关键在于如何利用无损检测技术来帮助确定日历损伤，提出腐蚀控制方案并科学地决定日历寿命。

飞机的寿命分为飞行小时寿命、起落次数寿命和日历寿命。由于飞机结构受环境腐蚀的问题日益严重，不少飞机往往在其飞行小时寿命远未达到的情况下，因关键结构腐蚀而提前退役或引起严重事故。因此，日历寿命一直是人们极为关心的问题，这方面的研究资料也十分丰富，主要包括加速腐蚀试验技术，建立腐蚀当量关系，以及研究在腐蚀环境下飞机结构腐蚀损伤和疲劳寿命变化规律等。总之，人们常常根据结构腐蚀的变化规律和腐蚀速率等数据来推断其日历寿命，或提出腐蚀控制方案以延长飞机的日历寿命。像疲劳寿命与疲劳损伤有关一样，日历寿命也与日历损伤有关。因此，为研究日历寿命，首先必须研究日历损伤。人们对腐蚀的严重程度的检测通常是利用超声或涡流测厚的原理，根据材料厚度的变化来确定腐蚀的严重程度和量级，但这些方法对早期腐蚀几乎无能为力。声发射技术在腐蚀早期预报方面可以发挥作用。有报道说，已经利用声发射的波形识别技术有效识别了腐蚀萌生阶段产生的声发射信号。但总体上讲，迄今为止仍没有建立一套比较系统的确定日历损伤的方法，因而也就缺少有效确定日历寿命的科学依据。对腐蚀状况以及日历损伤程度进行检测至关重要，它能对腐蚀程度、腐蚀损伤及发展趋势进行监测，从而为确定日历寿命提供科学依据。从目前发展情况看，除超声和涡流检测方法外，红外热成像技术和声发射监测技术都有可能在这一领域发挥重要作用。因此，加强该领域无损检测技术的研究十分重要。

7.1.4　无损检测在飞机疲劳裂纹扩展监测中的作用

除腐蚀外，老旧飞机面临的另一主要问题是疲劳裂纹，这里有一个如何检验和监测的问题。疲劳裂纹扩展是一个动态过程，能对这一过程进行监测的有声发射等技术。国外，特别是美国航空部门及空军都在加紧研制机载声发射监测系统。问题在于飞行过程中的高背景噪声使现有技术很难实用化。

7.1.5　航空器无损检测技术

航空器无损检测技术主要用于检查在役航空器的零部件在运行中结构或状态的变化，保证航空器安全、可靠地工作。在航空器无损检测中，常用的方法有：渗透检测、磁粉检测、涡流检测、射线检测及超声检测等传统无损检测方法。同时，声发射检测、红外无损检测、激光全息无损检测、声振检测及微波无损检测等无损检测新方法也逐渐得到了广泛使用。

下面简要介绍各种无损检测方法的基本原理及其在航空维修中的实际应用。

7.2 超声波检测法

7.2.1 概 述

超声波探伤是目前应用最广泛的无损探伤方法之一,在机械故障诊断中起着重要作用。

超声波是一种弹性波。弹性波,即依靠弹性介质中的质点而传播的机械振动。而作为波,它的产生同样要具备两个条件:一有做机械振动的声源;二有能传播机械振动的弹性介质。

人们日常所听到的各种声音,是由各种声源的振动通过空气等弹性介质传播到耳膜引起耳膜振动,进而牵动听觉神经产生听觉。但并不是任何频率的机械振动都能引起听觉。只有当频率在一定范围内的振动才能引起听觉。人们把能引起听觉的机械波作为声波,频率在20～20 000 Hz之间。频率低于20 Hz的机械波称为次声波,频率高于20 000 Hz的机械波称为超声波。次声波、超声波都不可闻。

超声探伤所用的频率在0.5～10 MHz之间。对钢等金属材料的检验,常用的频率为1～5 MHz。

1. 超声波的特点

超声波波长很短,具有方向性好、能量高、穿透力强等特点。

① 超声波方向性好:超声波是频率很高、波长很短的机械波,在无损探伤中,使用的波长为毫米数量级。超声波像光波一样具有良好的方向性,可以定向发射,在被检材料中发现缺陷。

② 超声波能量高:超声波探伤的频率远高于声波,而能量(声强)与频率的平方成正比。因此超声波的能量远大于声波的能量。如1 MHz超声波的能量相当于1 kHz声波能量的100万倍。

③ 能在界面上产生反射、折射和波型转换:在超声波探伤中,特别是超声波脉冲反射法探伤中,利用了超声波具有几何声学的一些特点,如在介质中直线传播,遇界面产生反射、折射和波型转换等。

④ 超声波穿透力强:超声波在大多数介质中传播时,传播能量损失小,传播距离大,穿透能力强。在一些金属材料中其穿透能力可达数米。这是其他损伤手段无法比拟的。

2. 超声波的类型

根据波动传播时介质质点的振动方向与波的传播方向是否相同,可将超声波分为纵波、横波、表面波和板波等。

(1) 纵波L

介质中质点的振动方向与波的传播方向相同的波,称为纵波,用L表示,如图7-1所示。当介质质点受到交变拉应力作用时,质点之间产生相应的伸缩形变,从而形成纵波。这时介质质点疏密相同,故纵波又称为压缩波或疏密波。

凡能承受拉伸或压缩应力的介质都能传播纵波。固体介质能承受拉伸或压缩应力,因而固体介质可以传播纵波。液体和气体虽然不能承受拉伸应力,但能承受压应力产生容积变化,因而液体和气体介质也可以传播纵波。这种波常用在钢板、锻件探伤中。

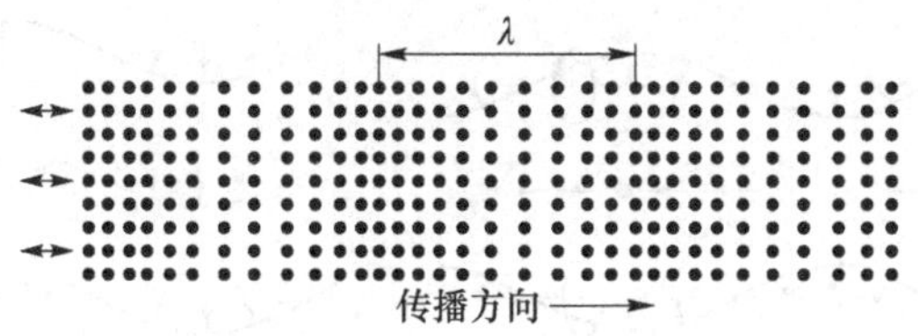

图 7-1　纵　波

(2) 横波 T(S)

介质中质点的振动方向与波的传播方向互相垂直的波称为横波，用 T 或 S 表示，如图 7-2 所示。当介质受到交变的剪切应力作用时，产生切变形变，从而形成横波，故横波又称为切变波。只有固体介质才能承受剪切应力，液体和气体介质不能承受剪切应力，因此横波只能在固体介质中传播，不能在液体和气体介质中传播。

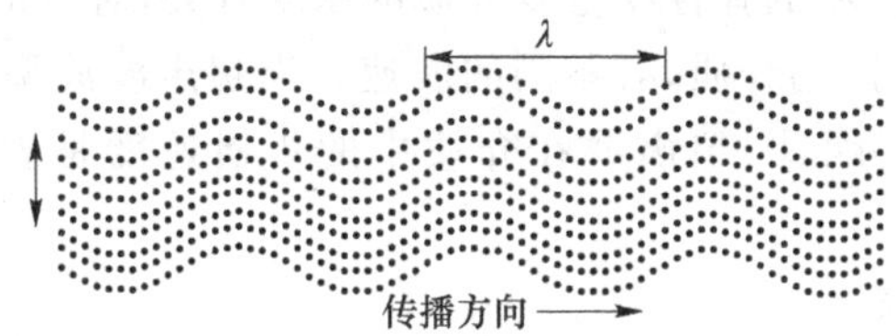

图 7-2　横　波

(3) 表面波 S

当介质表面受到交变应力作用时，产生沿介质表面传播的波，称为表面波，常用 S 表示，如图 7-3 所示。表面波在介质表面质点做椭圆运动，椭圆长轴垂直于波的传播方向，短轴平行于波的传播方向。椭圆运动可视为纵向振动与横向振动的合成，即纵波与横波合成。因此，表面波只能在固体介质中传播(介质表面)，而且表面波的能量随传播深度增加而迅速减弱。当传播深度超过 2 倍波长时，质点的振幅就已经很小了。因此，一般认为：表面波探伤只能发现距工件表面 2 倍波长深度内的缺陷。

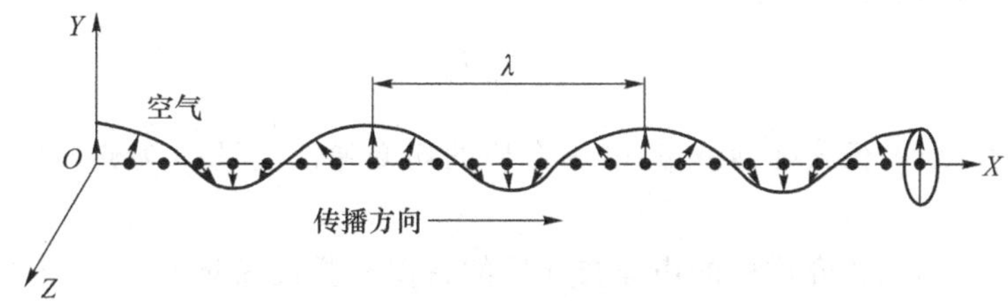

图 7-3　表面波

(4) 板　波

板波又称兰姆波。当板材的厚度与超声波的波长相当时，在弹性薄板中传播的超声波称为板波。板波传播时，薄板的两表面和板中间的质点都在振动，声场遍及整个板的厚度。薄板两表面质点振动是纵波和横波的组合，质点振动轨迹为一椭圆。在薄板中间也有波传播，板波按其传播方式又可分为对称型板波(S 型)和非对称型(A 型)板波两种，其波形如图 7-4 所示。

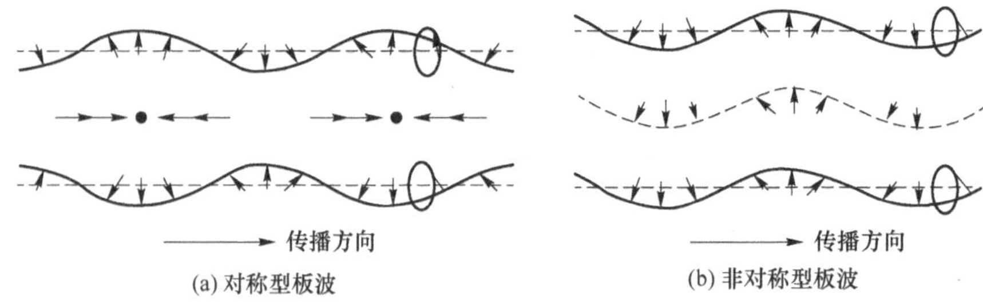

图 7-4　板　波

7.2.2　超声波的传播速度与声阻抗

1. 超声波的传播速度

超声波的传播速度与介质的弹性模量及介质的密度有关，对一定的介质，弹性模量和密度为常数，故波速为常数。不同的介质，有不同的波速。当超声波波型不同时，介质弹性变形形式也不同，声速也不一样。因此，超声波在介质中的传播速度是表征介质声学特性的重要参数。

(1) 固体介质中的声波

在无限大的固体介质中，纵波声速为

$$c_{\mathrm{L}}=\sqrt{\frac{E}{\rho}}\sqrt{\frac{1-\mu}{(1+\mu)(1-2\mu)}} \tag{7-1}$$

在无限大的固体介质中，横波声速为

$$c_{\mathrm{T}}=\sqrt{\frac{G}{\rho}}=\sqrt{\frac{E}{\rho}}\sqrt{\frac{1}{2(1+\mu)}} \tag{7-2}$$

在无限大的固体介质中，表面波声速为

$$c_{\mathrm{S}}=\frac{0.87+1.12\mu}{1+\mu}\sqrt{\frac{G}{\rho}} \tag{7-3}$$

细长棒中纵波声速为

$$c_{\mathrm{Lb}}=\sqrt{\frac{E}{\rho}} \tag{7-4}$$

以上公式中：E 为介质的杨式弹性模量；G 为介质的切变弹性模量；ρ 为介质的密度；μ 为介质的泊松比。

由以上四式可知，固体介质中的声速与介质的密度和弹性模量有关。介质的弹性模量愈大，密度愈小，则声速愈大。

(2) 液体和气体介质中的纵波声速

液体和气体只能传播纵波。液体和气体中的纵波波速为

$$c_{\mathrm{L}}=\sqrt{\frac{B}{\rho}} \tag{7-5}$$

式中：B 为液体、气体介质的容变弹性模量，即产生单位容积相对变化量所需压强；ρ 为液体、气体介质的密度。

由式(7-5)可知，液体、气体介质中的纵波声速和固体中的声速的变化具有类似的规律，即介质的容变弹性模量愈大，密度愈小，声速就愈大。

2. 声阻抗

反映介质声学特性的一个重要指标，称为声阻抗。其物理意义为，介质中某一点的声压 p 与该处质点振动速度 v 之比，常用 Z 表示，即

$$Z=\frac{p}{v}=\rho c \tag{7-6}$$

声阻抗在数值上等于介质密度 ρ 与介质声速 c 的乘积，单位为 g/(cm² · s)或 kg/(cm² · s)。不同的介质有不同的声阻抗。超声波在界面上的反射和透射率与界面两侧介质的声阻抗有密切关系。

7.2.3　超声波垂直入射到平界面上的反射和透射

超声波从一种介质传播到另一种介质时，在两种介质的分界面上，一部分能量反射回原介质内，称反射波；一部分能量透过界面在另一种介质中传播，称为透射波。在界面上声能（声压、压强）的分配和传播方向的变化都遵循一定的规律。

当超声波垂直入射到足够大的光滑界面时，在第一种介质中产生一个与入射方向相反的反射波，在第二种介质中产生一个与入射波方向相同的透射波，如图 7－5 所示。反射波与透射波的声压（或声强）是按一定规律分配的。这个分配比例由声压反射率（或声强反射率）和透射率（声强透射率）来表示。

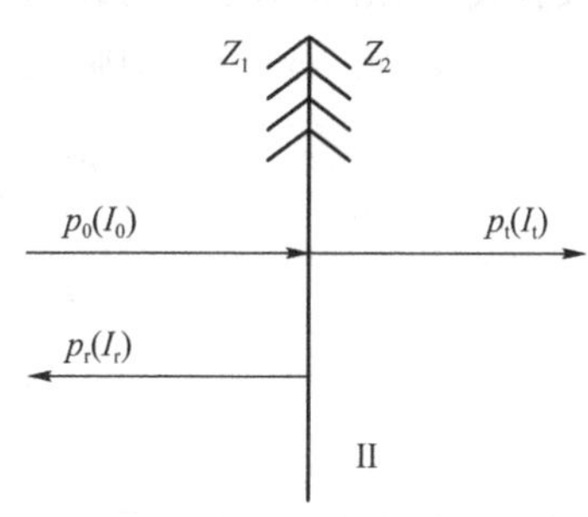

图 7－5　平面波垂直入射

设入射波的声压为 p_0（声强为 I_0），反射波的声压为 p_r（声强为 I_r），透射波的声压为 p_t（声强为 I_t），则界面上反射波声压 p_r 与入射波声压 p_0 之比称为界面声压反射率，用 r 表示为

$$r=\frac{p_r}{p_0}=\frac{Z_2-Z_1}{Z_2+Z_1} \tag{7-7}$$

式中：Z_1 为第一种介质的声阻抗；Z_1 为第二种介质的声阻抗。

界面上透射波声压 p_t 与入射波声压 p_0 之比称为界面的声压透射率，用 t 表示为

$$t=\frac{p_t}{p_0}=\frac{2Z_2}{Z_2+Z_1} \tag{7-8}$$

界面上反射波声强 I_r 与入射波声强 I_0 之比称为声强反射率，用 R 表示为

$$R=\frac{I_r}{I_0}=\frac{\dfrac{1}{2}\dfrac{p_r^2}{Z_1}}{\dfrac{1}{2}\dfrac{p_0^2}{Z_1}}=\frac{p_r^2}{p_0}=r^2=\left(\frac{Z_2-Z_1}{Z_2+Z_1}\right)^2 \tag{7-9}$$

界面上透射波声强 I_t 与入射波声强 I_0 之比称为声强透射率，用 T 表示为

$$T=\frac{I_t}{I_0}=\frac{\dfrac{1}{2}\dfrac{p_t^2}{Z_2}}{\dfrac{1}{2}\dfrac{p_0^2}{Z_1}}=\frac{Z_1}{Z_2}\frac{p_t^2}{p_0^2}=\frac{4Z_1Z_2}{(Z_2+Z_1)^2} \tag{7-10}$$

以上说明，当超声波射到平界面上时，声压或声强的分配比例仅与界面两侧介质的声阻抗有关。

当 $Z_2>Z_1$ 时，$r=\dfrac{p_r}{p_0}=\dfrac{Z_2-Z_1}{Z_2+Z_1}>0$，反射波声压 p_r 与入射波声压 p_0 同相位。例如，超声波

平面波垂直入射到水/钢界面，$Z_1=0.15\times10^6\text{g}/(\text{cm}^2\cdot\text{s})$，$Z_2=4.5\times10^6\text{g}/(\text{cm}^2\cdot\text{s})$，则

$$r=\frac{p_r}{p_0}=\frac{Z_2-Z_1}{Z_2+Z_1}=\frac{4.5-0.15}{4.5+0.15}=0.935$$

$$t=\frac{p_t}{p_0}=\frac{2Z_2}{Z_2+Z_1}=\frac{2\times4.5}{4.5+0.15}=1.935$$

$$R=r^2=0.935^2=0.875$$

$$T=\frac{4Z_1Z_2}{(Z_2+Z_1)^2}=\frac{4\times0.15\times4.5}{(4.5+0.15)^2}=0.125$$

这里，$R+T=0.875+0.125=1$ 符合能量守恒。

当 $Z_1>Z_2$ 时，$r=\frac{p_r}{p_0}=\frac{Z_2-Z_1}{Z_2+Z_1}<0$，即反射波声压 p_r 与入射波声压 p_0 相位相反，反射波与入射波合成声压振幅减小。例如，超声波平面波垂直入射到钢/水界面，$Z_1=4.5\times10^6\text{g}/(\text{cm}^2\cdot\text{s})$，$Z_2=0.15\times10^6\text{g}/(\text{cm}^2\cdot\text{s})$，则

$$r=\frac{Z_2-Z_1}{Z_2-Z_1}=\frac{0.15-4.5}{0.15+4.5}=-0.935$$

$$t=\frac{2Z_2}{Z_2-Z_1}=\frac{2\times0.15}{0.15+4.5}=0.065$$

$$R=r^2=(-0.935)^2=0.875$$

$$T=1-R=1-0.875=0.125$$

以上计算表明，超声波垂直入射到钢/水界面时，声压透射率很低，声压反射率很高。声强反射率和透射率与超声波垂直入射到水/钢界面相同。由此可见，超声波垂直入射到某界面时的声强反射率和透射率与从何种介质入射无关。

当 $Z_2\gg Z_1$ 时(如钢/空气界面)，$Z_1=4.5\times10^6\text{g}/(\text{cm}^2\cdot\text{s})$，$Z_2=0.000\,04\times10^6\text{g}/(\text{cm}^2\cdot\text{s})$，则

$$r=\frac{p_r}{p_0}=\frac{Z_2-Z_1}{Z_2+Z_1}=\frac{0.000\,04-4.5}{0.000\,04+4.5}\approx-1$$

$$t=\frac{p_t}{p_0}=\frac{2Z_2}{Z_2+Z_1}=\frac{2\times0.000\,04}{0.000\,04+4.5}\approx0$$

$$R=r^2\approx(-1)^2=1$$

$$T=1-R\approx1-1=0$$

计算表明，当入射波介质声阻抗远大于透射波介质声阻抗时，声压反射率趋于−1，透射率趋于0，即声压几乎全反射，无透射，只有反射波声压与入射波声压有180°相位变化。

探伤中，探头和工件间如不施加耦合剂，则形成固(晶片)/气界面，超声波将无法进入工件。

当 $Z_2\approx Z_1$ 时，即界面两侧的声阻抗近似相等时，如钢的淬火部分与非淬火部分及普通碳钢焊缝的母材与焊接金属之间的声阻抗相差很小，一般为1%左右。

设 $Z_1=1$，$Z_2=0.99$，则

$$r=\frac{p_r}{p_0}=\frac{Z_2-Z_1}{Z_2+Z_1}=\frac{0.99-1.00}{0.99+1.00}=-0.005$$

$$t=\frac{p_t}{p_0}=\frac{2Z_2}{Z_2+Z_1}=\frac{2\times0.99}{0.99+1.00}=0.995$$

$$R=r^2\approx(-0.005)^2=2.5\times10^{-5}\approx0$$

$$T=1-R=0.999\,975\approx1$$

这说明，超声波垂直入射到两种阻抗相差很小的介质组成的界面时，几乎全透射，无反射。因此在焊缝探伤中，若母材与焊接金属结合面没有任何缺陷，是不会产生界面回波的。

以上讨论的超声波纵波垂直入射到单一界面上有声压、声强反射率和透射率的公式同样适用于横波入射的情况。但必须注意的是，在固体/液体或固体/气体界面上，横波全反射，因为横波不能在液体和气体中传播。

在超声波单探头探伤中，探头兼作发射和接收超声波两用。超声探头发出的超声波透到界面里而进入工件，在固体/气体界面产生全反射后再次通过同一界面被探头接收。如图7-6所示，这时探头接收到的回波声压 p_a 与入射波声压 p_0 之比，称为声压往复透射率 T：

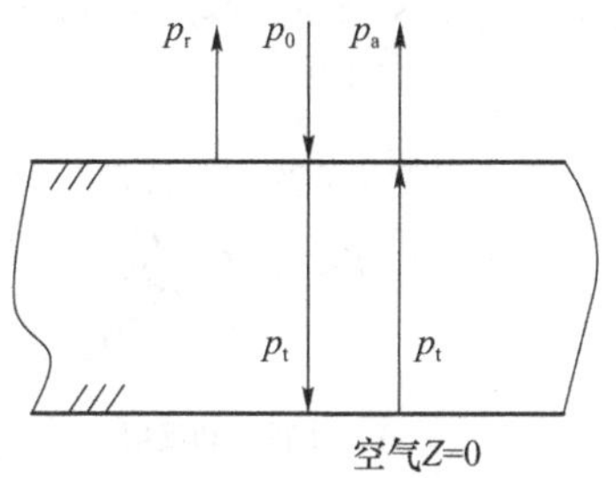

图7-6 声压往复透射率

$$T=\frac{p_a}{p_0}=\frac{p_t}{p_0}\frac{p_a}{p_t}=\frac{4Z_1Z_2}{(Z_2+Z_1)^2} \tag{7-11}$$

比较式(7-10)与式(7-11)可以看出，声压往复透射率与声强透射率在数值上相等。

7.2.4 超声波倾斜入射到平界面上的反射和折射

当超声波倾斜入射到异质界面时，除了产生反射、折射(透射)现象以外，还往往伴随着波型转换现象。

1. 波型转换

当超声波倾斜入射到异质界面时，除了产生与入射波同类型的反射波和折射波以外，还会产生与入射波不同类型的反射波和折射波，这种现象称为波型转换。波型转换现象只产生在斜入射的场合，而且与界面两侧介质的状态有关。

由于液体、气体介质中只能传播纵波，只有固体介质才能同时传播纵波和横波，因此波型转换只可能在固体中产生。

2. 超声波的反射和折射

与光波一样，超声波的折射也服从于斯涅尔定律，即入射的纵波分解成两束反射波(纵波 L_1 和横波 T_1)和两束折射波(纵波 L_2 和横波 T_2)，如图7-7(a)所示。由关系式为

$$\frac{c_1}{c_2}=\frac{\sin\alpha}{\sin\beta} \tag{7-12}$$

可以建立入射声束和折射声束(或反射声束)的传播速度与入射角和折射角(或反射角)的关系。例如，在第一介质中，声速 $c_L=2.73$ km/s，$c_T=1.43$ km/s，入射角为 $\alpha=20°$；在第二介质中，声速 $c_L=5.9$ km/s，$c_T=3.24$ km/s，则由式(7-12)可解出：反射纵波的反射角 $\beta=20°$，反射横波的反射角 $\beta=10.3°$，折射纵波的折射角 $\beta=48°$，折射横波的折射角 $\beta=24°$。

当入射角 α 增大到一个临界值时，折射纵波将沿界面滑过去，即 $\beta_L=90°$，在介质中只有折射的横波传播，这一临界入射角 α_{cr1} 称为临界角下限。当入射角进一步增大时，折射横波也沿界面滑过去，即 $\beta_T=90°$，超声波不能透入被检介质，这时的临界入射角 α_{cr2} 称为临界角上限，如图7-7(b)和图7-7(c)所示。在设计探头时，入射角要选择恰当，以保证被检介质中只有一种波优先传播。

为了使超声探头能激发出波幅最大的表面波，应使入射角选择为最佳值 α_{opt}：

$$\alpha_{opt}=\arcsin\left(\frac{c_L}{c_S}\right) \tag{7-13}$$

式中:c_L为入射纵波的速度;c_S为表面波的速度。

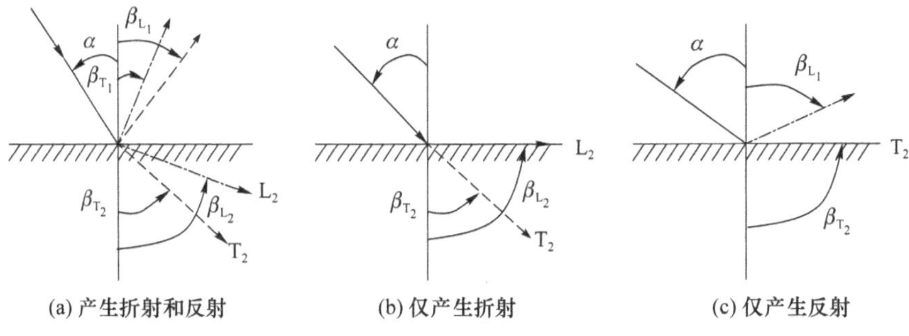

(a) 产生折射和反射 (b) 仅产生折射 (c) 仅产生反射

图 7-7 斯涅尔定律

7.2.5 超声波探伤方法

1. 脉冲反射法

超声波以持续极短的时间发射脉冲到被检试件内,根据反射波来检测试件缺陷的方法,称为脉冲反射法。按照判读缺陷情况的回波性质,脉冲反射法还可分为缺陷回波法、底面回波高度法、底面多次回波法三种。

(1) 缺陷回波法

根据仪器示波屏上显示的缺陷探伤图形进行判断的探伤,称为缺陷回波法。该方法是反射法的基本方法。图 7-8 所示为缺陷回波探伤的基本原理。当试件完好时,超声波可顺利传播到达底面,在底面光滑且与探测面平行的条件下,探伤图形中只有表示发射脉冲 T 及底面回波 B 两个信号,如图 7-8(a)所示。

若试件中存在缺陷,在探伤图形中,底面回波前有表示缺陷的回波 F,如图 7-8(b)所示。

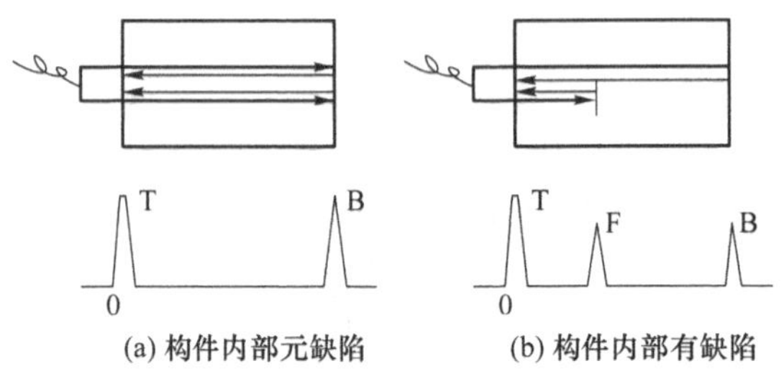

(a) 构件内部元缺陷 (b) 构件内部有缺陷

图 7-8 缺陷回波法

(2) 底面回波高度法

当试件的材质和厚度不变时,底面回波高度应是基本不变的。如果试件内存在缺陷,底面回波高度会下降甚至消失,如图 7-9 所示。这种依据底面回波高度变化判断试件缺陷情况的探伤方法,称为底面回波高度法。

(3) 底面多次回波法

当透入试件的超声波能量较大,而试件厚度较小时,在试件完好无缺陷的情况下,超声波可在探测面与底面之间往复多次,示波屏上出现多次底波 B_1、B_2、B_3…。如果试件存在缺陷,则由于缺陷的反射以及散射而增加了声波的损耗,底面回波次数减少,同时也打乱了各次底面回波高度依次按指数衰减的规律,并显示出缺陷回波,如图 7-10 所示。这种依据底面回波次

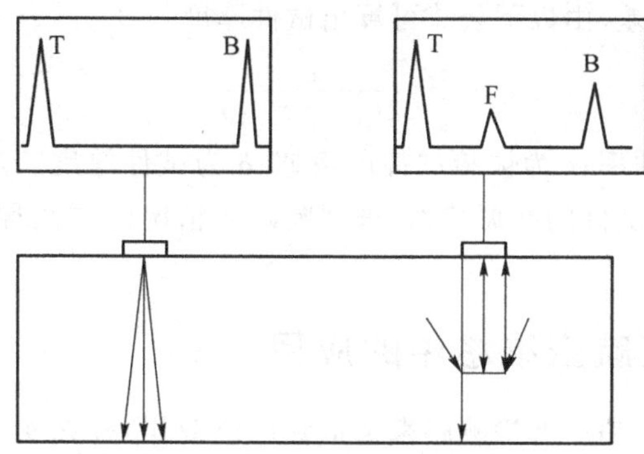

图 7-9　底面回波高度法

数，而判断试件有无缺陷的方法，即为底面多次回波法。

底面多次回波法主要用于厚度不大、形状简单、探测面与底面平行的试件探伤。缺陷检出的灵敏度低于缺陷二次回波法。

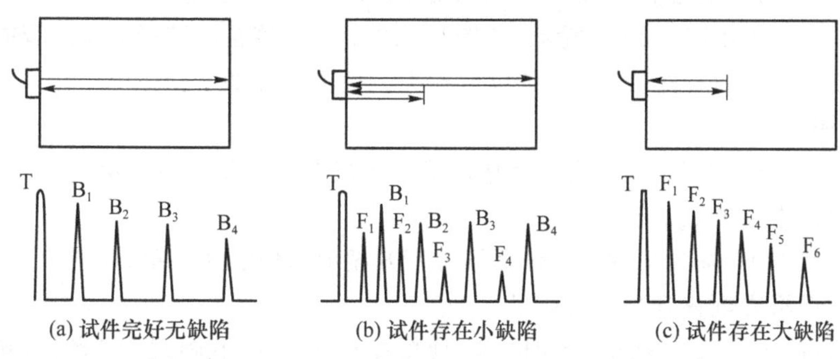

图 7-10　底面多次回波法

2. 穿透法

穿透法是依据脉冲波或连续波穿透试件之后的能量变化来判断缺陷情况的一种方法，如图 10-11 所示。穿透法常采用两个探头，一个起发射作用，另一个起接收作用，它们分别放置在试件的两侧进行探测，如图 7-11(a)为无缺陷时的波形，图 7-11(b)为有缺陷时的波形。

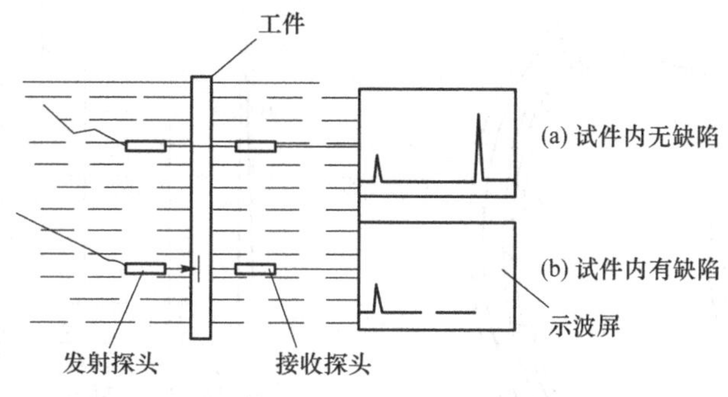

图 7-11　穿透法

3. 共振法

若声波(频率可调的连续波)在被检工件内传播，当试件的厚度为超声波的半波长或半波长的整数倍时，由于入射波和反射波的相位相同，则引起共振，因而仪器可显示出共振频率点，

用相邻的两个共振频率之差,由以下公式可算出试件厚度:

$$\delta=\frac{c}{2(f_n-f_{n-1})} \tag{7-14}$$

式中:f_n为第n点的共振频率;c为被检试件的声速;δ为试件厚度。当试件内存缺陷时,将改变试件的共振频率。依据试件的共振特性,来判断缺陷情况的方法称为共振法。共振法常用于试件测厚。

7.2.6 超声检测在航空维修中的应用

随着科学技术的发展,超声波检测越来越得到广泛应用,并在实践中积累了丰富的经验。现根据不同的超声波检测方法,对某些型号飞机的一些典型零件的超声检测作一介绍。

1. 纵波检测

飞机、发动机上零件的纵波检测一般选用单探头和双晶片探头(又称联合双探头)进行,下面分别举例说明。

案例1 某型飞机主起落架LS-14型轮毂的超声探伤工艺。

某型飞机主起落架LS-14型轮毂,如图7-12所示。该轮毂选择KK30智能超声波探伤仪,探头频率为2.5 MHz、直径12 mm的纵波探头。检测过程如下:

(1) 仪器调整

① 接通电源,打开开关,仪器自检完毕后显示飞机探伤机型选择菜单。

② 按退出键进入测试状态。

③ 在测试状态下,按菜单键可在仪器屏幕下方显示探伤功能菜单,如图7-13所示。

④ 按方向键将虚框移到“工艺读盘”。

⑤ 按进入键,进入读盘功能,此时在读盘功能框下有一下画线“_”光标,按数字键“6”8次,在“_”光标提示处输入文件名编号“66666666”。

⑥ 按进入键调出LS-14型轮毂探伤工艺。

⑦ 按退出键进入测试状态。

⑧ 选择频率为2.5 MHz、直径为12 mm的纵波探头。

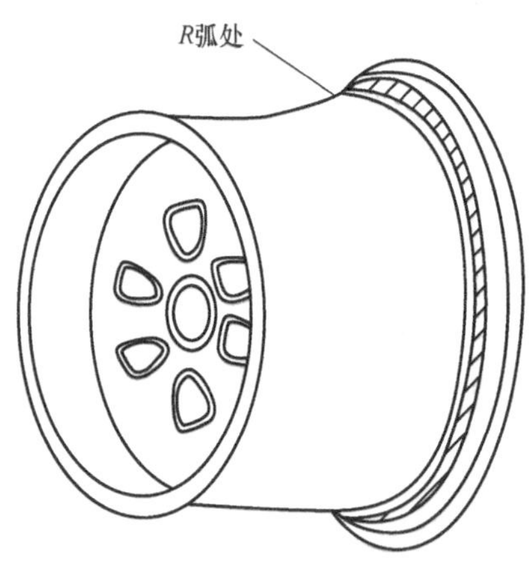

图7-12 LS-14型轮毂

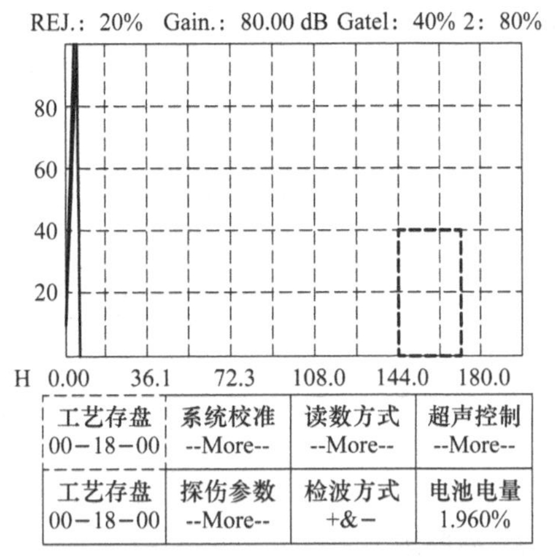

图7-13 探伤功能菜单

(2) 探伤灵敏度标定

① 将探头放在轮毂探侧面上，如图 7－14 所示，用耦合剂耦合良好。

② 在增益调整状态下，按上方向键或下方向键，使底波高度达到显示满刻度的 50%，如图 7－14 所示。

(3) 扫　查

① 将探头放在轮毂探侧面上，即轮毂小固定轮缘端部，用耦合剂耦合良好。

② 使探头沿轮毂探测面移动扫查一周，如图 7－15 所示。

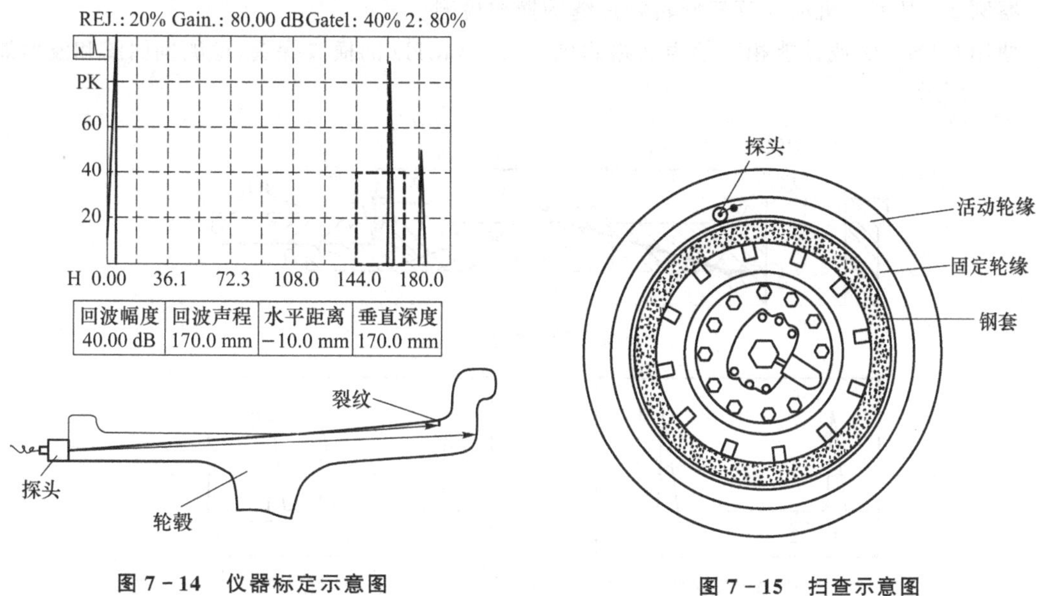

图 7－14　仪器标定示意图

图 7－15　扫查示意图

(4) 扫查要求

① 扫查过程中探头应尽量靠近探测面内边沿，以免出现杂波，影响判别，如图 7－15 所示。

② 探头与耦合面始终耦合良好，在无裂纹处应始终保持底波高度不变。

③ 扫查速度以 5 mm/s 左右为宜。

(5) 波型识别

① 在扫查过程中，如在仪器显示屏前闸门范围内出现反射波，波高超出闸门框，应判为裂纹波。

② 在扫查过程中，探头扫查到充气嘴对应的位置时，在显示屏时基线约“104”和“158”位置会出现反射回波，这是充气嘴处特殊结构引起的反射波。但在这两处也是裂纹易发部位，因此，如探头左右移开 5 mm，波高不降低可判断为裂纹波。

③ 在扫查过程中，探头扫查到配重块螺钉孔对应的位置时，在显示屏时基线约“153”位置会出现螺钉孔反射回波。但在该处也是裂纹易发部位，因此，如探头左右移开 5 mm，波高不降低可判断为裂纹波。

(6) 检查结果处理与记录

① 把判断为有裂纹的轮毂由机组人员卸下机轮，把轮胎和轮毂分解后用涡流探伤法复查。

② 详细填写探伤卡片，并将检查判定结果记入起落架(或轮毂)履历本。

(7) 注意事项

① 如杂波太高,可适当调整抑制。

② 每检查一个轮毂后,应重新校验灵敏度。

③ 使用外接电源时,应注意安全。

2. 横波检测

在超声波检测中,横波检测方法是使用得比较多的。现将某型飞机的几个主要零件的横波检测方法作一介绍。

案例 2 某型飞机前起落架旋转臂焊缝的横波检测。

使用 CTS-22 或性能相同超声波检测仪 53°、2.5 MHz 的横波探头,检测剖面图和波形如图 7-16 所示。

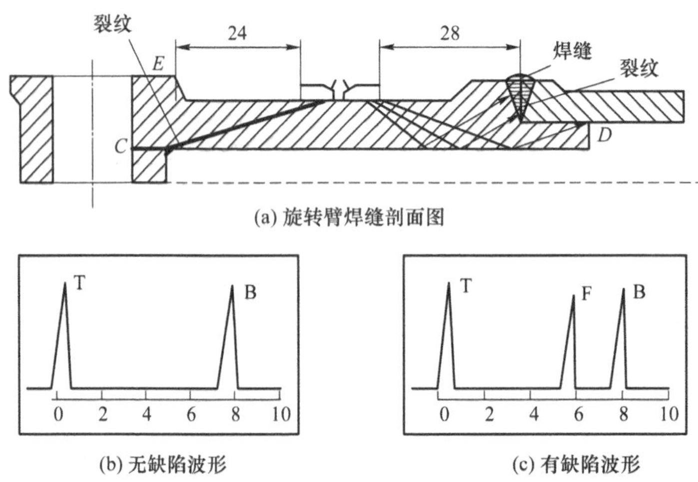

(a) 旋转臂焊缝剖面图

(b) 无缺陷波形

(c) 有缺陷波形

图 7-16 某型飞机前起落架旋转臂焊缝的横波检测

3. 表面波检测

案例 3 某型飞机主起落架活塞杆焊缝的表面波检测。

使用 CTS-22 型或性能相同的超声波检测仪,用 62°、2.5 MHz 的表面波探头,检测波形图和探头的摆放位置分别如图 7-17 和图 7-18 所示。

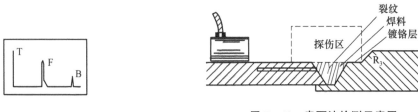

图 7-17 波形图

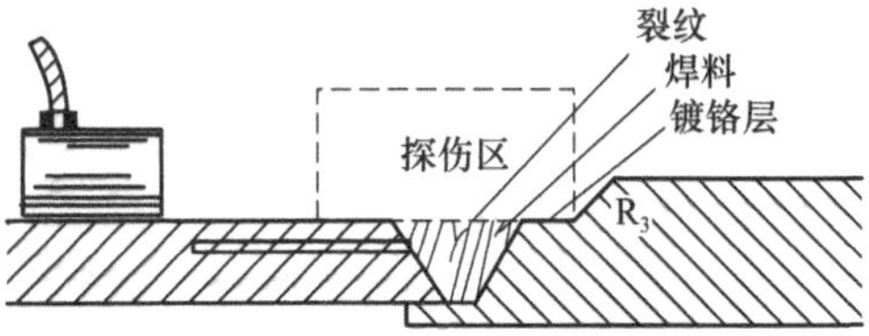

图 7-18 表面波检测示意图

(1) 调整仪器

探头选择至“单”,“抑制”旋钮转到中位。

(2) 调整探测深度

将“深度”粗调旋钮拨至 50 mm 挡。探头与试块耦合良好,令入射点距 R_3 处约为 60 mm。调整深度“微调”旋钮,使 R 的回波出现在水平刻度“5”处,此处,刻度“6”以前为监视区,荧光屏扫描线与超声波传播距离之比为 1∶1。

(3) 调整探测灵敏度

将探头放在试件上，距深 0.5 mm 的刻度线为 40 mm，调"增益"旋钮(同时与"抑制"和"衰减"相配合)，使刻线回波达到饱和。

探测时，在活塞杆上与外筒边交接处的一周涂上耦合剂，探头垂直指向焊缝区，背靠外筒边，使其耦合良好，压力适当，均匀地绕活塞杆移动探头，一边移动一边做轻微摆动，同时，注意观察荧光屏上的监视区(底波是 R 的回波信号)。若探测区有表面缺陷，将在荧光屏监视区内有缺陷回波信号。探头移动一周后，该件检查完毕。

发现回波信号时，应将检测区的耦合剂擦干净，排除污物造成的假信号。若确定为缺陷波，用手指触摸法定出缺陷位置，并分析回波信号特点，判断是否为裂纹(裂纹回波信号强烈，波峰单一)。若不能定性，可用涡流检测法复查有无表面波裂纹。

4. 板波检测

案例 4　某型飞机主液压油泵出口导管的板波检测。

使用 CTS－22 型或性能相同的超声波检测仪，用 48°、2.5 MHz 的兰姆波探头，探头摆放位置如图 7－19 所示。

(1) 仪器的调整

将探头放在导管外表面上，使探头端部到螺母根部距离为 20 mm，并用 201 油脂耦合良好。

(2) 调整定位旋钮

将深度"粗调"旋钮放在 50 mm 挡，同时调整深度"微调"，使从主液压油泵出口导管的端部反射回来的底波(B)落在荧光屏刻度线"6"上(见图 7－20(a))。

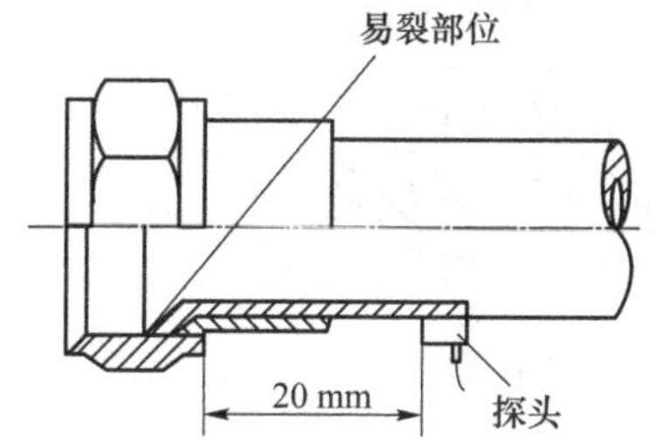

图 7－19　油泵导管的板波检测

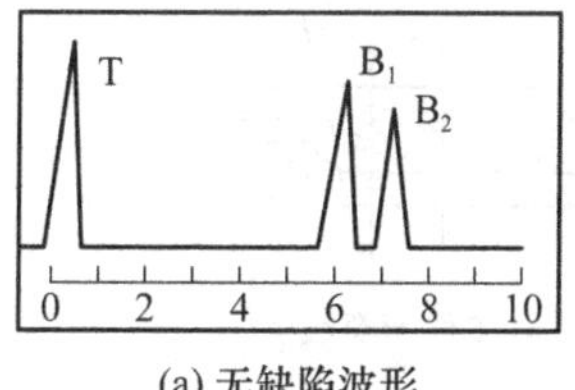

(a) 无缺陷波形

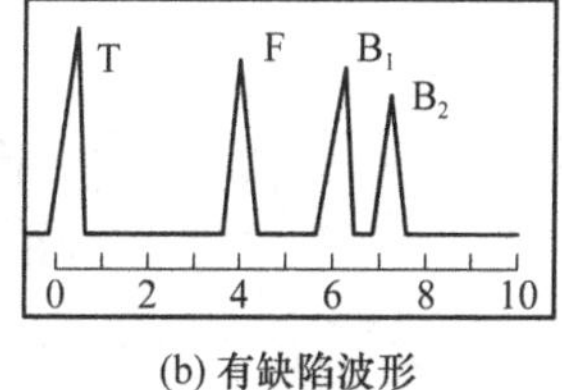

(b) 有缺陷波形

图 7－20　油泵导管的板波检测

(3) 确定探测灵敏度

将"抑制"调最大，调整"增益"旋钮，使底波(B)的高度恰好达到饱和度。探测时，始终保持探头端部与连接螺母的根部距离为 20 mm，使声束指向喇叭口处。探头缓慢地移动一周，分别对导管的进油端和出油端的喇叭口进行检查。如果在导管的喇叭口处存在裂纹，那么，在荧光屏上的始波(T)与底波(B)之间会出现裂纹缺陷波(F)(见图 7－20(b))。

7.3　涡流检测法

7.3.1　概　述

涡流检测是以电磁感应为基础的无损检测技术，只适用于导电材料，因此，主要应用于金属材料和少数非金属材料(如石墨、碳纤维复合材料等)的无损检测。

该技术从1897年休斯(Hughes)利用感生电流的方法对不同金属和合金进行的判断实验,揭示了应用涡流对导电材料进行检测的可能性,到1950年福斯特(Forster)研制出了以阻抗分析法来补偿干扰因素的仪器,推动了全世界涡流检测技术和设备的发展。特别是20世纪70年代以来,随着电子技术,尤其是计算机技术和信息理论的飞速发展,给无损检测技术带来无限生机,涡流检测技术以较快的发展速度成为当今无损检测技术中的一个重要组成部分。

我国从20世纪60年代开始进行涡流检测的研究工作,并先后研制成功了一系列检测系统。从初期的YY-11型管材探伤仪,到后来相继研制成功的YY-17、YS-1、WTS-100、TC-1000、TC-2000、ED-251、T-5、NE-30和现在用途极为广泛的EEC-96数字涡流检测设备。这些设备在我国的航空航天、冶金、机械、电力、化工和核能等领域正在发挥着愈来愈重要的作用。

7.3.2 涡流检测原理

涡流检测是涡流效应的一项重要应用。如图7-21所示,当载有交变电流的检测线圈靠近导电试件时,由于线圈磁场的作用,试件会感生出涡流。涡流的大小、相位及流动性受到试件导电性能等的影响,而涡流的反作用又使检测线圈的阻抗发生变化。因此,通过测定检测线圈阻抗的变化(或线圈上感应电压的变化),就可以得到被检材料有无缺陷的结论。

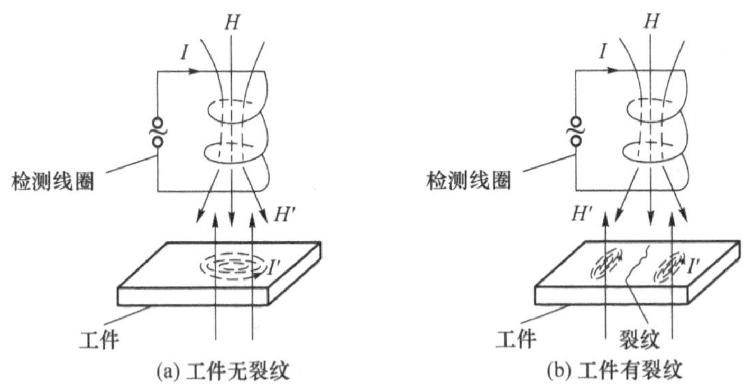

图7-21 涡流检测原理图

因为线圈交变电流(又称一次电流)激励的磁场是交变的,所以涡流也是交变的。同样,这个交变的涡流会在周围空间形成交变磁场并在线圈中感应电动势。这样,线圈中的磁场就是一次电流和涡流共同感生的合成磁场。假定一次电流的振幅不变,线圈和金属工件之间的距离也保持不变,那么涡流和涡流磁场的强度和分布就由金属工件的材料所决定。也就是说,合成磁场中包含了金属工件的电导率、磁导率、裂纹缺陷等信息。因此,只要从线圈中检测出有关信息,例如从电导率的差别就能得到纯金属的杂质含量、时效铝合金的热处理状态等信息,这是利用涡流方法检测金属或合金材质的基本原理。

7.3.3 涡流检测的特点

涡流检测与射线、超声、磁粉、渗透一起构成无损检测的五种常规方法,与其他无损检测方法相比,涡流检测有以下特点。

涡流检测的优点有:

① 不需要耦合剂，与试件既可接触也可不接触；

② 对管、棒、线材易于实现自动化；

③ 能在高温、高速下进行检测；

④ 能进行多种测量，并能对疲劳裂纹监控；

⑤ 工艺简单、操作容易、检测速度快。

涡流检测的缺点有：

① 只适合导电材料表面和近表面的检测；

② 难以判断缺陷的种类、形状和大小；

③ 干扰因素较多，需要特殊的信号处理技术；

④ 对几何形状复杂的零件进行全面检查时，检查效率低。

由于涡流检测技术具有设备简单操作方便、速度快、成本低、易于实现自动化，以及能在装配状态下对机械装置进行检测等优点，因此在机械、航空等许多工业部门中得到了十分广泛的应用。根据检测因素的不同，涡流检测技术可检测的项目分为探伤、材质试验和尺寸检查三大类，表 7-1 列举了这三类的一些典型应用。

表 7-1　涡流检测技术可检测的项目

目　的	检测因素	典型应用
探伤	金属试件材料的不连续性	① 管、棒线、板材等的探伤； ② 机制件的探伤； ③ 飞机维护及管道系统的维护检查； ④ 疲劳裂纹的监视
材质试验	电导率 σ，磁导率 μ	① 测量金属试件的电磁参数； ② 金属热处理状态的鉴别； ③ 金属材料的分选； ④ 金属材料成分含量、杂质含量的鉴别
厚度及位移等的测量	提离效应、厚度效应、充填效应	① 金属试件上涂、镀等膜厚测量； ② 板材测厚； ③ 位移、振动测量； ④ 液面位置、压力等的监控； ⑤ 试件尺寸、形位测量等

涡流检测技术的主要应用有以下几个方面：

① 能检测出材料和构件中的缺陷，例如裂纹、折叠、气孔和夹杂等。

② 能测量材料的电导率、磁导率，检测晶粒度、热处理状况、材料的硬度和尺寸等。

③ 金属材料或零件的混料分选。通过检查其成分、组织和物理性能的差异而达到分选的目的。

④ 测量金属材料上的非金属涂层、铁磁性材料上的非铁磁性材料涂层和镀层的厚度等。

⑤ 在无法进行直接测量的情况下，可用来测量金属箔、板材和管材的厚度，测量管材和棒材的直径等。

7.3.4　涡流检测在航空维修中的应用

近代制造飞机、航空发动机所用的材料，基本上仍以铝镁合金、钛合金、高强度结构钢、不锈钢、耐热合金为主。用这些材料制成的各种航空零件,多数是在高应力、高温、高压、高速等恶劣环境下工作,在飞行运转中是否可靠,直接关系到飞行安全问题。航空维修的主要目的,就在于提前发现飞机在飞行中可能发生的故障隐患。而上述航空零件在飞行中所产生的疲劳裂纹,正是这种隐患的重要方面。

据统计,在飞机、航空发动机上的各种金属零件,在使用中所产生裂纹90%以上是在零件的表面。用涡流探伤法探测这些表面裂纹,不仅可靠性高,而且在探测时无须清除零件表面的油脂、积炭和保护层,多数可在不分解飞机的前提下,到外场对飞机进行原位探伤。所以,涡流探伤法在航空维修中应用得很广泛。现将几种典型的应用实例介绍如下。

案例 1 某型发动机二级涡轮叶片叶背第一榫槽内裂纹的涡流探伤。

某型发动机二级涡轮叶片叶背第一榫槽内在使用中容易产生裂纹,且已发生过折断事故,因此,必须进行探伤检查。据国内外有关文献介绍,涡流探伤法是检查涡轮叶片榫槽内裂纹的最可靠的探伤方法。

(1) 所需设备

① 仪器:WT-5型涡流探伤仪(或同类型仪器)。

② 探头:专用解刀形探头。

③ 参考试块:榫槽内有自然裂纹的某型发动机二级涡轮叶片。

(2) 准备工作

把二级涡轮叶片从发动上分解下来,用汽油清洗干净,并用压缩空气吹干。

(3) 仪器的标定

① 把专用解刀形探头接到仪器上,并按照仪器说明书接通电源。

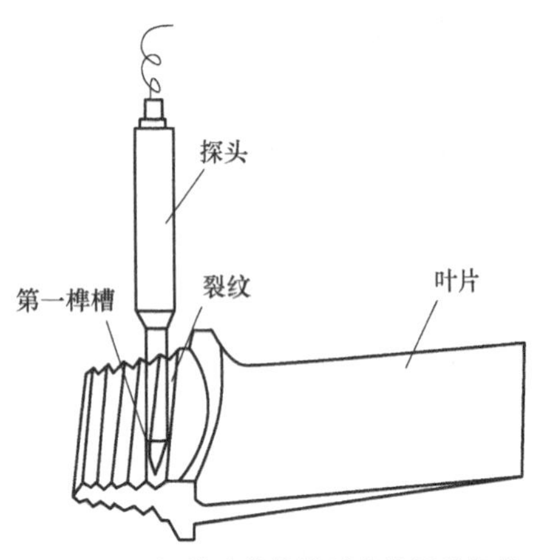

图 7-22 涡轮叶片榫槽裂纹的涡流探伤

② 将音响开关拨至“开”位置,把探头置于涡轮叶片的榫槽内无裂纹处,如图7-22所示。旋转“调零”旋钮,使电表指针指示到“40”,并使之保持稳定。调整门限旋钮,使警告灯和喇叭开始工作。

③ 把探头移到榫槽内有自然裂纹处(参考件),调整“灵敏度”旋钮,使电表示值在40 μA为宜,当探头离开裂纹处时,电表示值又恢复到零位。

④ 把探头放在榫槽内且探头的中心距榫槽边缘为6 mm处,校正电表“零位”旋钮,使之在无裂纹处指示为“0”,而在有裂纹处则有明显的指示。

(4) 探伤工艺程序

① 将探头的感应点放在被检叶片的第一榫槽内,并使探头从槽的一端匀速地移动到另一端,在移动中注意探头轴线与被检表面保持垂直,对探头的压力要均匀,用力不宜过大,只要轻轻接触即可。

② 当探头移到槽的端头边缘时,电表指针的偏转或发生的报警现象,是边缘效应引起的干扰信号,而不是裂纹信号。由于探头移动方向与裂纹的长度是一致的,所以电表指针不会突然恢复到零,而是裂纹越长电表指示所持续的时间越长。反之,裂纹越短则电表指示持续的时

间就越短。

③ 用涡流法检查出来的有裂纹的叶片，应再采用渗透法验证。

(5) 注意事项

① 如多台发动机同时检查，应注意叶片不可串台。

② 探伤时要特别小心，防止叶片掉在地上。

③ 要定期校正仪器。每 5 min 用标准件校正一次仪器，校正时如发现其工作状态不佳或不正常，则该周期检查的叶片必须重新探测一次。

案例 2　某型飞机轮毂大固定轮缘裂纹的涡流探伤。

某型飞机主起落架轮毂大固定轮缘，在使用中易产生裂纹，并发生过折断事故，因此，必须进行探伤检查。在探伤中除了用超声纵波或表面波之外，也可以采用涡流法进行探伤检查。

(1) 设　备

① 仪器：SMART－97 多频涡流探伤仪。

② 探头：绿色弯角绝对探头。

③ 参考试块：用轮毂大固定轮缘有自然裂纹的部分。

(2) 探伤部位

轮毂大固定轮缘(主轮外侧)R 弧处，如图 7－23 所示。

(3) 仪器的调整

① 接通电源，打开开关，仪器自检完毕后显示飞机探伤机型选择菜单。

② 按“上”键或“下”键移动反白光标至“××飞机”检测工艺，按“确认”键进入工艺参数选择菜单。

③ 按“上”键或“下”键移动反白光标至“主起落架轮毂”，按“确认”键进入检测状态。

④ 接上绿色弯角绝对探头。

⑤ 将探头放在轮毂试块探测面上，如图 7－24 所示。

⑥ 调整增益，当使探头移动到轮毂试块上的人工裂纹处时，涡流信号应进入报警框。

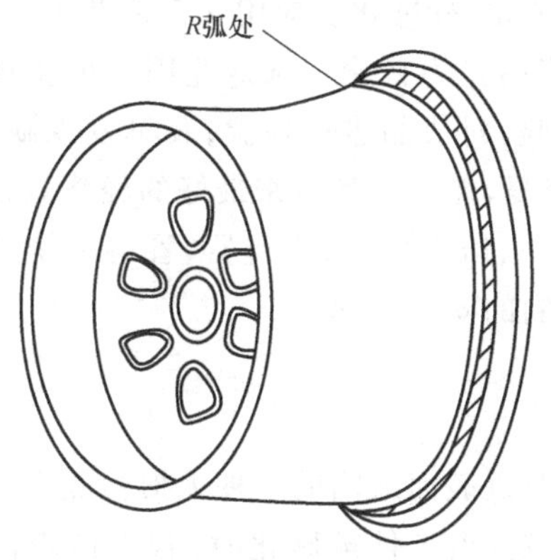

图 7－23　某型飞机主起落架轮毂示意图

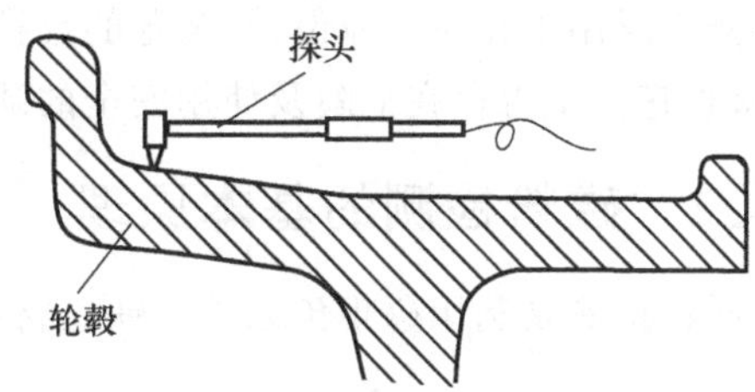

图 7－24　仪器调整示意图

(4) 检　测

① 将探头放在被检轮毂探测面上，进行“清屏”和“平衡”操作。

② 使探头沿轮毂探测面移动扫查一周。

(5) 扫查要求

① 探头应尽量与被检表面保持垂直。

② 探头扫查速度一般保持在 20 mm/s 左右,行距 6 mm 左右。

③ 随时观察屏幕,注意突变信号。

(6) 缺陷判别

在扫查中,如有信号进入报警框,并且该信号重复性良好,则可判别为缺陷信号。并进一步扫查以具体确定缺陷在工件中的部位和范围。

(7) 检查结果处理与记录

详细填写探伤卡片,并在示图上明确标出部位、大小和件号。

(8) 注意事项

① 扫查过程中,注意涡流信号的微小改变。

② 使用外接电源时,应注意安全。

③ 假如对裂纹还有怀疑,可用其他探伤方法进行验证。

7.4 磁粉检测法

7.4.1 概　述

关于磁粉检测方法的设想是美国人霍克于 1922 年提出的。他在磨削钢制工件时,发现被磨削下来的铁末经常在工件(磁性夹具夹持)上形成一定的花样,花样总是与工件上的表面裂纹形状一致。于是,他提出了利用这一现象检验工件表面裂纹的构想。早期的开发和应用是艰难的,直到 20 世纪 30 年代初才获得真正成功的应用,瓦茨采用磁粉检验方法对钢管焊缝质量进行了检验。成功的应用给磁粉检测带来了快速发展的机遇,自那以后的几十年里,磁粉检测得到了广泛的研究,各种磁化检验方法得到了开拓发展;品种繁多的检测设备、材料被研制出来,并不断更新、进步;检测技术逐步完善,实现了规范化、标准化。应用几乎遍及工业领域,机械、航空、航天、化工、石油、造船、冶金、铁路等行业使用尤为普遍。制造业用它可实现质量控制,对原材料进行检验,对易产生缺陷的工件进行检验,对成品进行检验;及早发现缺陷,及早剔除那些不合格的原材料、工件或及早对它们进行修复,能给产品带来最好的经济效益。磁粉检测广泛用于在役工业设施、装备的维护检查,如锅炉、压力容器、飞行器、管道系统及桥梁等,检查它们是否存在危险及使用安全的缺陷,评价它们的安全状况。

7.4.2 磁粉检测的基本原理

磁粉检测是利用磁现象来检测铁磁材料工件表面及近表面缺陷的一种无损检测方法。其基本原理是,当工件被磁化时,若工件表面及近表面存在裂纹等缺陷,就会在缺陷部位形成泄漏磁场(也称漏磁场),泄漏磁场将吸附、聚集检测过程中施加的磁粉,形成磁痕,从而提供缺陷显示,如图 7-25 所示。

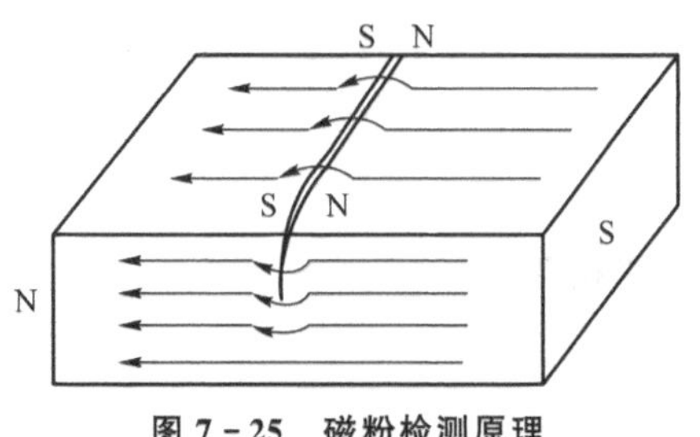

图 7-25　磁粉检测原理

7.4.3 磁粉检测的特点

磁粉检测作为一项较为成熟的无损检测技术，与其他无损检测方法一样，由其方法原理所决定，具有它自身的特点，其中包含着优点和局限性两个方面。

磁粉检测的优点有：

① 显示直观。由于磁粉直接附着在缺陷位置上形成磁痕，能直观地显示缺陷的形状、位置、大小，可大致判断缺陷的性质。

② 检测灵敏度高。磁粉在缺陷上聚集形成的磁痕具有"放大"作用，可检测的最小缺陷宽度可达 0.1 μm，能发现深度只有 10 μm 左右的微裂纹。

③ 适应性好。几乎不受工件大小和几何形状的限制，综合采用多种磁化方法，能检测工件的各个部位；采用不同的检测设备，能适应各种场合的现场作业。

④ 效率高、成本低。磁粉检测设备简单，操作方便，检测速度快，费用低廉。

磁粉检测的局限性有：

① 只能适用于检测铁磁性金属材料（如碳钢、合金结构钢、电工钢等），不适用于非铁磁性金属材料的检测（如铜、铝、镁、钛和奥氏体不锈钢等）。

② 只能用于检测工件表面和近表面缺陷，不能检测出埋藏较深的内部缺陷，可探测的内部缺陷埋藏深度一般在 1～2 mm 范围内，对于很大的缺陷，检测深度可达 10 mm。

③ 难以定量缺陷的深度。

④ 通常都用目视法检查缺陷，磁痕的判断和解释需要有一定的技术经验和素质。

7.4.4 磁粉检测在航空维修中的应用

1. 概　况

磁粉检测法，是发现铁磁性材料制成的飞机、发动机零件表面和近表面缺陷的重要方法之一。在飞机使用维修中，经常采用磁粉检测，来检查可拆卸的零件以及在飞机上可达性好、便于安放磁化装置和浇注磁悬液，并且可以直接观察的零件。

该方法探伤灵敏度高，可靠性好，使用简便，通用性强，根据检验结果可以准确地确定缺陷的部位和大小，可以拍摄出缺陷图像的照片。缺点是必须去除厚度超过 0.03 mm 的保护层，磁粉微粒有可能掉进轴承、精密的结合部位。某些几何形状复杂的零件退磁很困难。

磁粉检测方法在航空维修中不仅应用的历史最早，而且推广应用的范围也最广。在当前，无论是在外场维修中，还是在各大飞机修理厂中，对于钢磁材料零件表面缺陷的探伤检查，一般采用磁粉检验法。所以，磁粉检验法在航空维修无损检测中仍占有重要的地位。

2. 航空维修中磁粉检测的特点

在航空维修中的磁粉检验，是对飞机、发动机上一些已经使用过一段时间的铁磁性材料零件进行检测。正是由于这个原因，往往不能采用零件制造时所采用的检测方法。因此，航空维修中的磁粉检验具有以下特点。

(1) 被检零件表面有覆盖层

由于被检零件都是一些使用过的零件，在它们的表面上有油漆层、硅酸盐层、瓷漆层和其他涂层，有氧化层、各种沉积物（积炭、杂质、污垢）、机械损伤和腐蚀伤等。在磁粉检测前，必须做一些充分的准备工作，其工作量有时是很大的，包括部分拆卸和清除保护层和脏物等。

应该特别注意的是，当零件表面上的非磁性覆盖层超过 30 μm 时，随着厚度的继续增加，磁粉检验的灵敏度会显著降低,这是由于缺陷上面的漏磁场强度,在远离零件表面时迅速减小。在距离100 μm处,作用在磁粉微粒上的吸引力变得十分微弱,以致磁粉微粒吸不到缺陷上去。因此,如果漆层厚度超过30 μm,则在磁粉检验前,必须去掉被检表面上的漆层。

(2) 被发现的缺陷主要是裂纹

由于磁粉检验的主要目的是发现零部件在使用过程中产生的裂纹,而裂纹产生的部位又是在应力集中的关键位置上,也就是说裂纹的部位是有规律的,所以,在航空维修中的磁粉检验,一般都不是对零件进行百分之百的检验,而是对零件上关键的易裂部位进行局部检验。这就要求检验人员在磁粉检验之前,一定要充分了解被检零件的故障规律,裂纹的位置和方向等,才能选择合适的充磁方法,得到可靠的检验结果。

(3) 被检零件有时位于不可拆卸的位置

由于在航空维修中零件多位于不可拆卸的结构部件上,有时磁粉检验的可达性较差,对被检部位磁化很困难。这不仅要求具有体积小,质量轻,适合航空维修使用的磁粉探伤仪,而且还要求检验人员除了有一定的理论知识外,必须熟练掌握多种磁化方法,以便对零件进行有效的磁化。

(4) 对探伤灵敏度的要求不尽相同

由于被检零件的材料,受力状态、工作环境各不相同,因此,对磁粉探伤灵敏度的要求也不一样。有的零件,如刹车盘、支臂、摇臂等低应力区上的微小裂纹对使用并无较大影响,探伤灵敏度可以低一些。而有的零部件,如机翼大梁、起落架主支柱、发动机一级压缩气叶片等,不允许有任何微裂纹存在,因而要求很高的灵敏度。所以,在航空维修磁粉检验中,对磁化电流大小的选择,往往根据具体情况而定,有的为25D,有的为35D,甚至有的需采用45D,以保证检验结果的可靠性。

(5) 被检零件的几何形状很复杂

由于被检零件的几何形状和结构较复杂,往往给零件的退磁带来很大的困难。

3. 应用举例

案例1 某型飞机主起落架气瓶管嘴处的磁粉探伤。

1) 材料:80CrMnSiNiA。

2) 探伤位置:主起落架外筒气瓶管嘴处内壁(M12×1.5螺纹)孔角。

3) 所需仪器设备:TC-500型手提式磁粉探伤仪或同类仪器一台;$\phi 6$左右的孔探仪一台;专用磁锥一个;专用钢丝刷一把;马蹄照工作灯一个;放大镜(5倍或10倍)一个。

4) 准备工作如下:

① 由机组人员松开该处的两个固定电缆卡箍,分解下管嘴接头。用M12×1.5钢丝锥(对于未经过扩孔处理的部件适用)将螺纹刮干净,露出金属光泽。特别是最里边的第一扣螺纹,一定要处理干净。

② 用专用钢丝刷将螺孔对面(见图7-26中的A处)锈蚀的漆层除去,以利电流通过。

③ 接好手提式磁粉探伤仪电源。卸下一根电缆上的探头,接上专用钢磁锥,插入螺孔内,顶着内壁A处,另一探头顶着B处。

5) 探伤方法及步骤如下:

① 通电磁化管嘴处内壁。打开仪器开关,绿色信号灯亮。踩下脚踏开关,红色信号灯亮,此时有500 A磁化电流通过磁锥。通电2~3次,每次1~2 s。若有裂纹,由磁化电流激励出的磁力线和裂纹相垂直,在越过裂纹时发生畸变,产生漏磁场。磁化完毕后,一般应具有足够

的剩磁。

② 拔出磁锥，将螺纹用镊子绕上白布带擦干净，浇 2～3 滴的磁悬液，至螺纹全部湿润为止。此时，磁粉开始聚集到裂纹的漏磁场上，裂纹被显示出来。

③ 用磁悬液时，经过 10 min；用水磁悬液时，过 1～2 min，即可用孔探仪观察有无裂纹。也可用马蹄照工作灯与放大镜（5 倍或 10 倍）进行齿面外侧的观察。无论用孔探仪还是放大镜，都要调整好物距和观察位置，以达到视场十分清晰为准。靠翼尖的一侧及靠机身的一侧，都是重点裂纹区，若发现有清晰而鲜明的磁粉条纹，并有尖锐的尾巴，就是裂纹。

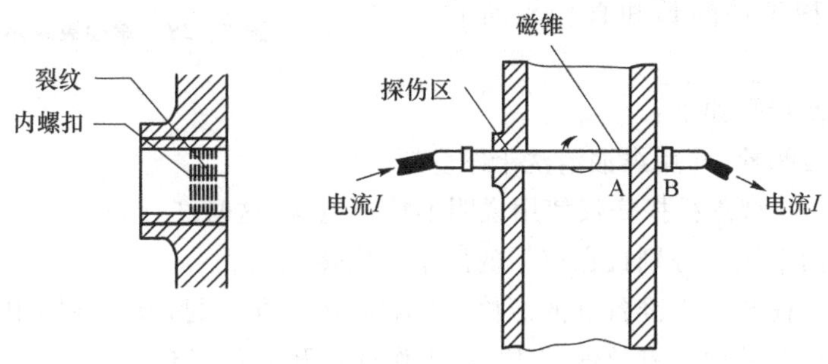

图 7-26 主起落架管嘴处内螺扣处裂纹磁粉探伤示意图

6）注意事项如下：

① 检查完毕，将孔内擦拭干净。由机组人员换密封垫，涂封口胶。局部除漆处进行补漆，将该处恢复良好。

② 填写好履历本。若发现裂纹，则履历本上应注明裂纹的位置和长度。

案例 2 某型飞机前起落架轮轴根部的磁粉检测。

1）材料：30GrMnSiNiA。

2）探伤位置：前起落架轮轴根部。

3）所需仪器设备如下：

① 手枪式 CTQ-1 型磁粉探伤仪（或同类型仪器）；

② 磁悬液一瓶；

③ 放大镜（5 倍或 10 倍）一个。

4）探测方法和步骤如下：

① 用煤油将轮轴根部清洗干净。

② 按 CTQ-1 型仪器的使用说明接好电源。

③ 把探伤仪两个卡头分别放在裂纹两侧，让磁力线垂直穿过裂纹（见图 7-27）。

④ 按压手柄上的开关，以接通电源，对检查部位进行充磁。

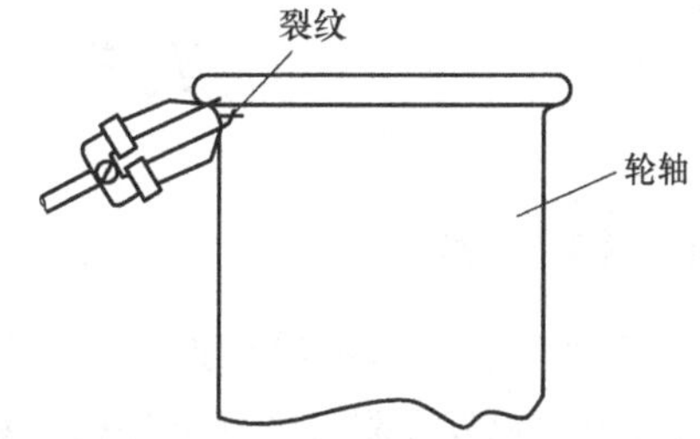

图 7-27 轮轴根部裂纹磁粉探伤示意图

⑤ 工件充磁的同时，在卡头中间浇注磁悬液。

⑥ 裂纹判别：浇注磁悬液后，仔细观察被检查部位（必要时可用放大镜）。如有线状磁粉聚集，形成峰状，并有尖锐的尾巴者，则为裂纹。

⑦ 对工件进行退磁：将探伤仪手柄的开关按下，使仪器在检查部位由近至远地拿开多次，方可将剩磁退掉。

案例3 某型飞机前起落架收放作动筒连接螺栓的磁粉探伤。

1) 材料:GC-4。

2) 探伤位置:螺栓根部和 R 处(见图7-28)。

3) 所需仪器设备:

① CY-1000型磁粉探伤仪;

② ϕ150线圈(3匝);

③ 放大镜(5倍或10倍)一个;

④ 一个与被探工件的长和直径相同的螺栓或钢棒。

图7-28 螺栓裂纹示意图

4) 探伤方法及步骤如下:

① 分解下连接螺栓,并用煤油清洗干净。

② 按CY-1000型磁粉探伤仪使用说明书接通电源,这时红灯亮。

③ 将线圈的两个接头分别接在仪器的两个输出接头上。

④ 把被探的螺栓与事先准备好的螺栓(或钢棒)串接在一起,放入线圈中。

⑤ 将测量选择开关拨到有效值 X 位置,工作选择开关转到充磁位置。

⑥ 调整"电流调节"旋钮,把导通角 ϕ4预调到"8"位置。

⑦ 按下控制按钮中绿色指示灯下的按钮,这时绿灯亮红灯灭。

⑧ 按下充磁开关(或脚踏开关),调整"电流调节"旋钮,使电流有效值达800 A。

⑨ 从线圈中取出连接螺栓,在灯光下仔细观看螺栓根部和 R 处,是否有细小的线状磁粉聚集,如有磁粉聚集,则为裂纹(必要时可用放大镜)。

⑩ 按下红灯下的控制按钮(这时红灯亮,绿灯灭),再把工作选择开关放到退磁位置,把连接螺栓重新放回线圈退磁。

5) 注意事项如下:

① 如果没有现成的线圈,可用电缆线绕成3匝接到仪器的输出接头上。

② 探伤时使用连续法,即在不切断磁化磁场的状态下施加磁悬液。

③ 由于该螺栓的长度和直径之比值较小,所需电流达不到,必须把两个被探螺栓串接在一起进行充磁。

7.5 射线检测法

7.5.1 概 述

1895年11月8日,德国物理学家伦琴在暗室中做放电实验,他用黑色硬纸把放电管密封起来,无意中发现放在附近的涂有铂氰酸钠(一种荧光材料)的纸板竟发出了辉光。凭着科学家的敏感,伦琴确定激发出辉光的东西是来自放电管的一种射线。进一步的实验证明,这种射线还能穿透木材、人手和一些轻金属,并且在照相底版上照出了伦琴和他夫人手的像。伦琴把这种神秘的射线称为"X"(表示未知),X射线即由此而得名。为此伦琴获得首届诺贝尔奖。后来为了表达对伦琴的纪念,也称这种射线为伦琴射线。

对于伦琴的发现,大家奔走相告,许多实验室纷纷重复这一实验,并且向听众宣讲示范,尤其在科学界引起了浓厚的兴趣,一些人致力于探求其本质,而有更多的人寻找它的应用。3个月之后，在维也纳一所医院的外科治疗中首先应用 X 射线拍片。

1898 年，法国物理学家比埃尔·居里夫妇，在原始条件下，以极大的毅力，通过十分艰巨的化学分离和鉴定工作，从几吨重的铀矿里提取出极小量的放射性比铀强得多的新元素。居里夫人为了纪念她的祖国——波兰，把这种放射性新元素命名为钋(Po)。后来又提炼出放射性更强的新元素镭。镭的放射性很强，在暗室中就能看到被它自己的放射性激发出来的蓝白色荧光，但放射性本身都是不可见的。于是，人们把镭等放射性元素放在一个铅室中，让射线从狭小的通道射出来，进入一个抽真空的磁场区域，这样便发现放射线分成 3 种类型：一种射线向左偏转较小，表示它是带正电荷的较重的粒子流，称其为 α 射线；另一种射线向右偏转较大，表示它是带负电荷的轻离子流，被称为 β 射线；还有中间一束射线不受磁场影响，表示它是不带电荷的射线，并且与 X 射线类似，有较大的穿透能力，为与 X 射线相区别，将其命名为 γ 射线。α、β、γ 射线是原子核衰变的产物，都是从放射性元素的原子核内部放射出来的。

7.5.2　射线检测的基本原理

由于早期的 X 射线管冷阴极管，它产生的 X 射线波长很长，穿透力小，还不能用于材料探伤。1913 年，美国人库利吉发明了热阴极射线管，使 X 射线的能量有了很大提高，这才逐步应用到工业无损检测。

第二次世界大战期间，随着飞机等军事工业的发展，美国、苏联等工业先进的国家为了保证战斗机的质量，在飞机制造过程中开始应用 X 射线、γ 射线对飞机的重要零部件进行射线探伤，因而这一方法逐步成熟并趋向应用。

射线检测原理是当其穿过物质时，因被物质吸收和散射，强度会发生衰减。衰减程度与物质的性质和厚度有关，密度或厚度越大，衰减越大。若被检件有孔洞等缺陷，透过缺陷处的射线强度就大，进而使射线胶片相应处的曝光量增多，暗室处理后呈现出较黑的缺陷影像，从而达到检验零件内部质量的目的。

7.5.3　射线检测的特点

射线检测的优点有：

① 能准确、可靠、直观地显示材料内部缺陷，可对其定量、定性和定位；

② 能显示制作材料成分的明显变化；

③ 显示结果为永久性记录，以资作为凭证；

④ 可显示密封组合件的内部结构。

射线检测的缺点有：

① 较难检测与射线方向垂直的面型缺陷；

② 检测设备投资大，检测费用较高；

③ 检测过程较复杂，周期较长；

④ 需要严格的防护措施。

7.5.4　射线检测的适用性

射线检测的适用性见表 7-2。

表 7-2　射线检测的适用性

检测内容	检测对象	可检测内容
内部质量检测	铸件	裂纹、气孔、针孔、夹杂(渣)、偏析、疏松、冷隔
	焊件	裂纹、气孔、未焊透、未熔合、夹杂、咬边
	锻件	夹杂、一定方向的分层和裂纹
	复合材料	复合层的未粘合
	蜂窝结构	未熔合、脱焊、脱粘
	塑料制件	气孔、夹杂、裂纹等
	电子元件	断丝、脱焊、错位、外来物等
厚度检测	规则材料	厚度
	镀层零件	镀层厚度
零部件内部结构	机械组合件	组合零件的状态
		组合方法
	密封件	填充液的液面高度
多余物	飞机	多余的零件及装配工具

7.5.5　射线检测在航空维修中的应用

射线检验法是在航空维修中应用较早的方法之一,在航空维修无损检测中占有特殊的地位。这种检测方法可以检验任意形状、用不同材料制成的各种航空零件和附件,能发现材料的内部缺陷,可以探测一些难以拆卸或无法拆卸下来进行目视检查,或无法用其他无损检测手段进行检查的附件和装置内部零件的状况。对保证飞机、发动机的可靠性和保证飞行安全方面,起着十分重要的作用。

1. 检测飞机发动机焊缝内部的缺陷

在飞机、发动机上有许多零部件是焊接件。这些焊缝的内部可能存在气孔、夹渣、未熔合和未焊透,在使用过程中还会出现疲劳裂纹,在许多情况下都需要采用射线检测。特别是着陆装置中的一些零部件上的焊缝,需要采用射线检测法来进行探伤。

案例1　某型飞机前起落架支柱外筒的射线检测。

(1) 检测部位

飞机前起落架支柱外筒的射线检测如图7-29所示。

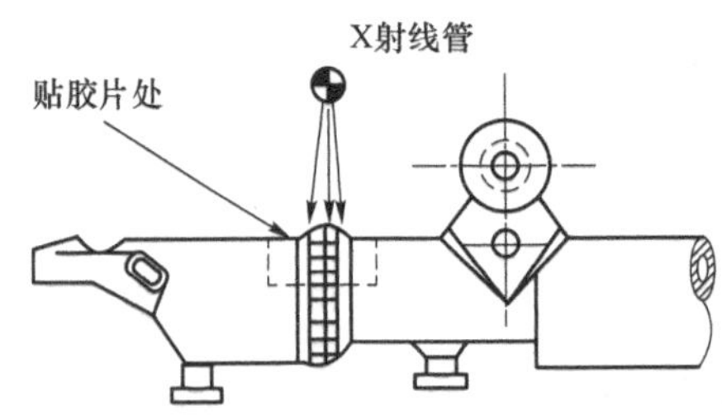

图7-29　前起落架支柱外筒的射线检测示意图

(2) 曝光条件

① 管电压为130 kV,管电流为10 mA,焦距为140 cm,时间为5 min;

② 增感屏为铅箔(0.03 mm)。

(3) 评片标准

不允许有:裂纹、未焊透、焊漏,面积大于 15 mm² 或直径大于 3.5 mm 的单个气孔和夹杂;总面积大于 25 mm² 的密集气孔和夹杂。

案例 2　某型飞机主起落架支柱外筒的射线检测。

(1) 检测部位

飞机主起落架支柱外筒的射线检测如图 7-30 所示。

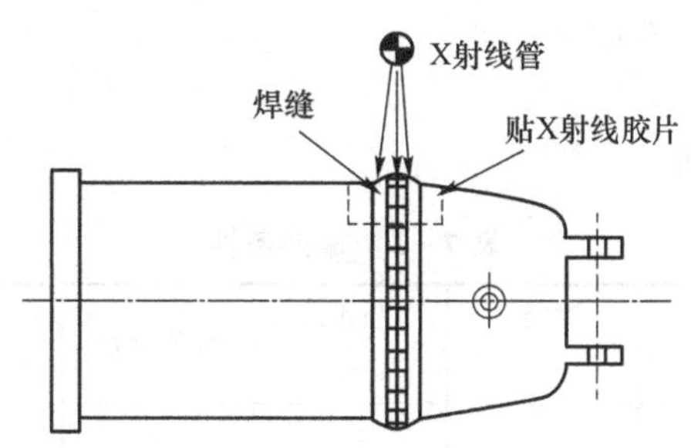

图 7-30　主起落架支柱外筒的射线检测示意图

(2) 曝光条件

① 管电压为 125 kV,管电流为 10 mA,焦距为 140 cm,时间为 5 min;

② 增感屏为铅箔(0.03 mm)。

(3) 评片标准

不允许有:裂纹、未焊透、焊漏,面积大于 15 mm² 或直径大于 3.5 mm 的单个气孔和夹杂;总面积大于 25 mm² 的密集气孔和夹杂。

2. 检验飞机蒙皮下框架桁条的裂纹与腐蚀

飞机蒙皮下框架桁条的裂纹与腐蚀的检查用其他方法难以接近,也无法目视检查。采用射线检查就比较合适。如一架"三叉戟"飞机在修理时,为了检查飞机蒙皮下框架、桁条上的裂纹与腐蚀,规定用射线检验的项目就很多。检验一架"三叉戟"飞机所需用 17 in×14 in X 射线胶片达 2 000 多张。先就对"三叉戟"飞机的机身和机翼上用射线检验的两个项目举例说明。

案例 3　机身第 35 框处的 X 射线检测。

(1) 检查部位

机身第 35 框处的 X 射线检测如图 7-31 所示。

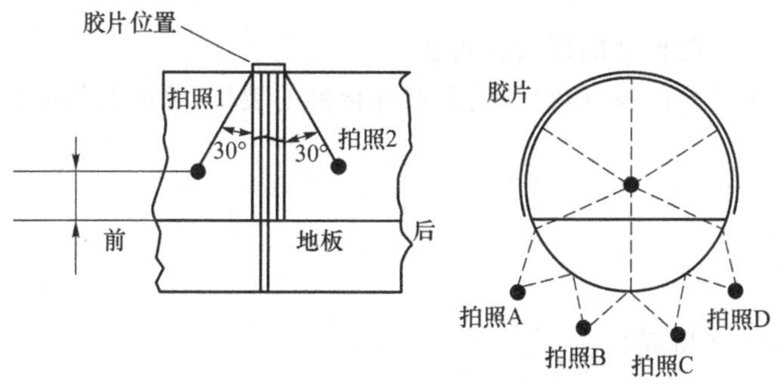

图 7-31　"三叉戟"飞机第 35 框射线检测部位

(2) 检查目的

探测裂纹和腐蚀。

(3) 拆　卸

移动所需移动的座椅,拆下35框到45框架间的货舱壁板和地板。

(4) 所需胶片

7 in×13 in的条状胶片12张;17 in×17 in的胶片32张。

(5) 所需设备

周向160 kV或普通型120 kV。

(6) 曝光条件

曝光条件如表7-3所列。

表7-3　曝光条件

	管电压/kV	管电流/mA	时间/min	焦距/in	胶片型别	尺寸/in×in	增感屏	底片号
地板上部	70	4	3	67	2	17×17	无	12
地板下部	60	4	1.5	36	2	17×23	无	12

(7) 附加说明

① 拍照地板上部的拍照1时,射线管应向飞机的后部照射(见图7-31)。

② 拍照地板上部的拍照2时,射线管应向飞机的前部照射(见图7-31)。

③ 第一拍照与第二拍照的胶片在宽度方向上要重叠1 in。

④ 在拍照地板下部时,射线管应放在机身外部(见图7-31)。每次拍照所要的胶片都必须在长度方向上重叠1 in。

(8) 评　片

① 评定底片时要特别注意区分密封介质的裂纹与框架、桁条本体裂纹的区别。切忌把密封介质的裂纹误判为框架、桁条本体上的裂纹。

② 如发现框架、桁条、蒙皮有裂纹、腐蚀等缺陷时,应做好记录,以便进行针对性修理。

案例4　飞机翼外襟翼的射线检测。

(1) 检查部位

飞机翼外襟翼的射线检测如图7-32所示。

(2) 检查目的

① 检测蒙皮及内加强框上的裂纹和腐蚀。

② 检测前缘及主翼肋凸缘、腹板和前后梁连接处的裂纹、腐蚀及其他损伤。

③ 拆卸:无。

(4) 设　备

普通型160 kV。

(5) 曝光条件

曝光条件如表7-4所列。

表 7-4　曝光条件

拍照号	管电压/kV	管电流/mA	时间/min	焦距/in	胶片型号	尺　寸	增感屏	底片号	图　例
1	65	4	2	72	爱克发	见说明	无	自编	图 7-32
2	"	"	"	"	"	"	"	"	"
3	"	"	"	"	"	"	"	"	"
4	"	"	"	"	"	"	"	"	"
5	"	"	"	"	"	"	"	"	"
6	"	"	"	"	"	"	"	"	"

(6) 附加说明

① 所需胶片的尺寸和数量：

14 张　12"×36"(现成包装)；

12 张　12"×30"(现成包装)；

2 张　12"×28"(现成包装)。

② 拍照 1 和拍照 6 时，每次拍照用 5 张 12"×36"的现成包装胶片，或用 20 张 12"×10"的胶片。

③ 拍照 2 和拍照 5 时，每次拍照用 2 张 12"×36"的现成包装胶片，或用 17 张 12"×10"的胶片。

④ 拍照 3 和拍照 4 时，每次拍照用 3 张 12"×30"的现成包装胶片，或用 14 张 12"×10"的胶片。

⑤ 图 7-32 所示为飞机的右侧，左侧相同。

⑥ 拍照时，襟翼应在全放下的位置上。

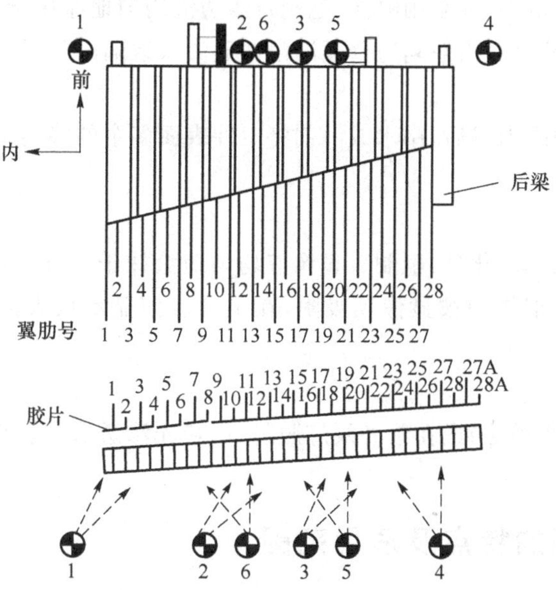

图 7-32　“三叉戟”飞机外襟翼的 X 射线检测

7.6 渗透检测

7.6.1 概 述

渗透检测习惯上又叫渗透探伤,就是把被检测的结构件表面处理干净后,使渗透液与受检件表面接触,由于毛细作用,渗透液将渗透到表面开口的细小缺陷中去.然后去除零件表面残存的渗透液,再用显像剂吸出已渗透到缺陷中去的渗透液,从而在零件表面显出损伤或缺陷的图像。渗透检测的广泛应用可以追溯到20世纪40年代,随着机械工业,尤其是航空、宇航、造船等工业的发展,铝合金、镁合金、钛合金、高温合金、玻璃钢和塑料工业等非磁性材料的应用越来越广泛,使得渗透检测在无损检测应用中的比例大大提高,应用更加广泛。

7.6.2 渗透检测的原理

渗透检测的基本原理是依据液体的某些特性为基础,其过程如图7-33所示,有以下四个步骤。

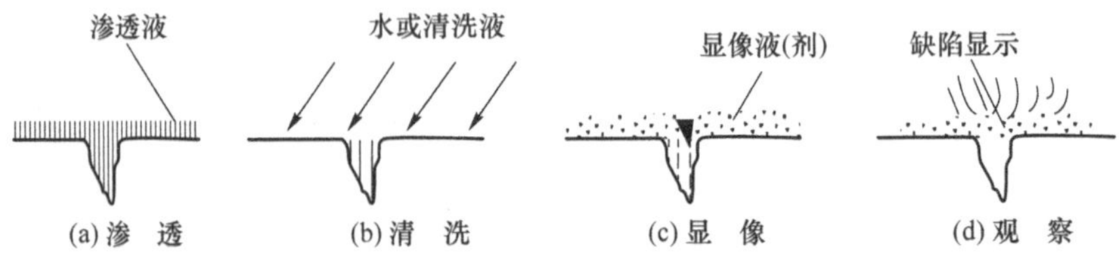

图7-33 渗透探伤过程

(1) 渗 透

将工件浸渍在渗透液中(或采用喷涂、毛刷将渗透液均匀地涂抹于工件表面),如工件表面存在开口状缺陷,渗透液就会沿缺陷边壁逐渐浸润而渗入缺陷内部,如图7-33(a)所示。

(2) 清 洗

渗透液充分渗入缺陷内以后,用水或溶剂将工件表面多余的渗透液清洗干净,如图7-33(b)所示。

(3) 显 像

将显像剂(氧化镁、二氧化硅)配制成显像液均匀地涂抹于工件表面,形成显像膜,残留在缺陷内的渗透液通过毛细作用被显像膜吸附,在工件表面显示放大的缺陷痕迹,如图7-33(c)所示。

(4) 观 察

在自然光下(着色渗透法)或在紫外线灯照射下(荧光渗透法),检验人员用目视法进行观察,如图7-33(d)所示。

7.6.3 渗透检测的特点及适用范围

1. 渗透检测的特点

液体渗透检测是一种最古老的探伤技术。它可以检查金属和非金属材料表面开口状的缺陷。与其他无损检测方法相比,具有检测原理简单、操作容易、方法灵活、适应性强的特点,可以检查各种材料，且不受工件几何形状、尺寸大小的影响，对于小零件可以采用浸液法，对大设备可采用刷涂或喷涂方法，检查任何方向的缺陷。基于这些优点，其应用极为广泛。

液体渗透检测又分为着色法和荧光法，其原理是相同的，都是基于液体的某些物理特性，只是观察缺陷的形式不同。着色法是在可见光下观察缺陷，而荧光法是在紫外线灯的照射下观察缺陷。

液体渗透检测对表面裂纹有很高的检测灵敏度。其缺陷是操作工艺流程要求严格、烦琐，不能发现非开口表面下和内部的缺陷，检验缺陷的重复性较差。

2. 渗透检测的使用范围

在工业生产中，液体渗透检测用于工艺条件试验、成品质量检验和设备检修过程中的局部检查等。它可以用来检验非多孔性的黑色和有色金属材料以及非金属材料，能显示的各种缺陷如下：

① 铸件表面的裂纹、缩孔、疏松、冷隔和气孔。

② 锻件、轧制件和冲压件表面的裂纹、分层和折叠。

③ 焊接件表面的裂纹、熔合不良、气孔等。

④ 金属材料的磨削裂纹、疲劳裂纹、应力腐蚀裂纹、热处理淬火裂纹等。

⑤ 酚醛塑料、陶瓷、玻璃等非金属材料和器件的表面裂纹等缺陷。

⑥ 各种金属、非金属容器泄漏的检查。

⑦ 在役设备检修时的局部检查。

液体渗透检测不适用于检验多孔性材料或多孔性表面缺陷，因为缺陷显示的图像难以判断。

7.6.4　渗透检测在航空维修中的应用

渗透检测法在航空维修中有着很广泛的用途。凡是用铝合金、镁合金、耐热合金制成的飞机、发动机零部件，在飞机进行大修或中修时，一般都采用渗透法来检测其表面损伤。但因大修或中修时，一般都是在工厂的厂房内进行，所以一般采用荧光检测法。

在外场条件下，多用着色法来检测飞机、发动机上那些不能拆卸下来的零件，以及安装在飞机、发动机上容易接近的部位而又无保护层的构件。在不可能或不适合采用超声波或涡流检测法的情况下，可用着色法检测耐热合金、有色金属、非磁性合金制成的零件。

在个别情况下，为了验证超声波和涡流的检测结果，有时也采用着色法检测铁磁性材料制成的构件，以便让肉眼能看到缺陷及损伤。

利用渗透检测法可检测飞机增压导管焊缝、减速板固定支座、水平尾翼大摇臂及空速管焊接处等。图 7－34 所示为水平尾翼大摇臂的检测工艺图。

铸造叶片的荧光检验如图 7－35 所示。

1. 铸造叶片的检验程序

1）将叶片浸入汽油或煤油中清洗，以去除叶片上的油污、灰尘和金属污物等，并彻底进行干燥。

2）将叶片完全浸入水洗型荧光渗透剂中，所有的受检表面应被渗透剂浸湿和覆盖，渗透剂和环境温度要保持在 15～40 ℃，停留时间至少 15 min。

3）从渗透剂中取出叶片，使多余的荧光渗透剂滴落回槽中或盘中，为防止渗透剂的积聚和使之容易滴落，可变换和倾斜叶片的方向。滴落时间不得超过 2 h。

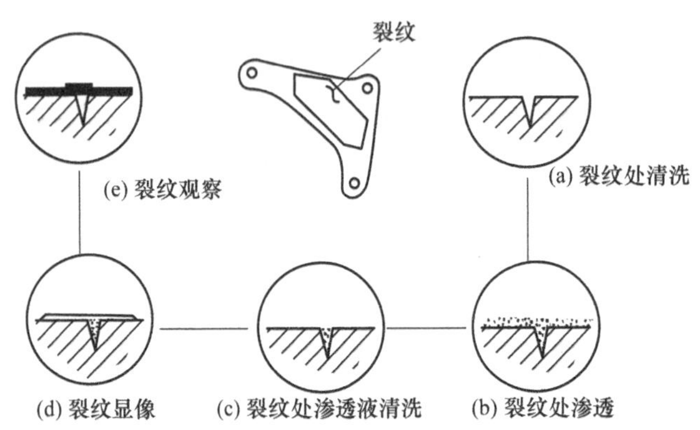

图 7-34　水平尾翼大摇臂着色检测工艺图

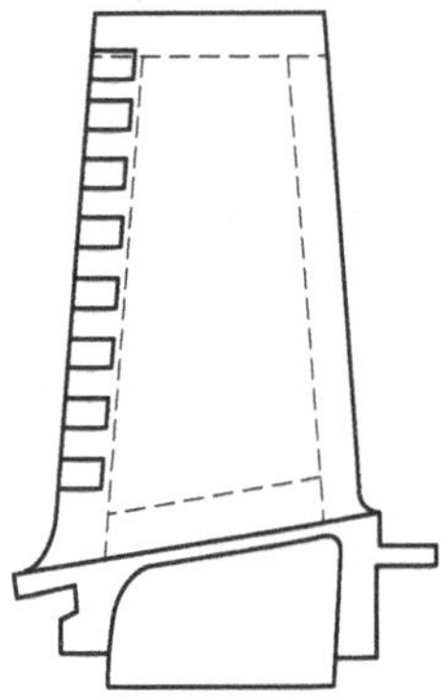

图 7-35　铸造叶片的荧光检验

4）采用手工喷洗的方法清洗叶片上多余的渗透剂。

① 采用低压喷洗，喷水压力为 0.2 MPa，水温为 10～20 ℃，喷嘴与零件之间的距离约为 40 cm。

② 在黑光灯下检查叶片的清洗情况，在保证不发生过洗的情况下，叶片应被彻底清洗，若发现清洗不足，还有一些荧光痕迹，则应进一步清洗。

③ 清洗后应排除叶片上集聚的水分，用抹布擦或用经过滤的压缩空气吹去多余的水。

5）叶片应放到热空气循环烘箱中干燥或在室温下自然干燥，烘箱的温度保持在 60～65 ℃，表面的湿气烘干即可，避免过分干燥。

6）干燥后的零件，用喷粉柜或手工撒的方法把显像剂施加到叶片的表面，并与全部的被测表面相接触。显像时间为 10 min，最长不超过 2 h；在显像时间结束后，经过轻轻地敲打可抖掉多余的显像剂粉末。

7）在暗室的黑光灯下，目视检验叶片。

① 在检验叶片之前，检验人员应对黑暗至少适应 2 min，并戴上防紫外线眼镜。

② 黑光灯在零件表面上的辐照度应至少有 1 000 $\mu J/cm^2$；暗室的白光照度应小于 20 lx。

③ 对没有显示或仅有不相关显示的叶片，准予验收，并将合格叶片放到合格区。

④ 对有相关显示的叶片对照验收标准评定，对有疑问的显示应用溶剂润湿的脱脂棉擦掉显示，干燥后重新显像予以评定；或用 10 倍放大镜直接观察。若没有显示再现，可以认为显示是虚假的；若显示再现，则可按规定的验收标准进行评定。

8）叶片检验完之后，应用水进行冲洗，以去除表面上附着的显像粉末和荧光底色，并将叶片进行干燥。

2. 签发报告

① 零件的名称、材料、数量(合格数和不合格数)、零件编号、送检日期和单位；

② 检验标准和验收标准；

③ 检验结果和结论；

④ 检验员、审核员和主任签字和盖章；

⑤ 签发报告和日期。

复习题

1. 请简述航空器维修无损检测的意义和作用。
2. 请简述常见的超声探伤方法及其原理。
3. 请简述涡流检测法的基本原理及特点。
4. 请简述磁粉检测的基本原理及特点。
5. 请简述射线检测的基本原理及特点。
6. 请简述渗透监测的基本原理及特点。

参考文献

[1] 孙金立.无损检测及在航空维修中的应用[M].北京:国防工业出版社,2004.
[2] 常士基.现代民用航空维修工程管理[M].太原:山西科技出版社,2002.
[3] 王再兴.民用航空器外场维修[M].北京:中国民航出版社,2000.

第 8 章　航空器渗漏检测技术

8.1　航空器渗漏检测的意义

泄漏有很大的潜在危险，即使是微漏，对于那些要求密封的产品来说，也是一种极大的隐患，因而检漏技术越来越广泛地应用于诸多领域。目前，此技术在半导体、制冷、航空航天、原子能、真空、医疗和汽车等行业都已得到成功的应用。

由于航空煤油的泄漏极易造成事故，因此对整体油箱的密封性要求非常高。传统的密封性检测工艺（如气密件试验和油密性试验）有很大的局限性，如精度不高、时间长、查出漏点后不易排除等。

民用航空器管路系统的密封性是航空器维修工作的重要组成部分。管路系统主要包括：燃油系统、液压系统、氧气和供气系统等，这些系统的密封性对保证飞行安全和正常营运起着重要作用。这些密封系统渗漏是飞机制造和使用过程中常见的故障，若不能及时排除就会严重地威胁飞机的运行安全，甚至会导致灾难性事故。检测和修理航空器系统的渗漏，特别是飞机结构油箱渗漏，工艺过程复杂，技术难度较大，长期以来成为飞机修理工作的一大难题。

鉴于以上原因，分析飞机油箱检修的各类检漏方法，选取高效的检漏方法，更好地控制产品质量，提高检漏精度和效率，改善飞机维修的经济性和安全性，对各航空公司而言无疑都具有积极的现实意义。

8.2　渗漏检测方法

8.2.1　气泡法

1. 基本原理

气泡法的基本原理是在检测区域保持气压差，观察处于低压侧介质中产生的气泡而定位漏孔。检测灵敏度取决于压力差、产生压力差的气体以及用于检测的液体。在检测时间内，若能在检测区域保持压力差，则可以使用该检测方法。

2. 产生压差的方法

(1) 打气法

直接对被检容器充入干燥而清洁的高压示踪气体来产生压差，然后将被检容器浸入显示液体（如水）中或在可疑部位涂上显示液（如肥皂液）进行检漏。其压差可以在大范围内调整。这种检漏方法又称打气试漏法。

(2) 热槽法

在大气压下将示踪气体封入被检件内，或在高压下利用轰击法将示踪气体或低沸点的示踪液体压入密封的被检件内，然后将被检件浸入装有预先加热好的高沸点显示液的热槽中。被检件内的示踪气体或液体的压力将受热上升，使被检件内外产生压差。在这种方法中，显示液不能因加热而出现强烈蒸发或沸腾现象，以免影响漏气气泡的观察。

(3) 真空法

如图 8-1 所示，在大气压下将示踪气体封入被检件内，或在高压下利用轰击法将示踪气体或液体压入密封的被检件内，然后将被检件浸入一个密封容器内的显示液中，将显示液体上部的空间抽成真空，从而使被检件内外产生一个大气压的压差。在这种方法中，真空度不宜太高，以免使显示液产生强烈蒸发或沸腾影响气泡的观察。

如图 8-2 所示，将真空盒放置在涂满检测液体的部件被检区域上方，例如大型容器的底部和顶端。将真空盒保持 20.68 kPa (3 psi) 的真空度(或应用方法要求的真空度)，并且保持至少 15 s 的时间。需要注意的是，真空盒顶部需透明、清洁，易于观察被检件表面气泡情况，底部由软橡胶材料制成。

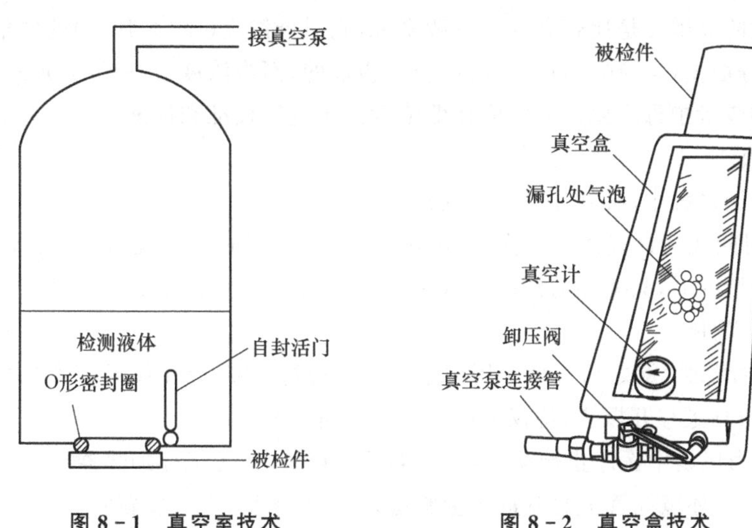

图 8-1　真空室技术　　　　**图 8-2　真空盒技术**

3. 渗漏判定方法

气泡法检漏中，漏孔的大小决定气泡的大小、形状以及气泡的成形速率。用眼睛直接观察时，一般会出现以下 3 种现象：

① 气泡小、成形速率均匀、气泡持续时间长，这意味着漏孔漏率在 $10^{-5}\sim10^{-2}$ Pa・m^3/s 范围。

② 随机的、大小气泡混合，这意味着漏孔漏率在 $10^{-2}\sim10^{-1}$ Pa・m^3/s 范围。

③ 气泡大、成形速率快、持续时间短，这意味着漏孔漏率在 $10^{-1}\sim1$ Pa・m^3/s 范围。

8.2.2　卤素检漏法

1. 工作原理

当铂金加热到 850～950 ℃时将产生正离子发射，而在卤素气体的催化作用下，这种正离子发射将急剧增长。利用这种“卤素效应”而设计的检漏仪器叫作卤素检漏仪。

这种仪器可分为内探头式和外探头式两种。

内探头式是将探头固定在真空系统内部的适当位置，然后将系统抽空到 $10^4\sim10^{-1}$ Pa 的范围，再从装置外部施以卤素气体。如有漏孔，卤素气体便通过漏孔进入真空系统内，检漏仪即可马上指示出来。这种方法能检测出浓度为 0.2%的卤素气体，相当于 1.5×10^{-7} Pa・m^3/s 的漏率。

外探头式是被检容器内充以高压卤素气体,容器壁上若有漏孔,则卤素气体便从漏孔漏出来,在容器的外表面用可移动的外探头进行探测。当探头对准漏孔后,检漏仪便有漏气指示。这种方法的灵敏度可检测出浓度高达 10^{-10} 的卤素气体,相当于 7.4×10^{-8} Pa·m^3/s 的漏率。目前我国LX系列的卤素检漏仪外探头式最小可检漏率为 $10^{-6}\sim10^{-7}$ Pa·m^3/s。

2. 示踪气体

卤素是指含有氟、氯、溴、碘的卤化物,卤素检漏仪可用来检验上述气体的存在。然而,由于种种原因,作为检漏用的卤素气体多为含氯的卤化物,如:氟利昂、氯仿、四氯化碳等。由于氟利昂12(F-12,分子式 CCL_2F_2)无毒、不可燃、蒸汽压高,灵敏度也高,所以得到了广泛应用。

卤素检漏仪的灵敏度是比较高的。一般来说,它对低浓度($<1\times10^{-6}$)的卤素气体的反应是线性的,对中等浓度($1\sim100\times10^{-6}$)的反应是指数的,而当浓度很高($>1\,000\times10^{-6}$)时,检漏仪会出现饱和或者中毒现象。所以应在低浓度范围进行校准和检漏。

3. 注意事项

在仪器的使用过程中,必须注意以下几点:

① 仪器长时间在卤素气体中工作后,灵敏度会降低,同时会出现指示不稳定和不准确的现象。出现这种情况时,只要在清洁的空气中工作一段时间一般可以恢复;如仍无效,则必须清洗或更换敏感元件。

② 一定要在清除大漏之后方可利用卤素检漏仪进行检漏,以免仪器产生“中毒”现象。当探测到漏孔后,应马上移开探头,待仪表回到零位后再重复探测。

③ 探测中,当风扇中途停止转动时,应立即关机修复,以免烧坏加热器。

④ 检漏场地的环境气氛中的卤素含量要低,气流要平稳,空气要新鲜。

⑤ 香烟的成分中含有卤素成分,所以检漏场地要“禁止吸烟”。

⑥ 由于卤素气体比空气重,所以用外探头检漏时,应自下而上地进行,以便区别虚假漏气现象。

⑦ 橡皮和塑料是吸收卤素的,所以检漏时应避免使用这些材料。

⑧ 卤素气体能溶于油,并能从油中扩散出去,所以用卤素检漏仪可以检出被油堵塞的漏孔,但灵敏度会降低,反应时间也会增大。

⑨ 检验特大容器时,可采用高压的空气与卤素的混合物以节省卤素气体,也可用抽真空后再充卤素气体的方法,以便回收气体。

⑩ 仪器外壳接地,以免人体触电。

⑪ 被检件一定要进行去渣、清洗和干燥等项工作,以疏通漏孔,冷热冲击有时也是必要的。

⑫ 内探头在低于 10^{-1} Pa压力下长时间工作,因热传导差,阳极温度过高,会造成烧坏阳极的现象。

8.2.3 氦质谱检漏法

常规检漏技术(如气泡识别法、压强衰减法、渗透剂法、卤素检漏法及超声波探测法等)都存在着检测精度不高、试验重复性差等缺陷。

目前,航空器在内外场进行油箱渗漏维修时,检漏、排故仍是一项细致的、费工费时的工作,操作人员劳动强度大,检漏、维修效果却并不理想,有的油箱燃油渗漏的故障长期无法彻底排除。

氦质谱检漏技术是利用氦气作为示踪气体的高灵敏检漏方法,其检漏精度远远高于气泡识别法等传统检漏方法,具有灵敏度高、适用范围广等优点,特别适用于对微小渗漏的精确检漏,是目前可以提供所需要的高灵敏度和高可靠性的检漏方法。该技术起源于 20 世纪 40 年代,随后的数十年里在众多领域获得了广泛应用。随着科学技术的发展,氦质谱检漏技术得到不断发展和完善,已经发展成为一种成熟的检漏技术,可以迅速、可靠地检测系统的渗漏以及制造和维修的质量。

近年来,氦质谱检漏方法在航空领域的应用逐渐增多。在国外,空客、波音等大型航空制造公司已经将氦质谱检漏技术应用于油箱维修中,经实践证明:该检漏方法安全、方便,使油箱修补时间大大缩短,不仅提高了燃油箱修补质量,而且降低了飞机维修成本,使运营的可靠性和经济性得以改善。在国内,航空工业集团的沈飞、成飞公司对军机整体油箱采用氦质谱检漏技术进行了研究,并已经探索出正压检漏的企业标准。各民用飞机修理单位为了准确检测到结构油箱的渗漏部位,采用了很多方法,特别是从 1998 年开始,南方航空公司和广州飞机维修工程有限公司 GAMECO 在维修实践过程中,提出了“飞机燃油渗漏检测的新方法——氦气查漏法”,采用氦质谱检测技术检测油箱渗漏,在结构油箱渗漏检测方面取得了巨大的成绩,积累了丰富的经验。

经实践证明:该检漏方法比传统的方法有效且准确得多,可以有效缩短飞机停场修理的时间,降低员工的劳动强度。其他航空公司在飞机维修实践中,对氦质谱检漏技术也进行了一定的研究和应用探索。

在飞机机翼整体结构油箱制造和维修过程中,采用氦质谱检漏仪进行气密性检测是非常实用的一种检漏技术,检漏效果极佳,既快捷、直观,又准确,可以极大地提高油箱检漏工艺的实际效率。

氦质谱检漏仪是检漏范围最宽,用得最广的一种检漏仪器,其中用得最多的是核磁偏转质谱仪。由于只用氦作示踪气体进行检漏,所以叫氦质谱检漏仪。我国的氦质谱检漏仪的性能在 20 世纪 60 年代就达到了国际先进水平。在之后的 30 年中,检漏技术有了长足发展,仪器的自动化、小型化、可靠性等也有了较大提高。我国现有的氦质谱检漏仪不仅满足了国内需要,而且还销往国外。这种仪器除灵敏度高外,还具有适应范围广、定位定量准确、无毒、安全、反应速度快等优点。

1. 工作原理

根据带电粒子在电磁场中的运动特点,当一个带电质子(正离子)以速度 V 进入均匀磁场后,如果其运动速度 V 的方向与磁场 H 的方向垂直,则它的运动轨迹为圆,如图 8-3 所示。当速度 V 和磁场强度 H 一定时,不同质荷比的离子都有相应的运动半径,即都有相应的圆轨迹,这样就可以把它们彼此分开了。

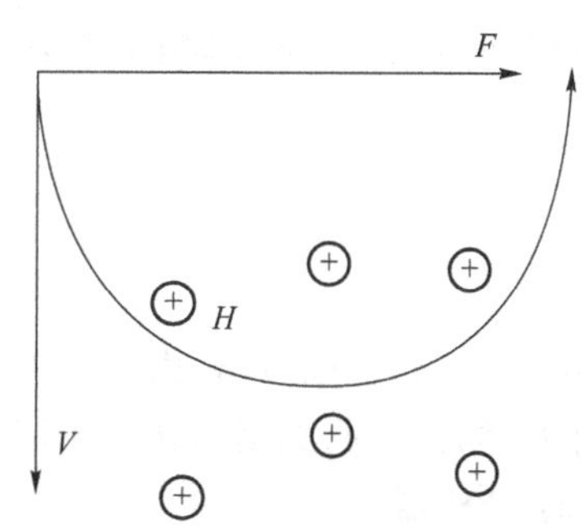

图 8-3　带电粒子在磁场中运动的轨迹

氦质谱检漏仪使不同质量的气体变成离子后在场中彼此分开,并且使同质量的离子在场中聚在一起。然而,仅仅使氦离子通过一个挡板上的狭缝而被接收极接收形成离子流,并且由测量仪器指示出来,而其他离子即被该挡板挡掉,使其达不到收集板上。检漏时,外界喷吹的氦气通过漏孔进入检漏仪后,使检漏仪中的指示仪表立即灵敏地反映出来,达到检漏的目的。

2. 仪器结构

主要由真空系统(包括机械泵、油扩散泵或分子泵、真空规、搜集器、节流阀等)、质谱室(离子源、分析器、收集器等)、电气部分(馈电、控制、放大等)组成。

质谱室是氦质谱检漏仪的心脏,由离子源、分析器、收集器三部分组成,它们放在一个可以抽真空的外壳中。下面介绍其结构。

(1) 离子源

离子源的作用是将气体电离,形成一束具有一定能量的离子,其结构如图 8-4 所示。它由灯丝、离化室及离子加速极组成。

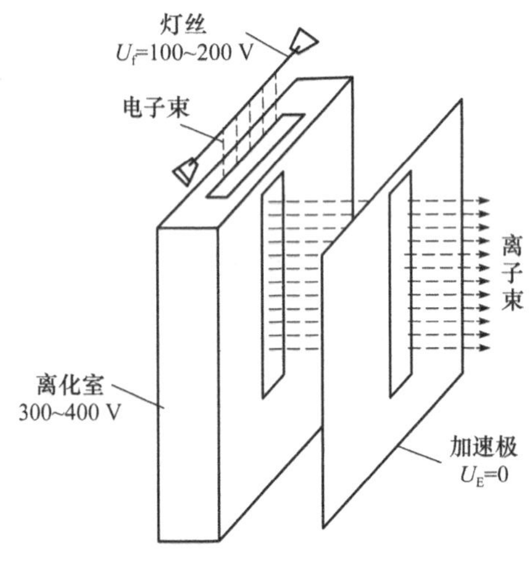

图 8-4 离子源示意图

在真空中,灯丝通电加热,发射出电子,在离化室与灯丝之间的电压作用下,电子加速穿过离化室顶部隙缝进入离化室,与气体分子发生多次碰撞后损失能量,最后打在离化室上形成电子流,成为发射电流的一部分。电子在此运动的过程中碰撞气体分子而使气体分子电离形成正离子。正离子在离化室与加速极之间的电压($U_{加}$即离子加速电压)作用下,穿过离化室正面的矩形狭缝和加速极的矩形狭缝形成离子束,加速电场对电离做的功转变成离子的动能。由于气体离子是由中性气体分子失去 Z 个带负电荷 e 的电子而形成,所以离子电荷为正的 Ze。若离子的质量为 m,到达加速极狭缝处的速度为 v,加速电压为 $U_{加}$,按能量守恒定律则有

$$\frac{1}{2}mv^2 = ZeU_{加}$$

因此

$$v=\sqrt{\frac{2ZeU_{加}}{m}} \tag{8-1}$$

由式(8-1)可以看出,由于各种气体的离子均受同一电场的加速,所以它们的能量相等。但由于荷质比不同,故运动速度不同。

(2) 分析器

分析器使不同荷质比的离子按不同轨迹运动,从而将它们彼此分开,仅使氦离子通过其出口隙缝。它由一个外加均匀磁场及一个出口电极组成,如图 8-5 所示。磁场方向与离子束入

射方向垂直。

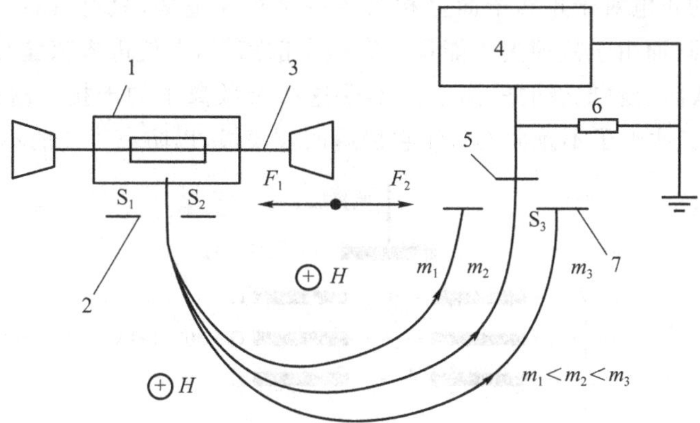

1—离化室；2—加速极；3—灯丝；4—小电流放大器；
5—收集极；6—高阻；7—分析器出口电极

图 8-5　质谱室原理图

离子源的离子束射入与它垂直的磁感强度为 B 的均匀磁场分析器后，由于分析场中电场为零，所以离子仅受磁场作用而做半径为 R 的圆周运动，在此圆周上离子所受的磁场力 F_1，应与离子圆周运动的离心力 F_2 相等，即 $F_1= F_2$，因为 $F_1=ZevB$，$F_2=ma=\frac{mv^2}{R}$，所以 $ZevB=\frac{mv^2}{R}$。而 $v=\sqrt{\frac{2ZeU_{加}}{m}}$，则

$$R=\frac{mv^2}{ZevB}=\frac{mv}{ZeB}=\frac{m}{ZeB}\sqrt{\frac{2ZeU_{加}}{m}}=\frac{1}{B}\sqrt{\frac{2mU_{加}}{Ze}}$$

将 $e=1.6\times10^{-19}$ C，$m=1.66\times10^{-27}M$(kg)（M 为相对分子质量）代入上式得到

$$R=\frac{1}{B}\sqrt{\frac{2\times1.66\times10^{-27}MU_{加}}{Z\times1.6\times10^{-19}}}=\frac{1.44\times10^{-4}}{B}\sqrt{\frac{MU_{加}}{Z}} \tag{8-2}$$

式中：R 为圆周运动半径，m；B 为磁感应强度，Wb/m²；$U_{加}$ 为加速电压，V。若公式中 R 以 cm 计，B 以 Gs 计，$U_{加}$ 以 V 计，Z 以电荷个数计，则

$$R=\frac{144}{B}\sqrt{\frac{MU_{加}}{Z}} \tag{8-3}$$

如果 R 以 cm 计，B 以 T 计（$1\ \text{T}=10^{-2}\ \text{Wb/m}^2$），$U_{加}$ 以 V 计，则式(8-3)变成

$$R=\frac{1.44\times10^{-4}}{B}\sqrt{\frac{MU_{加}}{Z}} \tag{8-4}$$

因此可知，偏转半径 R 与荷质比 M/Z 有关，当 B 和 $U_{加}$ 一定时，不同荷质比的离子将以不同的半径偏转而彼此分开。荷质比小的半径小，荷质比大的半径大。在偏转到 180°处，如果用一分析器出口电极将其他离子挡住，仅仅使氦离子（$M/Z=4$）轨道对准出口电极上的隙缝且固定，也就是 R 是固定的，B 也是固定的。因此，要使氦离子全部通过隙缝而得到最大的氦离子流（氦峰），一般是用改变加速电压 $U_{加}$ 来实现的，这一调节便叫“调氦峰”。由图 8-5 可见，离子从离化室到离子加速极的引出过程中就发生了偏转，因此离化室的隙缝 S_1 安装时要向外偏离一些，这样才能保证全部离子通过隙缝 S_2。分析器的出口电极一般采用三栅结构，如图 8-6 所示。在离子收集器前面有三个栅极 G_1、G_2、G_3。G_1 和 G_3 接地，中间栅极 G_2 与离

化室相连。G_1 栅的隙缝决定了氦离子的运动半径，而使除氦以外的其他离子达不到收集极上。中间栅极 G_2 的正电对于正离子而言相当于一个拒斥电场，只有具有一定能量的氦离子才能通过 G_2 的隙缝，而由于碰撞失去能量的其他杂散离子，即使进入隙缝 G_1，也不能通过 G_2 隙缝到达收集极，从而使收集极的氦离子流不受这些杂散离子的干扰。栅极 G_3 是抑制离子使收集极上打出的二次电子不跑向 G_2，使它仍返回收集极，以防离子流的不稳定。

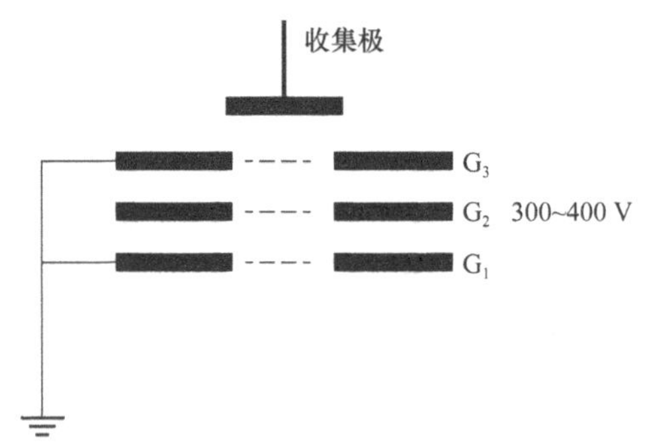

图 8-6 分析器出口电极结构

(3) 收集器

收集器用来收集穿过出口电极隙缝的氦离子，并通过一个电阻输入到小电流放大器进行放大和测量。它是一个对准出口电极隙缝安装的收集极。由于氦离子流一般只能为 10^{-12}～10^{-13} A，要使小电流放大器第一极输入的信号电压足够大，则输入电阻必须很大(一般高于 10^{10} Ω)，同时要求第一级放大的静电计管必须要高度绝缘，所以把高阻及静电计管放在高真空的质谱室中。

图 8-7 所示为 UL-200 型氦质谱检漏仪。

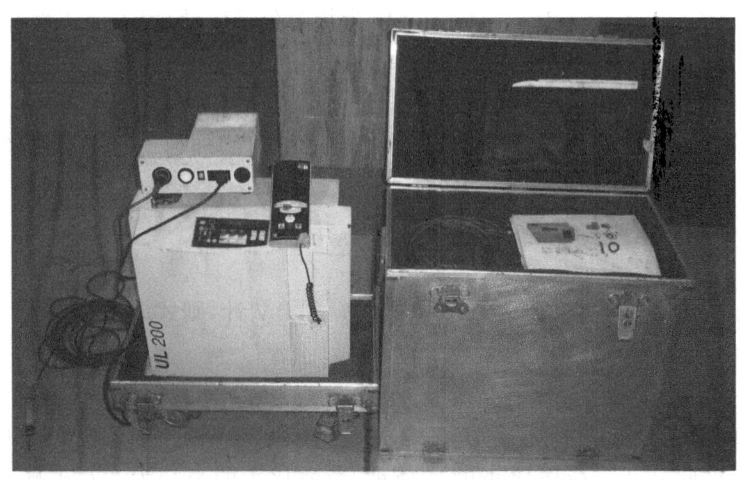

图 8-7 UL-200 型氦质谱检漏仪

3. 检漏方法

(1) 正压法

1) 吸气探头法

如图 8-8 所示，一般经常用来测试能填充示踪气体的大型系统和复杂的管道系统。该测试方法可以用来定位漏孔，一般不用来测定漏率，但可以取近似值估计漏率。该方法是最简单的测试方法，并且可应用于任何尺寸大小的部件，只需要在被检区域建立压力差，探头在大气压一侧探测，则可以找到漏点。

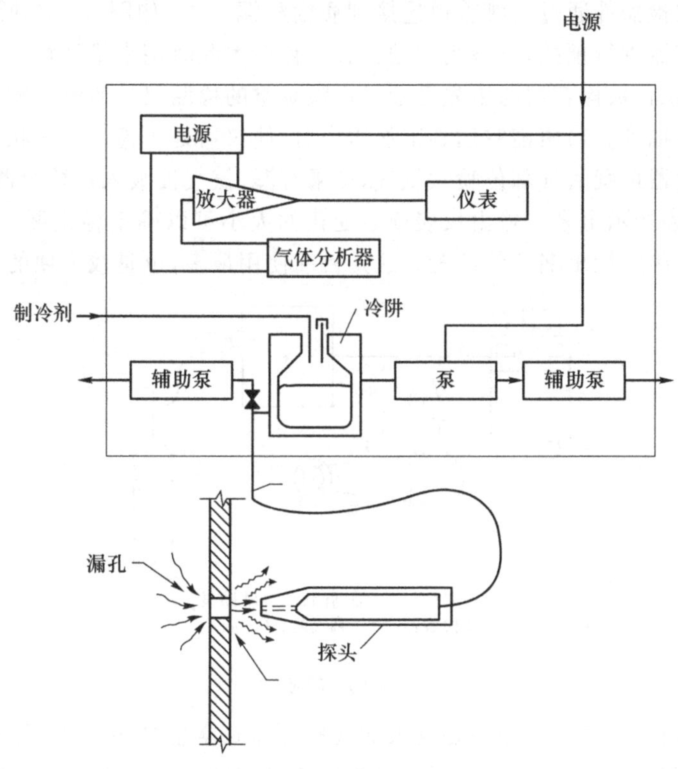

图 8－8　吸气探头法

2）累积测试法

如图 8－9 所示，在一个密闭的容室内，若示踪气体通过漏孔向容室内泄漏，容室内示踪气体浓度增加，吸气探头则可以检测到示踪气体。通过在容室中安置一个标准漏孔，并通过一段时间，则漏率就能被检测出来。该方法用于对体积大至几个立方米的设备或更大型设备的检漏，在固定好鼓风机时，一定时间内允许示踪气体向容室内泄漏，然后用探头检测容室内示踪气体的增加量，这种测试方法实际的灵敏度主要取决于以下两点：

① 容室与被检件之间的容积大小。

② 被检件对示踪气体的出气量。

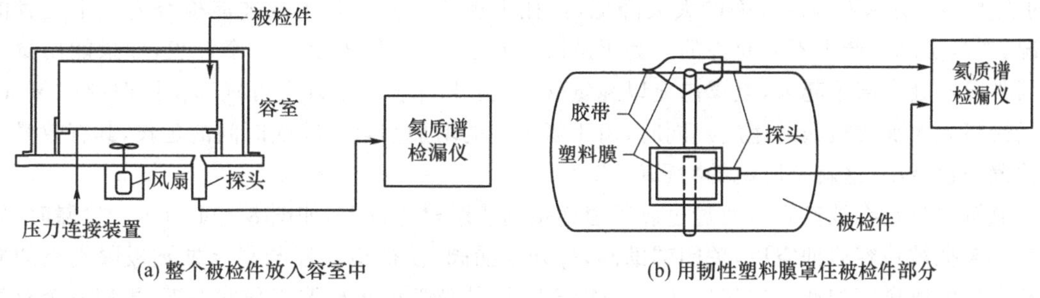

(a) 整个被检件放入容室中　　(b) 用韧性塑料膜罩住被检件部分

图 8－9　累积测试法

(2) 负压法

1) 喷吹法

喷吹法就是被检器件通过过渡管道连接到质谱检漏仪上,如图8-10所示。图中的辅助泵是用来对被检容器进行预抽,并被当作被检容器存在大漏时用来维持检漏仪的工作压力的。检漏时,先用辅助泵将被检容器与事先已抽至极限真空的检漏仪的质谱室相通,并用质谱检漏仪对被检容器进行抽气。当质谱室达到工作压力时,使仪器处于检漏工作状态,然后用仪器所附的喷枪在被检容器可疑漏气部位喷吹氦气,如果有漏,氦气被吸入被检容器内部并迅速进入检漏仪,由输出仪表指示出来。输出仪表读数变化的大小可以确定检出漏孔的漏率大小。喷枪喷吹的位置可以确定检出漏孔的位置。这是目前使用最多,也是较方便的一种方法。

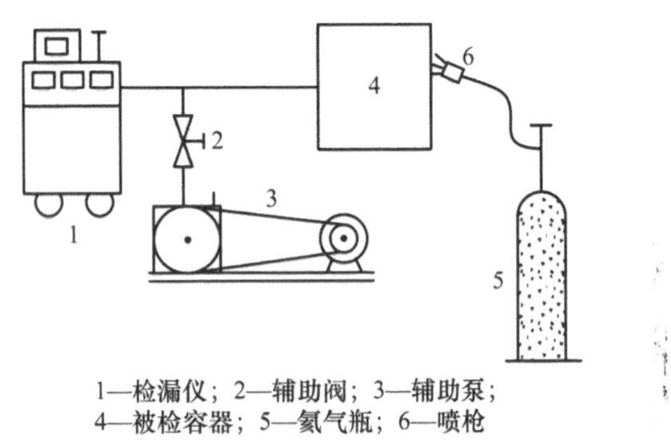

1—检漏仪; 2—辅助阀; 3—辅助泵;
4—被检容器; 5—氦气瓶; 6—喷枪

图8-10 喷吹法

当被检容器存在大漏时,单用检漏仪来抽被检容器真空度抽不上去,使质谱仪不能工作。此时,可打开辅助阀。用辅助泵帮助抽气,以维持质谱仪的正常工作压力。辅助泵工作后,由于辅助泵的分流作用,使检漏仪的灵敏度降低。因此,辅助阀的打开程度要尽量减小,以能维持检漏仪的工作压力为限。

喷吹法的最大优点在于可以准确地找到漏孔的位置。然而,由于其有效灵敏度与喷吹时间有关,喷吹时间越长,有效灵敏度越高,但检漏的效率就大幅度降低。此外,喷出的氦气立即向周围扩散,使漏孔处的氦气浓度降低,使有效最小可检漏率上升,即有效灵敏度降低。

2) 氦罩法

从上面对喷吹法检漏的分析中,可以发现两个减小有效检漏率的途径:一条途径是提高漏孔处的氦浓度 γ_{He},即使 $\gamma_{He}=1$;另一条途径是增加喷吹时间 t,如果 $\gamma_{He}=1, t=3\tau$,那么有效最小可检漏率就基本上接近仪器的最小可检漏率。然而,喷吹时间 t 和检漏效率是一对矛盾,t 的大大增加意味着检漏效率的大大降低,往往出现几天甚至几十天才能检查完一个装置的情况,这是实际生产中不能允许的。为了解决这对矛盾,人们提出了一个设想,如果能用氦罩将器件可疑处全部罩起来,氦罩内充以纯氦气,也就相当于在无数个可疑部位同时喷吹氦气,这无疑将大大加快检漏的速度。同时,由于氦浓度的增加和氦气喷吹时间的延长,其有效最小可检漏率也减小,这就是所说的“氦罩法”。

氦罩法就是将被检容器通过过渡管道连接到质谱检漏仪上,如图8-11所示。检漏时,先用辅助泵把被检容器抽空后,关闭辅助阀,打开检漏阀,使被检容器与早已抽到极限真空的质谱检漏仪的质谱室相通。当仪器达到工作压力后,使仪器处于检漏工作状态下,再用一个氦气罩(实际上经常用塑料薄膜罩)把被检容器的可疑部位包起来(对体积小的器件就用氦罩将它全部包起来),然后先将罩中空气赶走(有时用泵抽空),再充入氦气。此时,仪器输出指示如有增大，便表示被氦罩罩住的那一部分存在漏气。仪器所指示的漏率即为被罩住的区域的总漏率。

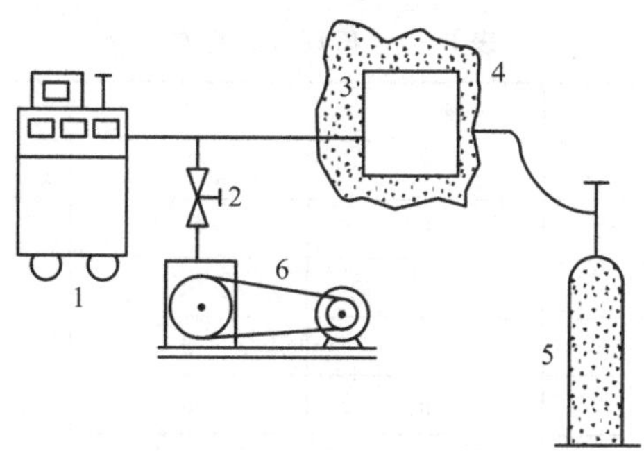

1—检漏仪；2—辅助阀；3—被检容器；
4—氦罩；5—氦气瓶；6—辅助泵

图 8－11　氦罩法

这种方法的优点是灵敏度高，有效最小可检漏率基本等于仪器的最小可检漏率，适于总检。其缺点是只能测出所罩部位的总漏率，不能确定漏孔的位置。因此，先用此法测定总漏率，若总漏率超出允许的范围，再用局部氦罩法或喷吹法找出漏孔的确切位置。

8.3　飞机结构油箱渗漏检测

8.3.1　民用航空器结构油箱渗漏等级

波音 737 飞机的维护手册第 28 章把结构油箱渗漏分为以下 4 个等级：

① 轻微渗漏　15 min 后油湿区域最大尺寸不超过 1.5 in；

② 一般渗漏　15 min 后油湿区域径向尺寸在 1.5～4.0 in 之间；

③ 严重渗漏　15 min 后油湿区域径向尺寸在 4.0～6.0 in 之间；

④ 成滴流动　燃油以连续不断方式滴落。

维护手册 MM8－11－00 具体描述了飞机不同部位允许渗漏的程度。总的要求是高温区域、封闭不通风区域要求相对严格。

MD－11 飞机渗漏油的程度：

① 慢渗　渗油保持可见湿处面积的直径不超过 1.5 in；

② 渗　渗油保持可见湿处面积的直径不超过 4.0 in；

③ 快渗　渗油保持可见湿处面积的直径不超过 6.0 in，并且油滴表面没有达到流淌或滴下的程度；

④ 流漏　漏油聚积处保持可见湿处面积的直径超过 6.0 in，或者漏油已形成滴油或流淌滴下。

针对以上不同渗漏程度的分类，结合飞机漏油不同部位的重要程度，给出如表 8－1 所列的不同部位不同渗漏程度所需要的修理等级标准，分为 4 个等级。其中：

a 级　无须进一步的修理工作，但要定期检查漏油程度是否有扩展；

b 级　无须立即采取修理措施，但要定期检查漏油程度是否有扩展，并在下一次停场时完成修理；

c 级　需要立即修理；

d 级　需要立即全面检修，飞机不能继续飞行，修理必须达到完全无渗漏油状态。

表 8-1　修理等级标准

漏油位置	慢　渗	渗	快　渗	流　漏
上下翼面的开敞开区域	a	a	b	c
发动机吊架整流罩的密闭区域	b	c	c	c
后翼腹板区域	d	d	d	d
前梁腹板区域	d	d	d	d
结构裂纹和管路安装处	d	d	d	d
翼尖处油箱封闭搁板	d	d	d	d
通气盒封闭搁板	d	d	d	d
中央辅助油箱	d	d	d	d
机翼和辅助油箱接近口盖	d	d	d	d
尾部油箱	d	d	d	d

8.3.2　民用航空器结构油箱检漏

1. 泄漏预检

在采用灵敏的检测方法之前，可先做一次简便的预先检测。但这种检测过程决不能把待检测部件的泄漏孔遮蔽或堵塞。

2. 工作要求

① 被检测的表面应无燃油、油脂、油漆以及其他可能遮蔽泄漏的污物。当用液体清洁油箱后，应在泄漏检测之前进行干燥。

② 在检测前应用塞子、盖板、密封脂、胶合剂或其他能在检测后易于全部除去的合适材料把所有的孔加以密封。

③ 安全要求：油箱检漏时，必须遵从相关安全程序。在驾驶舱内挂一个警示牌，飞机禁止通电，发动机禁止试车。在飞机周围 70 m 范围内禁止接通雷达设备，禁止喷漆等。设置安全区域，放置安全护栏。如果需要人员进入油箱工作，必须抽空油箱内燃油，放出和吸干余油，通风把油箱内的燃气浓度降到 10%LEL(明火点不燃的燃气浓度)以下。人员进入油箱工作，使用的工具、照明是防爆的，工作者的工作服是防静电的，同时要保持通信联络。

3. 油箱检漏步骤

(1) 油箱渗漏路径分析

油箱渗漏路径是指油箱内漏点和外漏点之间构成的通路。油箱结构结合面之间的密封胶用于防止燃油外漏。如果胶缝上有漏点，燃油会进入油箱结构元件之间的结合面四处流动。图 8-12 所示为典型的飞机结构油箱。

结构油箱渗漏有以下特点：

① 内漏点和外漏点一般不会是内外正对，而是在重力作用下燃油从内漏点开始，沿油箱结构流动，最后到达外漏点。

② 可能几个内漏点对应一个外漏点，也有可能一个内漏点对应几个外漏点。

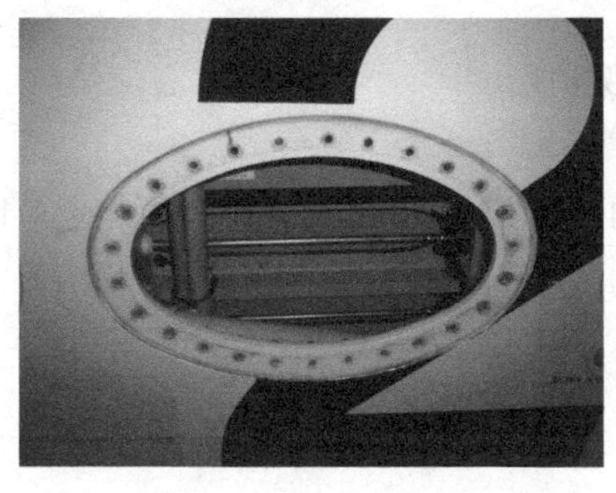

图 8-12　飞机结构油箱

按最小阻力路径原则查找漏点。针对结构油箱，以有漏点的胶缝为起始点和终点，连接成闭环的胶缝为渗漏检查区域。如果胶缝涉及油箱的分隔元件，那么两个油箱的胶缝都要列入检查范围。

(2) 查找外漏点

① 将油箱装满燃油，按照机型的规定，对结构油箱静置观察，查找外漏点。

② 若需要，可采用气泡法、氦质谱检漏仪，补充查找外漏点。

③ 标记所有外漏点。

(3) 查找内漏点(用氦质谱检漏仪)

① 在找完所有外漏点后，将油箱中的燃油排空，通风。

② 根据外漏点查找内漏点，可用浸渍起泡法、氦质谱检漏仪法。

③ 用氦质谱仪检漏法时，要在外漏点处加一个人造气压室(artificial compression chamber)。

④ 向气压室通入氦气，该气压室要能持续保持 0.2 bar(2.9 psi)的压力。该人造气压室可以是具有一定强度的塑料袋。在使人造气压室和油箱表面的外漏点区域粘接时，注意不要使粘接剂堵住其他漏点。粘接剂要有一定的强度和很好的剥离性，见图 8-13。

⑤ 一定要找出所有的内漏点，并做好标记。

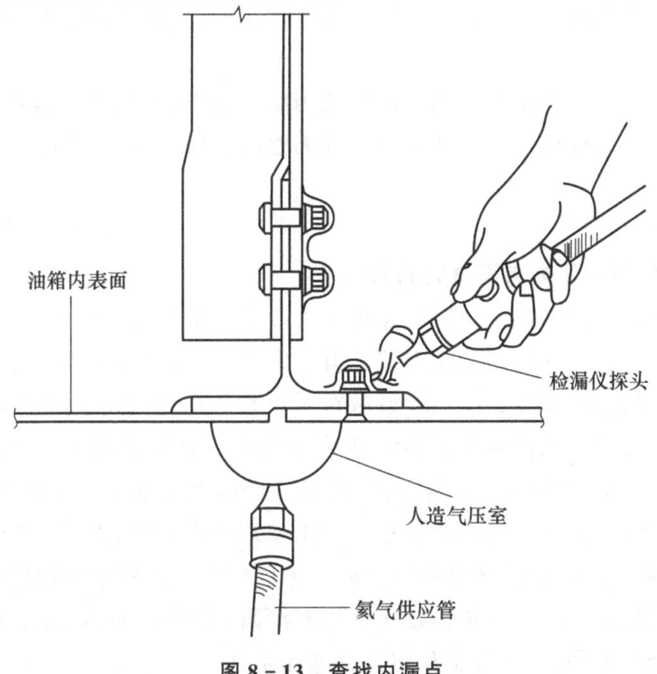

图 8-13　查找内漏点

(4) 修补漏点

按照规范要求修补找到的内、外漏点，修复保护层。

(5) 最终检测

检测结果应符合验收标准。将修补好的油箱加满燃油静置3 h全面检查，不得有任何渗油。

8.4 飞机油箱渗漏检测应用

8.4.1 B737-300飞机整体油箱渗漏检测

1. 常见渗漏部位的分析

飞机在使用过程中常见的漏油部位有：发动机吊架与机翼接合的下翼面内外两侧，沿S-5长桁蒙皮对缝处；中央油箱后梁与端肋连接处；中央油箱S-5、S-9长桁与端肋角盒连接处。下面对常见渗漏部位进行分析说明：

① 飞机最常见的渗油部位是沿S-5长桁蒙皮对缝处的渗漏，我国早期引进的B737机型此类故障较多，近年由于波音公司的制造密封工艺的改进，故后期生产的飞机该故障大大减少。从结构上分析，由于机翼是后掠式机翼，其特点是后梁受力大于前梁，且机翼有扭转变形、在飞行中机翼下表面受拉。S-5长桁靠近后梁，其密封胶受力要比S-9长桁之处的大；又由于机翼是悬臂梁形式，越靠近根部弯矩越大，故渗油部位多见于发动机吊架内侧至翼根S-5长桁这一区域。另一个因素是飞机每一次起落，密封胶的内应力就要对应变化一次，经过上千次的起落后，密封胶若存有质量问题，也会造成燃油渗漏。

② 中央油箱后梁与端肋连接处，渗漏也是高发区，而前梁与端肋连接处渗漏相对较少。后梁与端肋连接角盒件是一个大尺寸、大厚度、形状复杂的零件，有资料称该零件安装时没有做缝内密封，仅做了填角密封。波音公司初期制造该机时，此部位涂胶质量不过关，造成严重的燃油成滴流动。

③ 中央油箱S-5、S-9长桁与端肋连接处因结构复杂，且有大厚度的加强垫板，长桁端头下陷处有连通管，此处任何一个环节密封不好都要引起渗漏，特别是连通管处渗漏非常不好检查和处理。

2. 寻找外漏点

(1) 必须找出全部的外漏点再进行排故

没有找出全部的外漏点就进行排故，是排故失败的主要原因。例如，B-2930机右翼下表面4号肋与吊架之间沿S-5长桁蒙皮对缝处有一漏点，燃油从该处渗出沿S-5长桁蒙皮对缝逐渐浸润扩散到翼根，底部宽约10 in，最后在翼根整流罩处滴落。放油通风、涂胶修理后，加油试漏，该点故障排除。当清洁下翼面油迹时，发现同一条蒙皮对缝在靠近1号肋处仍有一外漏点，两点相距约2 m，对此处又重复放油、通风、涂胶，故障排除。又例如，B-2976机中央油箱右端肋前部反映渗漏，打开翼根前盖板检查未发现渗漏，又打开后盖板发现后梁角滴漏，于是放油、通风、涂胶、加油试漏，该处故障排除。但同时发现翼根中盖板仍有燃油渗漏。又将翼根中盖板打开，发现S-5，S-9长桁接头处均有渗漏，又放油、通风、涂胶排除了故障。以上实例说明，不找出全部外漏点，排故工作将是欲速而不达。

(2) 外漏点的寻找步骤

① 记录有关人员反映的渗漏位置、现象等情况。

② 待检油箱尽可能按以下步骤加油试漏找外漏点：

a. 擦净待检油箱的油迹、灰尘等，以利观察。

b. 对于中央油箱先加 1 吨燃油，对于 1 号或 2 号油箱根据情况可一次加满或与中央油箱一致，燃油静置至少 30 min。

c. 沿前梁至后梁仔细检查，对发现的外漏点及时做标记并记录位置及其他情况。

d. 将油箱加满，对于中央油箱不少于 4 吨，至少观察 3 h。仍然沿前梁至后梁仔细检查，对发现的新外漏点另做标记，同时记录新老外漏点的位置和情况。

e. 经多人检查，确认全部区域已仔细检查，外漏点已全部找到并标记，检查者签字认可。

f. 如果是沿 S－5 或 S－9 对缝渗漏，不要急于放油，应采用截流法，尽量找出“结构”外漏点，以利于最后找到内漏点，做到有的放矢。

g. 认为有疑问或其他不确定因素，要重新检查确认。

h. 以上步骤进行完后，可放油或调油、通风，然后排故。

③ 注意事项：

a. 加油检查不可省略，绝不能疏忽而不检漏。

b. 加油检漏时间一般不少于 3 h，以防只检查到渗漏较大的点，而漏检渗漏较小的点。

c. 不要受侥幸心理、生产进度以及人员的干扰，因为若外漏点没全部找出，则至少有 2 天的排故工作将以失败告终。

3. 查找内漏点

据维护手册介绍内漏点查找有五种方法，即目视法、吹气法、增压法、真空法和截流法。

(1) 目视法

目视法主要工具为常用的防爆灯、反光镜等，靠检查者的认真、仔细、耐心去查找每一个可疑处。此法在很大程度上取决于检查者的经验和对结构的熟悉程度，以及分析判断能力。

(2) 吹气法(反吹法)

先找到“正确”的外漏点后，用 40～100 psi 的压缩空气对外漏点吹气，检查人员在油箱内相应区域涂肥皂水，有气泡连续出现的地点为内漏点。该法受主客观因素的影响较大，内外漏点相距较远时不易成功。需要吹气者和查找者有良好的配合和耐心。该法较适宜用在 S－5、S－9 长桁和后梁角的部位。

(3) 增压法

在外漏点处增加一个人工压力室，增加其内部压力到规定值。增压压力严格按维护手册规定值，在油箱内表面可疑处涂检测液体，连续起泡处为内漏点。

(4) 真空法

找到正确的外漏点后，在外漏点处喷红色渗透染色剂，对油箱严格按手册允许的真空度抽真空 1～2 h 后，打开盖板进入油箱。有红色液体流出的部位为内漏点。此法油箱准备工作烦琐，设备价格高，且负压对结构密封胶有潜在的破坏作用，建议用其他方法无效时最后采用此法。

(5) 截流法

仅用于沿 S－5 或 S－9 处的渗漏。在外漏点两侧的适当位置，比如 4～5 in，在密封胶缝上用工具挖去少许密封胶,即在胶缝上制一个小“洞”。此时油箱内必须有燃油,如小洞有燃油渗出,就沿此方向胶缝适当位置再制一小“洞”,直到新制的小洞没有燃油渗出为止。一般说来“结构”外漏点一定在最后这个有油和无油小洞之间,而且最早的外漏点处燃油将不再有油渗出,即该点的油被渗油通道上游新开的小洞截流了。此时再用反吹法很容易找到内漏点。

4. 检测中注意事项

(1) 内、外漏点

首先必须找出全部外漏点,否则极易造成大漏点排除后,小漏点又显现出来。应尽量利用前述各法找出正确的内漏点,在内漏点处涂胶是最有效的。用盲涂法涂胶极易出现用了很多胶,而故障却未排除的情况。

(2) 旧胶层的处理

当找到正确的内漏点后,应将该处失效的密封胶铲除。当密封胶仍很牢固、完好时,可以采用只修补密封面的方法。

(3) 清洁修理部位

拟修理区域必须彻底清洁干净,因为密封表面的油渍、污物、残留的溶剂、脱落的漆层等都会影响密封胶的粘接性,从而导致二次渗漏。一般使用丁酮(MEK)清洁,但不能让丁酮在清洁面自然挥发掉,这样会使脏物等重新沉积到清洁表面,应用干毛巾擦去丁酮。

(4) 底漆的要求

对于底漆损坏的表面,清洁处理后,再涂底漆,其上面再涂密封胶。应注意底漆与密封胶的相容性。若底漆完好,可不涂底漆。

(5) 密封胶的调制

常用密封胶为双组分包装,使用前必须严格按比例进行均匀调和。注意密封胶是否过期,不要使用过期的胶;必须使用同厂家同牌号同规格的密封胶进行调和。调胶时必须避免胶中混入任何外来物,并且不能形成气泡,有气泡的胶对密封性有很大影响。

(6) 影响固化时间的因素

手册中给出的固化时间是指温度77 ℉(25 ℃)、相对湿度50%条件的结果,可以利用提高温、湿度的办法来缩短密封胶的固化时间。当相对湿度保持在50%,温度每升高20 ℉,固化时间缩短50%。当温度75 ℉时,相对湿度每提高15%,固化时间也将缩短50%,但密封胶的固化温度不得超过120 ℉,相对湿度不得超过80%,最佳固化温度为90 ℉(32 ℃),相对湿度为55%。

5. 总　结

结构油箱排故是一项细致、费时、费工的工作。清洁和涂胶质量的好坏很大程度上取决于工作者的质量意识和自觉性。整个工作过程全体修理人员必须齐心协力、一丝不苟地按程序要求一步步完成,任何马虎或错误都将导致整个排故工作的失败。这就要求维修人员要熟悉飞机结构,掌握内漏点的查找方法、密封工艺,避免修补工作中的盲目性和某些不正确的修补方法。这样才可能缩短修理周期,缩短飞机停场时间。

油箱修理操作应以维护手册为准。总之,对渗漏排故工作必须找出全部内漏点及严把涂胶质量关,在实践中总结提高工作水平,尽量提供良好的工作环境和提供先进的设备,这样才能不断提高排故的效率和成功率。

8.4.2　广州飞机维修工程有限公司 GAMECO 飞机燃油渗漏检测技术的应用研究

1. 背　景

飞机结构油箱燃油的渗漏是令各航空公司及维修单位非常头疼的事。飞机由于燃油渗漏而造成停场修理，会给航空公司造成巨大的经济损失。但是由于飞机结构油箱的特点，燃油渗漏几乎成了不可避免的事。

长期以来，维修单位面对飞机不同类型、不同部位的燃油渗漏，一直都没有找到一个完全行之有效的方法。自 1995 年年底开始，南方航空公司（以下简称：南航）许多飞机接二连三地出现燃油渗漏，油箱修补工作引起了南航领导和广州飞机维修工程有限公司 GAMECO 领导的重视，为此，专门成立了一个补油箱小组。补油箱小组负责飞机油箱燃油渗漏的修补工作，跟踪各飞机燃油渗漏情况，并在维护手册上不断发展、完善其查漏方法，力争找到一个绝对行之有效的方法。补油箱小组自 1996 年至 1999 年 1 月仅 B757 飞机就修补了 29 次。在工作过程中，也遇到一些难以解决的问题：如在找到某个或某些内漏点并修补好以后，在加油观察是否还渗漏以前，对是否已找到所有内漏点难以下结论。B757 油箱干舱由于其结构特点，查找内漏点耗时长，效果欠佳，有时甚至长时间都难以找到内漏点。1998 年 7 月，工业上使用氦气查漏的方法引起了他们的注意，在分析了其原理后，认为它用于检测飞机燃油渗漏应是一个很好的尝试。1999 年 1—3 月份，GAMECO 开始将氦气查漏法引入多架飞机油箱的查漏工作中，取得了令人十分满意的效果。成功修补了南方航空公司 6 架 B757 飞机和武汉航空公司 1 架 B737 飞机。

通过实际应用表明，使用氦气查漏法查漏，是目前唯一能提供所需要的灵敏度和可靠性的查漏方法，相对以往所使用的方法是一个很大的进步。目前，广州飞机维修工程有限公司 GAMECO 是将氦质谱检漏技术运用于飞机结构油箱渗漏检测最为成功的单位之一。

2. 技术方案及原理

(1) 所需器材

① 氦质谱检漏仪、易燃气体探测仪、防爆灯；

② 通风设备、铲胶设备、气压表、减压阀及冷气管；

③ 防毒面具、橡胶手套、油箱防护服；

④ 涂胶枪、氦气、毛刷及色笔；

⑤ 密封胶带、铝箔、塑料薄膜、密封胶。

(2) 飞机结构油箱干舱的渗漏检测

① B757 飞机结构油箱干舱的介绍

如图 8-14 所示，B757 飞机油箱干舱在左右大翼上各有 4 个，其中 1＃、2＃和 3＃干舱在大翼主油箱，4＃干舱在中央油箱，但 3＃干舱一个侧面在中央油箱。各干舱分别有各自的检修盖板、观察口盖板、排泄通道和排泄孔。

② 氦检法检测 B757 飞机结构油箱干舱的流程图，如图 8-15 所示。

③ 飞机蒙皮接缝及中央油箱其他部位的燃油渗漏检测流程图，如图 8-16 所示。

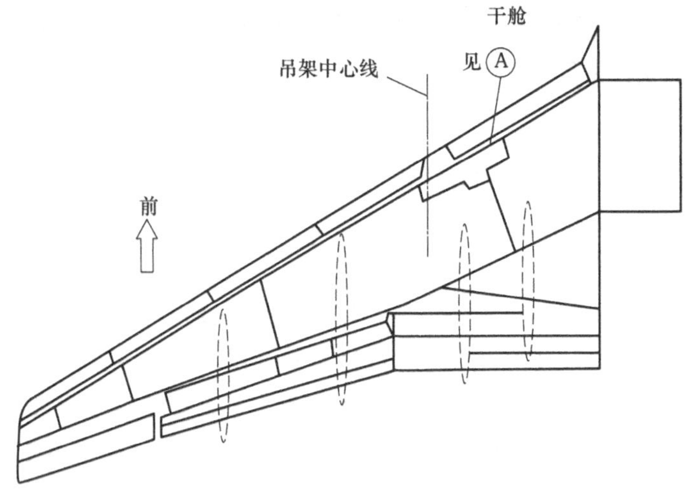

(a) 左大翼示图(右大翼相反)

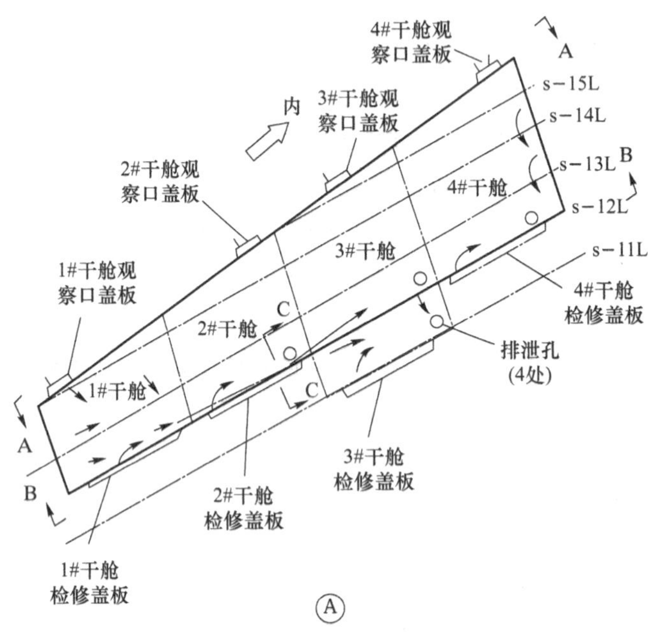

(b) 左大翼干舱(右大翼相反)

图 8-14 飞机机翼油箱

3. 应用情况

1) 1999年1月17日B-2806飞机左翼4#干舱漏油

① 18日开始使用吹气增压法查漏,一直未能找到内漏点。19日中午开始使用氦气查漏法检漏,至下午4时就已找到内漏点,完成了查找工作。

② 找到内漏点以后,使用传统的吹气增压法对该漏点处进行测试,该漏点处一点反应都没有。

2) 1999年1月21日B-2803飞机左翼3#干舱漏油

① 23日中午,一切准备工作就绪,开始使用氦检漏设备查漏,下午4时前完成查漏工作。

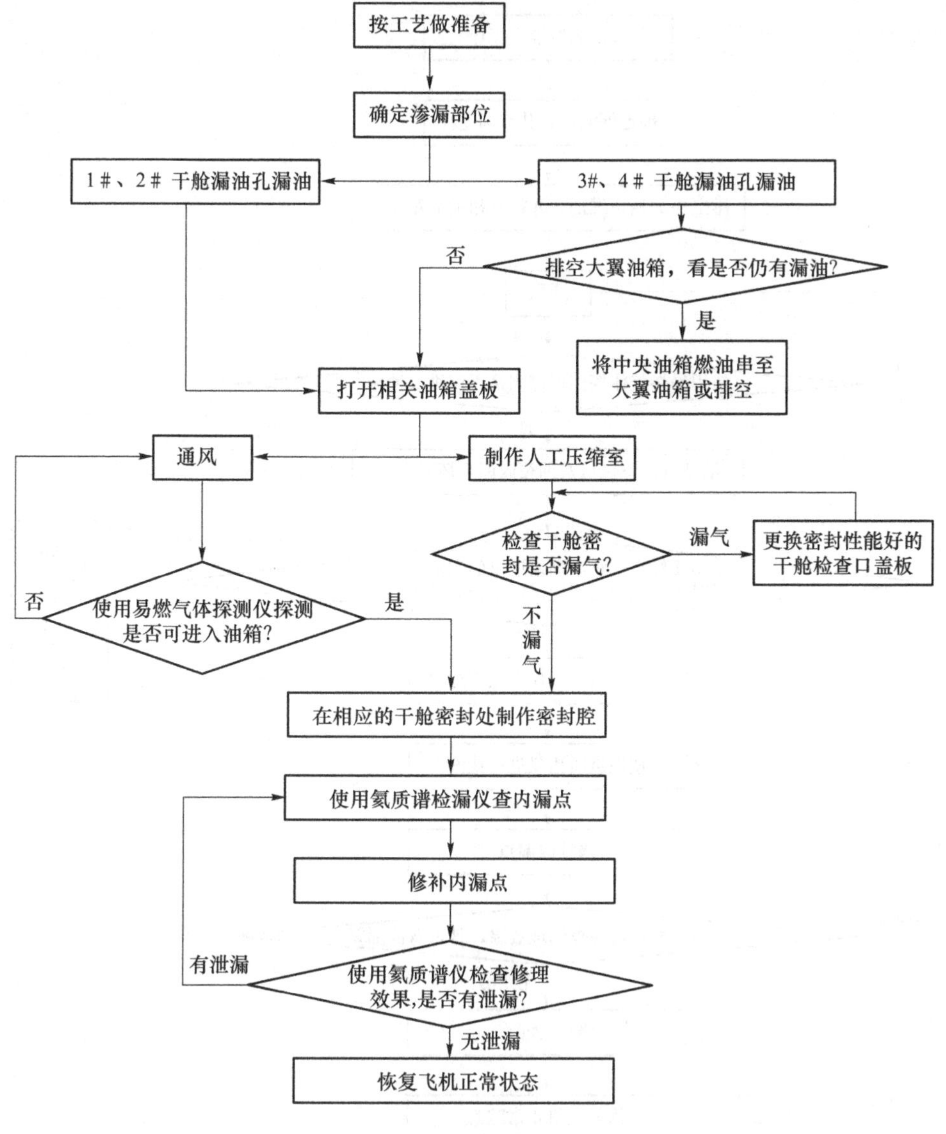

图 8-15　干舱检漏流程图

② 找到内漏点以后,使用传统的吹气增压法对该漏点处进行测试,该漏点处一点反应都没有。

3）1999 年 1 月 28 日 B-2804 飞机左翼 3# 干舱和右翼蒙皮接缝处漏油

29 日下午,做好一切准备工作后,开始用氦气法查漏,于当晚 12 时前完成查漏工作。

4）1999 年 1 月 30 日 B-2801 飞机中央油箱蒙皮接缝处漏油,先用吹气法找到一个内漏点,后使用氦气法,另外又找到 4 个内漏点。对于用吹气法找到的内漏点,用氦气法去测试,反应十分明显。

5）1999 年 2 月和 3 月:B-2822 飞机中央油箱漏油;B-2823 右翼 1# 和 2# 干舱漏油;B-2919 飞机左翼蒙皮接缝处漏油。

这些实践多次证明:用吹气法找得到的内漏点,用氦气法一定可以找到;用吹气法找不到的内漏点,用氦气法也可以找到;而用氦气法可以找得到的内漏点,用吹气法不一定能找到。

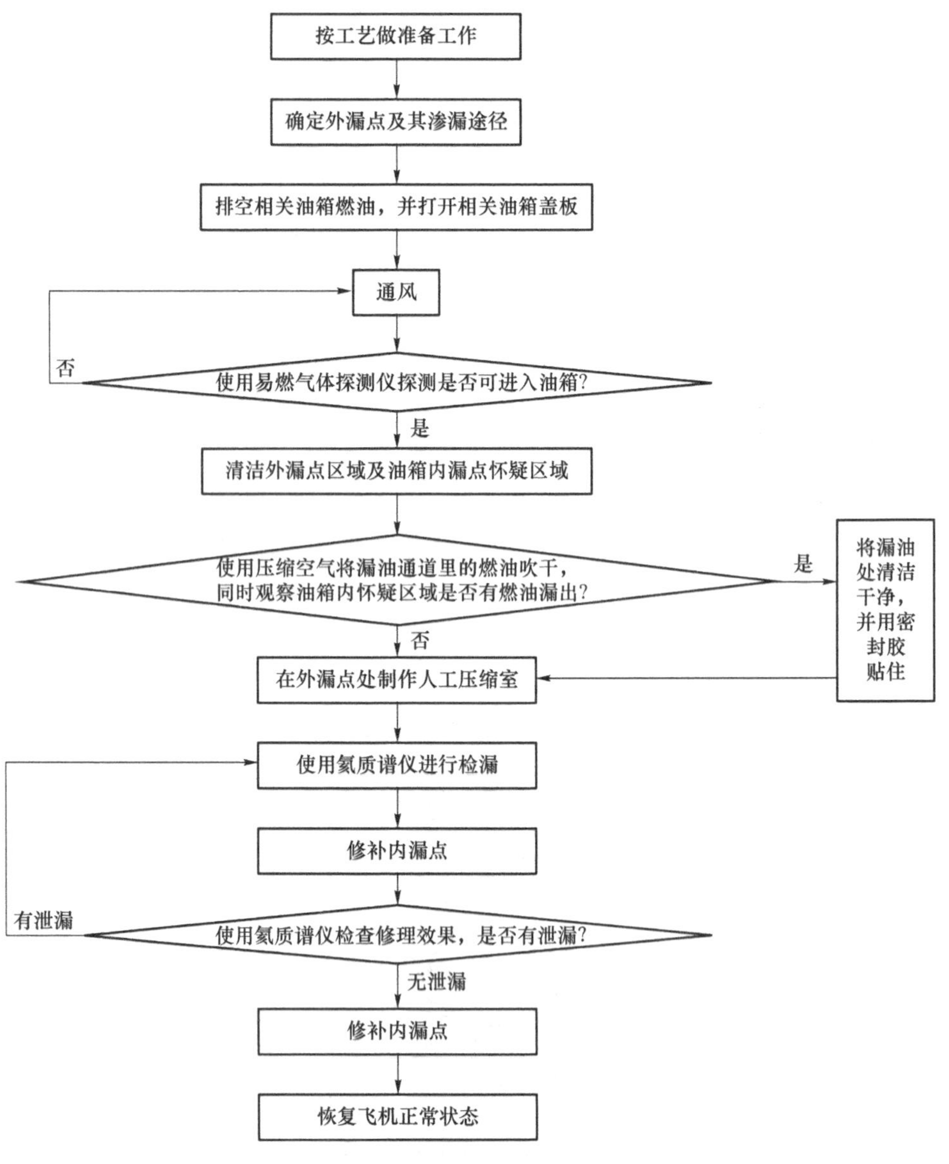

图 8-16　中央油箱检漏流程图

4. 实施效果及经济效益

(1) 实施效果

① 氦气法检测飞机燃油渗漏在实践中取得了显著的成绩:1999年1—3月份,采用氦气查漏法成功为南航修补了6架B757的燃油渗漏,为武汉航空公司修补了1架B737的燃油渗漏。

② 飞机燃油渗漏的查补工作及时且成功率高。这些飞机燃油渗漏的查漏及修补工作全在一天内完成,而且成功率为100%,这在以前无论修理时间还是成功率都是绝不可能的事。

(2) 经济社会效益

① 1996年至今,南航仅B757就有35架次发生燃油渗漏。面对如此多的飞机多次发生的燃油渗漏,作为一种快捷且可靠的查漏方法,氦气查漏法的推广应用创造了巨大的经济社会

效益。

② 氦气法检测 B757 飞机燃油渗漏节省的费用，计算方法(每修补一架 B757 飞机的燃油渗漏)：

a. 停场费用节省：15 000 美元/天×2 天＝30 000 美元，即停场时间至少节约 2 天，B757 飞机每天租金为 1.5 万美元。

b. 工时费节省：3×8×3×2×30＝4 320 美元，即每班 3 位员工，每天 3 班，节约 2 天，员工工时费为 30 美元/小时。

c. 节省总费用：30 000＋4 320＝34 320 美元。

③ 氦气法检测 B737 飞机燃油渗漏节省的费用。计算方法(每修补一架 B737 飞机的燃油渗漏)：

a. 停场费用节省：10 000 美元/天×1 天＝10 000 美元，即停场时间至少节约 1 天，B737 飞机每天租金为 1.0 万美元。

b. 工时费节省：3×8×3×1×30＝2 160 美元，即每班 3 位员工，每天 3 班，节约 1 天，员工工时费为 30 美元/小时。

c. 节省总费用：10 000＋2 160＝12 160 美元。

d. 在全民航推广使用氦气查漏法来检测飞机燃油渗漏而节省的费用估计有：

- 据统计，南航每天平均要修补 B757 飞机 11 架次，B737 约 7 架次，则每年因使用氦气查漏法补油箱而为南航节省的费用为 34 320×11＋12 160×7＝462 640 美元。
- 全民航共有近 500 架飞机，是南航飞机架数的 6 倍左右，若在全民航推广氦气查漏法，则每年因补油箱而节省的费用为 462 640×6＝2 775 840 美元。

④ 所使用设备费用评估：

a. 国外进口氦质谱检漏仪价格：德国莱宝公司 UL200 型为 56 400 德国马克；

b. 国产氦质谱检漏仪价格：中国科学院北京科学仪器研制中心 ZHP－60 型为人民币 125 000 元；

c. 根据估算，使用氦气查漏法修补一架 B757 飞机干舱的燃油渗漏所节省的费用基本上可以买一台进口氦质谱检漏仪或两台国产氦质谱检漏仪。

⑤ 氦气法有效降低员工劳动强度，提高了生产计划性。

(3) 结　论

以前使用吹气法时，需要工作者全神贯注观察每一处的情况变化，很是费神费眼；而使用氦气法查漏，可以说在一个非常轻松的环境下就可以完成。氦气法检测飞机燃油渗漏，使飞机油箱的查漏工作变成了一件轻松而简单的工作。

以前修理飞机燃油渗漏，因渗漏种类、位置等的不同，对于何时可以完成修补工作根本就没有一个肯定的答案；而氦气法查漏，无论渗漏的大小、位置如何，最多需要 1 个班次的时间，这就使得航空公司和客户的生产计划性都得到有效保障。氦气法修补飞机燃油渗漏的使用，极大地提高了我们的维修水平，并可为航空公司节省非常可观的维修费用，创造出巨大的经济社会效益，它可以说是飞机维修行业一个极大的进步。随着飞机服役时间的增长，飞机结构油箱出现燃油渗漏的概率越大，氦质谱检漏技术将发挥更大的作用。

复习题

1. 请简述航空器渗漏检测的意义。
2. 请简述气泡检测法的基本原理以及产生压差的基本方法。
3. 请简述卤素检漏法的基本原理。
4. 请简述氦制谱检漏法的工作原理及常用的检测方法。
5. 请简述民用航空器整体结构油箱检漏的基本步骤。

参考文献

[1] 中华人民共和国机械工业部. 无损检测术语泄漏检测:GB/T 12604.7—1995 [S]. 北京:中国标准出版社,1995.

[2] 中国民用航空总局. 航空器无损检测人员资格鉴定与认证:MH/T 3001—2004 [S]. 北京:中国民航出版社,2004.

[3] USA Military Specification Lubrication. Leak Detection Compound, 0xyen Systems: MIL-L-25567D [S]. Edgewater: OCTAGON PROCESS INC, 1983.

[4] 中华人民共和国国家质量监督检验检疫总局. 氦泄漏检测:GB/T 15823—1995[S]. 北京:中国标准出版社,1995.

[5] American Society of Testing Materials. Standard Test Method for Leaks Using Bubble Emission Techniques:ASTM E515—95 (2000) [S]. US: ASTM International, 2000.

[6] American Society of Testing Materials. Standard Test Methods for Leaks Using the Mass Spectrometer Leak Detector in the Detector Probe Mode:ASTM F499—95 (2000) [S]. US:ASTM International, 2000.

[7]《国防科技工业无损检测人员资格鉴定与认证培训教材》编审委员会. 泄露检测[M]. 北京:机械工业出版社,2005.

[8] 达道安. 真空设计手册[M]. 3版. 北京:国防工业出版社, 2004.

[9] 达道安. 空间真空技术[M]. 北京:中国宇航出版社,1995.

[10] 肖祥正,闫荣鑫,陈光锋,等. 常压检漏的多种示漏气体分析仪的研制[J]. 真空与低温,1999,15(1): 4-9.

[11] 张启亮, 查良镇, 李名蓬,等. 正压氦质谱检漏灵敏度的校准和微流量的测量[J]. 真空,1996(2):25-31.

[12] 张涤新,等. 正压漏拢校准[J]. 真空与低温,1998,14(4):204-209.

[13] 肖详正. 大容器检漏的有效方法[J]. 真空与低温,1983(2):1-7.

[14] 肖详正. 环境温度变化对静态压降法总漏率测试的影响[J]. 真空与低温,2002,8(3):154-156.